中等职业教育“十二五”规划课程改革创新教材

中职机械类专业系列教材

机械制图项目教程

赵晓霞　主　编

曾婉芬　朱建玲　王学清　副主编

科学出版社

北　京

内 容 简 介

本书是中等职业教育“十二五”规划课程改革创新教材，是根据最新国家标准《技术制图》与《机械制图》及与制图有关的其他标准进行编写的。全书共20个项目。

本书是以识图为主、以简明实用为原则的理论实践一体化的教材，采用项目教学和任务驱动教学相结合的思想，每个项目以多个任务的形式展开，以帮助学生“先学后练，分步实施”。本书以培养学生的制图基本技能、空间想象能力、抽象思维能力、动手能力与综合素质为宗旨，强调“做中学，学中做”，可操作性强。

本书适合作为中等职业院校、技术学院的机械类各专业的通用教材，也可供其他相近专业使用或参考。

图书在版编目（CIP）数据

机械制图项目教程/赵晓霞主编. 一北京：科学出版社，2014
（中等职业教育“十二五”规划课程改革创新教材·中职机械类专业系列教材）

ISBN 978-7-03-041507-3

I. ①机…　Ⅱ. ①赵…　III. ①机械制图-中等专业学校-教材
IV. ①TH126

中国版本图书馆CIP数据核字（2014）第174361号

责任编辑：张振华 / 责任校对：马英菊
责任印制：吕春珉 / 封面设计：一克米工作室

科学出版社出版
北京东黄城根北街16号
邮政编码：100717
http://www.sciencep.com
三河市骏杰印刷有限公司印刷
科学出版社发行　各地新华书店经销
*
2014年10月第 一 版　开本：787×1092 1/16
2016年 5 月第三次印刷　印张：21
字数：500 000

定价：42.00元

（如有印装质量问题，我社负责调换〈骏杰〉）
销售部电话 010-62134988　编辑部电话 010-62135120-2005

前　言

本书是以中等职业教育倡导的能力目标为主线，以中等职业教育的学生实际能力要求为依据，以培养和提高职业院校模具、数控、机电专业学生对图样识读的专业技能为目的而编写的。全书突出实用性和针对性。

本书通过20个教学项目，由浅入深、循序渐进地将机械制图课程的所有知识点有机地结合起来。尽量选用常用的零、部件作为实例，突出模具、数控、机电专业的特点。教学内容包括：起重钩平面图的绘制、简单几何体三视图的绘制、立体表面上点线面的识读、螺栓坯三视图的绘制、推杆三视图的绘制、十字管三视图的绘制、支座三视图的绘制、五金折弯件视图的绘制、铣床尾架底座的绘制、轴承座的绘制、螺栓连接的绘制、活塞杆零件图中技术要求的识读、齿轮泵泵体零件图的识读、摇杆的绘制、钻模模板的绘制、连接轴的绘制、轴系装配图的绘制、溢流阀阀体零件图的识读、第三角视图的识读、球阀装配图的识读，使学习者在完成教学任务的同时获得专业知识，并了解一些相关专业的工作特点及行业背景。

本书主要具有以下几个方面的突出特点：

1．目的明确

本书编写根据职业院校机械类、近机械类等专业的教学需求，以“简明实用”为原则，以“识图为主”为编写思路，以“以项目为核心，以任务为载体，以工作过程为导向”为编写风格，通过问题的引导，以小组讨论的形式，在教师的启发下，边讲边练，边学边做，由浅入深，培养学生的制图基本技能、空间想象能力、抽象思维能力、动手能力与综合素质。

2．标准新

本书编写采用最新国家标准《技术制图》与《机械制图》及与制图有关的其他标准。

3．内容新

本书尝试将基本概念、基本原理和基本分析方法融入实例之中，内容选材新、资料新，实例、图片选择紧密结合实际生产需求，以提高学生学习兴趣和学习效果。

4．重、难点突出

本书每个项目开头都有学习要求，学生通过难易分层学习及知识的扩展，检验学习效果，使学生在每一阶段学习新内容之前能够做到“心中有数”，有的放矢。

本书适合作为中等职业院校、技术学院的机械类各专业的通用教材，也可供其他相近专业使用或参考。

本书由广州市高级技工学校组织编写，由赵晓霞任主编，曾婉芬、朱建玲、王学清任副主编。具体编写分工如下：项目 1、3～5、12、18、19 由赵晓霞编写，项目 2、9 由李露雁编写，项目 6、7、10、11 由曾婉芬编写，项目 8、15～17 由朱建玲编写，项目 13 由雷子山编写，项目 14 由王学清编写，项目 20 由邓丽红编写，书中配图由刘洋、杨冠煜绘制。

由于编者水平有限，书中不足之处在所难免，敬请广大读者批评指正。

编　者

目录

项目 1

起重钩平面图的绘制

项目描述

起重钩是一种最常见的起重机械吊具，借助滑轮组悬挂在起升机构的钢丝绳上。根据国家制图标准，正确使用绘图工具，绘制起重钩的平面图，如图 1-1 所示。

学习目标

◎ 能叙述零件图的作用及内容。

◎ 能认识国家标准中的基本规定（图幅、比例、字体、图线、尺寸标注）。

◎ 能熟练使用绘图工具。

◎ 独立完成绘制 A4 图框。

◎ 小组讨论绘制起重钩的方案，在教师指导下对起重钩进行图形分析，并绘制起重钩。

◎ 在教师的指导下，小组合作共同分析标注起重钩的尺寸。

学习任务

◎ A4 图幅的绘制。

◎ 起重钩的绘制。

◎ 起重钩的尺寸标注。

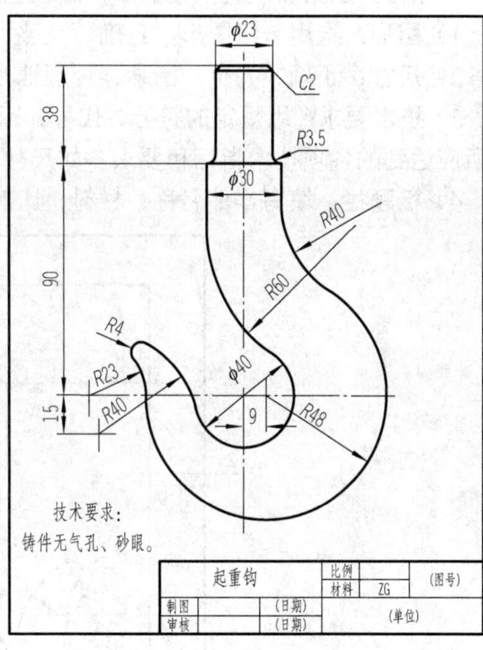

图 1-1　起重钩

任务 1.1 A4 图幅的绘制

任务思考与小组讨论 1

图 1-1 是什么？什么场合下用此图？为什么这样表达？

如果要画图 1-1，那么应怎么画？具体有何要求？

1.1.1 相关知识：零件图的构成及制图基本规定

1．零件图的作用和内容

零件图是用来表示零件的结构形状、大小及技术要求的图样，是直接指导制造和检验零件的重要技术文件。图 1-2 所示为起重钩零件图。

一张作为加工和检验依据的零件图应包括以下基本内容。

1）**图形**：选用一组图形，正确、完整、清晰地表达零件的内、外结构形状。

2）**尺寸**：正确、齐全、清晰、合理地标注零件在制造和检验时所需要的全部尺寸。

3）**技术要求**：用规定的符号、代号、标记和文字说明等简明地给出零件在制造和检验时所应达到的各项技术指标和要求，如尺寸公差、几何公差、表面结构、热处理等。

4）**标题栏**：填写零件名称、材料、比例、图号，以及设计、审核人员的责任签字等。

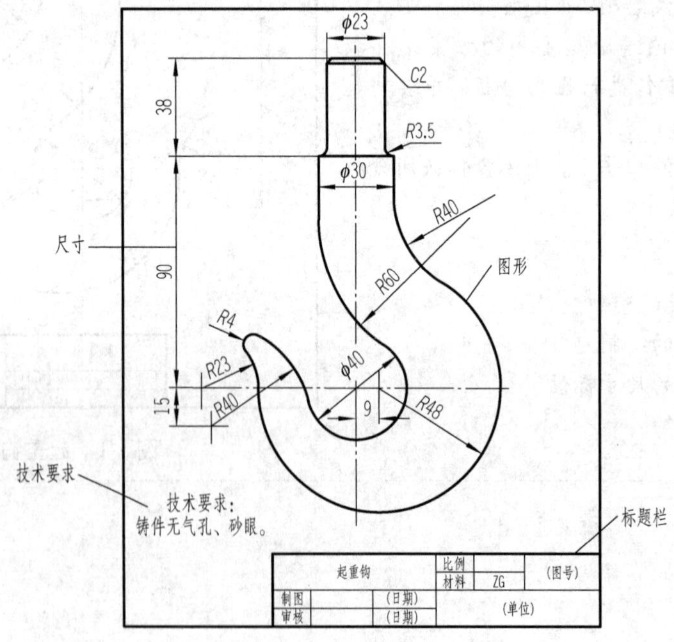

图 1-2 起重钩零件图

2. 制图的基本规定

为了适应现代化生产、管理的需要和便于技术交流，我国制定并发布了一系列国家标准，简称“国标”，包括强制性国家标准（GB）、推荐性国家标准（GB/T）和国家标准化指导技术文件（GB/Z）。

（1）图纸幅面和格式（GB/T 14689—2008）

1）图纸幅面：是指由图纸的宽度和长度组成的图面。在绘图时，应优先选用表1-1中所规定的5种基本幅面尺寸（表1-1中 B、L、a、c、e 的意义参见图1-4和图1-5）。必要时，也允许选用加长幅面。加长幅面的尺寸必须按基本幅面的短边成整数倍增加后得出。五种基本图纸幅面及加长边，如图1-3所示。

表1-1　图纸幅面及图框格式尺寸　（单位：mm）

幅面代号	幅面尺寸	周边尺寸		
	$B \times L$	a	c	e
A0	841×1189	25	10	20
A1	594×841			
A2	420×594			10
A3	297×420		5	
A4	210×297			

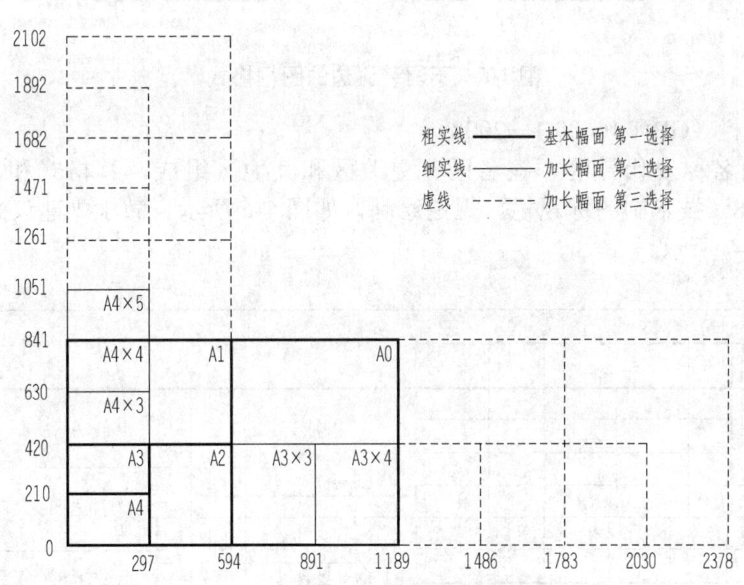

图1-3　五种图纸幅面及加长边

2）图框格式：是指图纸上限定绘图区域的线框。图框在图纸上必须用粗实线画出，图样绘制在图框内部。其格式分为留装订边和不留装订边两种，如图1-4和图1-5所示。

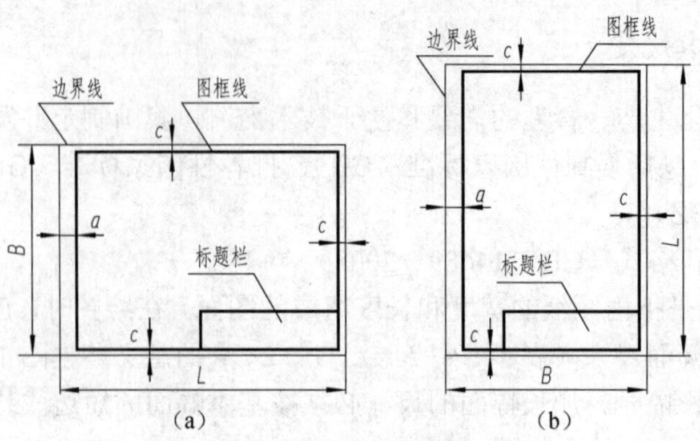

图 1-4　留装订边的图框格式

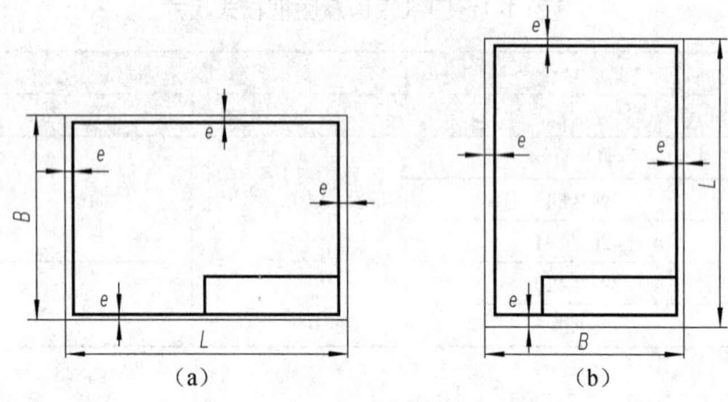

图 1-5　不留装订边的图框格式

（2）标题栏（GB/T 10609.1—2008）

标题栏由名称及代号区、签名区、更改区和其他区组成，其格式和尺寸按 GB/T 10609.1—2008《技术制图标题栏》规定绘制，如图 1-6 所示。教学中建议采用简化的标题栏，如图 1-7 所示。

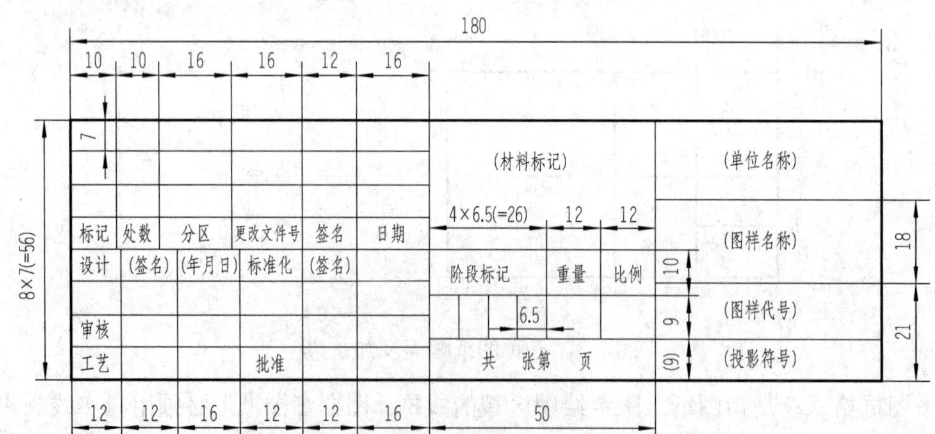

图 1-6　标题栏的格式

标题栏位于图框右下角，标题栏中的文字方向为看图方向。如果使用预先印制的图纸，则当需要改变标题栏的方位时，必须将其旋转至图纸的右上角，此时，为了明确看图的方

向应在图纸的下边对中符号处画一个方向符号（细实线绘制的正三角形），如图 1-8 所示。新标准规定只允许逆时针旋转图幅。

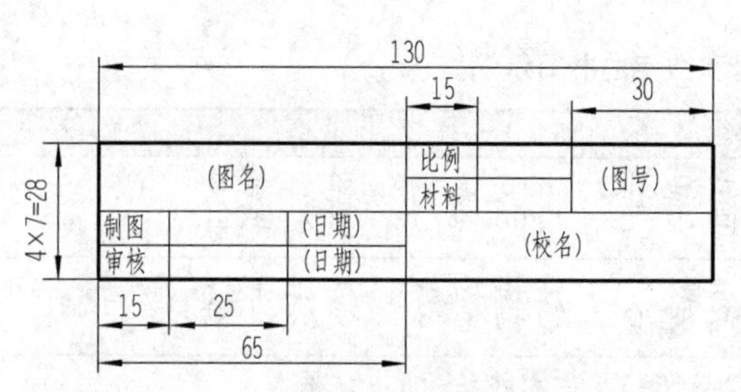

图 1-7　简化的标题栏格式

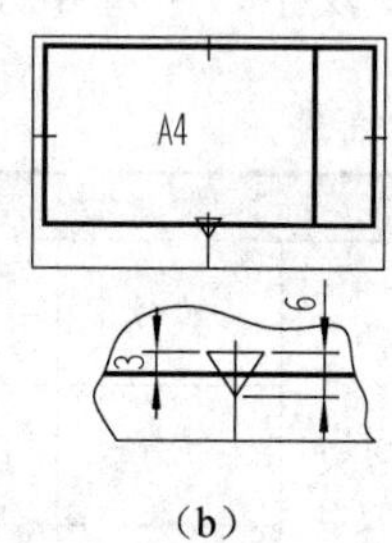

图 1-8　看图方向及方向符号

（3）比例（GB/T 14690—1993）

比例是指图样中图形与其实物相应要素的线性尺寸之比。当需要按比例绘制图样时，应从表 1-2 规定的系列中选取。

表 1-2　绘图比例

原值比例	1∶1					
放大比例	2∶1 （2.5∶1）	5∶1 （4∶1）	1×10^n∶1 （2.5×10^n∶1）	2×10^n∶1 （4×10^n∶1）	5×10^n∶1	
缩小比例	1∶2 （1∶1.5） （1∶1.5×10^n）	1∶5 （1∶2.5） （1∶2.5×10^n）	1∶10	1∶1×10^n （1∶3） （1∶3×10^n）	1∶2×10^n （1∶4） （1∶4×10^n）	1∶5×10^n （1∶6） （1∶6×10^n）

注：n 为正整数，优先选用不带括号的比例。

不论放大或缩小，标注尺寸时必须注出设计要求的尺寸。图 1-9 所示为同一机件用不同比例画出的图形。

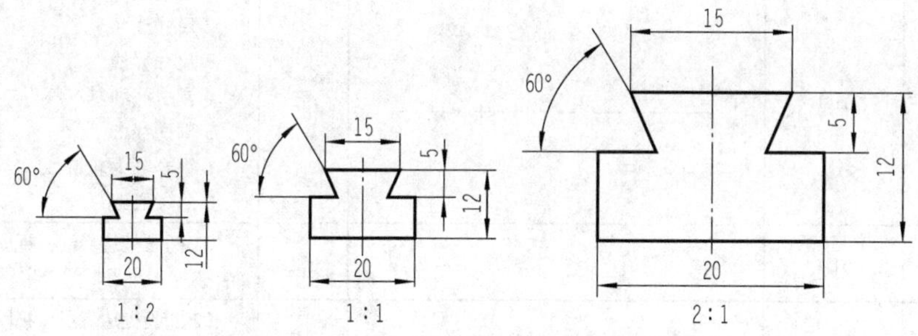

图 1-9　同一机件用不同比例画出的图形

（4）字体（GB/T 14691—1993）

图样上书写的汉字、数字、字母必须做到：**字体工整、笔画清楚、间隔均匀、排列整齐**。字体的号数即字体的高度 h 分为 8 种：1.8mm、2.5mm、3.5mm、5mm、7mm、10mm、14mm、20mm。

汉字应写成长仿宋体字，应采用国家正式公布的简化字。汉字的高度不应小于 3.5mm，其宽度一般为 $h/\sqrt{2}$。

数字和字母可写成直体或斜体（常用斜体），斜体字字头向右倾斜，与水平基准线约成75°。

汉字、字母和数字的书写示例，如表1-3所示。

表1-3 汉字、字母和数字的书写示例

字体		示例
长仿宋体汉字	10号	字体工整 笔画清楚 间隔均匀 排列整齐
	7号	横平竖直 注意起落 结构均匀 填满方格
	5号	技术制图 机械电子 汽车船舶 土木建筑
	3.5号	螺纹齿轮 航空工业 施工排水 供暖通风 矿山港口
拉丁字母	大写斜体	ABCDEFGHIJKLMNO PQRSTUVWXYZ
	小写斜体	abcdefghijklmnopq rstuvwxyz
阿拉伯数字	斜体	0123456789

（5）图线（GB/T 17450—1998、GB/T 4457.4—2002）

1）图线的线型及应用。在绘图时，应采用国家标准规定的图线型式和画法。国家标准规定在机械图样中使用9种图线，其名称、代码、线型、图线宽度（线宽 *d*）、一般应用如表1-4所示。

表1-4 图线的线型及应用

图线名称	代码No	线型	线宽	一般应用
细实线	01.1		*d*/2	.1 过渡线 .2 尺寸线 .3 尺寸界线 .4 指引线和基准线 .5 剖面线 .6 重合断面轮廓线 .7 短中心线
波浪线	01.1		*d*/2	.21 断裂处边界线；视图与剖视图的分界线
双折线	01.1		*d*/2	.22 断裂处边界线；视图与剖视图的分界线
粗实线	01.2	*d*	*d*	.1 可见棱边线 .2 可见轮廓线 .3 相贯线 .4 螺纹牙顶线
细虚线	02.1	4~6 1	*d*/2	.1 不可见棱边线 .2 不可见轮廓线
粗虚线	02.2	4~6 1	*d*	.1 允许表面处理的表示线

续表

图线名称	代码 No	线　型	线宽	一 般 应 用
细点画线	04.1	15~30　3	$d/2$	.1 轴线 .2 对称中心线 .3 分度圆（线）
粗点画线	04.2	15~30　3	d	.1 限定范围表示线
细双点画线	05.1	~20　5	$d/2$	.1 相邻辅助零件的轮廓线 .2 可动零件的极限位置的轮廓线

2）线宽。机械制图中通常采用两种线宽，粗、细线的比例为 2∶1，粗线宽度（d）优先采用 0.5mm、0.7mm，如表 1-5 所示。为了保证图样清晰、便于复制，应尽量避免出现线宽小于 0.18mm 的图线。

表 1-5　线宽线别

线型组别	与线型代码对应的线型宽度	
	01.2；02.2；04.2	01.1；02.1；　04.1；05.1
0.25	0.25	0.13
0.35	0.35	0.18
0.5	0.5	0.25
0.7	0.7	0.35
1	1	0.5
1.4	1.4	0.7
2	2	1

注：0.5 和 0.7 为优先采用的图线组别。

3）图线的应用及绘制图线的注意事项。图线的应用如图 1-10 所示，绘制图线的注意事项如表 1-6 所示。

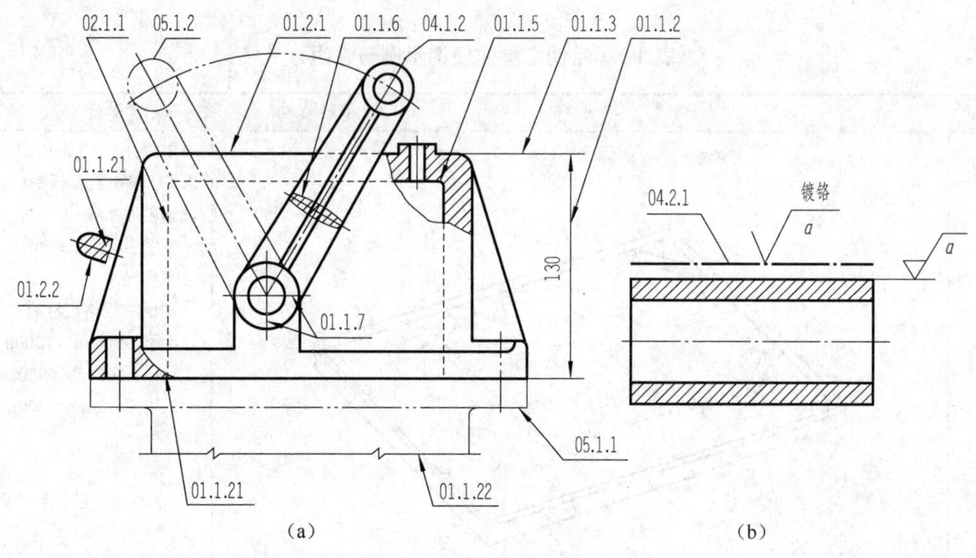

图 1-10　图线的应用

表 1-6　绘制图线的注意事项

注意事项	图例	
	正　确	错　误
细点画线相交应是长画相交且起始与终了应是长画。例如，画圆时，圆心应是长画交点且细点画线超出轮廓线 2～3mm，对于直径小于 12mm 的圆，细点画线可用细实线代替	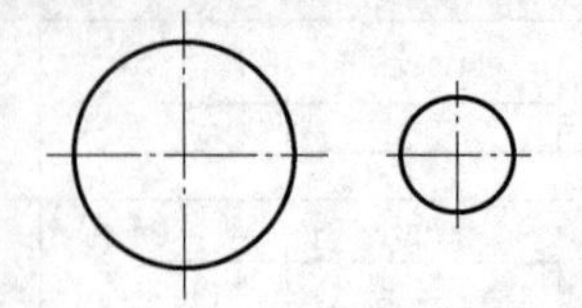	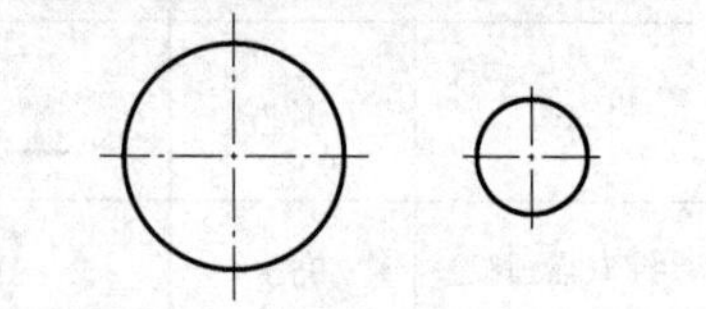
圆与圆或圆与其他图线相切时，在切点处的图线要重合	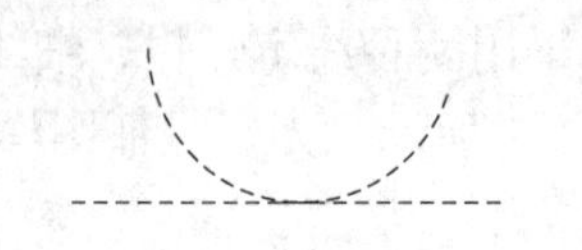	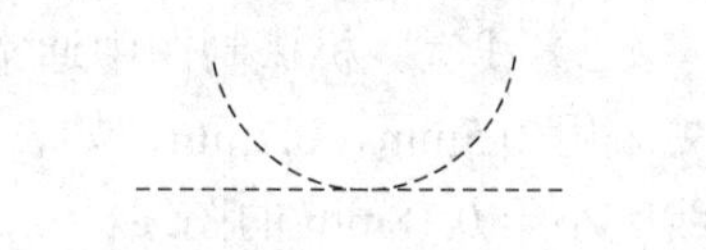
细虚线相交或细虚线与其他图线相交，应为短画相交	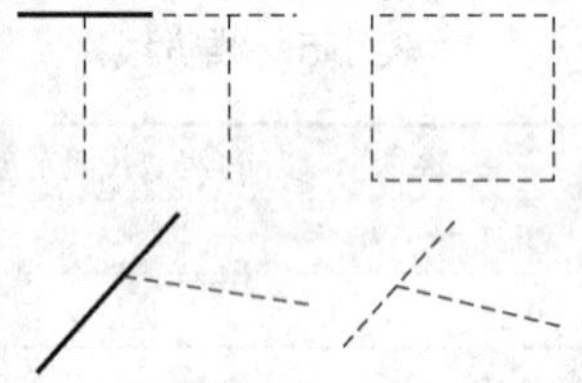	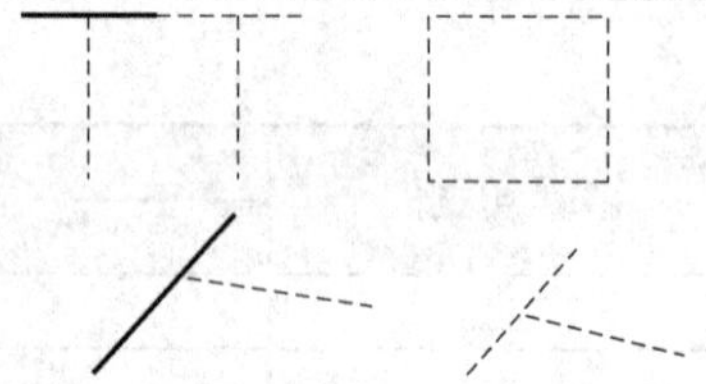
当细虚线是粗实线的延长线时，应留有间隙，以表示两种图线的分界	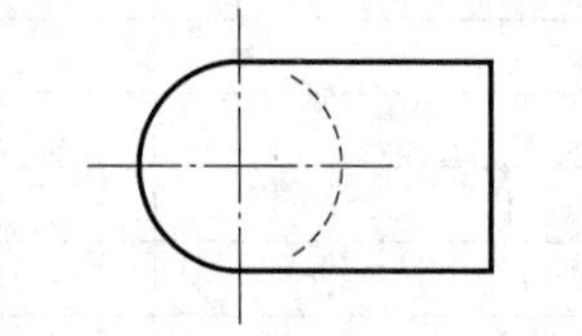	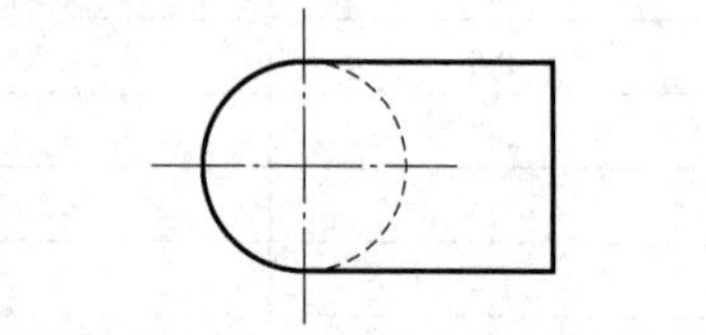

3. 尺规绘图工具及其使用

尺规绘图是指用铅笔、丁字尺、三角板、圆规等绘图工具来绘制图样。常见的绘图工具如表 1-7 所示。

表 1-7　绘图工具的使用示例与说明

名称	图　例	说　明
图板	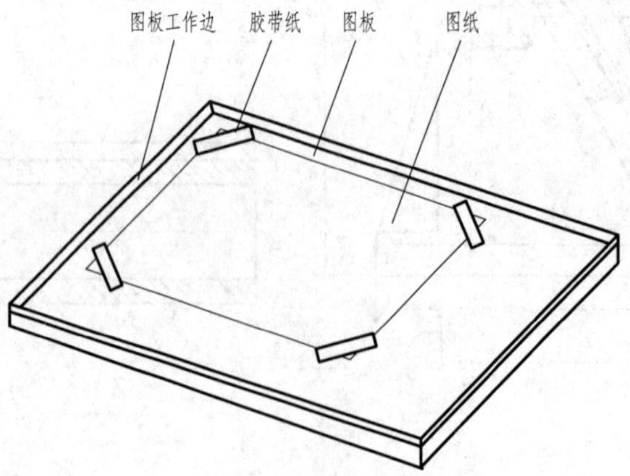 图板工作边　胶带纸　图板　图纸	图板用来铺放和固定图纸，一般由胶合板制成，四周镶硬质木条 要求：表面平坦光洁，侧边平直光滑 图板的规格尺寸有： 0 号（900mm×1200mm） 1 号（600mm×900mm） 2 号（450mm×600mm）

续表

名称	图　例	说　明
丁字尺	(a)　(b)	丁字尺与图板配合使用，尺头紧靠图板的侧边，作上下移动，从左到右画水平线
三角板		一副三角板包括 45° 和 30° 各一块 丁字尺与三角板配合可以作垂直线、与水平成15° 的各种斜线 两块三角板配合也可以作已知直线的平行线或垂直线
圆规	(a)　(b)　(c) (d)	圆规用来画圆或圆弧。使用时，应使针脚比铅笔脚稍长，同时针脚、铅笔脚与纸垂直
铅笔		铅笔笔芯有软硬之分，标号有 B、H、HB 三种。B 表示软性笔芯，B 前数字越大，表示铅笔芯越软；H 表示硬性笔芯，H 前数字越大，表示笔芯越硬；HB 表示软硬适中。绘图时，常用 H 或 2H 打底稿，用 HB 写字，用 B 或 2B 加粗轮廓线。削铅笔应保留标号一端

1.1.2 实践操作：绘制 A4 图幅

1．准备作图用具

01 准备图板。观测所用图板，图板为________号；尺寸大小为________。

02 准备丁字尺和三角板，检查丁字尺是否平直光滑。

03 准备绘图纸。绘图纸要求纸面洁白、质地坚实，橡皮擦拭不易起毛，画墨线时不渗透。绘图时应鉴别正反面，使用正面。

04 准备 H、HB 与 2B 铅笔各一支。

H 铅笔的作用：________，磨削成________形；

HB 铅笔的作用：________，磨削成________形；

2B 铅笔的作用：________，磨削成________形。

2．固定图纸

准备一张 A4 图纸，将图纸按图 1-11 所示固定，并用丁字尺校正底边。

根据你所测量，A4 图纸的大小尺寸为________；________（符合、不符合）标准 A4 图纸的大小。

3．绘制 A4 图纸的图框（不留装订边）

如图 1-12 所示，图框用________线绘制；*B* 的尺寸：________，*L* 的尺寸：________，*e* 的尺寸：________，假设留装订边 *a* 的尺寸：________，*c* 的尺寸：________。粗实线的线宽为：________；细实线的线宽为：________。

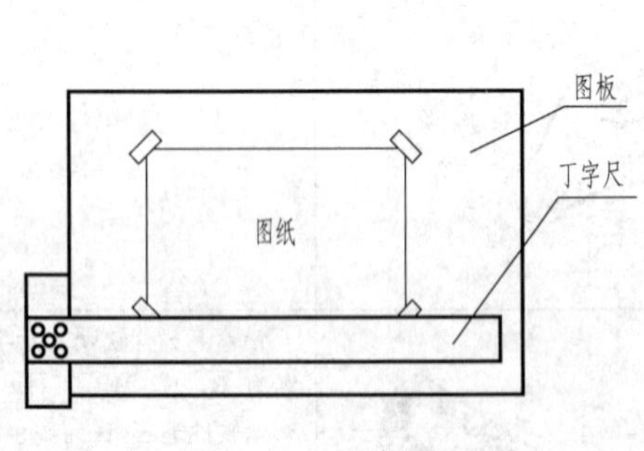

图 1-11　固定图纸

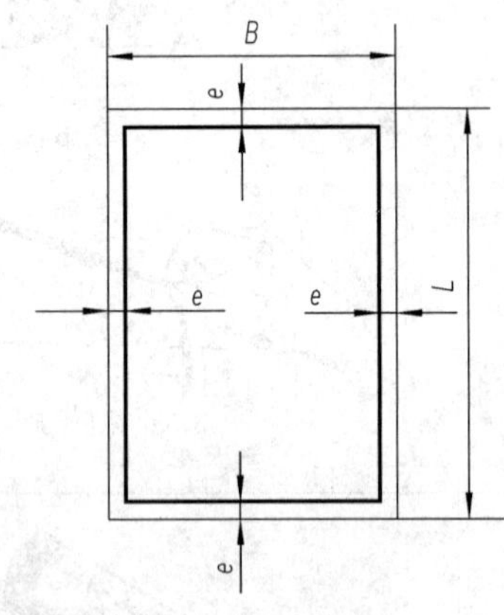

图 1-12　A4 图幅

4．绘制标题栏

绘制如图 1-13 所示标题栏，标题栏应绘在图纸的________方；标题栏一般为________方向；标题栏的外框用________线绘制；标题栏的内格用________线绘制；标题栏中字号为________。

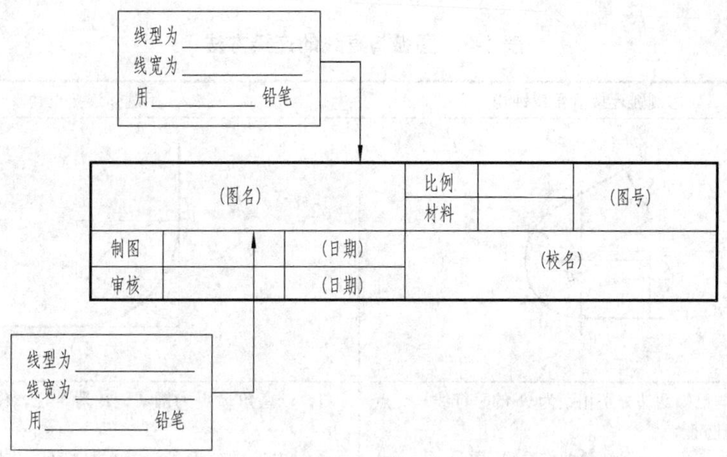

图 1-13　标题栏的格式

任务 1.2　起重钩的绘制

任务思考与小组讨论 2

图 1-1 所示的起重钩图形大部分是不同直径的圆弧，圆弧间用什么方法才能光滑连接？有没有比较准确、快捷的方法？请各小组将图 1-14（a）用半径为 R 的圆弧将两条线段连接起来，图 1-14（b）用半径为 R 的圆弧外连接起来。

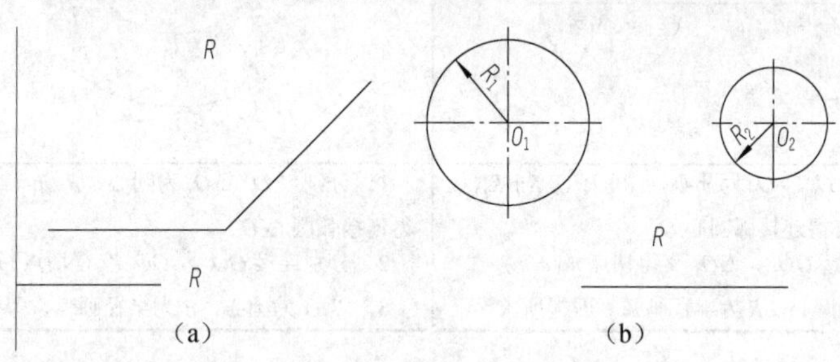

图 1-14　圆弧连接

1.2.1　相关知识：圆弧连接及平面图形的分析

1．圆弧连接

圆弧连接是指用一段圆弧光滑地连接另外两条已知线段（直线或圆弧）的作图方法。要保证圆弧连接光滑，就必须使线段与线段在连接处相切，作图时应先求作连接圆弧的圆心及确定连接圆弧与已知线段的切点。圆弧与直线的连接方法如表 1-8 所示，圆弧与圆弧的连接方法如表 1-9 所示。

表 1-8　圆弧与直线的连接方法

类别	用圆弧连接锐角或钝角	用圆弧连接直角
图例	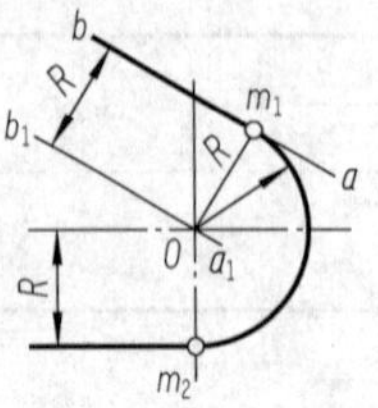	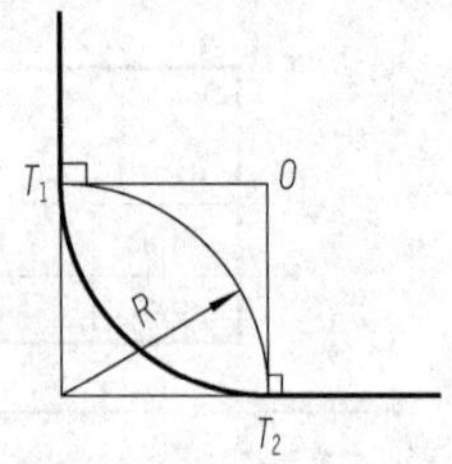
作图步骤	1．作与已知两边分别相距为 R 的平行线，交点即连接弧圆心 2．过 O 点分别向已知角两作垂线，垂足 m_1 、m_2 即切点 3．以 O 为圆心，R 为半径，在两切点 m_1 、m_2 之间画连接圆弧	1．以直角顶点为圆心，R 为半径，作圆弧直角两边于 T_1 、T_2 2．以 T_1 、T_2 为圆心，R 为半径，作圆弧相交得连接圆心 O 3．以 O 为圆心，R 为半径，在两切点 T_1 、T_2 之间画连接圆弧

表 1-9　圆弧与圆弧的连接方法

类别	外　连　接	内　连　接
图例	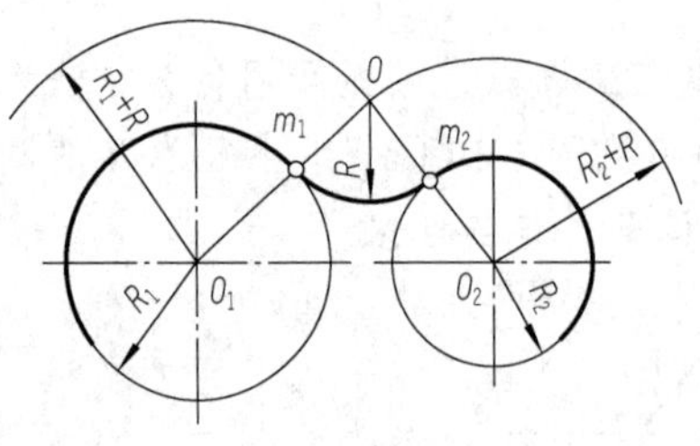	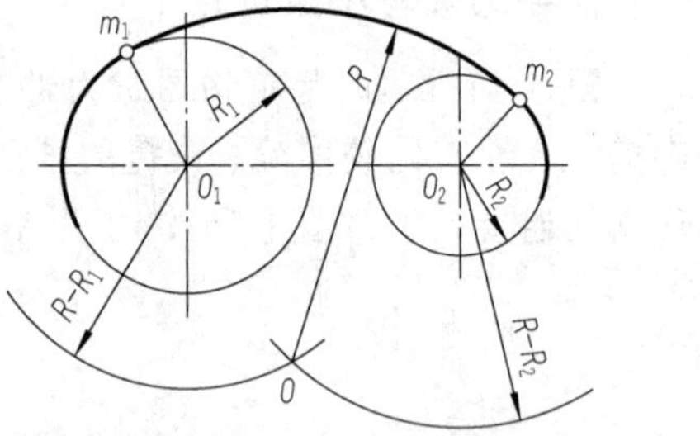
作图步骤	1．分别以 O_1 、O_2 为圆心，$R+R_1$、$R+R_2$ 为半径画弧，交得连接弧圆心 O 2．分别连接 OO_1 、OO_2 交得切点 m_1、m_2 3．以 O 为圆心，R 为半径画弧，即得所求	1．分别以 O_1 、O_2 为圆心，$R-R_1$ 、$R-R_2$ 为半径画弧，交得连接弧圆心 O 2．分别连接 OO_1 、OO_2 交得切点 m_1 、m_2 3．以 O 为圆心，R 为半径画弧，即得所求

2．平面图形的分析

（1）平面图形的尺寸分析

1）尺寸基准：是标注尺寸的起点。通常以图形的对称轴线、较大圆的中心线、图形轮廓线作为尺寸基准。起重钩的水平中心线为高度方向基准，垂直中心线为长度方向基准。

2）尺寸分类。

① 定形尺寸：指决定平面图形形状的尺寸。如圆的直径、圆弧半径、多边形边长、角度大小等均属定形尺寸。如图 1-1 中的尺寸ϕ40、R48、ϕ23 等。

② 定位尺寸：指决定平面图形中各组成部分与尺寸基准之间相对位置的尺寸。如圆心、封闭线框、线段等在平面图形中的位置尺寸。如图 1-1 中的尺寸 38、90、15、9。

（2）平面图形的线段分析

1）直线段分析。已知直线段是指定形尺寸和定位尺寸都齐全的线段，如图 1-1 中的尺寸ϕ23、ϕ30。

2）圆、圆弧段分析。圆弧分为以下三类。

① 已知圆弧：是半径和圆心位置的两个定位尺寸均为已知的圆弧。根据图中所注尺寸能直接画出。如图 1-1 中的尺寸ϕ40、R48。

② 中间圆弧：是已知半径和圆心的一个定位尺寸的圆弧。它需要与其一端连接的线段画出后，才能确定其圆心位置。如图 1-1 中的尺寸 R40、R23。

③ 连接圆弧：是指已知半径尺寸，而无圆心的两个定位尺寸的圆弧。它需要与其两端相连接的线段画出后，通过作图才能确定其圆心位置。

画图时应**先画已知线段，再画中间线段，最后画连接线段**。

1.2.2 实践操作：绘制起重钩的视图

任务思考与小组讨论 3

画起重钩如何着手？怎么画？圆弧应先画哪一部分呢？

1．要求

1）按正确的作图方法绘制，用________或________的铅笔画。要求图线________而________，用力要________。

2）画图时同时要检查是否有________画、________画、________画的图线，及时________。

2．步骤

01 画基准线和定位线，如图 1-15（a）所示。
02 画已知线段和圆弧，如图 1-15（b）所示。
03 画中间圆弧，如图 1-15（c）所示。
04 画连接线段和圆弧，如图 1-15（d）所示。

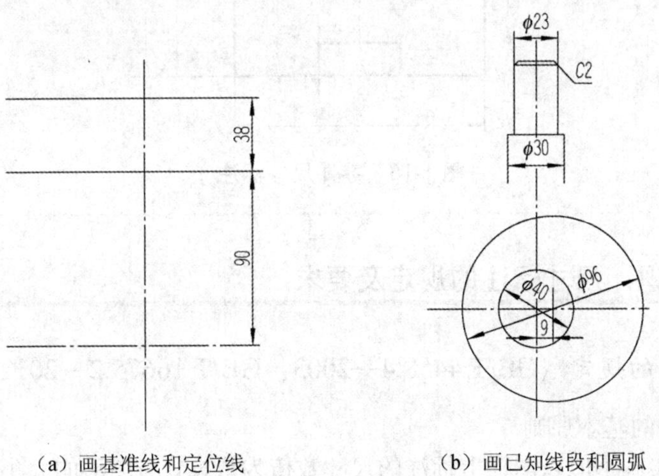

（a）画基准线和定位线　　（b）画已知线段和圆弧

图 1-15　画底稿线

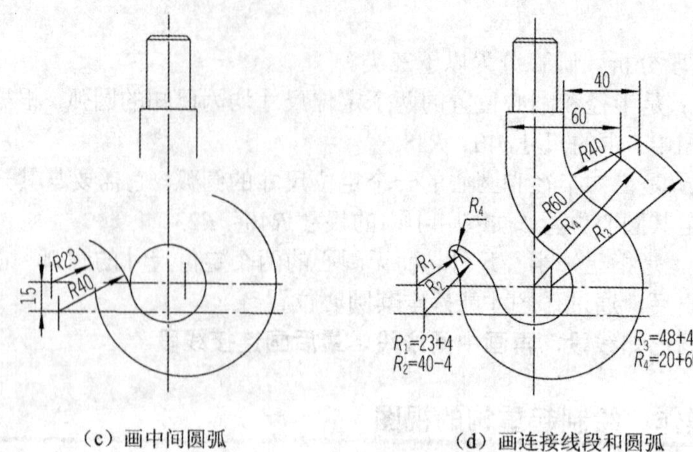

（c）画中间圆弧　　（d）画连接线段和圆弧

图 1-15　画底稿线（续）

05 检查并修改底稿。

任务 1.3　起重钩的尺寸标注

任务思考与小组讨论 4

图 1-16 中尺寸标注应起什么作用？如何完整地表达零件图形的尺寸？尺寸标注有何要求？请各小组找出图中的错误，并提出修改意见。

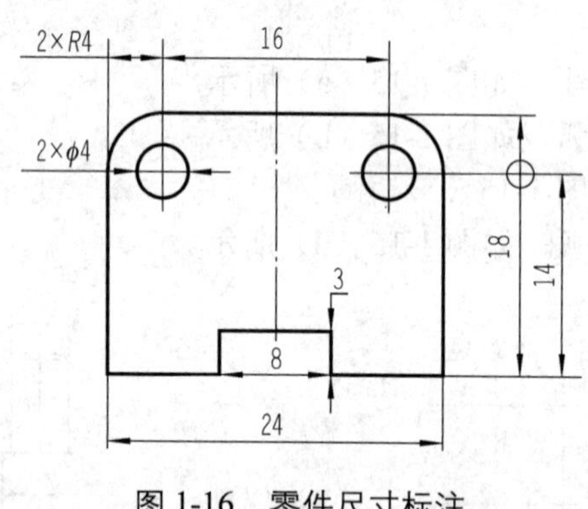

图 1-16　零件尺寸标注

1.3.1 相关知识：尺寸标注的规定及要求

1．尺寸标注的规定（GB/T 4458.4—2003、GB/T 16675.2—2012）

（1）尺寸标注的基本原则

1）机件的真实大小应以图样上标注的尺寸数值为依据，与图形的大小及绘图的准确度无关。如图 1-17 所示。

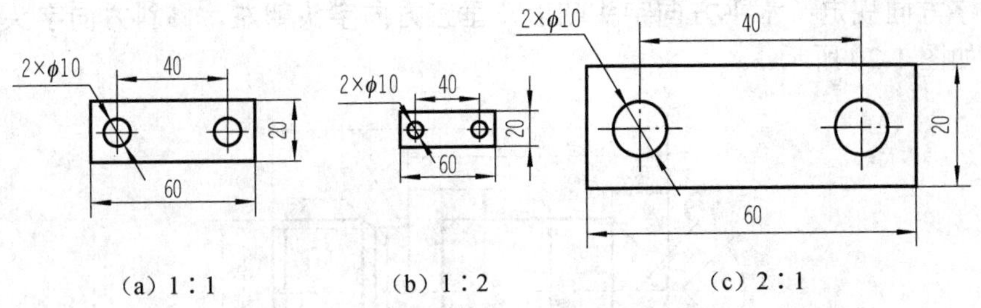

图 1-17　同一物体，不同比例示例

2）图样中的尺寸以 mm 为单位时，不必标注计量单位的符号（或名称）。若采用其他单位，则应注明相应的单位符号。

3）图样中所标注的尺寸为该图样所示机件的最后完工尺寸，否则应另加说明。

4）机件上的每一尺寸一般只标注一次，并应标注在表示该结构最清晰的图形上。

（2）标注尺寸的要素

1）**尺寸界线**：用细实线绘制，由图形的轮廓线、轴线或对称中心线引出；也可利用图形的轮廓线，轴线或对称中心线作尺寸界线，如图 1-18 所示。

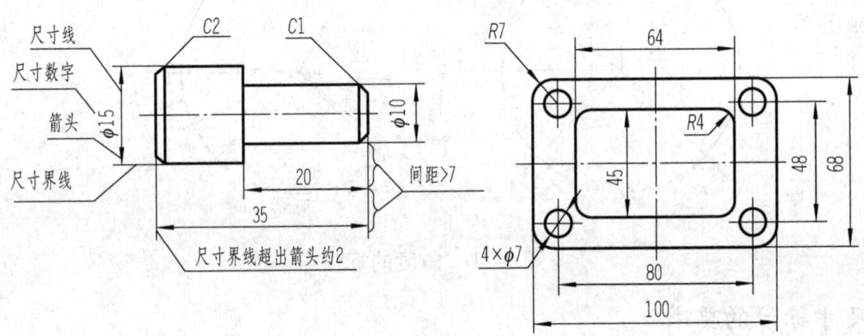

图 1-18　标注尺寸的要素

2）**尺寸线**：用细实线绘制，应平行于被标注的线段，相同方向的各尺寸线之间的间隔约 7mm。尺寸线不能用图形上的其他图线代替，也不能与其他图线重合或画在其延长线上，并应尽量避免与其他尺寸线或尺寸界线相交。

① 箭头终端：适用于各种类型的图样，箭头的形状大小，如图 1-19（a）所示。

② 斜线终端：必须在尺寸线与尺寸界线相互垂直时才能使用；斜线终端用细实线绘制，方向以尺寸线为准，逆时针旋转 45° 画出，如图 1-19（b）所示。

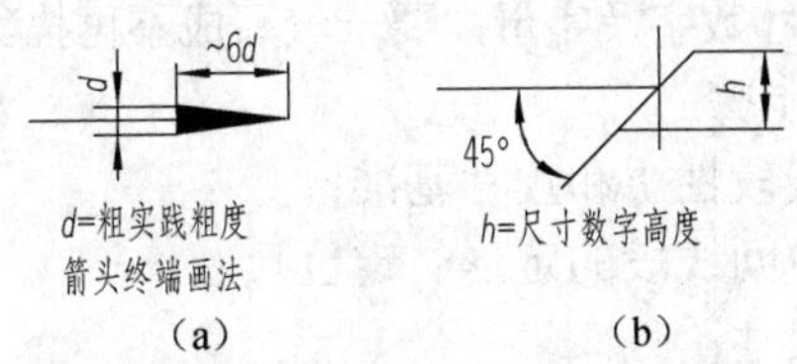

图 1-19　尺寸终端的形式

3）**尺寸数字**。

① 线性尺寸的数字一般应注写在尺寸线的上方，也允许注写在尺寸线的中断处。线

性尺寸数字方向规定：**水平方向字头朝上，垂直方向字头朝左，倾斜方向字头保持朝上的趋势**，如图 1-20 所示。

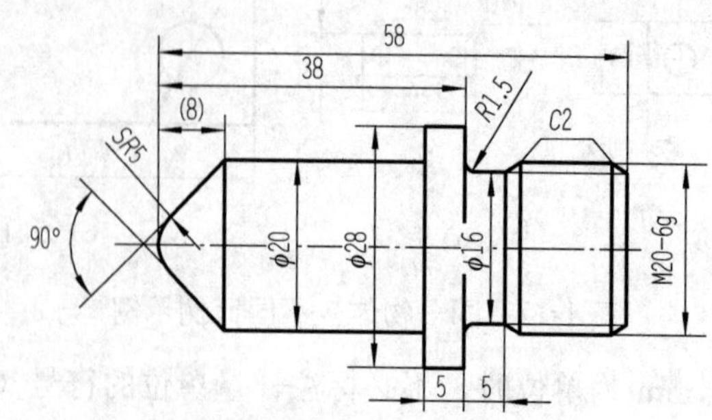

图 1-20 尺寸数字的方向

② 角度的数字一律写成水平方向，即数字铅直向上；一般注写在尺寸线的中断处，必要时，也可注写在尺寸线的附近或注写在引出线的上方，如图 1-21 所示。

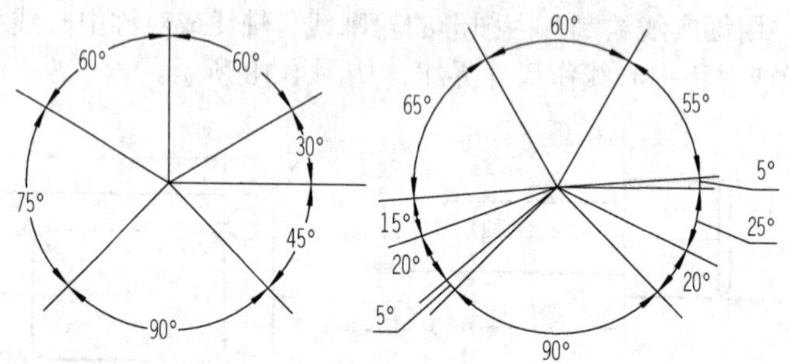

图 1-21 角度的标注

2．尺寸标注的要求

（1）标注平面图形的要求

1）**正确**：是指标注尺寸要按国家标准的规定标注，尺寸数值不能写错和出现矛盾。

2）**完整**：是指平面图形的尺寸要注写齐全。

3）**清晰**：是指尺寸的位置要安排在图形的明显处，标注清晰、布局整齐、便于看图。

（2）尺寸标注要点

1）用削尖的 H 或 HB 铅笔画出全部尺寸界线、尺寸线和箭头，应一次全部画成，不再加深。

2）用稍钝的铅笔注写尺寸数字及字母，要一气写成不再描。同一张图纸的字高要一致。

（3）标注尺寸的方法与步骤

01 分析图形，确定线段性质和尺寸基准；

02 标注已知线段、中间线段的定形、定位尺寸；

03 标注连接线段的尺寸；

04 检查尺寸标注是否完整，同时要注意尺寸标注不能重复。

（4）描深、加粗图线

用扁状铅芯铅笔或墨线笔描深线。加深后的图纸应整洁、没有错误，**线型正确、粗细分明、均匀光滑、深浅一致**。

描绘顺序：先细后粗、先曲后直；先横后竖、先正后斜；从上到下、从左到右。

1.3.2 实践操作：标注起重钩的尺寸

1．识读标注尺寸

按尺寸类型在图 1-22 的方框填写。

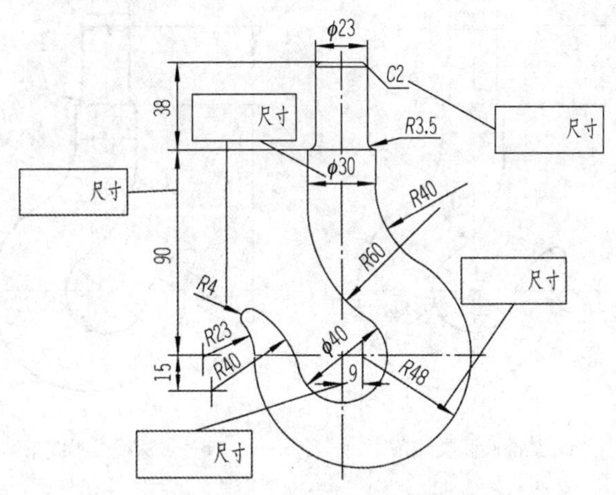

图 1-22　识读吊钩尺寸

2．标注尺寸

01 标注线性尺寸，如图 1-23（a）所示。

02 标注半径、直径尺寸，如图 1-23（b）所示。

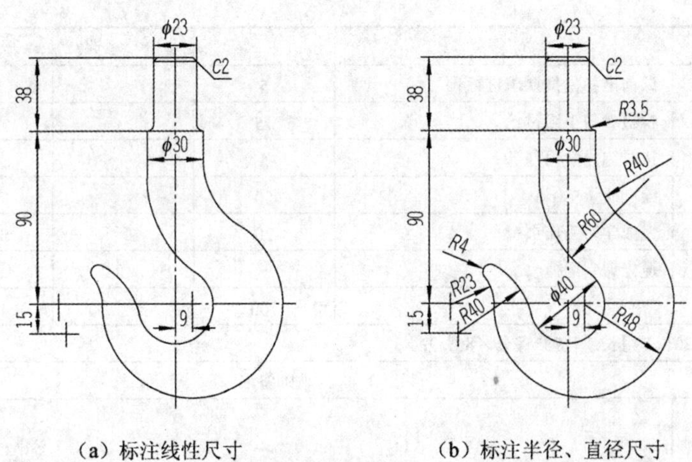

（a）标注线性尺寸　　（b）标注半径、直径尺寸

图 1-23　标注尺寸

竖直方向的尺寸 15、90、38 尽量在________上，勿错开。45°倒角的代号是________。半径尺寸前加________，直径尺寸前加________。

3. 检查、加深

加深时先________后________、先________后________、先________后________、从________到________、从________到________、最后描________线。

01 加深圆弧类线条，如图 1-24（a）所示。

02 加深直线类线条，如图 1-24（b）所示。

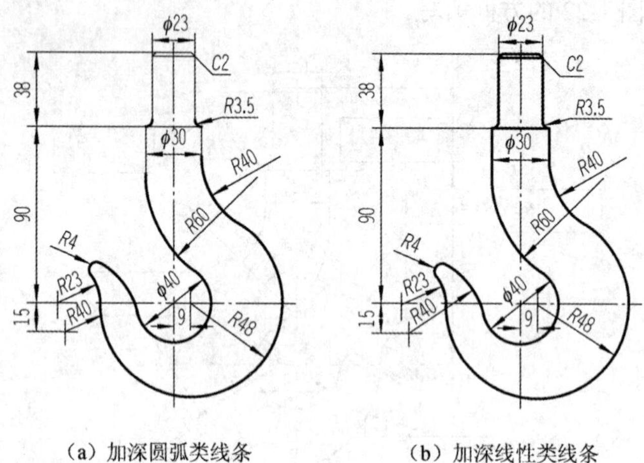

（a）加深圆弧类线条　　（b）加深线性类线条

图 1-24　线条加深

项目测评

按表 1-10 进行项目测评。

表 1-10　项目测评表

序　号	评 价 内 容	分　数	自　评	组长或教师*评分
1	课前准备，按要求进行预习	5		
2	积极参与小组讨论	15		
3	按时完成学习任务	5		
4	绘图质量*	50		
5	完成学习工作页*	20		
6	遵守课堂纪律	5		
	总　分	100		
综合评分（自评分×20%+组长或教师*评分×80%）：				
小组长签名：		教师签名：		
学习体会	签名：　　日期：			

知识拓展：多边形的画法和斜度、锥度的画法

1. 等分圆周和正多边形

（1）六等分圆周和正六边形

方法一：使用圆规，用半径六等分圆周，连接各等分点，即可作出正六边形，如图 1-25 所示。

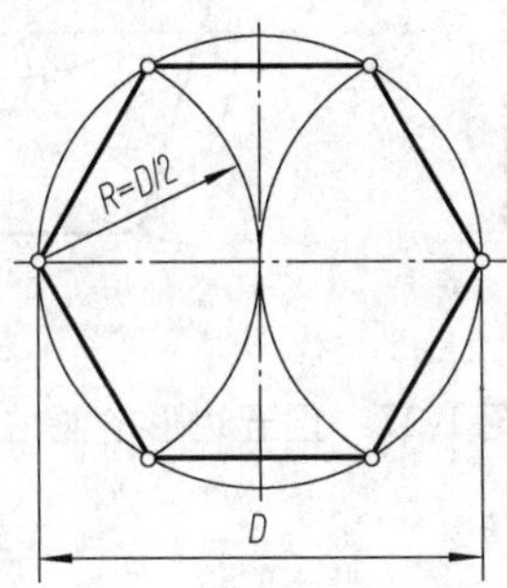

图 1-25　使用圆规画六边形

方法二：使用丁字尺、30°、60° 三角板，可作出正六边形，如图 1-26 所示。

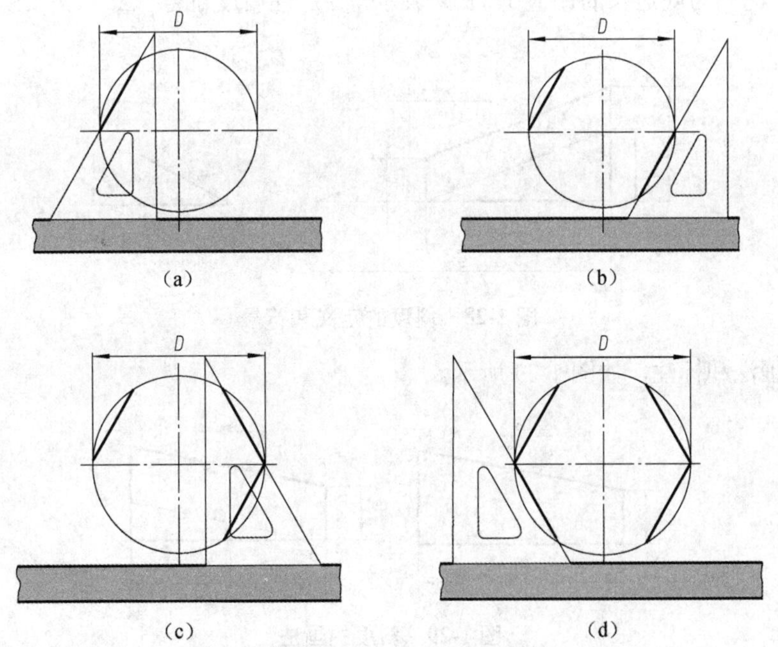

图 1-26　使用丁字尺和三角板画六边形

（2）五等分圆周和正五边形

作图步骤（图 1-27）：

01 确定 OB 的中点 P；

02 以 PC 为半径，确定 H；（CH 为五边形的边长）

03 以 C 为圆心，CH 为半径，求 E 和 I；

04 分别以 E、I 为圆心，CH 为半径，求 F 和 G；

05 依次连点得五边形。

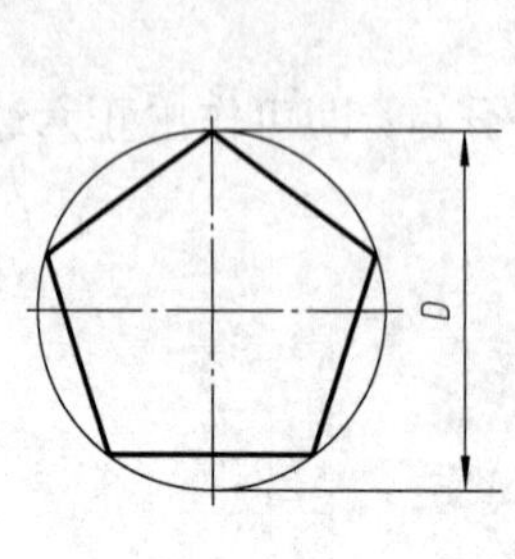

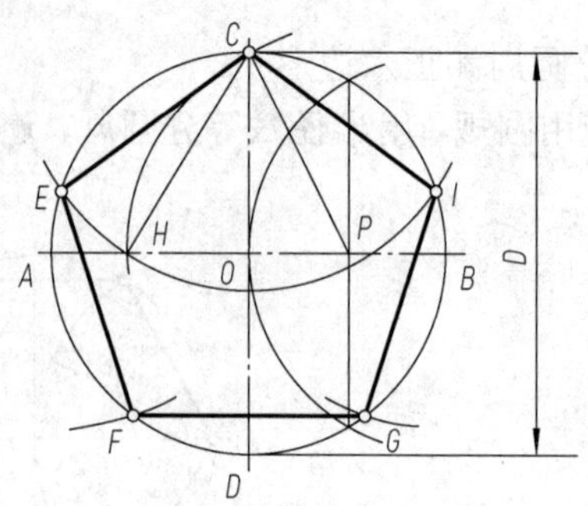

图 1-27 正五边形的画法

2．斜度、锥度的画法及标注

（1）斜度

斜度是指一直线（或平面）对另一直线（或平面）的倾斜程度。斜度的大小通常以斜边（或斜面）的高与底边长的比值 1∶n 来表示，并加注斜度符号“∠”或“⦣”，如图 1-28 所示。

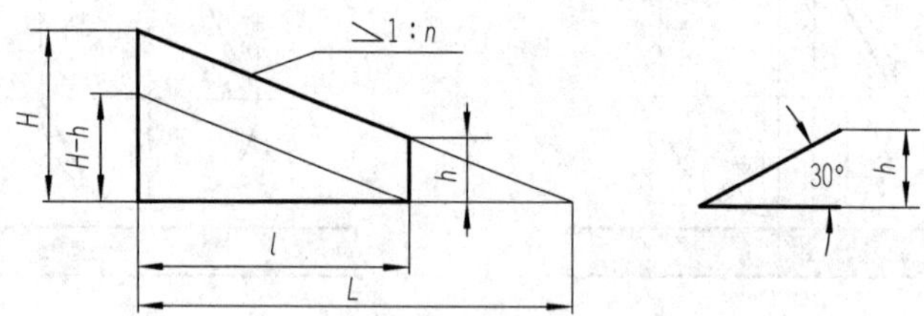

图 1-28 斜度的定义和符号

斜度的画法和标注，如图 1-29 所示。

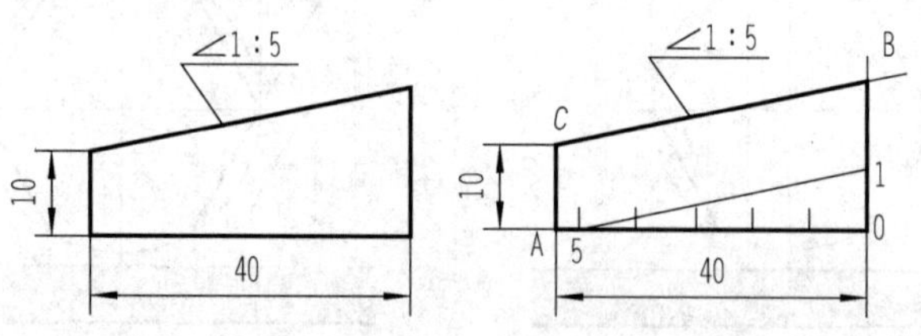

图 1-29 斜度的画法

（2）锥度

锥度是正圆锥的底圆直径与锥高之比，即 D∶L，而正圆台的锥度是两端底圆直径之差与两底圆间距离之比，即（$D-d$）∶l。标注时加注锥度的图形符号，如图 1-30 所示。

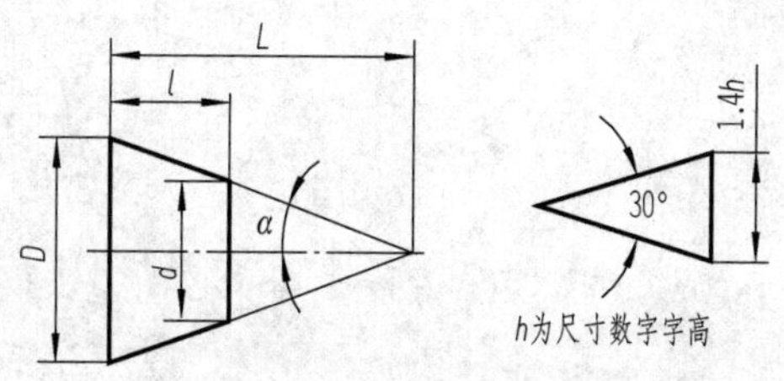

图 1-30　锥度的定义和符号

锥度的画法和标注，如图 1-31 所示。

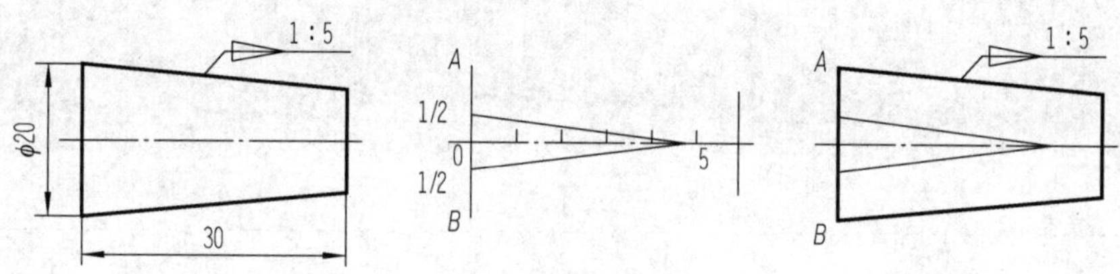

图 1-31　锥度的画法

技能拓展：绘制扳手并标注尺寸

扳手是一种常用的安装与拆卸工具，利用杠杆原理拧转螺栓、螺钉、螺母和其他螺纹紧持螺栓或螺母的开口或套孔固件的手工工具。选用合适的图纸，绘制如图 1-32 所示的扳手并标注尺寸。

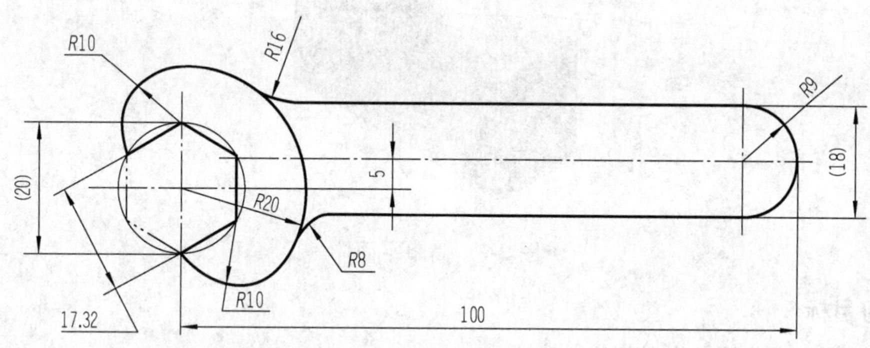

图 1-32　扳手

提示

扳手的画图方法是：作基准线（对称中心线和右端面轮廓线）—画定位尺寸（100、5）—画定形尺寸（18、*R*9、20、*R*10、*R*20）—画连接圆弧（*R*16、*R*8）

项目 2

简单平面体三视图的绘制

项目描述

运用正投影法投影规律在图纸上绘制图 2-1 所示简单平面体的三视图。

图 2-1　简单平面体

学习目标

◎ 能叙述正投影法及其投影特性。
◎ 能理解三视图的形成，会叙述三视图的投影规律、视图间的对应关系。
◎ 能运用正投影法的投影规律绘制简单平面体的三视图。

学习任务

◎ 简单平面体三面投影体系的建立。
◎ 正投影法投影规律的认识。
◎ 简单平面体三视图的绘制。

任务 2.1　简单平面体三面投影体系的建立

任务思考与小组讨论 1

1．分析图 2-1 所示立体，你能画出其图形吗？试试看。

从前向后看到的形状是________

从上向下看到的形状是________

从左向右看到的形状是________

2．如何将该平面体画在所发的图纸上？

2.1.1　相关知识：投影法、正投影法及其投影规律

1．投影法

投影是物体在光线照射下，产生影子的自然现象，如图 2-2 所示。

图 2-2　投影例子：手影

投影法：一组射线通过物体射向预定平面上而得到图形的方法。要获得投影，必须具备**投射中心**、**物体**、**投影面**这三个基本条件，如图 2-3 所示。

2．正投影法

投射线相互平行且垂直于投影面的投影法称为**正投影法**，如图 2-4 所示。

（1）正投影法的特点及其投影特性

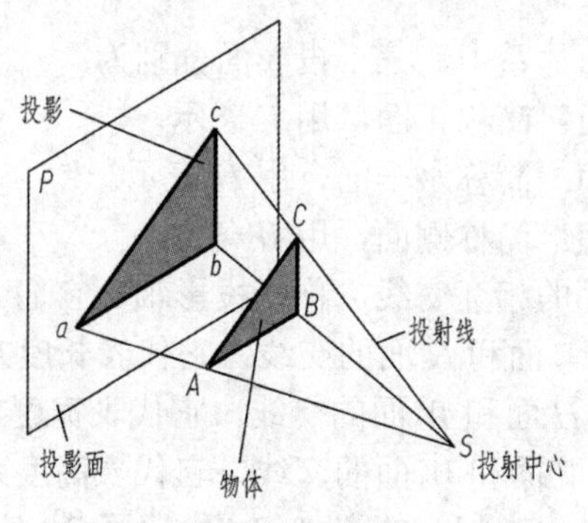

图 2-3　投影法

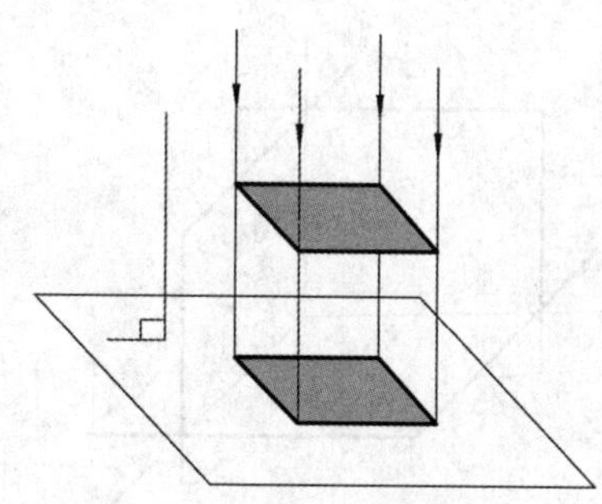

图 2-4　正投影法

1）正投影法的特点

① 投射线相互平行。

② 投射线⊥投影面。

2）正投影法的投影特性及应用特点，如表 2-1 所示。

工程上广泛应用正投影法作图，因其能准确表达物体的形状，度量性好，作图方便。

表 2-1　正投影法的投影特性与应用特点

投影特性	相对位置	投影特性含义	应用特点	图示
真实性	//	投影与实物的形状大小都相同	度量性好	投影面 **真实性** 线面//投影面
积聚性	⊥	面投影为线，线投影为点	图形简化，作图方便	投影面 **积聚性** 线面⊥投影面
类似性	∠	投影是缩小了的类似形	能帮助绘制复杂图形	投影面 **类似性** 线面∠投影面

（2）正投影法的投影规律

建立三投影面体系。为了表达物体的形状和大小，三投影面体系由三个互相垂直的投影面所组成，如图 2-5 所示。

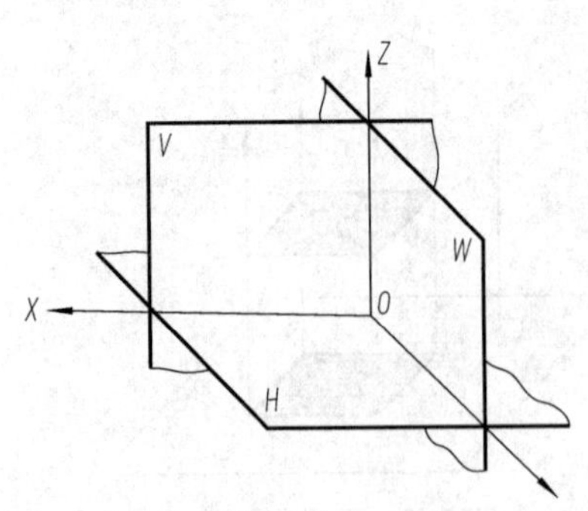

图 2-5　三投影面体系

在三投影面体系中，三个投影面分别为：

正立投影面：简称正面，用 *V* 表示。

水平投影面：简称水平面，用 *H* 表示。

侧立投影面：简称侧面，用 *W* 表示。

三个投影面的相互交线，称为**投影轴**。它们分别是：

OX 轴：是 *V* 面和 *H* 面的交线，它代表**长度方向**。

OY 轴：是 *H* 面和 *W* 面的交线，它代表**宽度方向**。

OZ 轴：是 *V* 面和 *W* 面的交线，它代表**高度方向**。

三个投影轴垂直相交的交点 *O*，称为**原点**。它是三轴的**基准点**。

2.1.2 实践操作：制作三面投影体系

01 准备一张硬纸板（约 40mm×40mm）、尺、笔、剪刀。

02 在硬纸板上平分画出四个区域，如图 2-6 所示。

03 用字母标注三个投影面、三个投影轴、原点，如图 2-7 所示。

04 将右下角的 1/4 区域剪去，将按图 2-8 所示方向进行折叠。

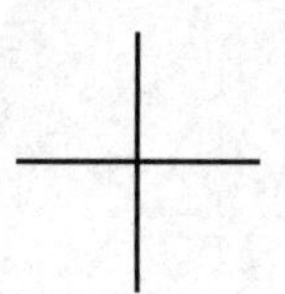

图 2-6　平分硬纸为四个区

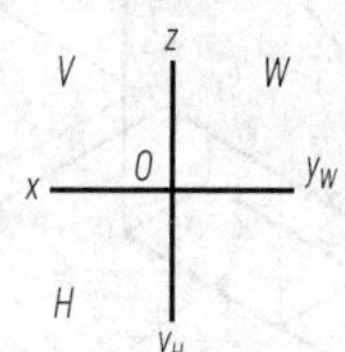

图 2-7　标注投影面、投影轴及原点

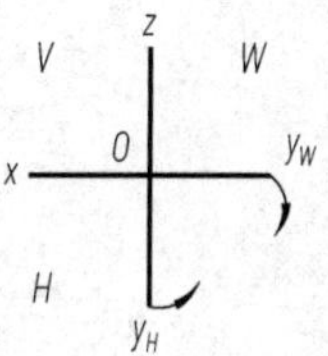

图 2-8　剪去 1/4 区域后按箭头方向折叠

任务 2.2 正投影法投影规律的认识

任务思考与小组讨论 2

如何将简单平面体表达在图纸上？有何投影规律？

2.2.1 相关知识：三视图的形成及其投影规律

1．三视图

（1）三视图的形成

将物体放在三投影面体系中，物体的位置处在人与投影面之间，然后将物体对各个投影面进行投影，得到三个视图，这样才能把物体的长、宽、高三个方向，上下、左右、前后六个方位的形状表达出来，如图 2-9 所示。

三个视图分别为：

主视图：把物体由前向后向正面 *V* 投影所得的视图。

俯视图：把物体由上向下向水平面 *H* 投影所得的视图。

左视图：把物体由左向右向侧面 *W* 投影所得的视图。

（2）三视图的展开

为能在一个平面上表示空间分布的三视图，需把投影面展开，使三个投影面处在一个平面上。

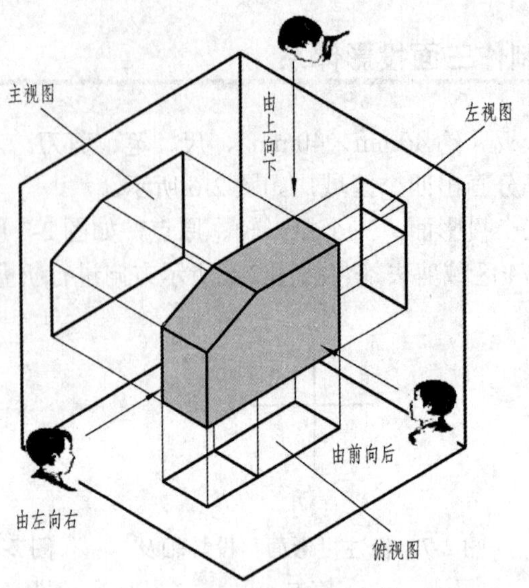

图 2-9　三视图的形成

展开方法：正投影面 V 不动，把侧投影面 W 和水平投影面 H 绕至与正投影面同一平面，如图 2-10（a）、（b）所示。

三视图间的位置关系：俯视图在主视图的正下方，左视图在主视图的正右方，如图 2-10（c）所示。

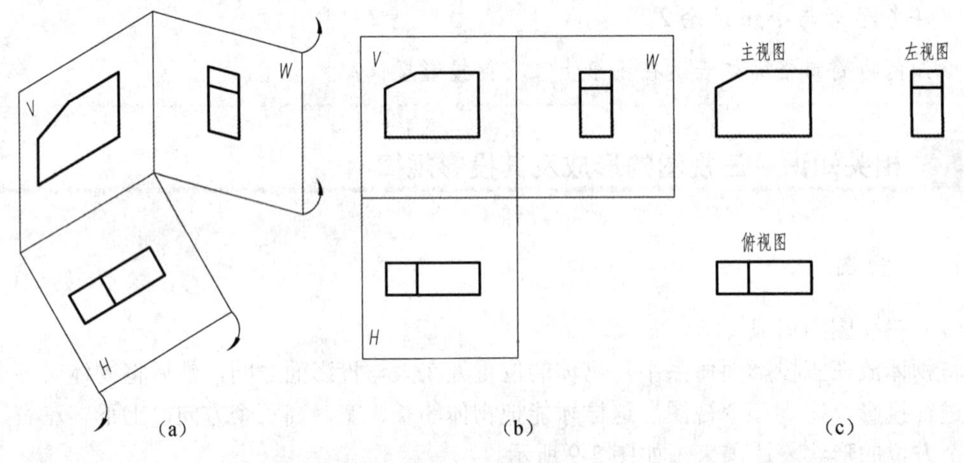

图 2-10　三视图的展开

2．三视图的投影规律

（1）三视图表达的物体方位

主视图：反映了形体的上、下和左、右方位关系，如图 2-11（a）所示。

俯视图：反映了形体的左、右和前、后方位关系，如图 2-11（b）所示。

左视图：反映了形体的上、下和前、后位置关系，如图 2-11（c）所示。

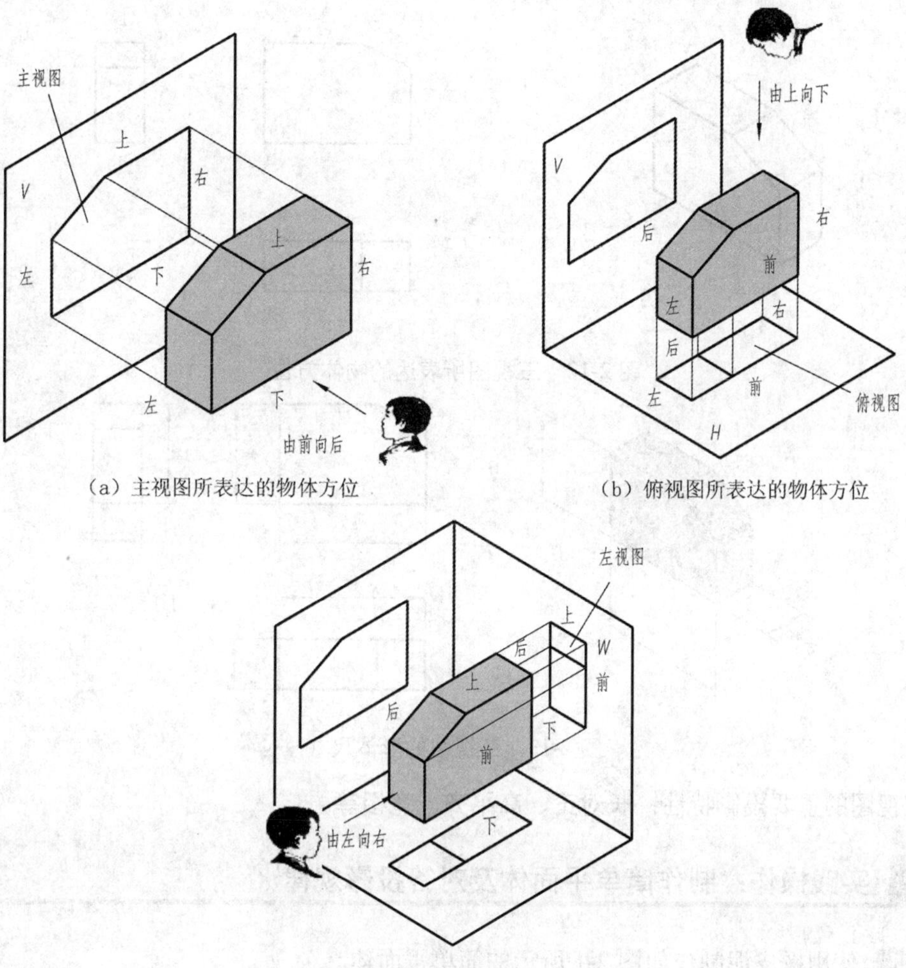

（a）主视图所表达的物体方位

（b）俯视图所表达的物体方位

（c）左视图所表达的物体方位

图 2-11　三视图表达的物体方位

如图 2-12 所示，比较形体与视图，可以看出：

1）主视图的上、下、左、右方位与形体的上、下、左、右方位一致。

2）俯视图的左、右方位与形体的左、右方位一致，而俯视图的上方反映的是形体的后方，俯视图的下方反映的是形体的前方。

3）左视图的上、下方位与形体的上、下方位一致，而左视图的左方反映的是形体的后方，左视图的右方反映的是形体的前方。

（2）视图之间的对应关系

1）每个视图反映形体的度量关系，如图 2-13 所示。主视图反映了形体上下方向的高度尺寸和左右方向的长度尺寸；俯视图反映了形体左右方向的长度尺寸和前后方向的宽度尺寸；左视图反映了形体上下方向的高度尺寸和前后方向的宽度尺寸。

2）视图之间的关系。根据每个视图所反映的形体的尺寸情况及投影关系，有：主、俯视图中的长度相等，并且对正；主、左视图中的高度相等，并且平齐；俯、左视图中的宽度相等。

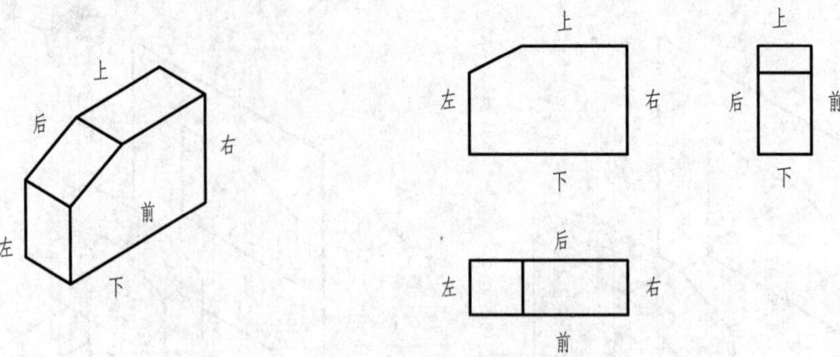

图 2-12　三视图所表达的物体方位

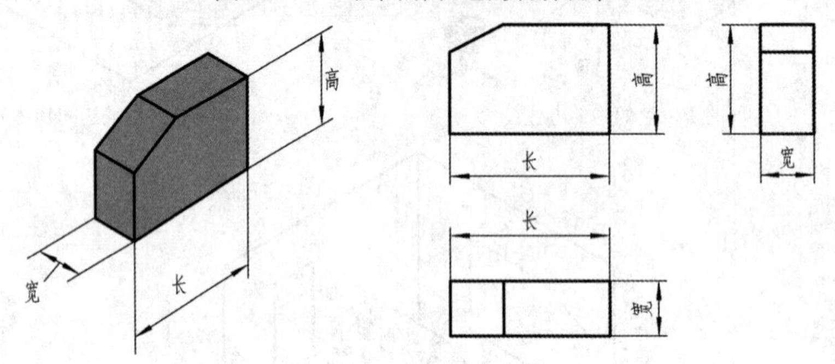

图 2-13　三视图的形体尺寸

三视图的重要投影特性：**长对正、高平齐、宽相等**。

2.2.2 实践操作：制作简单平面体及对答投影规律

01 使用橡皮泥制作如图 2-1 所示的简单平面体。

02 将制作好的简单平面体放置到上一过程制作的三面体系中，并从三个方位进行观察：从前向后、从上向下、从左向右。

03 小组内进行对问。

① 如图 2-14 所示，进行三视图对问，并将内容填写在括号中。

② 如图 2-15 所示，进行方位对问，并将内容填写在括号中。

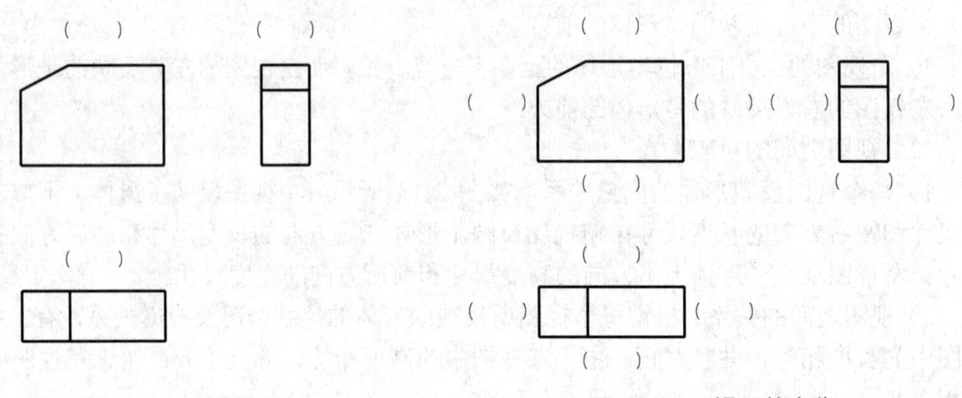

图 2-14　三视图　　　　图 2-15　三视图的方位

③ 如图 2-16 所示，进行三视图的度量关系对问，并将内容填写在括号中。

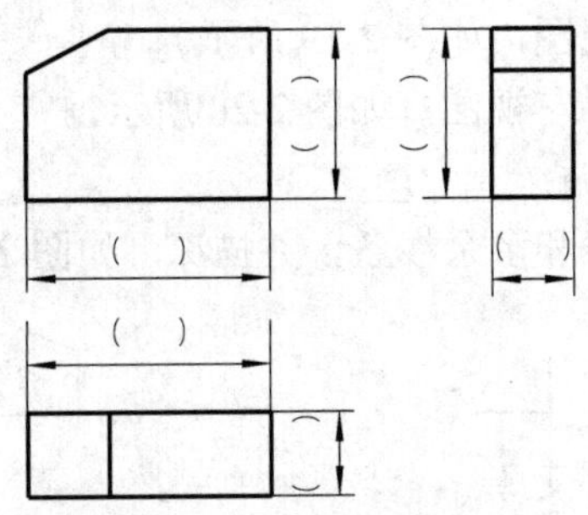

图 2-16　三视图的度量关系

任务 2.3　简单平面体三视图的绘制

任务思考与小组讨论 3

画图过程中，有哪些要注意的?

2.3.1　相关知识：初学者画图注意事项

1）画俯、左视图时，物体应保持画主视图时的安放位置不动，设想观察者自上而下地俯视物体，从左向右观察物体。切勿任意转动物体，造成投影关系的混乱。

2）物体上的每个尺寸都只标注一次。作图时，三视图间的尺寸与位置应保持“长对正、高平齐、宽相等”的投影关系。

3）初学画简单物体三视图时，可逐个视图单独完成。画较复杂物体三视图时，常需要将几个视图配合起来画，按物体的各个组成部分，从反映形状特征明显的视图入手，依次画出其三视图。

2.3.2　实践操作：绘制简单平面体的三视图

根据简单平面体的立体图（图 2-17）画三视图。

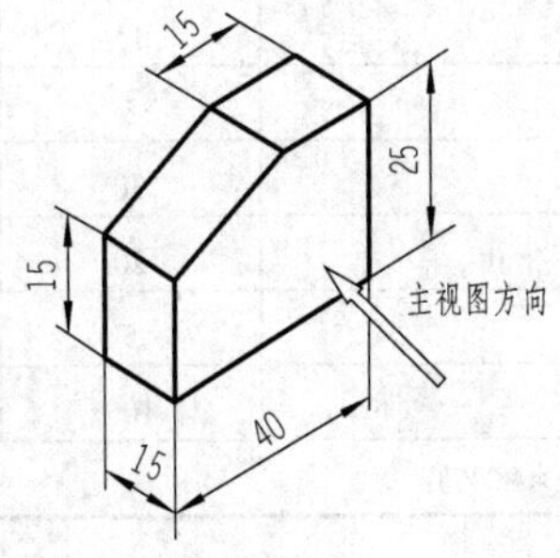

图 2-17　简单平面体的立体图

01 画简单平面体的作图基准，如图 2-18 所示。

02 画简单平面体的主视图，如图 2-19 所示。

03 画简单平面体的俯、左视图，如图 2-20 所示。

画俯视图、左视图时要遵循：________、________、________。

04 检查、擦除辅助线条和多余线条，并描深，如图 2-21 所示。

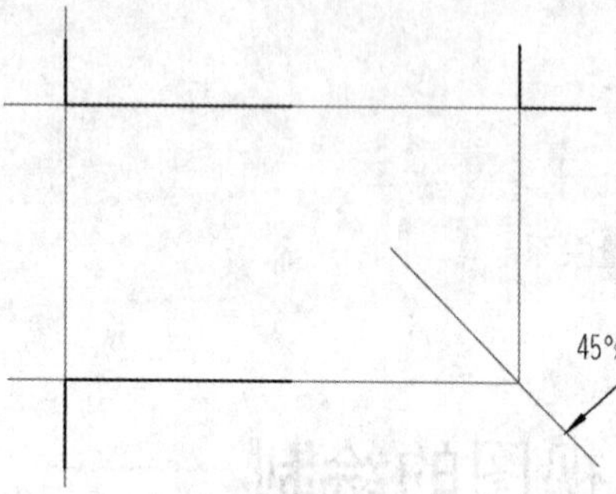

图 2-18 画基准线

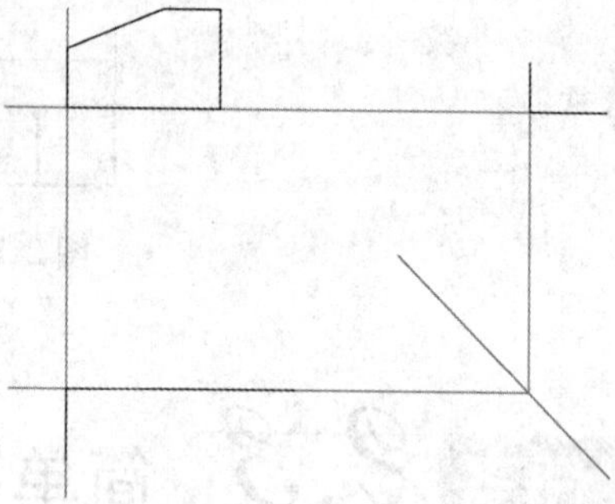

图 2-19 画简单平面体的主视图

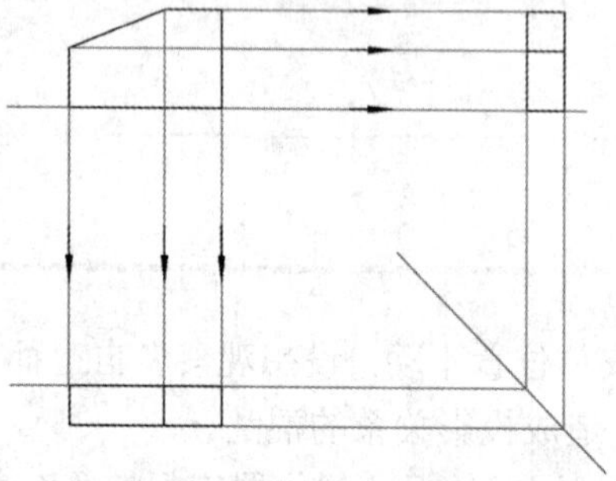

图 2-20 画简单平面体的俯、左视图

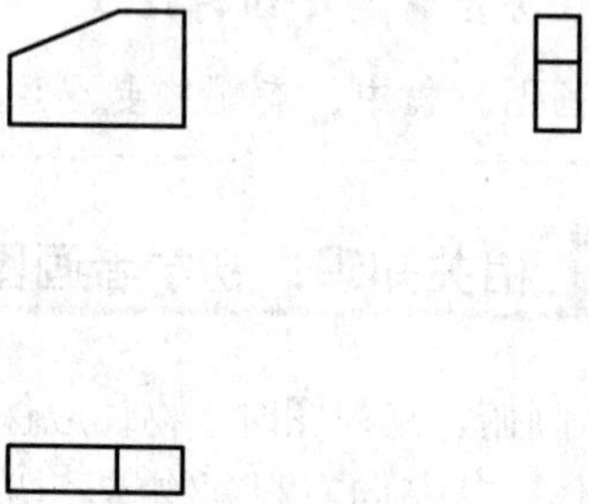

图 2-21 描粗加深

项目测评

按表 2-2 进行项目测评。

表 2-2 项目测评表

序 号	评价内容	分 数	自 评	组长或教师*评分
1	课前准备，按要求进行预习	5		
2	积极参与小组讨论	15		
3	按时完成学习任务	5		
4	绘图质量*	50		
5	完成学习工作页*	20		
6	遵守课堂纪律	5		
总 分		100		
综合评分（自评分×20%＋组长或教师*评分×80%）：				

续表

小组长签名：	教师签名：
学习体会	签名：　　　日期：

技能拓展：绘制复杂平面体的三视图

绘制如图 2-22 所示复杂平面体的三视图，并在三视图中找出线段 *AB*、*CD* 的位置。

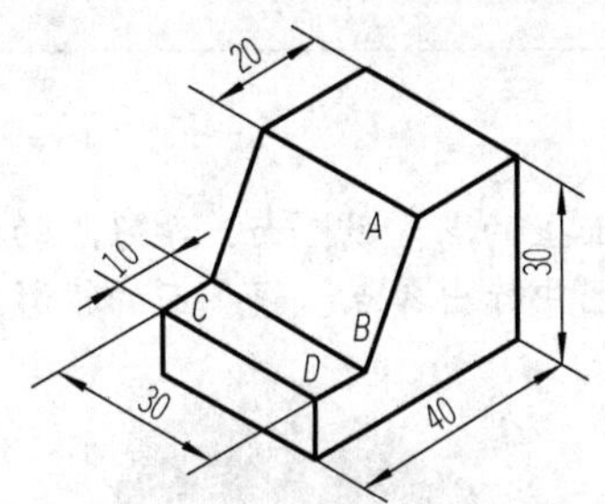

图 2-22　复杂平面体

项目 3

立体表面上点、线、面的识读

项目描述

通过如图 3-1 所示立体表面上的点、线、面，学习点的投影规律，解释线、面的投影特性，运用此规律在立体三视图中标出各点、线、面的投影。

图 3-1 立体

学习目标

◎ 能叙述点的投影规律，线、面的投影特性。
◎ 会运用点的投影规律在三视图中找出对应点的投影。
◎ 会运用线、面的投影特性在三视图中找出线、面的对应投影，并解释其投影特性。
◎ 运用点、线、面的投影规律进行作图。

学习任务

◎ 立体表面上点投影的识读。
◎ 立体表面上线投影的识读。
◎ 立体表面上面投影的识读。

任务3.1　立体表面上点投影的识读

任务思考与小组讨论1

1．如图3-2所示立体由几个面组成？立体上，有几条棱线？几个顶点？

2．根据图3-2所示立体图，用橡皮泥制作该立体模型。

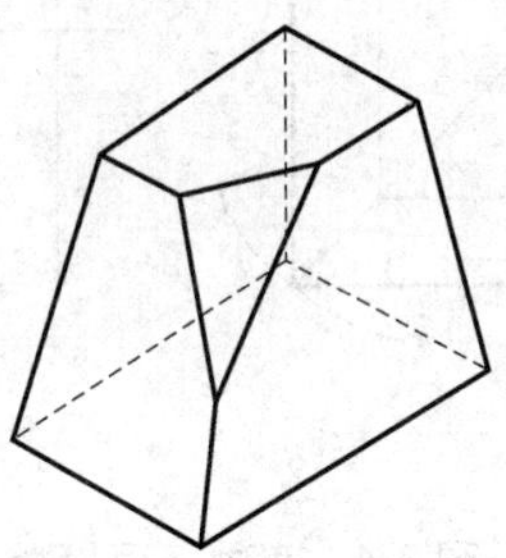

图3-2　立体图

3.1.1　相关知识：点的投影分析

1．点在一个投影面上的投影

过空间点 A 作投射线垂直于投影面 H，投射线与 H 面的交点 a 为空间点 A 在 H 面上的投影。因为过投影 a 的垂线上所有点（如点 A、A_1、A_2、…、A_n）的投影都是 a，如图3-3所示。所以已知点 A 的一个投影 a 是不能唯一确定空间点 A 的位置的。

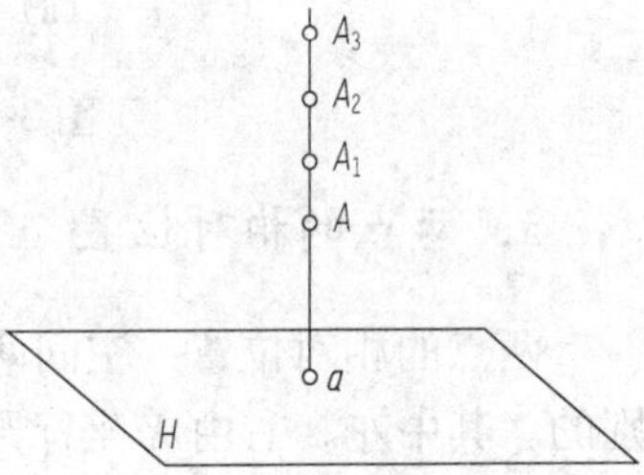

图3-3　点的单面投影

要确定空间点的位置，可增加投影面，建立互相垂直的三投影面体系，如图3-4（a）所示。三个相互垂直的投影面，分别称为 **V 面**、**H 面**、**W 面**，三投影面的交线 OX、OY、OZ 称为**投影轴**，三投影轴的交点为原点 O。

如图3-4（b）所示，空间点及其投影的标记规定为：空间点用大写字母 A、B、C…表示，V 面投影用相应的小写字母 a'、b'、c'…表示，H 面投影用相应的 a、b、c…表示，W 面投影用相应的 a''、b''、c''…表示。

2．点的空间直角坐标与三面投影的关系

点的空间直角坐标与三面投影的关系如图3-5所示。

1）点 A 的 V 面投影和 H 面投影的连线垂直于 OX 轴，即 $a'a \perp OX$。

2）点 A 的 V 面投影和 W 面投影的连线垂直于 OZ 轴，即 $a'a'' \perp OZ$。

3）点 A 的 H 面投影 a 到 OX 轴的距离等于点 A 的 W 面投影 a'' 到 OZ 轴的距离，即 $aa_X = a''a_Z$，作图时可以用圆弧或 45° 线反映它们的关系。

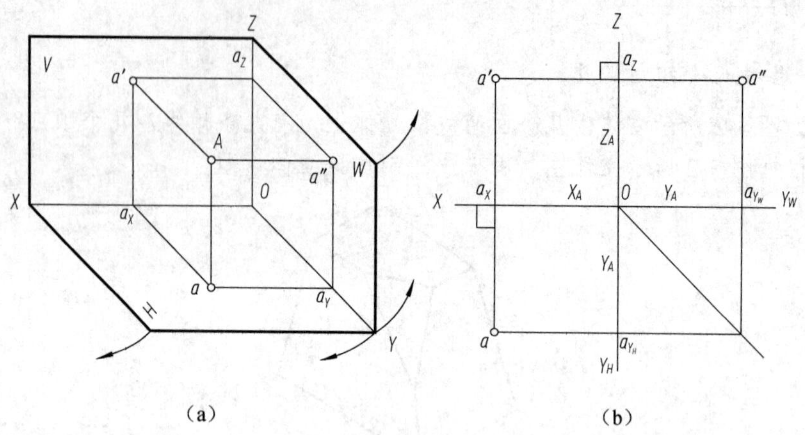

（a）　　　　（b）

图 3-4　点的三面投影

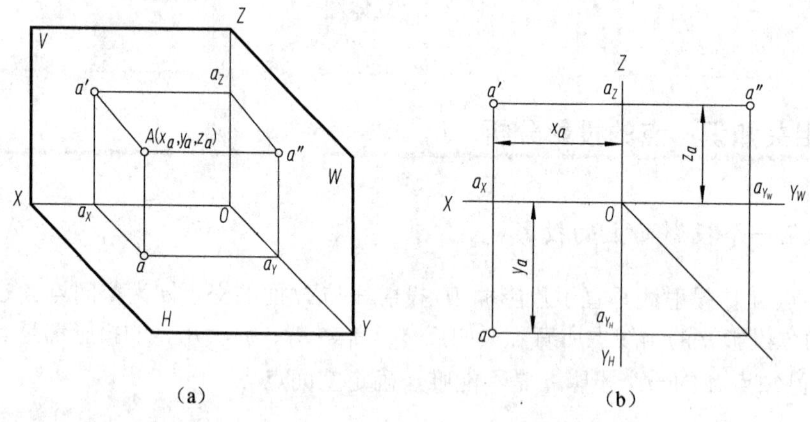

（a）　　　　（b）

图 3-5　点的空间直角坐标与三面投影的关系

3．两点的相对位置

两点的相对位置：空间两点的相对位置，在投影图中是由它们同面投影的坐标差来判别的。其中左、右由 X 坐标判别，前、后由 Y 坐标判别，上、下由 Z 坐标判别。

1）距 W 面远者在左（X 坐标大）；近者在右（X 坐标小）。

2）距 V 面远者在前（Y 坐标大）；近者在后（Y 坐标小）。

3）距 H 面远者在上（Z 坐标大）；近者在下（Z 坐标小）。

如图 3-6 所示，已知空间两点的投影，即点 A 的三个投影 a、a'、a'' 和点 B 的三个投影 b、b'、b''，用 A、B 两点同面投影坐标差就可判别 A、B 两点的相对位置。由于 $X_A > X_B$，表示 B 点在 A 点的右方；$Z_B > Z_A$，表示 B 点在 A 点的上方；$Y_A > Y_B$，表示 B 点在 A 点的后方。总的来说，就是 B 点在 A 点的右方、后方、上方。

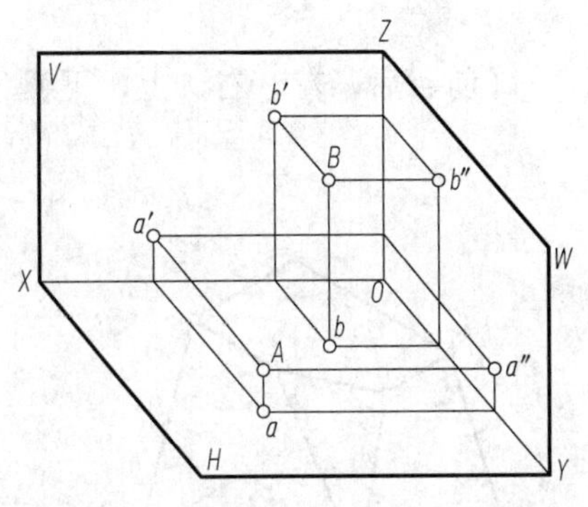

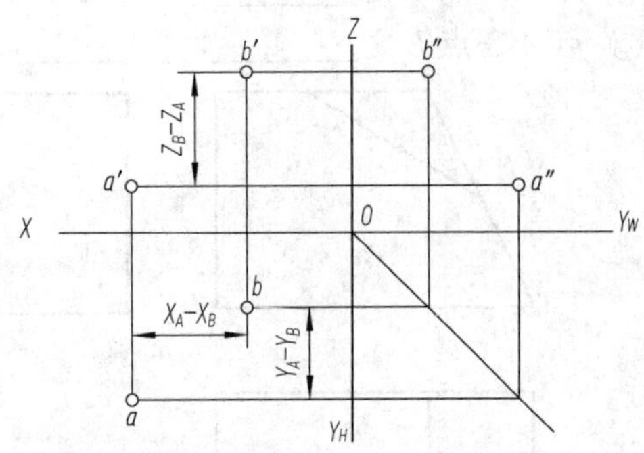

图3-6　两点的相对位置

4. 重影点

若空间两点在某一投影面上的投影重合，则这两点是该投影面的重影点。这时，空间两点的某两坐标相同，并在同一投射线上。当两点的投影重合时，就需要判别其可见性，应注意：对*H*面的重影点，从上向下观察，*Z*坐标值大者可见；对*W*面的重影点，从左向右观察，*X*坐标值大者可见；对*V*面的重影点，从前向后观察，*Y*坐标值大者可见。在投影图上不可见的投影加括号表示，如（a'）。

如图3-7所示，*C*、*D*位于垂直*H*面的投射线上，*c*、*d*重影为一点，则*C*、*D*为对*H*面的重影点，*Z*坐标值大者为可见，图中$Z_C > Z_D$，故*c*为可见，*d*为不可见，用*c*（*d*）表示。

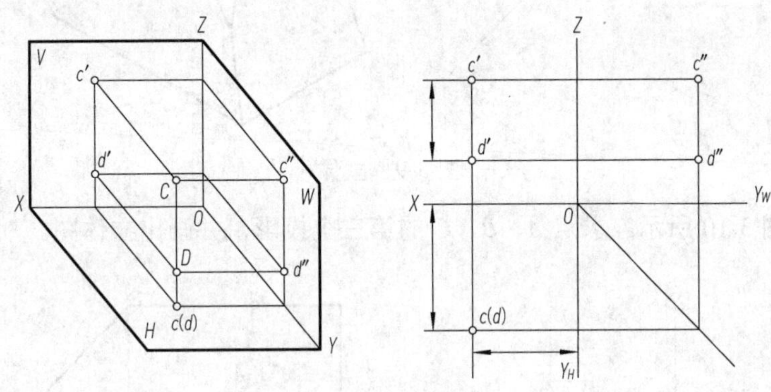

图3-7　重影点

3.1.2　实践操作：找出立体表面上点的投影

01 根据图3-8所示的立体图，在三视图中标出各点的投影。

02 看图回答。

① 平面体上________、________、________、________是重影点。

② 点*G*在点*D*之________（上、下）。

③ 点D在点*B*之________（左、右）。

④ 点 A 在点 C 之________（前、后）。

⑤ 点 A 在点 E 之________，________，________（前、后，左、右，上、下）。

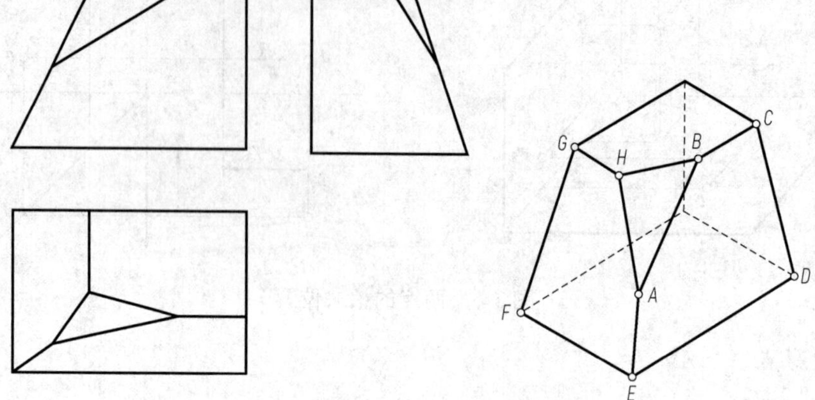

图 3-8　三视图与立体图

03 根据图 3-9 所示立体图，作 B 点的三面投影（尺寸从图中量取）。

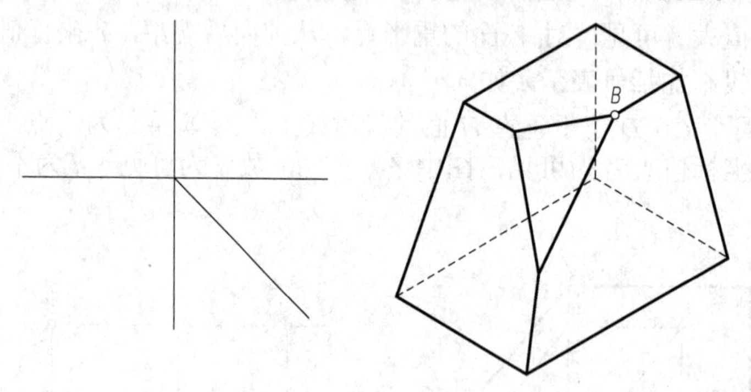

图 3-9　立体

04 如图 3-10 所示，求点 A、B、C 的第三个投影，并画出立体图。

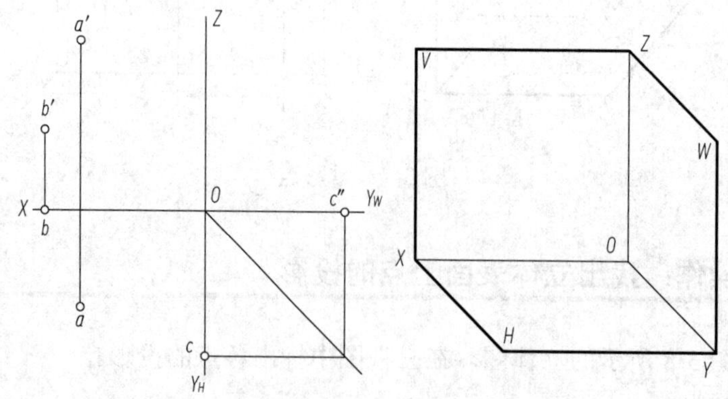

图 3-10　点的第三面投影

任务 3.2　立体表面上线投影的识读

任务思考与小组讨论 2

如图 3-11 所示，立体上有三条直线 *ED*、*GH*、*IJ*，请在三视图中标出三条直线的投影。并讨论三条线的投影有何共同点？

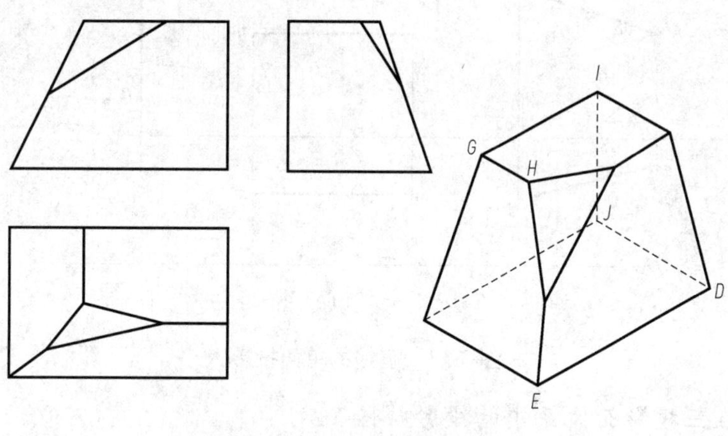

图 3-11　三视图与立体图

3.2.1　相关知识：直线的投影分析

1. 直线的投影

直线的投影一般仍为直线，直线可由两点确定，故直线的投影可由直线上两点的同面投影确定，如图 3-12 所示，分别将 *A*、*B* 两点的同面投影连接，就得到直线的投影。

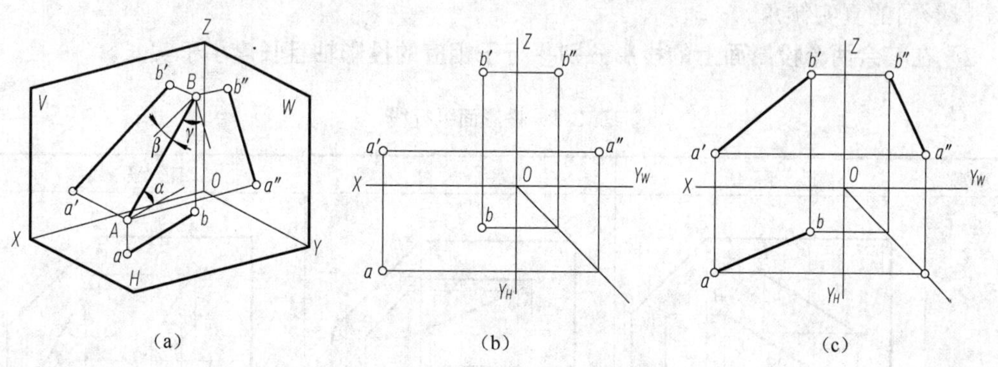

图 3-12　直线的投影特性

2. 直线对单投影面的投影特性

直线对单一投影面有三种位置关系，如图 3-13 所示。

1）**直线倾斜于投影面**。其投影长度小于直线实长，$ab=AB\cos\alpha$。但其投影仍为直线，投影具有类似性，如图 3-13（a）所示。

2）**直线平行于投影面**。其投影长度反映直线实长，即 $ab=AB$，投影具有实型性，如图 3-13（b）所示。

3）**直线垂直于投影面**。其投影重合为一个点，投影的这种特性称为积聚性，如图 3-13（c）所示。

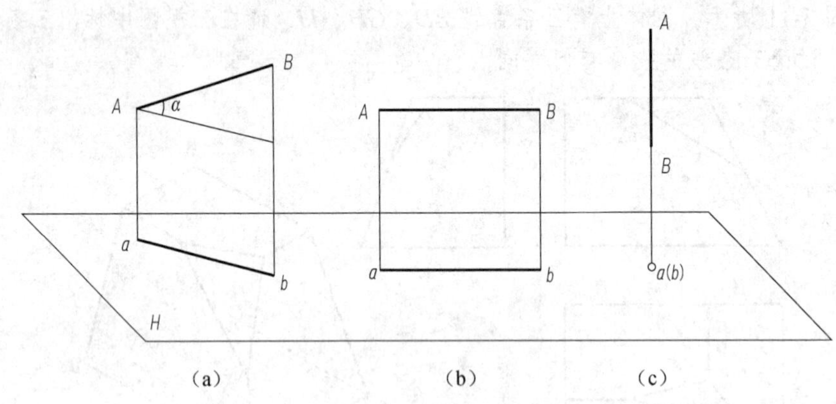

图 3-13 直线的单面投影

3．直线在三投影面体系中的投影特性

直线的投影特性是由其对投影面的相对位置而决定的。在三投影面体系中，直线相对投影面有三种不同位置，因此可分为三类：**投影面平行线、投影面垂直线和一般位置直线**。

（1）投影面平行线

平行于一个投影面而与其余两投影面倾斜的直线。可分为**水平线、正平线、侧平线**三种，它们分别平行于 *H*、*V*、*W* 面。三种投影面平行线的投影图及投影特性见表 3-1。

从表 3-1 可归纳出投影面平行线的投影特性：

1）**在所平行的投影面上的投影反映实长**，该投影与相应投影轴的夹角反映直线对另两个投影面的真实倾角。

2）**在其余两个投影面上的投影分别平行于相应的投影轴且长度小于实长。**

表 3-1 投影面平行线

类别	正平线	水平线	侧平线
立体图			

续表

类别	正平线	水平线	侧平线
投影图			
投影特性	1. $a'b'=AB$，即 V 面投影反映实长，正面投影反映倾角 α 和 γ 2. ab、$a''b''\perp Y$ 轴	1. $ab=AB$，即 H 面投影反映实长，正面投影反映倾角 β 和 γ 2. $a'b'$、$a''b''\perp OZ$	1. $a''b''=AB$，即 W 面投影反映实长，正面投影反映倾角 β 和 α 2. $a'b'$、$ab\perp OX$
判断方法	H 面和 W 面投影 $\perp Y$ 轴 V 面投影是斜线	V 面和 W 面投影 $\perp Y$ 轴 H 面投影是斜线	H 面和 V 面投影 $\perp X$ 轴 W 面投影是斜线

（2）投影面垂直线

仅垂直于某一投影面，而与其余两个投影面平行的直线。可分为**铅垂线**、**正垂线**、**侧垂线**三种。它们分别垂直于 H、V、W 面。三种投影面垂直线的投影图及投影特性见表 3-2。

从表 3-2 可归纳出投影面垂直线的投影特性：

1）在所垂直的投影面上的投影积聚为一点。

2）在其余两个投影面上的投影平行于相应的投影轴且反映实长。

上述投影面平行线和投影面垂直线，通称为特殊位置直线。

表 3-2　投影面垂直线

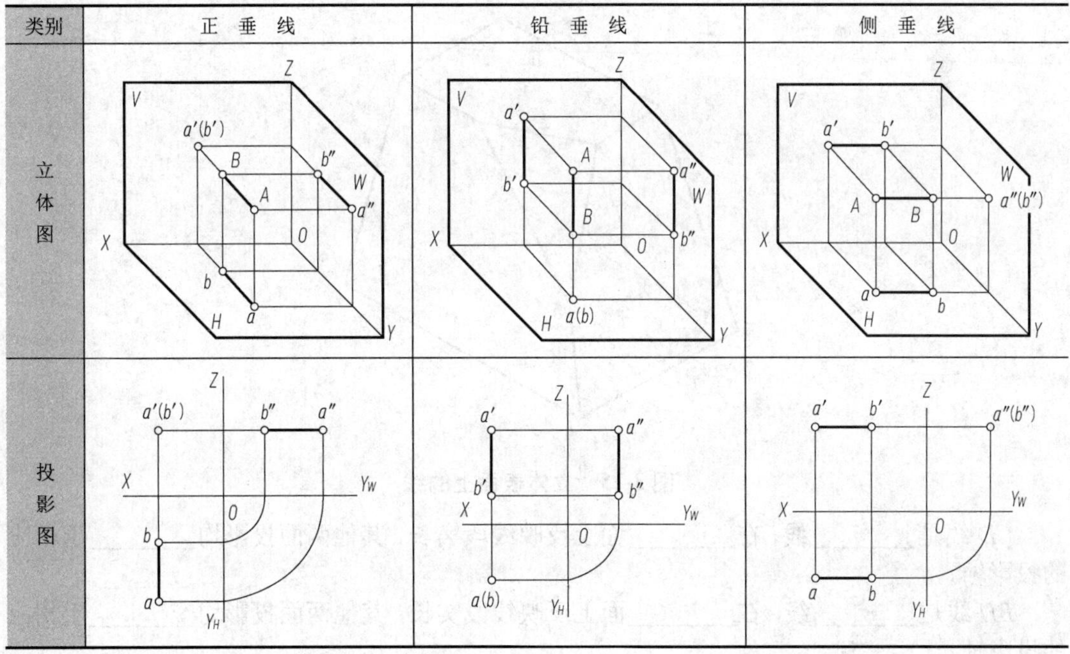

续表

	正　垂　线	铅　垂　线	侧　垂　线
投影特性	1．$a'b'$ 积聚成一点 2．ab、$a''b''$ // Y 轴 3．$ab=a''b''=AB$	1．ab 积聚成一点 2．$a'b'$、$a''b''$ // OZ 3．$a'b'=a''b''=AB$	1．$a''b''$ 积聚成一点 2．ab、$a'b'$ // OX 3．$ab=a'b'=AB$
判断方法	当直线的投影在 V 面积聚为一点时，可判断为正垂线	当直线的投影在 H 面积聚为一点时，可判断为铅垂线	当直线的投影在 W 面积聚为一点时，可判断为侧垂线

（3）一般位置直线

与三个投影面均倾斜的直线称为**一般位置直线**，如图 3-14 所示。其投影特性为：**三个投影均倾斜于投影轴且长度小于实长，而且不反映直线对投影面的倾角。**

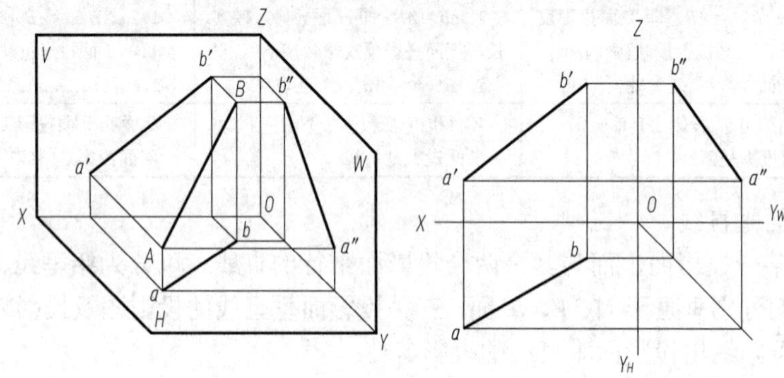

图 3-14　一般位置直线

3.2.2 实践操作：找出立体表面上线的投影

01 根据如图 3-15 所示立体图在图 3-16 三视图中标出 *CD*、*BH* 线的投影，并描深直线。

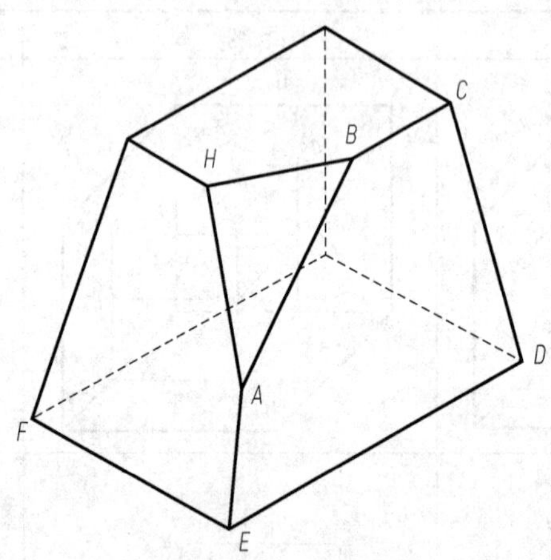

图 3-15　立体表面上的线

CD 线是________线，在________面上反映线段实长，其他两面投影均________于相应的投影轴。

BH 线是________线，在________面上反映线段实长，其他两面投影均________于相应的投影轴。

02 根据如图 3-15 所示立体图在图 3-17 三视图中标出 *EF* 线的投影。

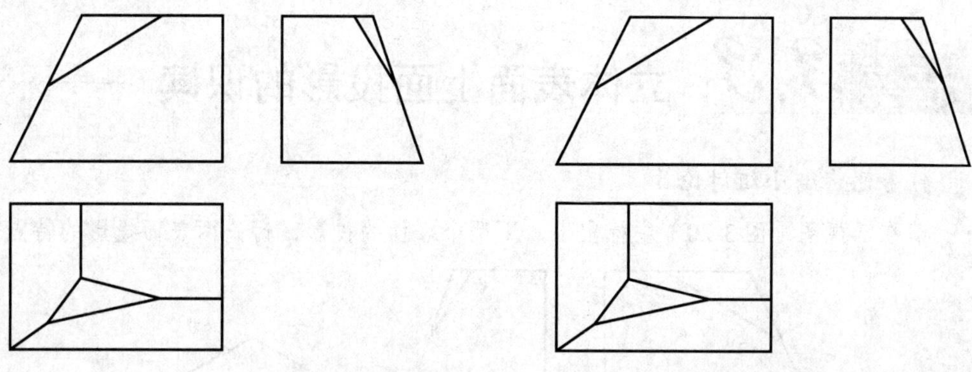

图 3-16　立体三视图上找 *CD*、*BH* 线段投影　　　图 3-17　立体三视图上找 *EF* 线段投影

EF 线是________线，在________面上积聚为一个点，其他两面投影均________，且________于相应的投影轴。

03 根据如图 3-15 所示立体图在图 3-18 三视图中标出 *AB* 线的投影。

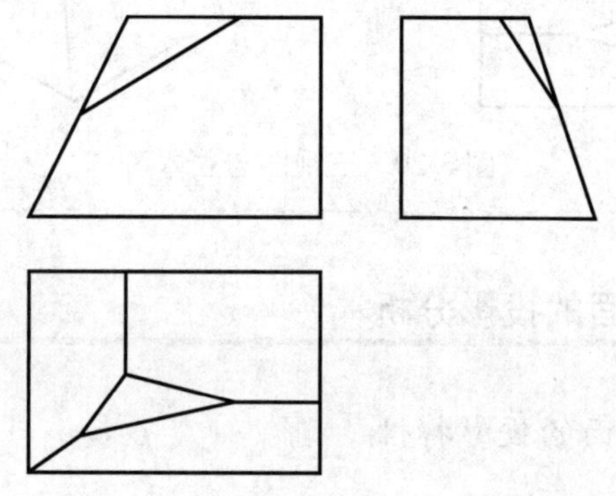

图 3-18　立体三视图上找 *AB* 线段投影

AB 线是________线，其三面投影均________，三个投影均与投影轴________。

04 求如图 3-19 所示直线 *AB* 的实长。

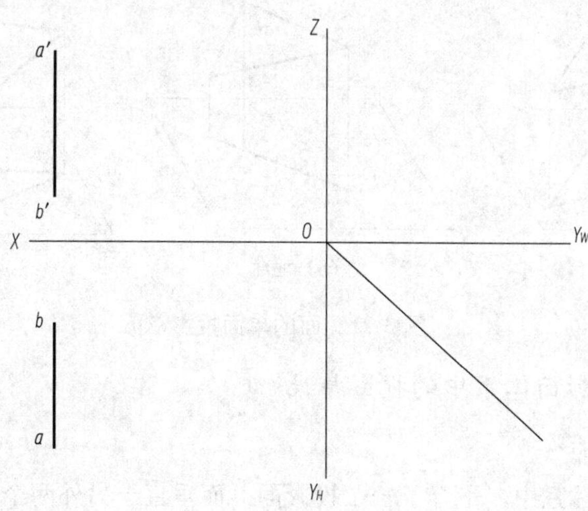

图 3-19　求 *AB* 的实长

任务3.3 立体表面上面投影的识读

任务思考与小组讨论 3

请在三视图（图 3-20）中标出上、下两个表面的投影，讨论两表面投影的特点？

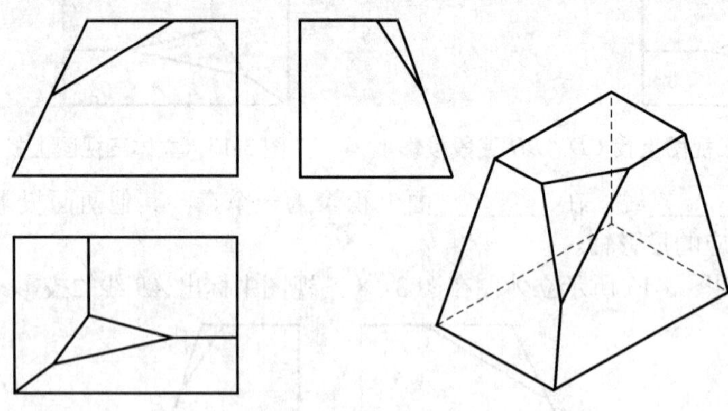

图 3-20　三视图与立体图

3.3.1 相关知识：平面的投影分析

1．平面对一个投影面的投影特性

1）**实形性**：平面平行投影面——投影就把实形现，如图 3-21（a）所示。
2）**积聚性**：平面垂直投影面——投影积聚成直线，如图 3-21（b）所示。
3）**类似性**：平面倾斜投影面——投影类似原平面，如图 3-21（c）所示。

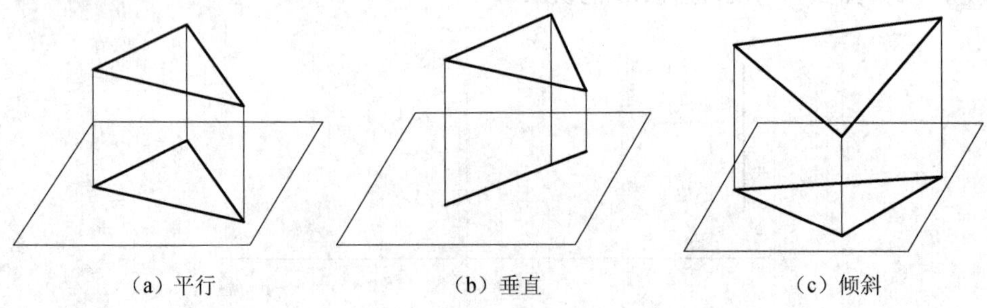

图 3-21　面的单面投影

2．平面在三投影面体系中的投影特性

（1）投影面平行面

平面在三投影面体系中，平行于一个投影面，而垂直于另外两个投影面。三种投影面平行面的投影图及投影特性见表 3-3。

表 3-3　投影面平行面的投影特性

类别	水平面	正平面	侧平面
立体图	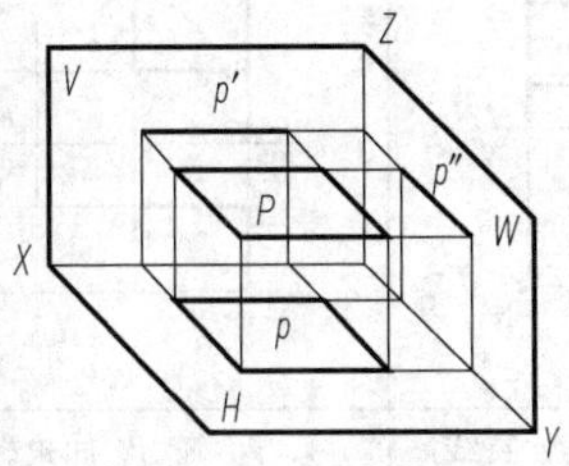	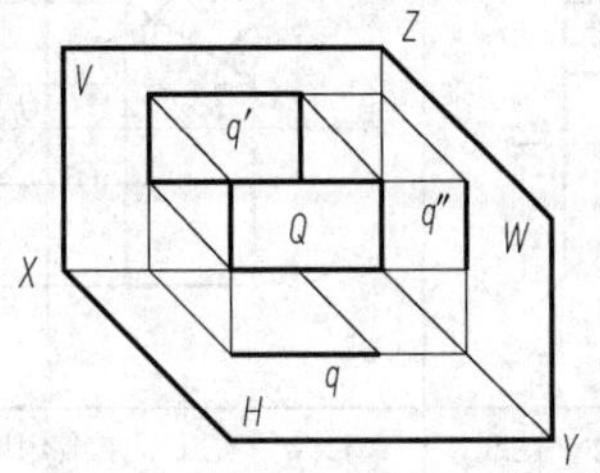	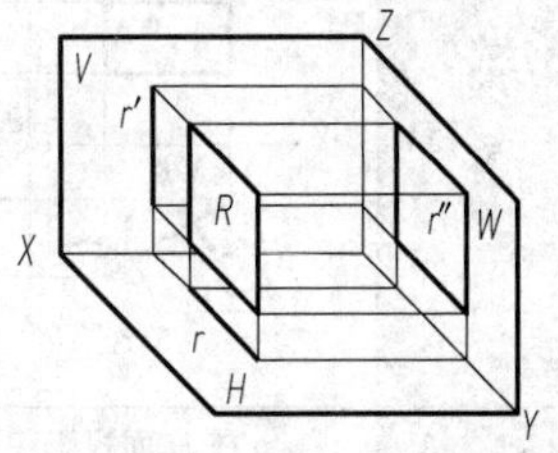
投影图	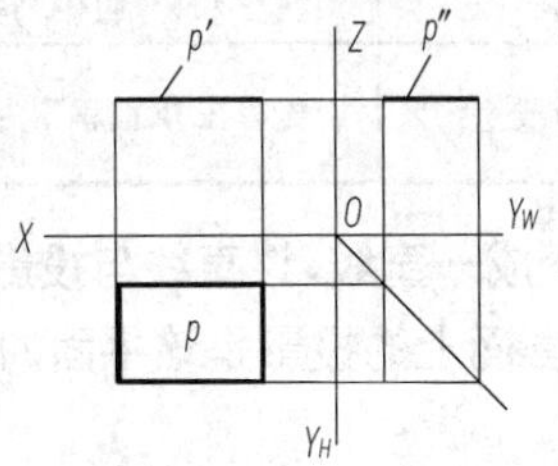	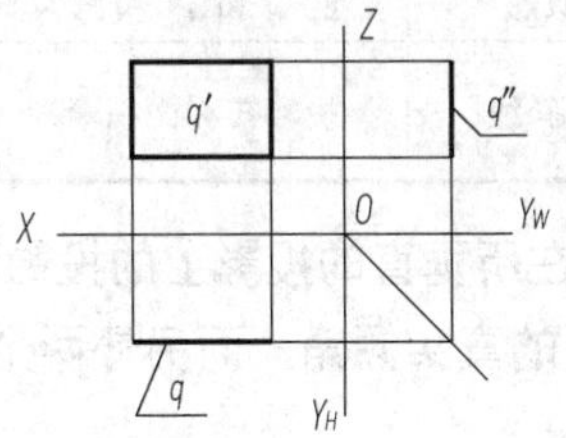	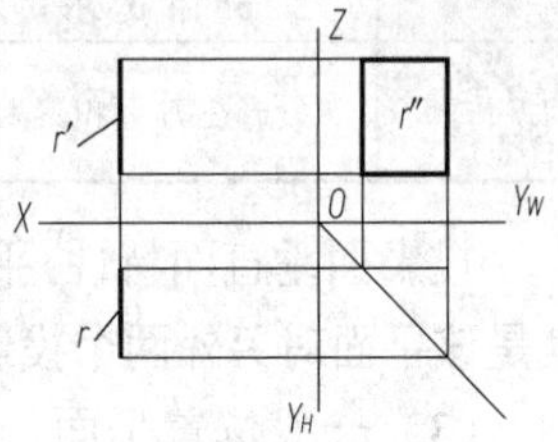
投影特性	1．p 反映平面实形 2．p' 和 p'' 均具有积聚性 3．p'、$p'' \perp OZ$	1．q' 反映平面实形 2．q' 和 q'' 均具有积聚性 3．$q \perp OY_H$、$q'' \perp OY_W$	1．r'' 反映平面实形 2．r' 和 r 均具有积聚性 3．r、$r' \perp OX$
判断方法	平面在 V 面或 W 面的投影积聚为横线	平面在 H 面的投影积聚为横线，或者平面在 W 面投影积聚为竖线	平面在 V 面或 H 面的投影积聚为竖线

投影面平行面特性：**平面在所平行的投影面上的投影反映实形，其余的投影都是垂直于投影轴的直线。**

（2）投影面垂直面

在三投影面体系中，垂直于一个投影面，而对另外两投影面倾斜的平面。三种投影面垂直面的投影图及投影特性见表 3-4。

表 3-4　投影面垂直面的投影特性

类别	铅垂面	正垂面	侧垂面
立体图	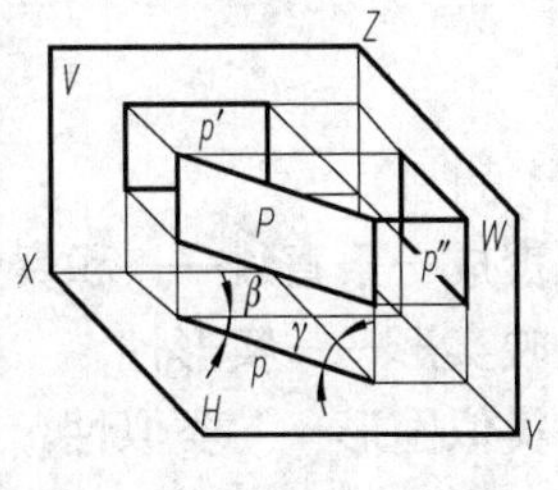	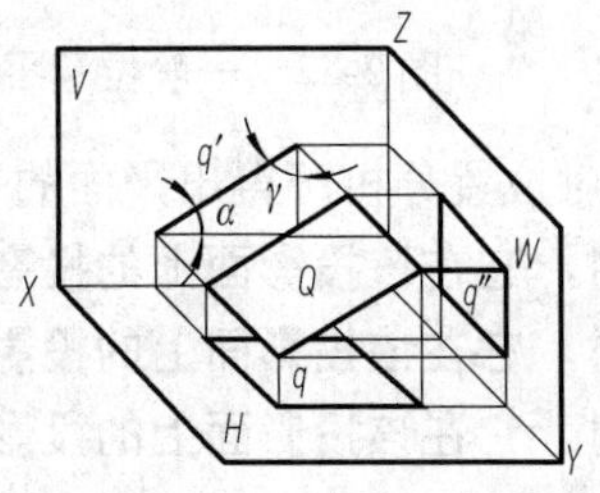	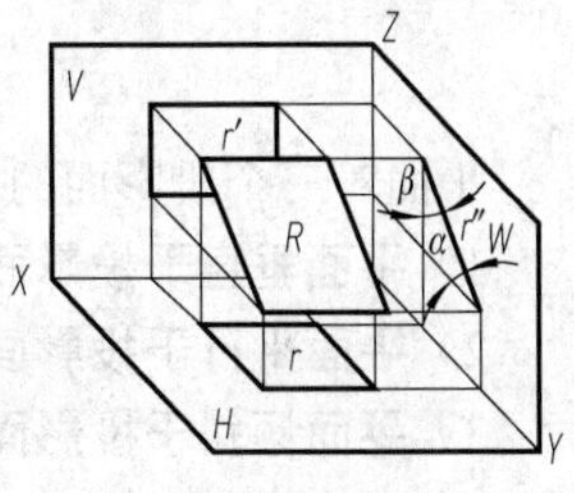

续表

类别	铅 垂 面	正 垂 面	侧 垂 面
投影图			
投影特性	1. p 在 H 面投影积聚为一直线，并反映 β 和 γ 2. p' 和 p'' 投影为类似形	1. q' 在 V 面投影积聚为一直线，并反映 α 和 γ 2. q 和 q'' 投影为类似形	1. r'' 在 W 面投影积聚为一直线，并反映 β 和 α 2. r 和 r' 投影为类似形
判断方法	投影在 H 面积聚为一条斜线	投影在 V 面积聚为一条斜线	投影在 W 面积聚为一条斜线

投影面垂直面特性：**平面在所垂直的投影上的投影积聚成一直线，该直线与投影轴的夹角，就是该平面对另外两个投影面的真实倾角，而另外两个投影面上的投影是该平面的类似形。**

（3）一般位置平面

与三个投影面都倾斜的平面称为**一般位置平面**，如图 3-22 所示。

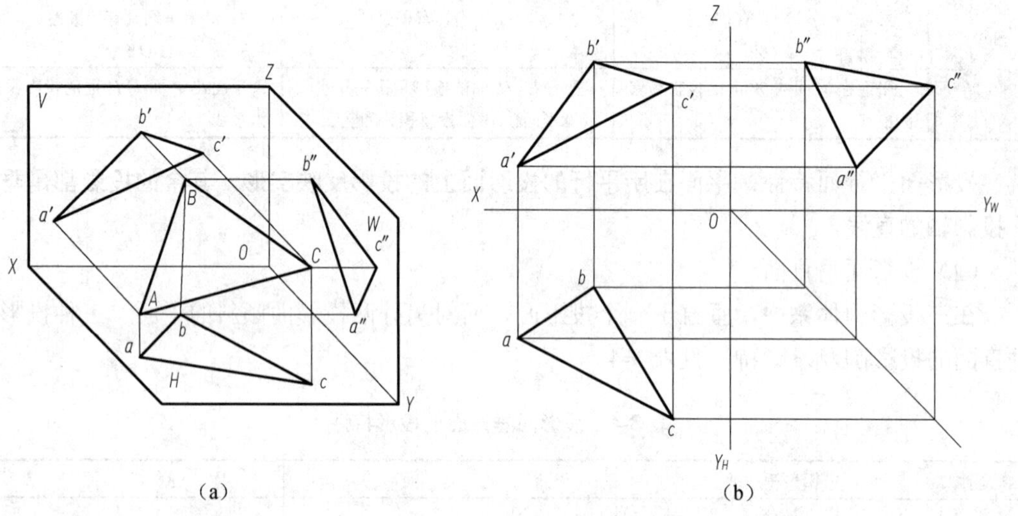

图 3-22　一般位置平面

平面对三个投影面的相对位置分析可得出平面的投影特性：

1）**平面垂直于投影面时，它在该投影面上的投影积聚成一条直线——积聚性。**

2）**平面平行于投影面时，它在该投影面上的投影反映实形——实形性。**

3）**平面倾斜于投影面时，它在该投影面上的投影为类似图形——类似性。**

3.3.2 实践操作：找出立体表面上面的投影

01 根据如图 3-23 所示立体图在三视图中标出阴影平面 A 的投影，并描深平面轮廓线。

A 面是________面，与 *V* 面________，与 *H*、*W* 面________。在________面上的投影反映实形，在________面上的投影________。

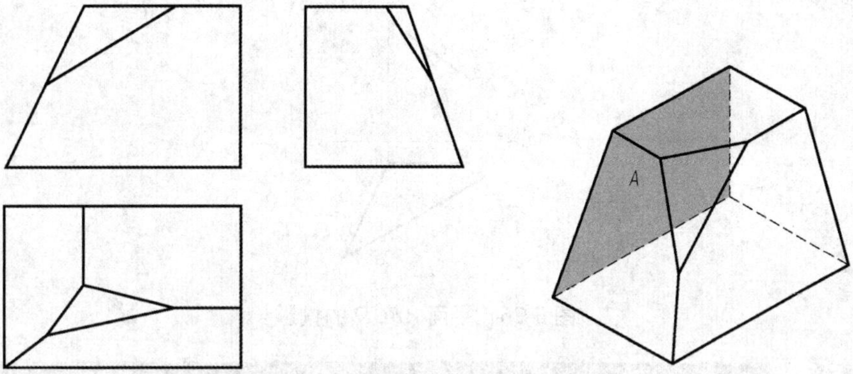

图 3-23　立体三视图上找 *A* 面的投影

02 根据如图 3-24 所示立体图在三视图中标出阴影平面 *B* 的投影，并描深平面轮廓线。

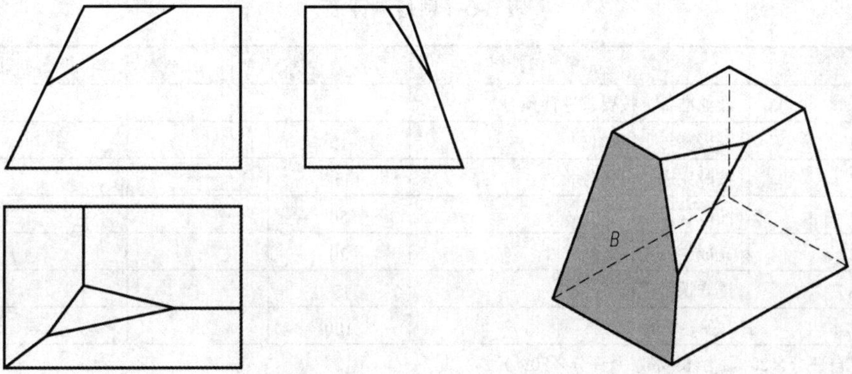

图 3-24　立体三视图上找 *B* 面的投影

B 面是________面，与 *V* 面________。在________面上的投影积聚为________，其他两面上的投影为________。

03 根据如图 3-25 所示立体图在三视图中标出阴影平面 *C* 的投影，并描深平面轮廓线。

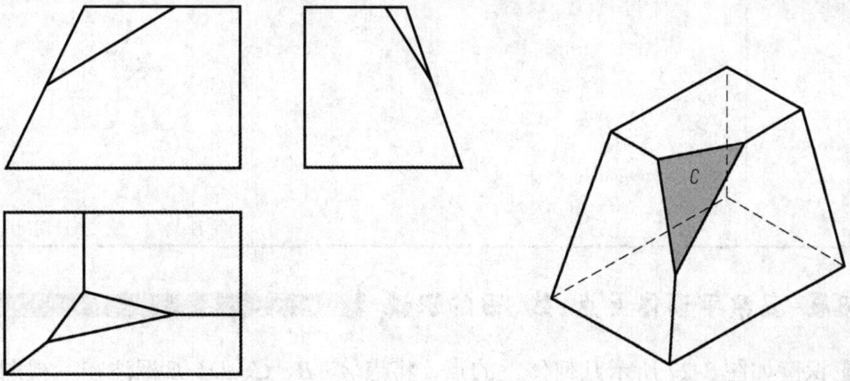

图 3-25　立体三视图上找 *C* 面的投影

C 面是________面，与 *H*、*V*、*W* 面都________。在三面上的投影均为________。

04 如图 3-26 所示，已知平面 *ABCD* 的边 *BC*//面，完成其投影。

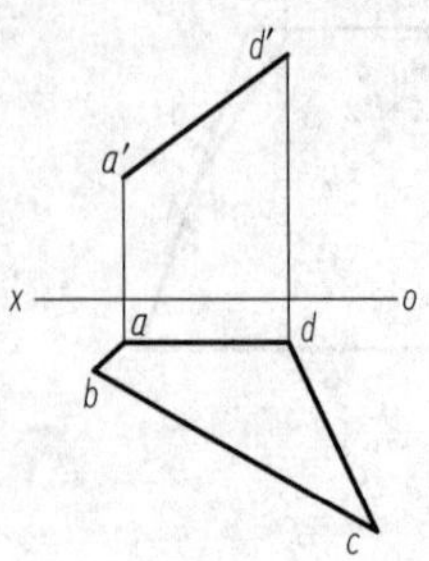

图 3-26　平面 *ABCD* 的投影

项目测评

按表 3-5 进行项目测评。

表 3-5　项目测评表

序　　号	评 价 内 容	分　　数	自　　评	组长或教师*评分
1	课前准备，按要求进行预习	5		
2	积极参与小组讨论	15		
3	按时完成学习任务	5		
4	图纸答辩*	50		
5	完成学习工作页*	20		
6	遵守课堂纪律	5		
总　　分		100		
综合评分（自评分×20%＋组长或教师*评分×80%）：				
小组长签名：		教师签名：		
学习体会	签名：　　　　日期：			

技能拓展：复杂平面体上点、线、面的识读

01 识读如图 3-27 所示几何体上的点，将点 *A*、*B*、*C*、*D*、*E* 标注在三视图中，并回答问题。

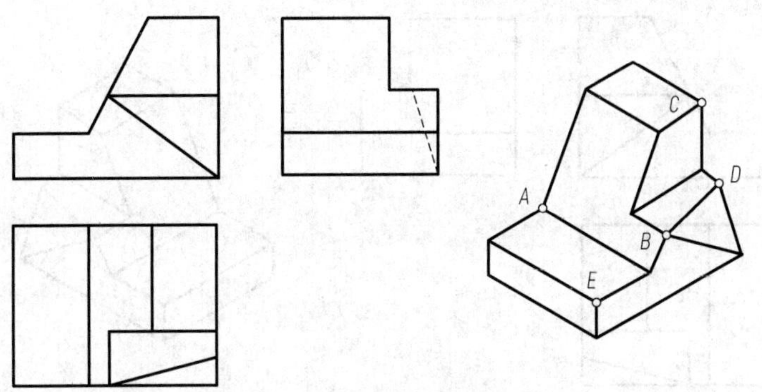

图 3-27　复杂平面体上的点

点 *A* 在点 *B* 之________（上、下）；点 *C* 在点 *B* 之________（左、右）；点 *E* 在点 *A* 之________（前、后）；点 *D* 在点 *E* 之________，________，________（前、后，左、右，上、下）。

02 识读如图 3-28 所示几何体上的线，将线段 *AB*、*AC*、*DE*、*FG* 标注在三视图中，并回答问题。

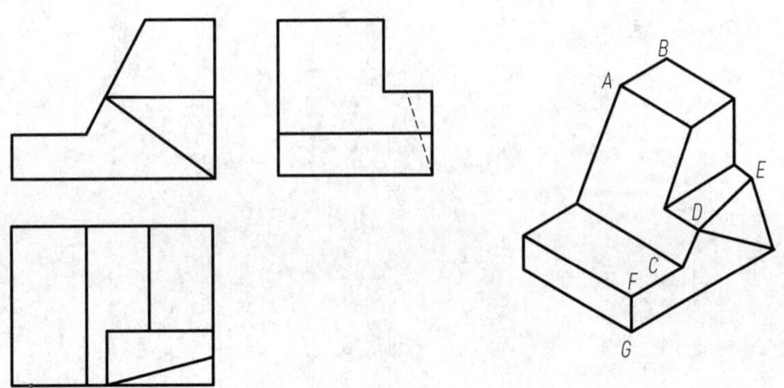

图 3-28　复杂平面体上的线

AB 线是________线，在________面上反映线段实长，其他两面投影均________于相应的投影轴。

DE 线是________线，在________面上反映线段实长，其他两面投影均________于相应的投影轴。

AC 线是________线，在________面上积聚为一个点，其他两面投影均________，且________于相应的投影轴。

FG 线是________线，在________面上积聚为一个点，其他两面投影均________，且________于相应的投影轴。

03 识读如图 3-29 所示几何体上的面，将平面 *A*、*B*、*C* 标注在三视图中，并回答问题。

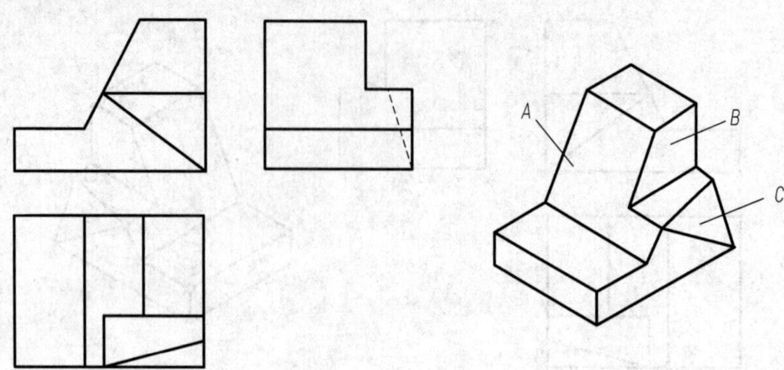

图 3-29　复杂平面体上的面

A 面是________面，与 *V* 面________。在________面上的投影积聚为________，其他两面上的投影为________。

B 面是________面，与 *V* 面________，与 *H*、*W* 面________。在________面上的投影反映实形，在________面上的投影________。

C 面是________面，与 *H*、*V*、*W* 面都________。在三面上的投影均为________。

项目 4

螺栓坯三视图的绘制

项目描述

螺栓坯是用于制作螺栓的毛坯件，如图 4-1 所示。分析螺栓坯结构形状，绘制螺栓坯的三视图，并标注尺寸。

图 4-1　螺栓坯

学习目标

◎ 能叙述基本体棱柱、圆柱的投影特性。
◎ 在教师的指导下，小组合作绘制螺栓毛坯的三视图。
◎ 在教师的指导下，标注螺栓毛坯的尺寸。

学习任务

◎ 螺栓坯三视图的绘制。
◎ 螺栓坯的尺寸标注。

任务 4.1 螺栓坯三视图的绘制

任务思考与小组讨论 1

观察螺栓坯有什么形状特征？如何绘制螺栓坯的三视图？

4.1.1 相关知识：基本体及其投影的概念、棱柱投影、圆柱投影

1．基本体及其投影的概念

单一的几何体称为基本体。如图 4-2 所示的棱柱、棱锥、圆柱、圆锥、球、环等。它们是构成形体的基本单元，在几何造型中又称**基本体素**。

图 4-2 基本体

其中，表面仅由平面围成的基本体称为**平面立体**，如图 4-2 所示的棱柱、棱锥；表面包含曲面的基本体称为**曲面立体**，如图 4-2 所示的圆柱、圆锥、球、环。

基本体的投影是指构成基本体的所有表面以及形成该形体的特征线（轴线、对称线）投影的总和。

2．棱柱的投影

棱柱的组成：顶面、底面、侧面、侧棱。下面以正六棱柱为例，进行分析总结，如图 4-3 所示。

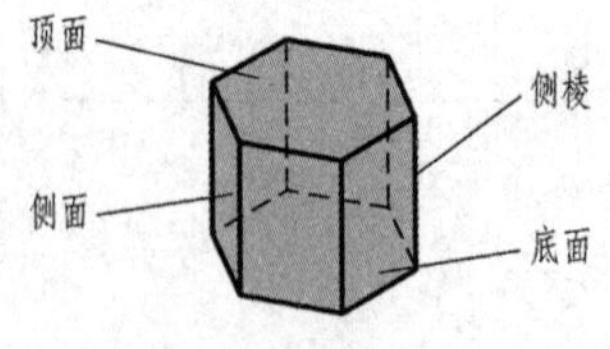

图 4-3 棱柱的组成

（1）棱柱的投影分析

1）顶面、底面：为水平面，*H* 面反映六边形实形，*V* 面、*W* 面积聚为一条线。

2）侧面：左右四个侧棱面为铅垂面，在 *H* 面上积聚在六边形的六条边上，*V* 面、*W* 面为棱柱侧面的类似形；前后两侧棱面为正平面，在 *V* 面上反映实形，*H* 面、*W* 面积聚为一条线。

3）六条侧棱线：为铅垂线，在 *V*、*W* 面上反映实长，*H* 面积聚为一点。

（2）棱柱投影作图

如图 4-4 所示，作投影图时，应先画反映实形的顶面、底面的六边形，再根据投影规

律画其正面和侧面投影，最后画棱线的正面投影和侧面投影。

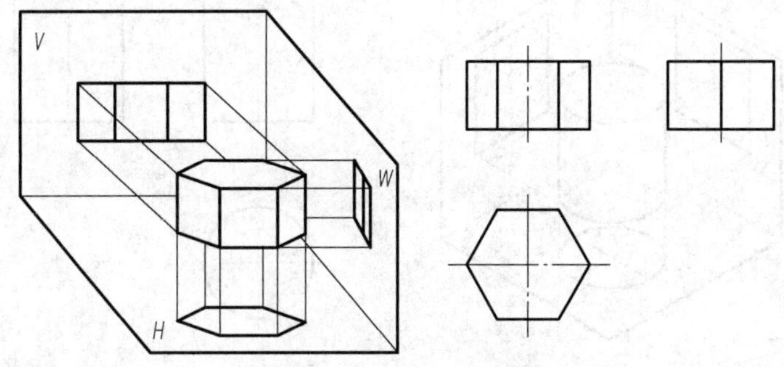

图 4-4　棱柱及其三视图

（3）棱柱投影特性总结

一面投影为多边形，多边形的各边是各棱面投影的积聚，另两面投影均为一个或多个矩形线框拼成的矩形。

3．圆柱的投影

圆柱的组成：顶面、底面、圆柱面，如图 4-5（a）所示。

圆柱面的形成：圆柱面是由一条直母线绕着与它平行的轴线旋转形成的，如图 4-5（b）所示。

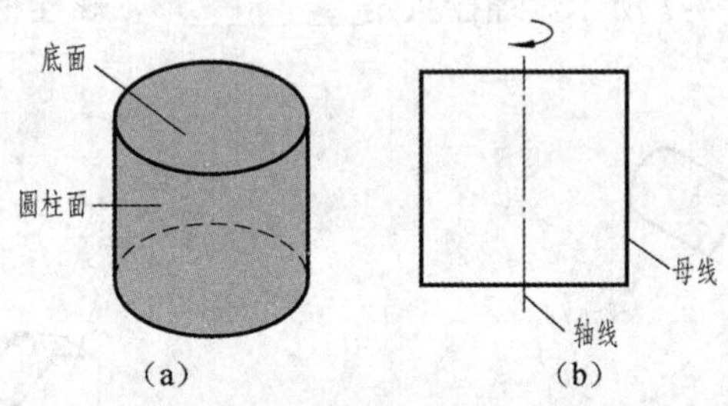

图 4-5　正圆柱的组成及形成

（1）圆柱的投影分析

1）顶面、底面：均为水平圆面，H 面反映圆面实形，V 面及 W 面投影积聚为长度等于直径的直线。

2）圆柱面：垂直 H 面。

H 投影：积聚成圆（积聚性）。

V 投影：正视转向轮廓线（即最左、最右素线）的 V 投影。

W 投影：侧视转向轮廓线（即最前、最后素线）的 W 投影。

（2）圆柱投影作图

如图 4-6 所示，作投影图时，应先画反映实形的顶面、底面的水平圆，再根据投影规律画其正面和侧面投影，最后画轮廓线的正面投影和侧面投影。

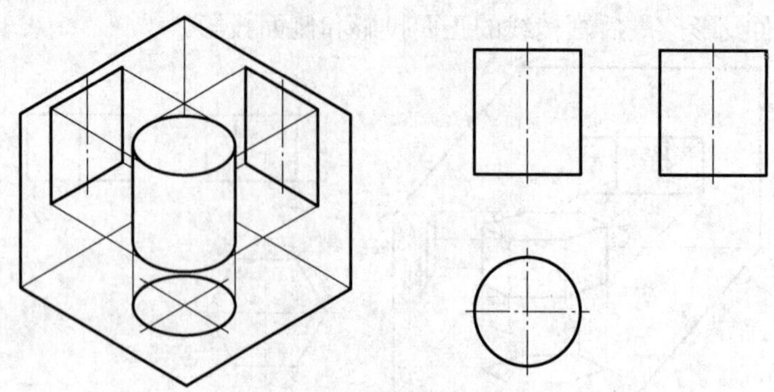

图 4-6　圆柱及其三视图

（3）圆柱投影特性总结

一个投影为圆面，另外两个投影轮廓线为全等的矩形。

① 对于不同的投影面，圆柱的投影有不同的转向轮廓线。

② 各转向轮廓线为垂直线，其投影分别积聚成一点，落在圆周上。

4.1.2　实践操作：绘制螺栓坯的三视图

1．分析螺栓坯的组成

螺栓坯的立体图如图 4-7 所示。螺栓头是________形，螺栓柄是________形，如图 4-8 所示。

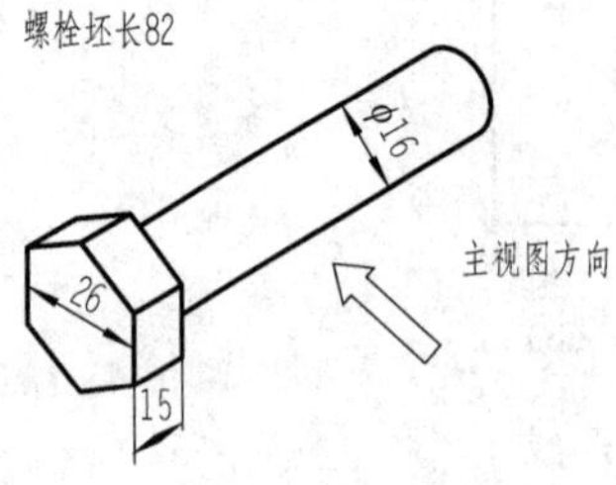

图 4-7　螺栓坯立体图

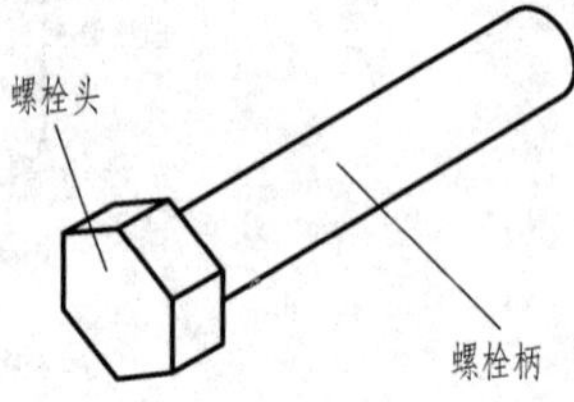

图 4-8　螺栓坯的组成

2．绘制螺栓头

01 绘制中心线，如图 4-9 所示。

02 绘制螺栓头的左视图，如图 4-10 所示。

螺栓在左视图的投影反映________，为________形。

图 4-9　绘制中心线　　图 4-10　绘制螺栓头的左视图

03 绘制螺栓头的主视图，如图 4-11 所示。

根据________的投影关系及螺栓头的________画主视图。

04 绘制螺栓头的俯视图，如图 4-12 所示。

根据________、________的投影关系画俯视图。

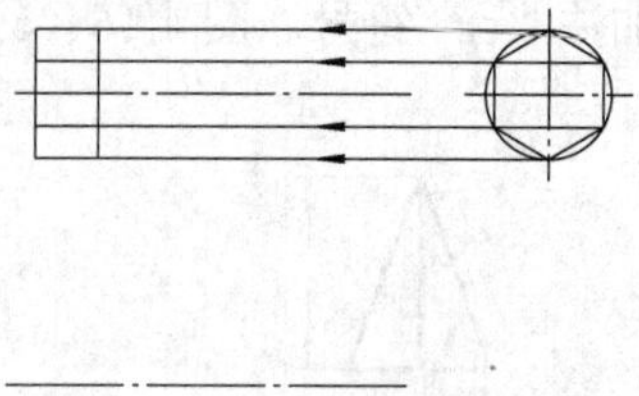

图 4-11　绘制螺栓头的主视图

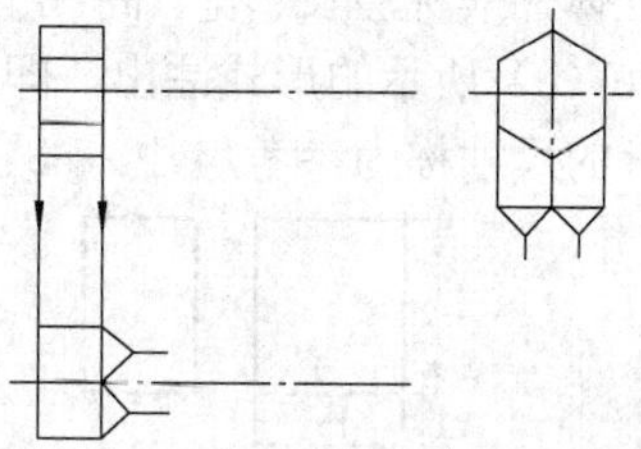

图 4-12　绘制螺栓头的俯视图

3．绘制螺栓柄

01 绘制螺栓柄的左视图，如图 4-13 所示。

螺栓柄在左视图的投影反映________，为________形。且为________线。

02 绘制螺栓柄的主、俯视图，如图 4-14 所示。

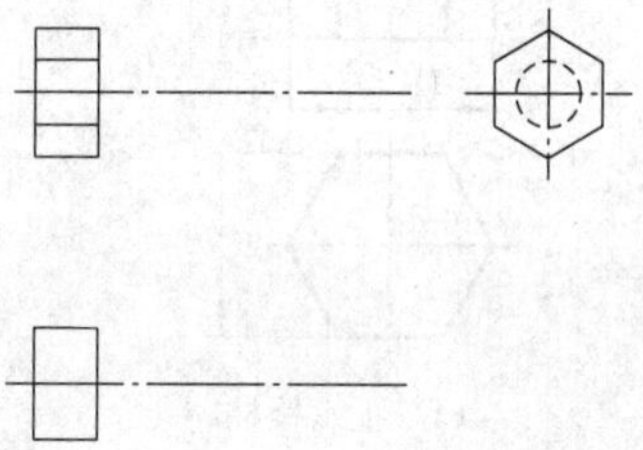

图 4-13　绘制螺栓柄的左视图

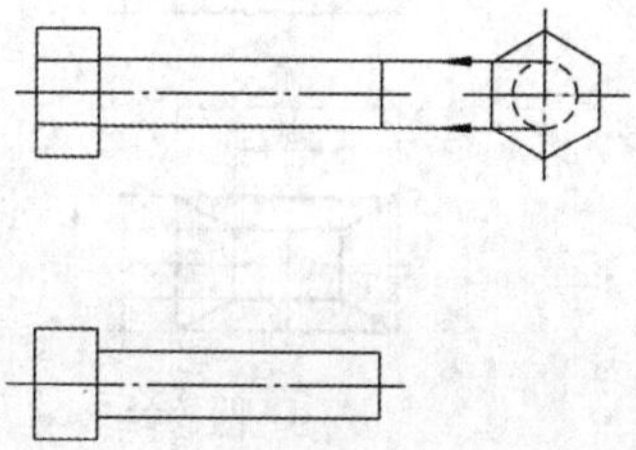

图 4-14　绘制螺栓柄的主、俯视图

螺栓柄在主、俯视图的投影均为________形，根据________的投影关系和螺栓柄的________画图。

螺栓头的________表面与螺栓柄的________表面是共面，其投影线________。

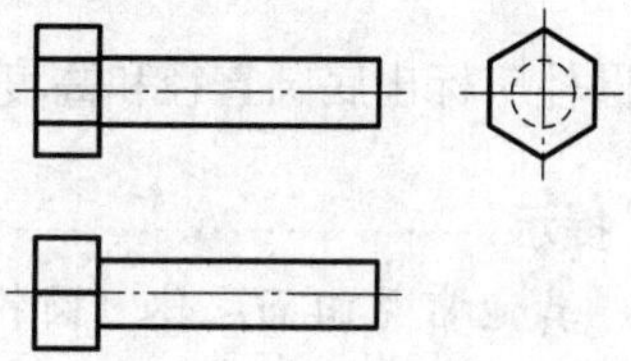

4．检查并加粗

检查、加粗，如图 4-15 所示。

图 4-15　加粗

任务 4.2　螺栓坯的尺寸标注

任务思考与小组讨论 2

螺栓坯尺寸如何标注才能表达清楚？

4.2.1 相关知识：常见平面立体和曲面立体（一）的尺寸标注

1. 平面立体的尺寸标注

平面立体一般标注长、宽、高三个方向的尺寸，如图 4-16 所示。其中正方形的尺寸可采用如图 4-16（e）所示的形式注出，即在边长尺寸数字前加注“□”符号。图 4-16（c）、（f）中加“()”的尺寸称为参考尺寸。

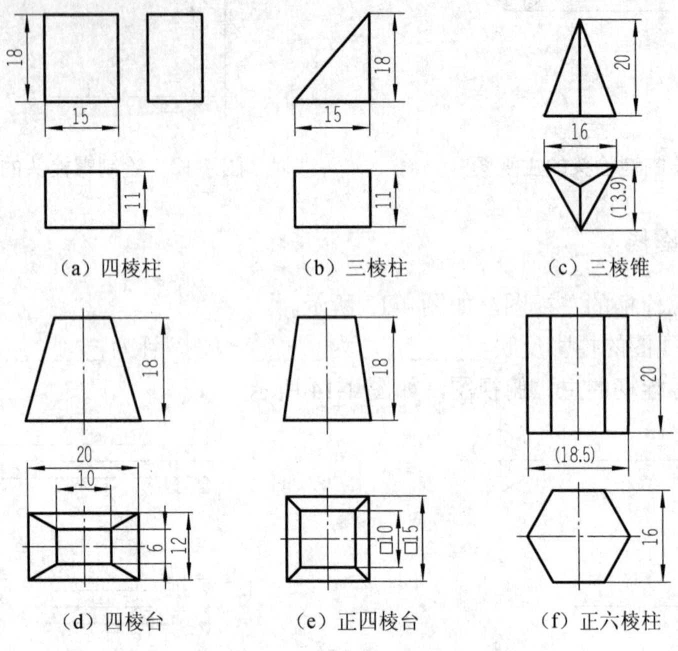

图 4-16　平面体的尺寸标注

2. 曲面立体的尺寸标注

圆柱应标出底圆直径和高度尺寸，如图 4-17 所示。直径尺寸应在其数字前加注符号“ϕ”。

提示

其他常见曲面立体（圆锥、圆锥台、圆球等）的尺寸标注将在项目 5 的 5.3.1 节进行讲解。

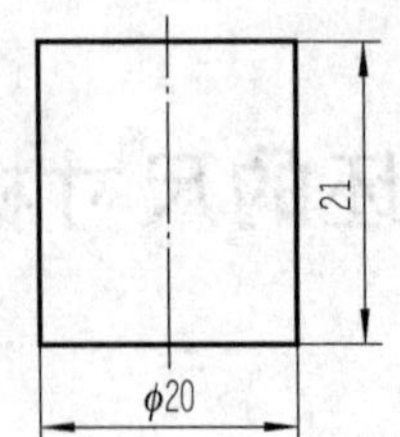

图 4-17　圆柱的尺寸标注

4.2.2 实践操作：标注螺栓坯的尺寸

01 标注螺栓头尺寸。

如图 4-18 所示，在主视图或俯视图上标注螺栓头的________尺寸，在左视图中标注螺栓头________尺寸。

02 标注螺栓柄尺寸。

如图 4-19 所示，在主视图或俯视图上标注螺栓柄的________尺寸和________尺寸。

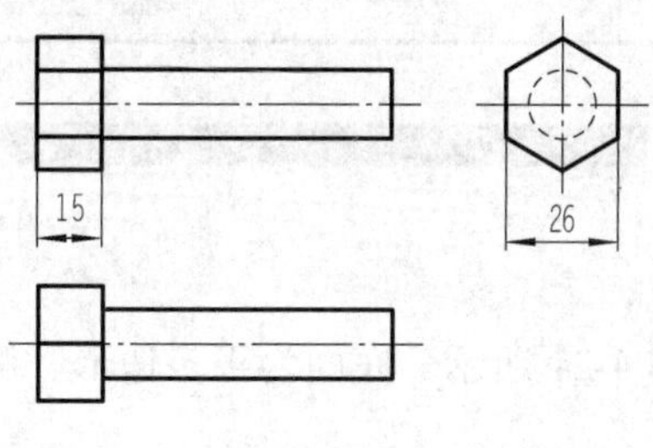

图 4-18　标注螺栓头尺寸

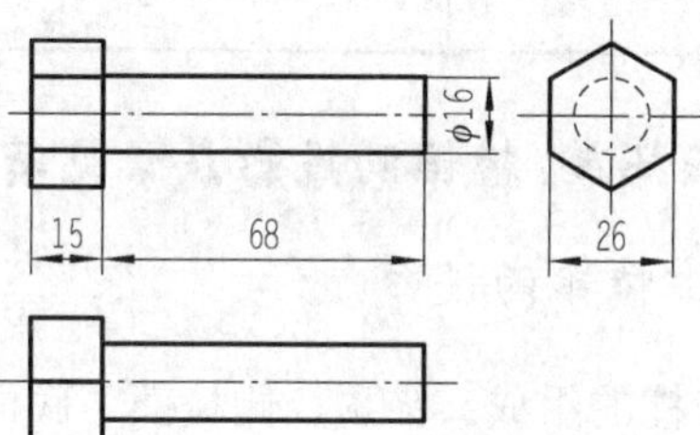

图 4-19　标注螺栓柄尺寸

03 调整尺寸。

如图 4-20 所示，长度方向的尺寸以________面为基准，尺寸 82 也是________尺寸。

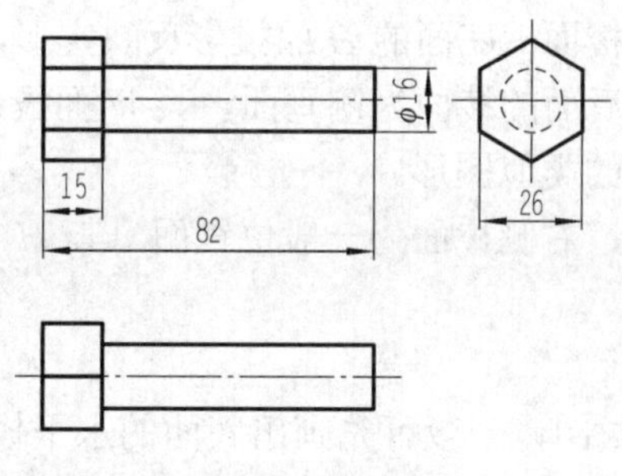

图 4-20　调整尺寸

项目测评

按表 4-1 进行项目测评。

表 4-1　项目测评表

序　号	评 价 内 容	分　数	自　评	组长或教师*评分
1	课前准备，按要求进行预习	5		
2	积极参与小组讨论	15		
3	按时完成学习任务	5		
4	绘图质量*	50		
5	完成学习工作页*	20		
6	遵守课堂纪律	5		
总　分		100		
综合评分（自评分×20%＋组长或教师*评分×80%）：				

续表

<table>
<tr><td>小组长签名：</td><td>教师签名：</td></tr>
<tr><td>学习体会</td><td>

签名：　　　　日期：</td></tr>
</table>

知识拓展：棱锥的投影及常见基本体的投影

1．棱锥的投影

棱柱的组成：锥顶、侧棱面、底面、棱线，如图 4-21 所示。底面为正多边形、侧棱面为全等的等腰三角形的棱锥称为**正棱锥**。

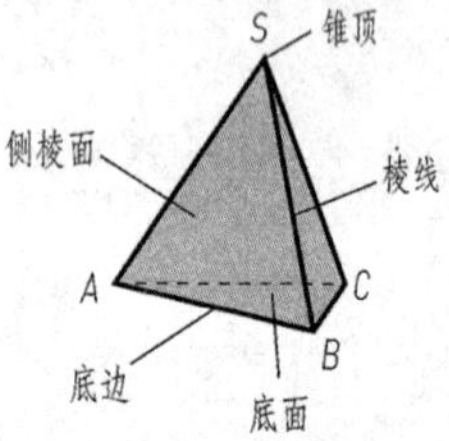

图 4-21　棱锥的组成

（1）棱锥的投影分析

底面：在 *H* 面上反映实形（多边形），在 *V*、*W* 面积聚为一条水平直线。

侧棱面：底面的 *H* 面投影反映实形，*V*、*W* 面投影均积聚成水平线段。后面的棱面为侧垂面，其 *W* 面投影积聚成直线段，*H*、*V* 面投影是它的类似图形。

左、右侧棱面为一般位置面，其 *H*、*V*、*W* 面投影均为它们的类似图形。

（2）棱锥投影作图

画正放的正三棱锥的投影图，一般可先画出底面的水平投影（正三角形）和底面的另两个投影（均积聚为直线）；再画出锥顶的三个投影；然后将锥顶和底面三个顶点的同面投影连接起来，即得正三棱锥的三面投影。也可先画出三棱锥（底面和三个侧棱面）的一个投影（如水平投影），再依照投影关系画出另两个投影。如图 4-22 所示。

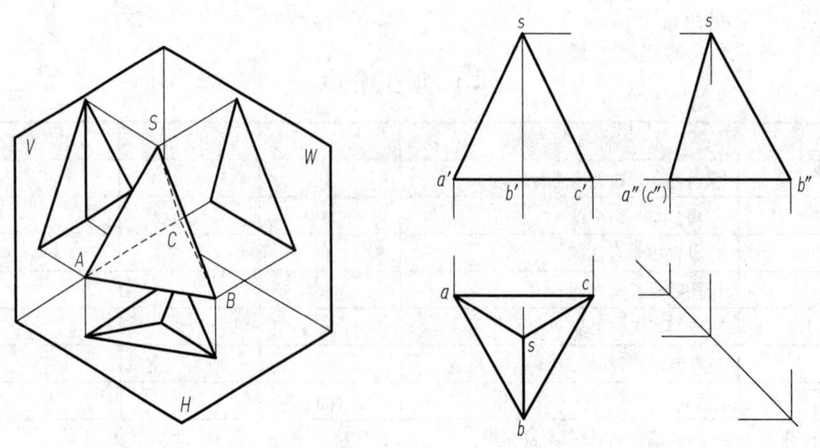

图 4-22　棱锥及其三视图

（3）棱锥投影特性总结

一面投影是共顶点的三角形拼合成的多边形，另两面投影均为共顶点且底边重合于一条线的三角形拼合成的三角形。

2．常见的几种基本平面体的投影图

因底面的形状不同，棱柱、棱锥和棱台的种类很多，如图4-23所示是常见部分。图中虚线表示的是不可见棱线的投影，常用实线和虚线区分形体上的可见与不可见部分。

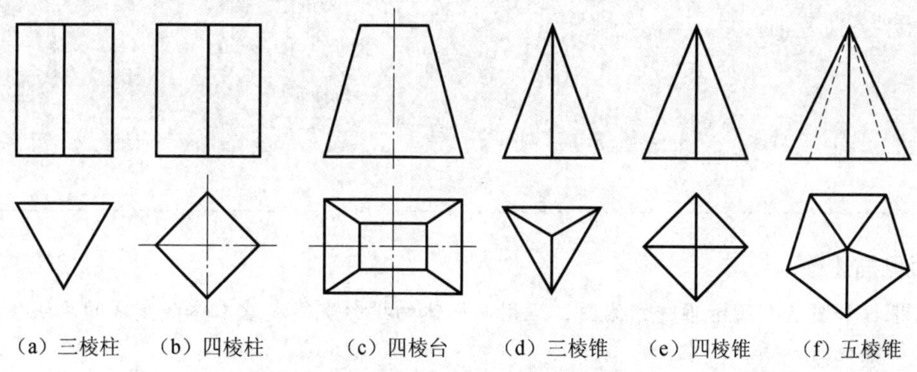

（a）三棱柱　（b）四棱柱　（c）四棱台　（d）三棱锥　（e）四棱锥　（f）五棱锥

图4-23　常见平面体的两面投影图

技能拓展：玻璃打孔钻三视图的绘制

玻璃打孔钻是玻璃生产加工中钻孔或取芯用的工具。根据如图4-24所示立体图绘制玻璃打孔钻三视图，图中 d 为玻璃上孔的直径。

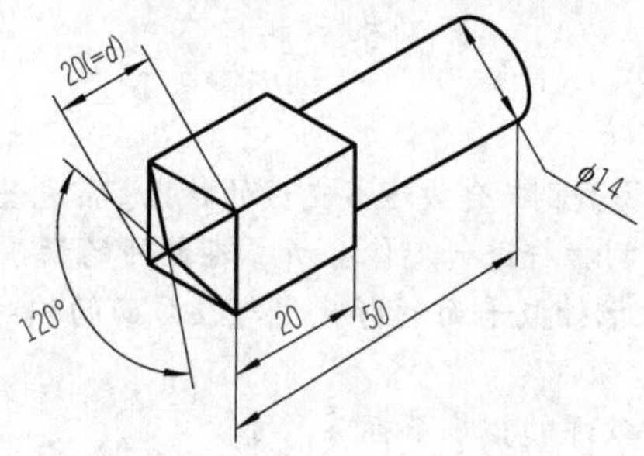

图4-24　玻璃打孔钻的立体图

项目 5

推杆三视图的绘制

项目描述

根据如图 5-1 所示推杆立体图，运用曲面体的投影规律和基本体截交线的画法，绘制推杆的三视图并标注尺寸。

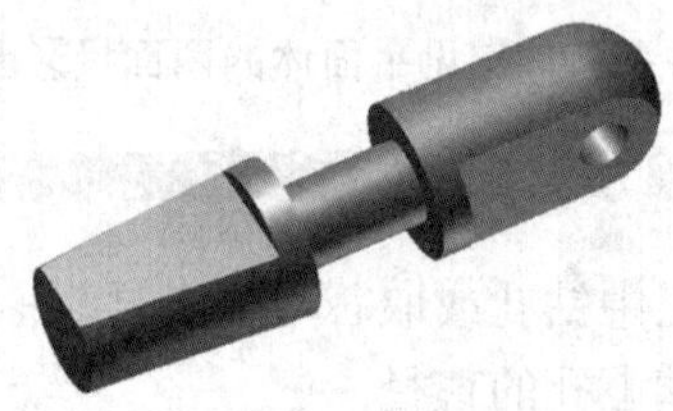

图 5-1　推杆

学习目标

◎ 能认识曲面体的投影规则，会叙述截交线的特性、常见基本体截交线的形状与性质。

◎ 小组合作对未被切割推杆进行形体分析，在教师的指导下绘制三视图。

◎ 小组合作分析切割推杆截平面的形状、与投影面的相对位置，并绘制截交线在三面中投影。

◎ 运用已学知识，在教师的指导下标注尺寸。

学习任务

◎ 未切截推杆三视图的绘制。

◎ 切截后推杆三视图的补充绘制。

◎ 推杆的尺寸标注。

任务 5.1　未切截推杆三视图的绘制

任务思考与小组讨论 1

如图 5-2 所示，未切截的推杆是怎样形成的？如何绘制此几何体的三视图？

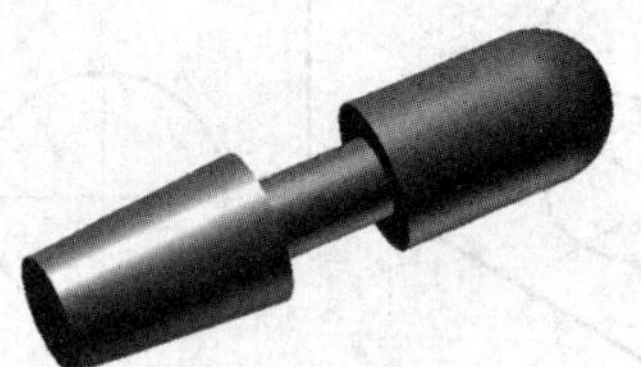

图 5-2　未切割的推杆

5.1.1　相关知识：圆锥的投影、圆球的投影

1．圆锥的投影

圆锥的组成：锥顶、底面、圆锥面，如图 5-3（a）所示。

圆锥面的形成：圆锥面是由一条直母线绕与它相交的轴线旋转形成的，如图 5-3（b）所示。

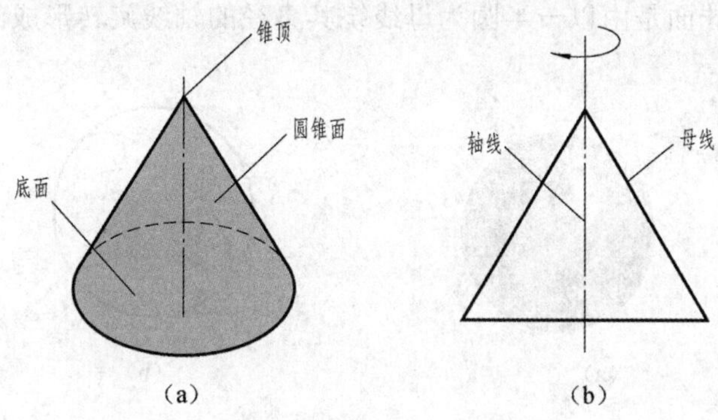

图 5-3　圆锥的组成及形成

（1）圆锥的投影分析

1）锥顶：为一空间点。

2）底面：为水平圆面，*H* 面反映圆面实形，*V* 面及 *W* 面投影积聚为长度等于直径的直线。

3）圆锥面：

H 投影：为圆面。

V 投影：为正视转向轮廓线（即最左、最右素线）的 *V* 投影。

W 投影：为侧视转向轮廓线（即最前、最后素线）的 *W* 投影。

（2）圆锥投影的作图

如图 5-4 所示，作投影图时，先画底面投影，再确定锥顶的投影。画正视转向轮廓线的正面投影和侧视转向轮廓线的侧面投影。

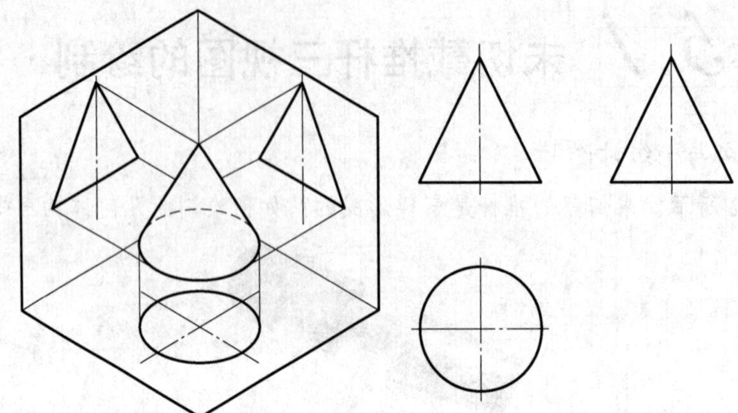

图 5-4　圆锥及其三视图

（3）圆锥投影特性总结

一个投影为圆面，另外两个投影轮廓线为全等的等腰三角形。

① 对于不同的投影面，圆锥的投影有不同的转向轮廓线。

② 各转向轮廓线为过锥顶的平行线，其投影没有积聚性。

2．圆球的投影

圆球的组成：球面，如图 5-5（a）所示。

球面的形成：球面是由以一半圆为母线绕其直径的轴线旋转形成的，如图 5-5（b）所示。

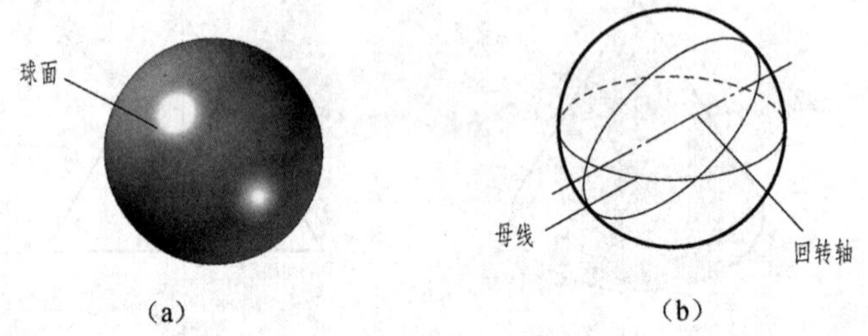

图 5-5　圆球的组成及形成

（1）圆球的投影分析

圆球的三个投影是圆球上平行相应投影面的三个不同位置的最大轮廓圆。

V 面投影的轮廓圆：为正视转向轮廓线的正面投影。

H 面投影的轮廓圆：为俯视转向轮廓线的水平投影。

W 面投影的轮廓圆：为侧视转向轮廓线的侧面投影。

（2）圆球投影的作图

三个视图均为圆，且它们的直径和圆球的直径相等，如图 5-6 所示。

（3）圆球投影特性总结

圆球的投影是直径与圆球直径相等的三个圆，它们分别是圆球三个不同方向轮廓线的

投影，不能认为是球面上同一圆的三个投影。

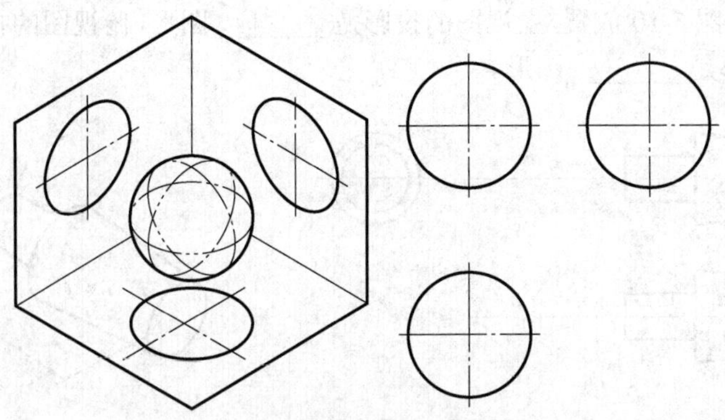

图 5-6　圆球及其三视图

5.1.2　实践操作：绘制推杆三视图

01 推杆的结构分析。

左端是________基本体，中间是________基本体，右端是________和________基本体的组合。

02 选择推杆的主视图，如图 5-7 所示。

03 画视图的中心线，如图 5-8 所示。

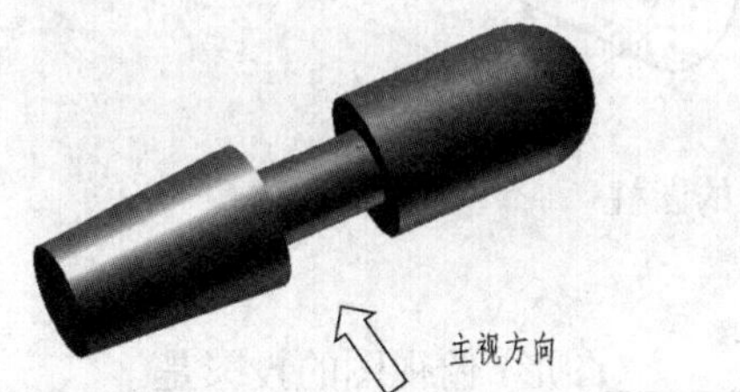

图 5-7　推杆主视图方向

图 5-8　画视图中心线

04 画各基本体的三视图。

① 画左端圆锥台，如图 5-9 所示。

圆锥台是在________基本体的基础上切割的，如图 5-9 放置，主视图的投影是________图形，俯视图的投影是________图形，左视图的投影是________图形。

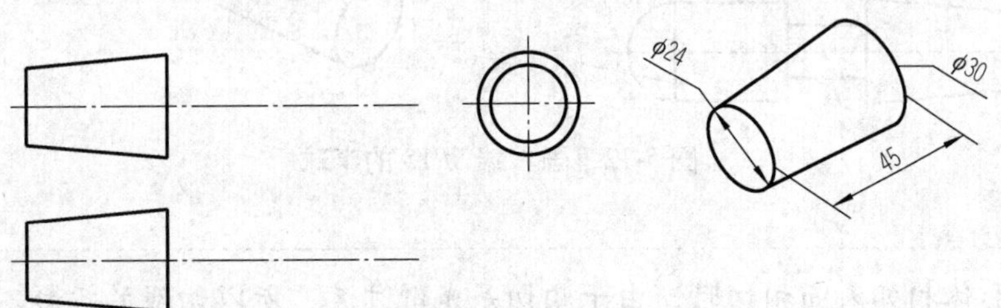

图 5-9　画左端圆锥台

② 画中间$\phi16$的圆柱，如图 5-10 所示

$\phi16$的圆柱如图 5-10 放置，主视图的投影是________图形，俯视图的投影是________图形，左视图的投影是________图形。

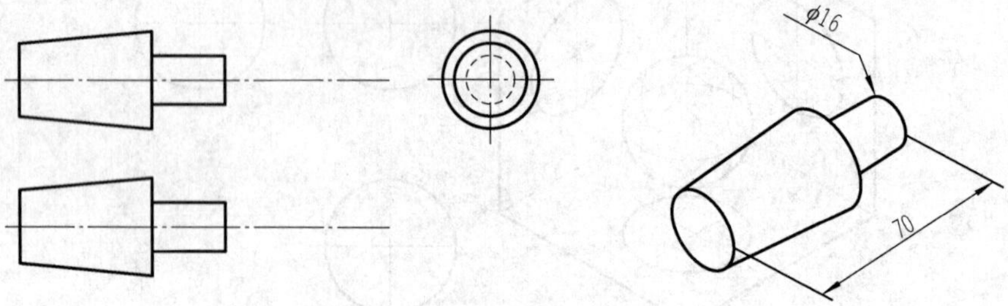

图 5-10　画中间$\phi16$圆柱

③ 画右端$\phi30$的圆柱，如图 5-11 所示。

$\phi30$的圆柱如图 5-11 放置，主视图的投影是________图形，俯视图的投影是________图形，左视图的投影是________图形。

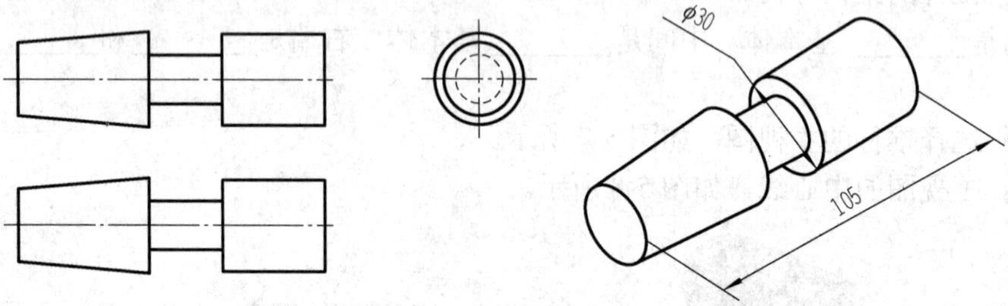

图 5-11　画右端$\phi30$的圆柱

④ 画右端 *SR*15 的半球，如图 5-12 所示。

*SR*15 的半球如图 5-12 放置，主视图的投影是________图形，俯视图的投影是________图形，左视图的投影是________图形。

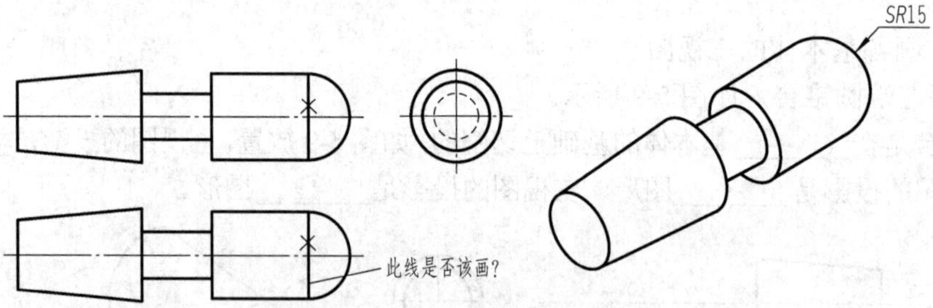

图 5-12　画右端 *SR*15 的半球

说明

当两形体相邻表面相切时，由于相切是光滑过渡，所以切线的投影不必画出，如图 5-13 所示。

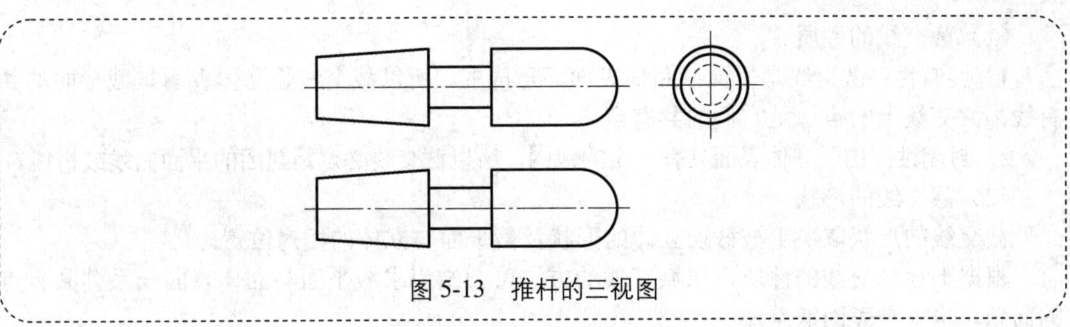

图 5-13　推杆的三视图

任务 5.2　切截后推杆三视图的补充绘制

任务思考与小组讨论 2

推杆（图 5-14）左、右端的基本体都被截去一部分，分别由几个平面切割，在实体上形成的平面是什么形状？如何将此表达在三面投影中？

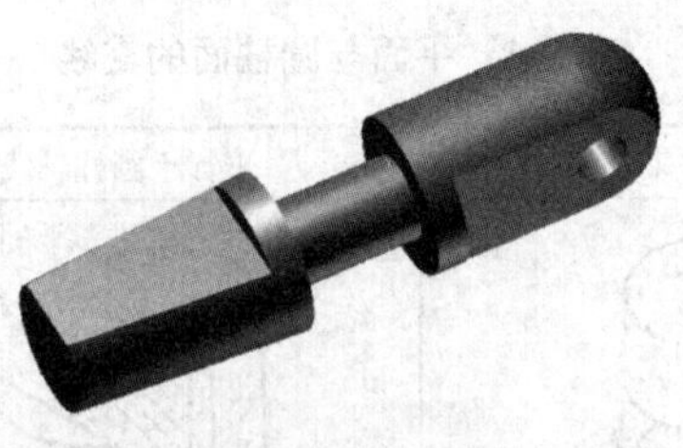

图 5-14　推杆

5.2.1　相关知识：截交线及平面切割回转曲面体

1．截交线

立体被平面截切后的剩余部分称为**截断体**。截交时，与立体相交的平面称为**截平面**，截平面与立体表面的交线称为**截交线**，如图 5-15 所示。

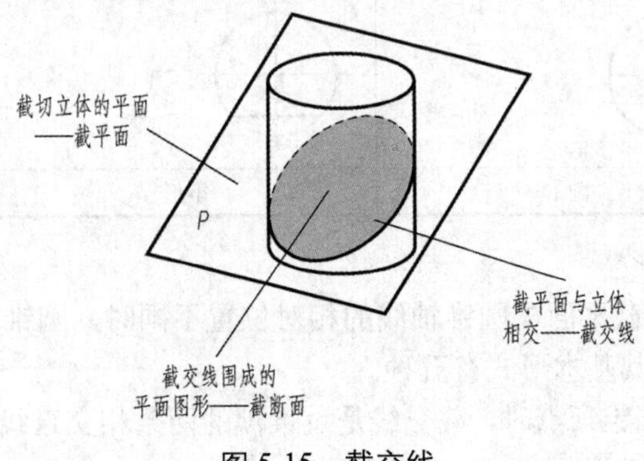

图 5-15　截交线

（1）截交线的性质

1）**共有性**：截交线是平面截断体表面而形成的，所以截交线是立体表面与截平面的**共有线**，截交线上的点也是它们的**共有点**。

2）**封闭性**：由于立体表面具有一定的范围，所以截交线必定是**封闭的平面曲线或折线**。

（2）截交线的形状

截交线的形状取决于被截切**立体的形状**及截平面与立体的**相对位置**。

根据上述截交线的性质，求截交线的方法可归结为求截平面与立体表面一系列共有点的问题，也就是**表面取点法**。

2．平面切割回转曲面体

平面切割回转曲面体时，截交线是截平面与回转曲面体表面的共有线，其形状取决于回转曲面体**表面的形状**以及截平面与回转曲面体**轴线**的相对位置。

（1）平面与圆柱相交

根据截平面与圆柱面回转轴线所处相对位置的不同，平面与圆柱面的截交线有三种情况：**矩形**、**圆**和**椭圆**。如表 5-1 所示。

表 5-1　平面与圆柱面的交线

截平面的位置	垂直于圆柱轴线	平行于圆柱轴线	倾斜于圆柱轴线
立体图	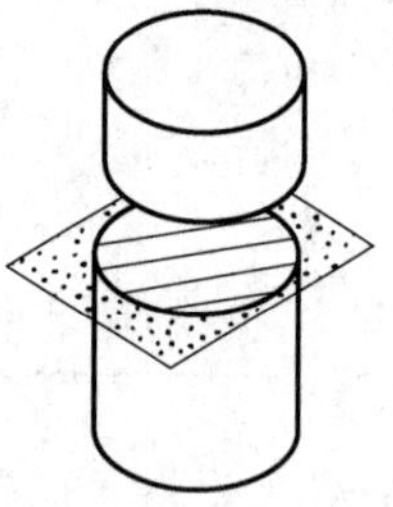	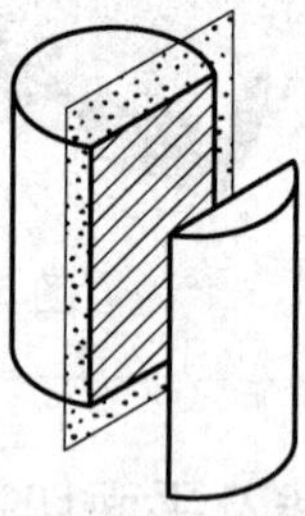	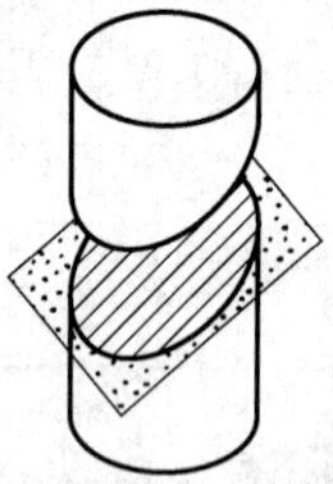
三面投影图	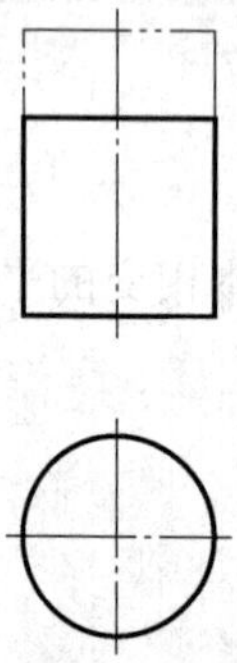	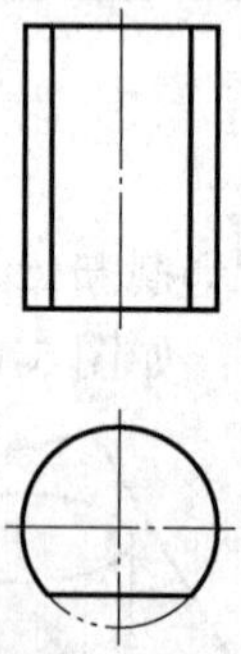	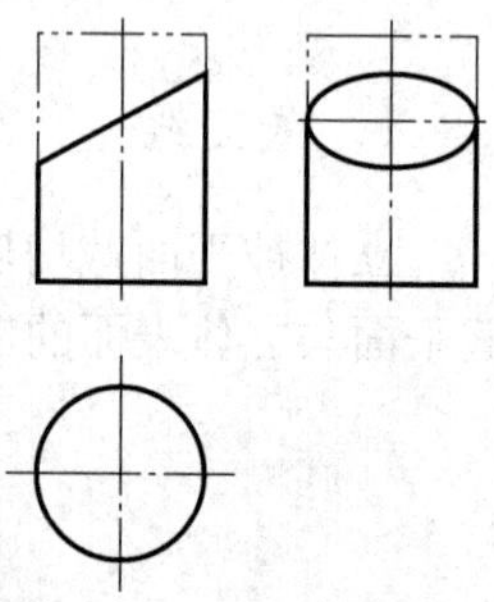
截交线的形状	圆	矩形	椭圆

（2）平面与圆锥相交

平面截切圆锥，当截平面与圆锥轴线的相对位置不同时，圆锥表面上便产生不同的截交线，如表 5-2 所示，其基本形式有五种。

1）当截平面通过圆锥顶点时，截交线是过锥顶的两条相交直线，加上截平面与圆锥底面的交线，构成一个**三角形**。

2）当截平面垂直于圆锥轴线时，截交线是**圆**。

3）当截平面倾斜于圆锥轴线且$\theta>\alpha$时，截交线为**椭圆**。

4）当截平面倾斜于圆锥轴线且$\theta=\alpha$时，截交线为**抛物线**。

5）当截平面平行于圆锥轴线（$\theta=0°$）时，截交线为**双曲线**。

表 5-2　平面与圆锥面的交线

截平面的位置	过锥顶	垂直于轴线	不过锥顶		
			倾斜于轴线		与轴线倾斜且$\theta<\alpha$
			$\theta>\alpha$	$\theta=\alpha$	平行于轴线（$\theta=0°$）
立体图					
三面投影图					
截交线形状	过锥顶的两条相交直线	圆	椭圆	抛物线	双曲线

（3）平面与球相交

平面截切球时，不论截平面的位置如何，截交线的形状均为圆，如表 5-3 所示。

表 5-3　平面与球面的交线

截平面位置	平行于投影面		垂直于投影面
	水平面	正平面	正垂面
立体图			
三面投影图			

5.2.2 实践操作：绘制切割后的推杆

1. 推杆的形体分析

1）推杆的左端圆锥台被切割，如图 5-16 所示。

圆锥台由________个平面切割，*A* 截平面与轴线的关系是________，*B* 截平面与轴线的关系是________。

截面 *A* 截交线的形状是________，截面 *B* 截交线的形状是________。

2）推杆的圆柱与半球组合体被切割，如图 5-17 所示。

圆柱由________个平面切割，*D* 平面与轴线的关系是________，*C* 平面与轴线的关系是________。

D 截交线的形状是________，*C* 截交线的形状是________。

半球由________个平面切割，*D* 平面与轴线的关系是________，*C* 截交线的形状是________。

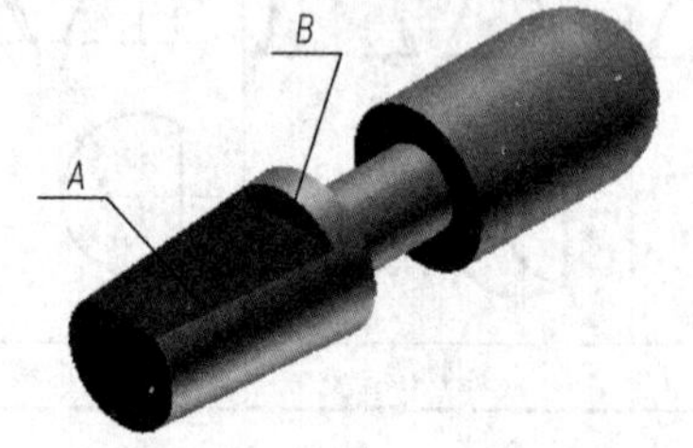

图 5-16 推杆左端被切割

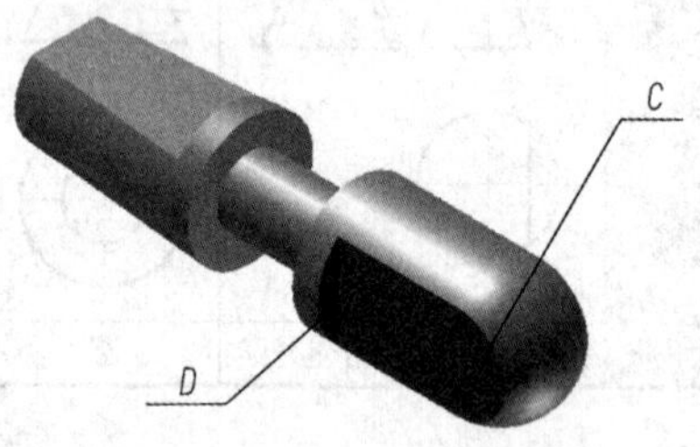

图 5-17 推杆右端被切割

3）推杆右端钻孔，如图 5-18 所示。

孔 *E* 是________形状。

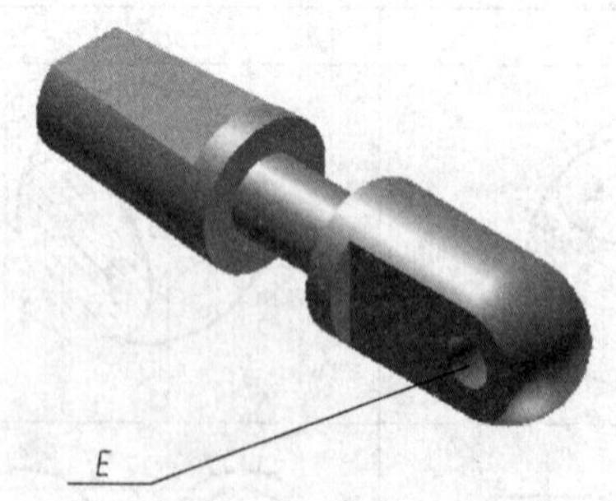

图 5-18 推杆右端钻孔

2. 在已绘制的推杆三面投影视图上绘截交线

01 画左端圆锥台的截交线，如图 5-19 所示

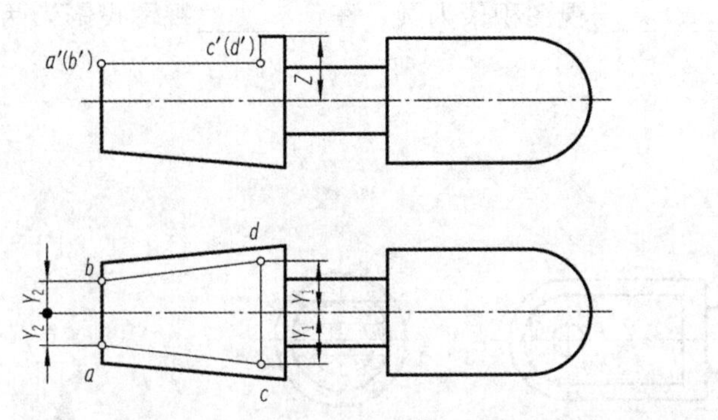

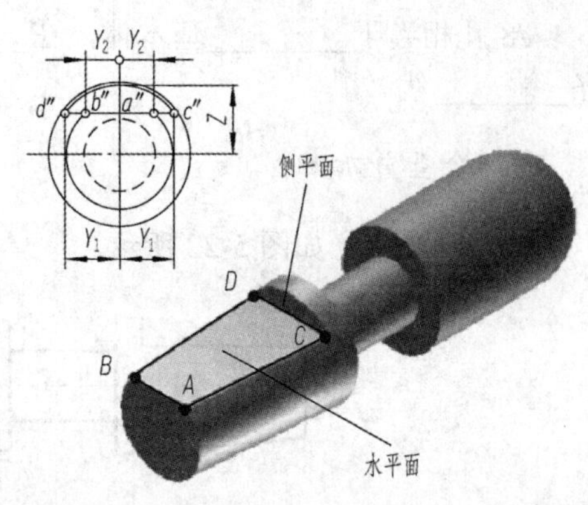

图5-19　画左端圆锥台的截交线

作圆锥台的截交线，与轴线平行的截平面是________平面，在________和________视图上具有积聚性，在________视图上反映实形。

与轴线垂直的截平面是________平面，在________和________视图上具有积聚性，在________视图上反映实形。

02 画圆柱与半球的截交线，如图5-20所示。

作圆柱与半球的截交线，与轴线平行的截平面是________平面，在________和________视图上具有积聚性，在________视图上反映实形。

与轴线垂直的截平面是________平面，在________和________视图上具有积聚性，在________视图上反映实形。

图5-20　画圆柱与半球的截交线

03 画$\phi 8$的孔，如图5-21所示。

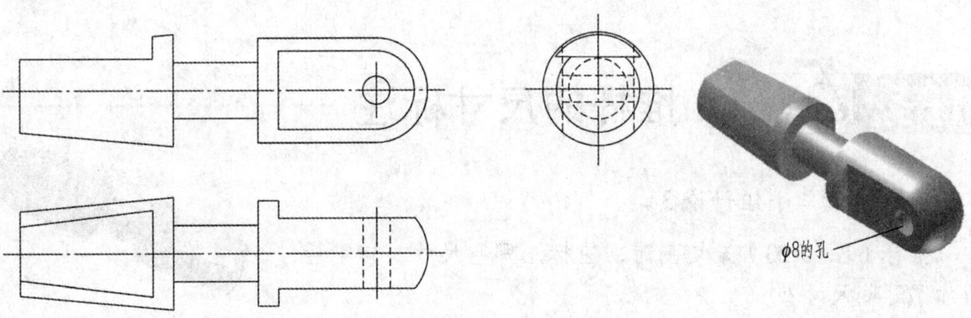

图5-21　画$\phi 8$的孔

ϕ8 孔相当于________基本体，在________视图积聚为圆，在________视图投影为两条________线。

3．检查并加粗

检查、加粗，如图 5-22 所示。

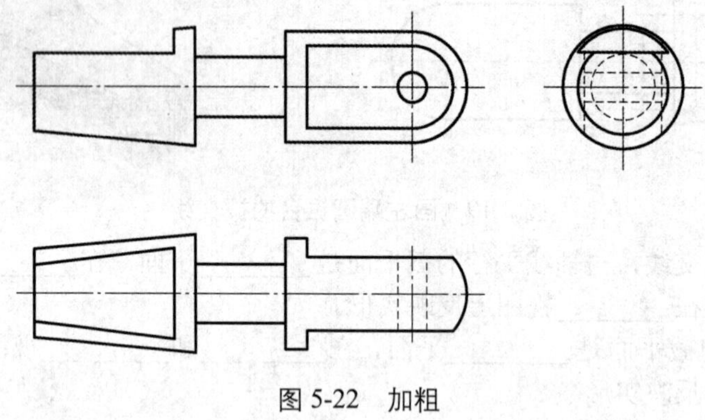

图 5-22 加粗

4．作图小结

（1）确定复合回转体的截交线应考虑的问题

1）复合回转体的组成及基本体之间的结合方式。

2）截平面的性质：数量、相对位置和截交线的形状。

（2）求解方法

分析：

1）位置关系；

2）截交线的形状；

3）截交线的已知投影、未知投影。

作图求解：

01 分段求出各截交线的投影；

02 求相邻两截平面之间的交线的投影；

03 判别可见性、连线；

04 整理轮廓线。

任务 5.3 推杆的尺寸标注

任务思考与小组讨论 3

推杆（图 5-23）未切割时，应标注哪些尺寸？切割后，增加了哪些尺寸？

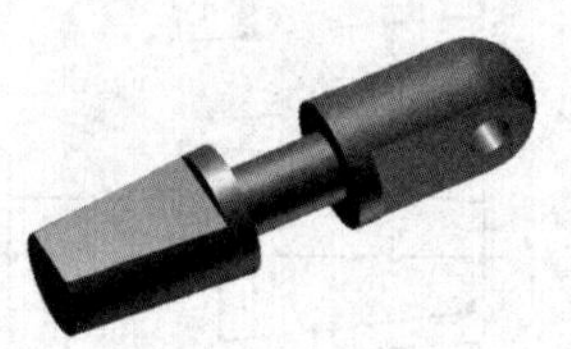

图 5-23 推杆

5.3.1 相关知识：曲面立体（二）及截断体的尺寸标注

1．曲面体的尺寸标注

和圆柱的尺寸标注一样，圆锥也应标出底圆直径和高度尺寸，如图 5-24（a）所示。圆锥台还应加注顶圆直径，如图 5-24（b）所示。

注意

直径尺寸应在其数字前面加注符号“ϕ”，而且往往注在非圆视图上。用这种标注形式只需用一个视图就能确定其形状和大小。

标注圆球的直径和半径时，应在直径数字前加注符号“$S\phi$”（在半径数字前加注符号“SR”），也只需一个视图，如图 5-24（c）所示。

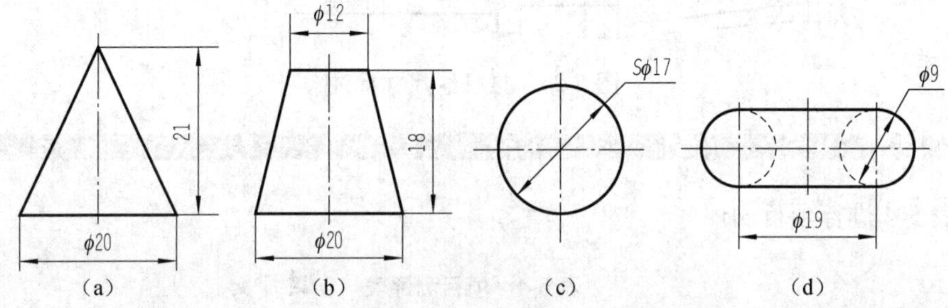

图 5-24　曲面体的尺寸标注

2．截断体的尺寸标注

如图 5-25 所示，标注截断体的尺寸，除了标注基本体的定形尺寸外，还要标注确定截断面的定位尺寸，并应把定位尺寸集中标注在反映切口、凹槽的特殊视图上。

当截断面位置确定后，截交线随之确定，所以截交线上不能再标注尺寸。

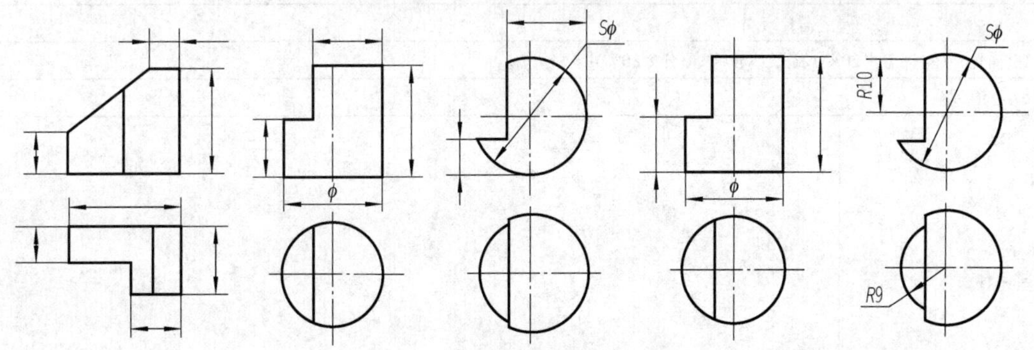

图 5-25　截断体的尺寸标注

5.3.2 实践操作：标注推杆的尺寸

如图 5-26 所示，左端圆锥台未被切割时，应标注定形尺寸有________，被切割后应标注切口定位尺寸有________。中间圆柱应标注定形尺寸有________；右端圆柱与半球组合体未被切割时，应标注定形尺寸有________，被切割后应标注切口定位尺寸有________。

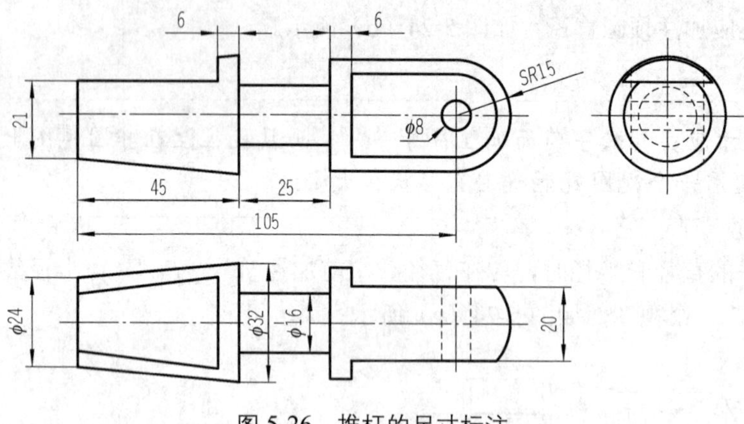

图 5-26　推杆的尺寸标注

项目测评

按表 5-4 进行项目测评。

表 5-4　项目测评表

序　　号	评 价 内 容	分　　数	自　　评	组长或教师*评分
1	课前准备，按要求进行预习	5		
2	积极参与小组讨论	15		
3	按时完成学习任务	5		
4	绘图质量*	50		
5	完成学习工作页*	20		
6	遵守课堂纪律	5		
总　　分		100		
综合评分（自评分×20%＋组长或教师*评分×80%）：				
小组长签名：		教师签名：		
学习体会	签名：　　　　日期：			

知识拓展：立体表上点的投影

1. 棱柱表面取点

由于棱柱的表面都是平面，所以在棱柱的表面上取点与在平面上取点的方法相同。若点所在的平面的投影可见，则点的投影也可见；若平面的投影积聚成直线，则点的投影也可见。

如图 5-27 所示为已知棱锥表面的点 *A*、*B*、*C* 的投影 *a*′、*b*′、*c*′，求其他两面投影。

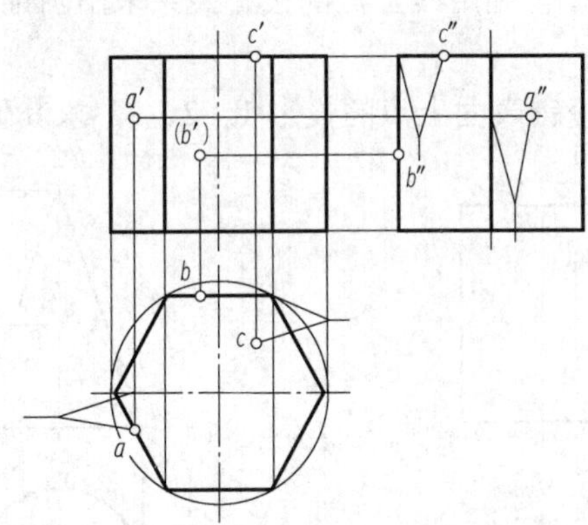

图 5-27　棱柱表面上点的投影

2. 在棱锥表面取点

棱锥的表面可以是特殊位置平面，也可能是一般位置平面。凡属特殊位置表面上的点，其投影可利用平面投影的积聚性直接求得；一般位置表面上点的投影，则可通过在该面作辅助线的方法求得。

如图 5-28 所示为已知圆锥面上点 *E*、*F* 的投影 *e*′、*f*′，求其他两面投影。用辅助线法作图，方法一为过已知点作底面的平行线，如图 5-28（a）所示；方法二是过锥顶和已知点作直线，如图 5-28（b）所示。

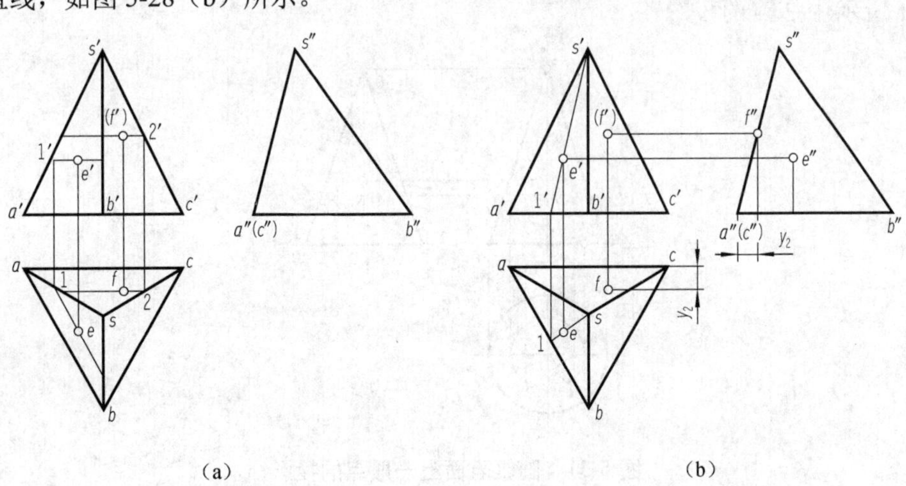

图 5-28　棱锥表面上点的投影

3．在圆柱表面取点

如图 5-29 所示为已知圆柱表面的点的投影 1′、2′、3′、4，求其他两面投影。利用圆柱面在 H 面投影积聚性求点的投影。

4．在圆锥表面取点

由于圆锥的投影没有积聚性，所以必须在圆锥面上作一条包含该点的辅助线（直线或圆），先求出辅助线的投影，再利用线上点的投影关系求出圆锥表面上点的投影。

（1）特殊位置点

如图 5-30 所示为已知棱锥表面上点的投影 1、2、3，求其他两面投影。

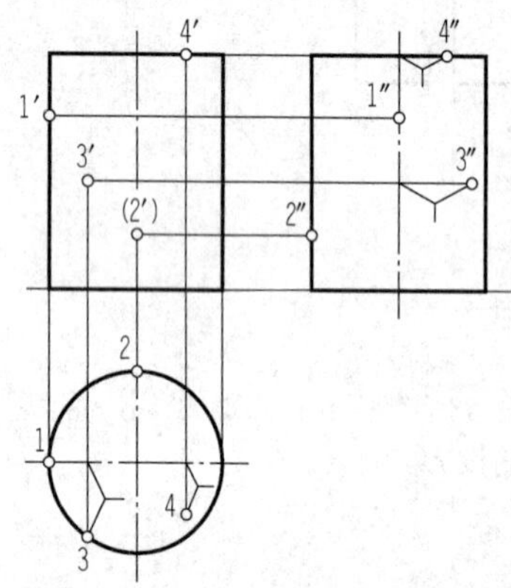

图 5-29　圆柱表面上点的投影

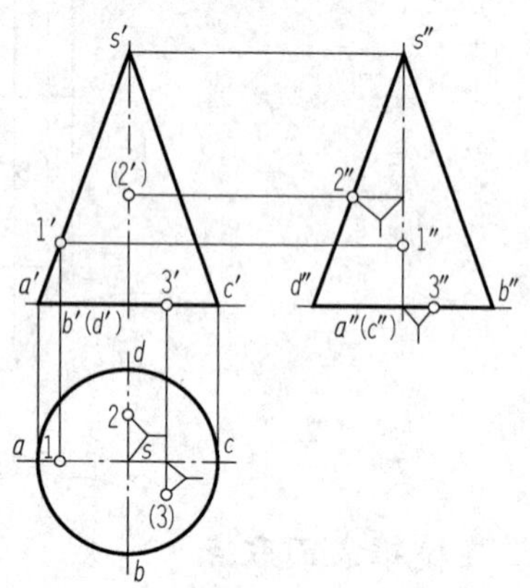

图 5-30　圆锥表面上特殊点的投影

（2）一般位置点

如图 5-31 所示为已知圆锥表面上点的投影 1、2，求其他两面投影。

1）辅助素线法：过锥顶作包含已知点的一条素线，如图 5-31 所示中 1 点的投影。

2）辅助圆法：在锥面上过点作过已知点一辅助纬圆（垂直于圆锥轴线的圆），如图 5-31 所示中 2 点的投影。

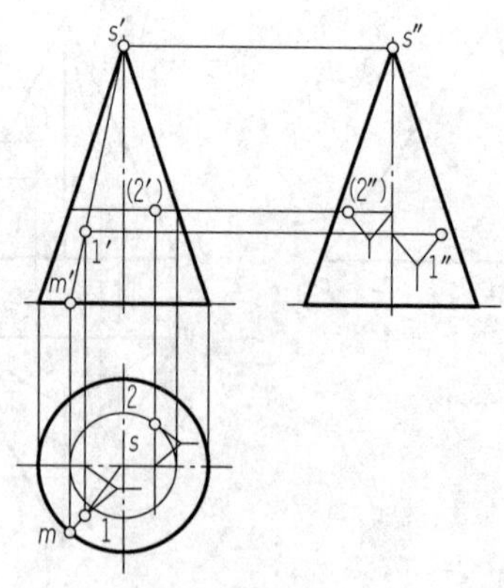

图 5-31　圆锥表面上一般点的投影

5．圆球表面取点

球面的三个投影都没有积聚性，要得用辅助圆法求点。如图5-32所示为已知球面上点2、1的投影2′、1′，求其他两面投影。

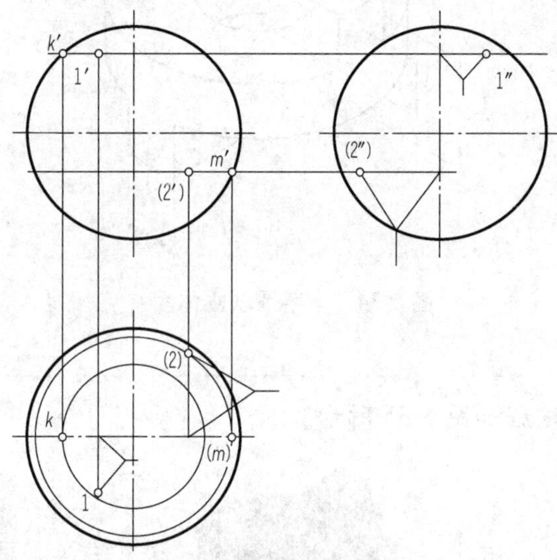

图5-32 球面上点的投影

综上所述，求立体表面上点的投影的关键是利用点与线、面的从属关系，即点在某立体的线、面上，点的投影一定落在点所处的线、面的同面投影上。

技能拓展：绘制十字滑块的三视图

十字滑块联轴器是轴与轴之间的连接件，如图5-33所示。由两个轴套和一个中心滑块组成，中心滑块作为一个传递扭矩元件。根据图5-34所示十字滑块立体图的尺寸，画出此件的三视图并标注尺寸。

（a） （b）组合

图5-33 十字滑块联轴器

1、3—半联轴器；2—十字滑块

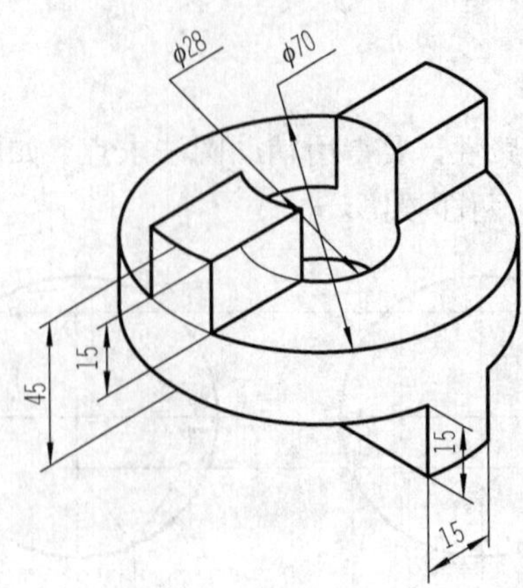

图 5-34　十字滑块立体图

提示

十字滑块的切割过程如图 5-35 所示。

图 5-35　十字滑块的切割过程

项目 6

十字管三视图的绘制

项目描述

十字管为液压系统、管道连接系统中常用的一种元件，主要用于管路。分析零件的结构和表面连接形式，绘制十字管三视图，如图 6-1 所示。

图 6-1　十字管

学习目标

◎ 能叙述相贯线的概念，相贯线的作图方法。
◎ 小组合作讨论十字管视图绘制的方案。
◎ 独立完成绘制十字管的三视图。
◎ 在教师的指导下绘制十字管中的相贯线。

学习任务

◎ 十字管三视图（除相交处）的绘制。
◎ 十字管三视图中相贯线的绘制。

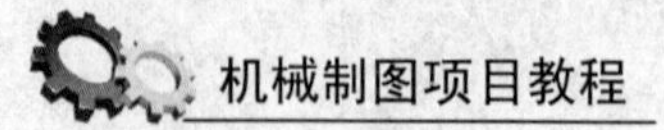

任务 6.1 十字管三视图（除相交处）的绘制

任务思考与小组讨论 1

根据已学知识，讨论如何绘制十字管（除相交处）？如果要画图 6-1，应以哪个方向作为主视图方向？

6.1.1 相关知识：相贯线的概念

两立体相交，其表面会产生交线，相交的立体称为**相贯体**，它们的表面交线称为**相贯线**。零件表面的相贯线大多是由曲面体相交而成的，如图 6-2 所示。

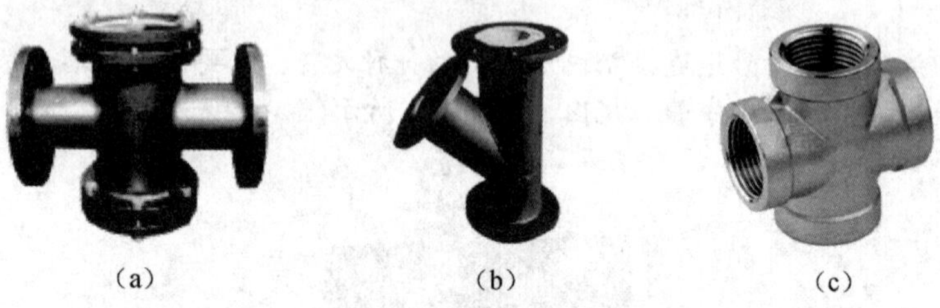
（a）　（b）　（c）

图 6-2　相贯体

相贯线具有以下两个基本特性：

1）**相贯线一般为封闭的空间曲线，特殊情况下可能是平面曲线或直线。**

2）**相贯线是两立体表面共有线，相贯线上的点是两表面的共有点。**

6.1.2 实践操作：绘制十字管（除相交处）的三视图

根据如图 6-3 所示十字管立体图画三视图。

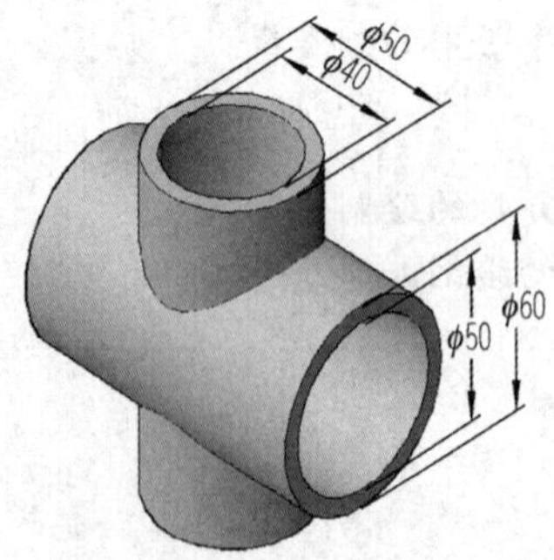

图 6-3　十字管立体图

1．绘制十字管外形视图

01 绘制水平圆柱，如图 6-4（a）所示。

02 绘制垂直圆柱，如图 6-4（b）所示。

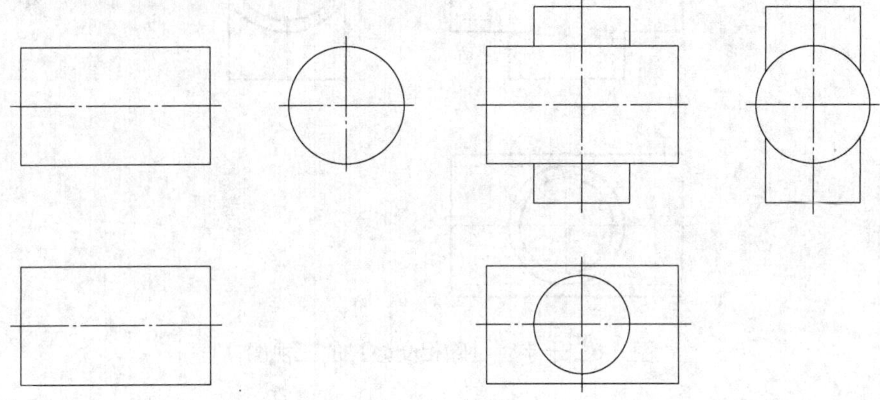

（a）绘制水平圆柱　　（b）绘制垂直圆柱

图 6-4　绘制圆柱

2．绘制内部结构

01 绘制水平孔，如图 6-5（a）所示。

02 绘制垂直孔，如图 6-5（b）所示。

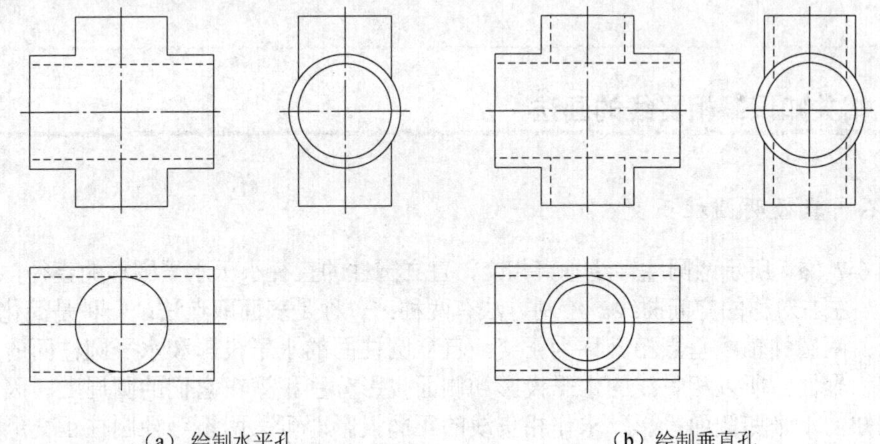

（a）绘制水平孔　　（b）绘制垂直孔

图 6-5　绘制内部结构

十字管内孔从主视图看是看不到的，绘制线条应用________线。

3．擦除相交处线条

擦除相交处线条后的效果，如图 6-6 所示。

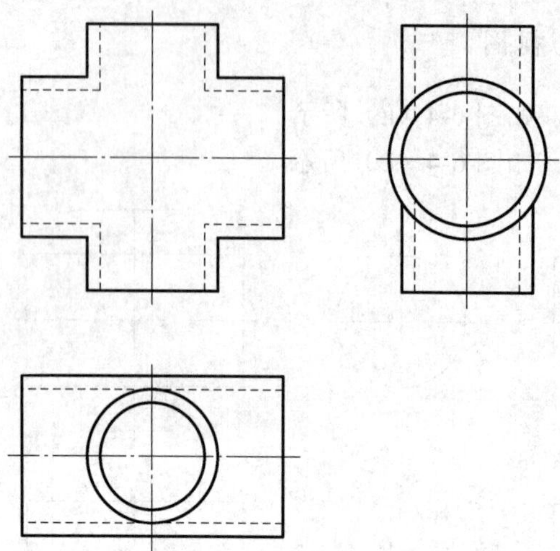

图 6-6　十字管（除相交处）的三视图

任务 6.2　十字管三视图中相贯线的绘制

任务思考与小组讨论 2

从十字管外观看，水平管与垂直管相交处是什么样的线条？如何在视图中表达这种线条？

6.2.1　相关知识：相贯线的画法

1．不同直径两圆柱正交

如图 6-7（a）所示两圆柱轴线垂直相交，直立圆柱的直径小于水平圆柱的直径，其相贯线为前后、左右对称的空间曲线。绘制方法有两种：一种是**表面取点法**；一种是**简化画法**。

分析：两圆柱轴线垂直相交称为正交，直立圆柱面的水平投影和水平圆柱面的侧面投影都具有积聚性，所以相贯线的水平投影和侧面投影分别积聚在它们的圆周上。因此，只要根据已知的水平和侧面投影，求作相贯线的正面投影即可。两不等径圆柱正交形成的相贯线为空间曲线。因为相贯线前后对称，在其正面投影中，可见的前半部分与不可见的后半部分重合，且左右也对称。因此，求作相贯线的正面投影，只需作出前面的一半。

作图方法一：表面取点法

01　求特殊点。水平圆柱的最高素线与直立圆柱最左、最右素线的交点 A、B 是相贯线上的最高点，也是最左、最右点。a'、b'，a、b 和 a''、b'' 均可直接作出。点 c 是相贯线上的最低点，也是最前点，点 c'' 和 c 可直接作出，再由 c'' 和 c 求得 c'。

02　求中间点。利用积聚性，在侧面投影和水平投影上定出 e''、f''，e、f，再作出 e'、f'。

03 光滑连接。a'、e'、c'、f'、b'，即相贯线的正面投影，结果如图 6-7（b）所示。

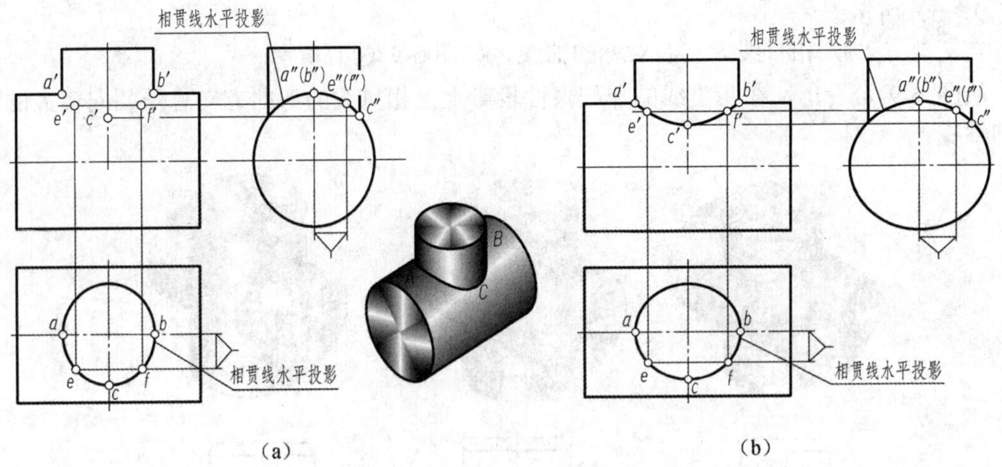

图 6-7　相贯线的表面取点求法

注意

一般点找得越多，相贯线越接近真实投影。

作图方法二：简化画法

表面取点法画相贯线比较麻烦，一般用圆弧代替相关线的投影。如图 6-8 所示，量取大圆柱的半径 $D/2$，分别以 1 点和 2 点为圆心画圆弧找到与小圆柱轴线的交点 O，注意可找到两个交点，由于相贯线弯向大圆柱的轴线，所以上面的交点即所求圆弧的圆心，再以 O 点为圆心 $D/2$ 为半径从 1 点向 2 点画圆弧，即相贯线的简化投影。

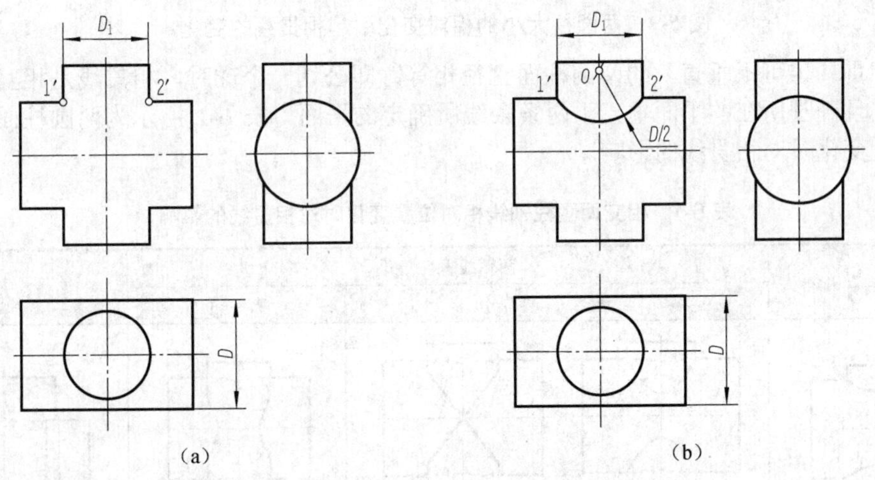

图 6-8　直径不同两圆柱正交相贯线的简化画法

2．两圆柱大小的相对变化引起相贯线的变化

如图 6-9 所示，当正交两圆柱的相对位置不变，而相对大小发生变化时，相贯线的形状和位置也将随之变化。

当$d_1 < d_2$时，相贯线为上下对称的曲线，如图 6-9（a）所示。

当$d_1 = d_2$时，相贯线在空间为两个相交的椭圆，其正面投影为两条相交的直线，如图 6-9（b）所示。

当$d_1 > d_2$时，相贯线为左右对称的曲线，如图 6-9（c）所示。

从图 6-9 可看出，在相贯线的非积聚性投影上，相贯线的弯曲方向总是朝向较大的圆柱的轴线。

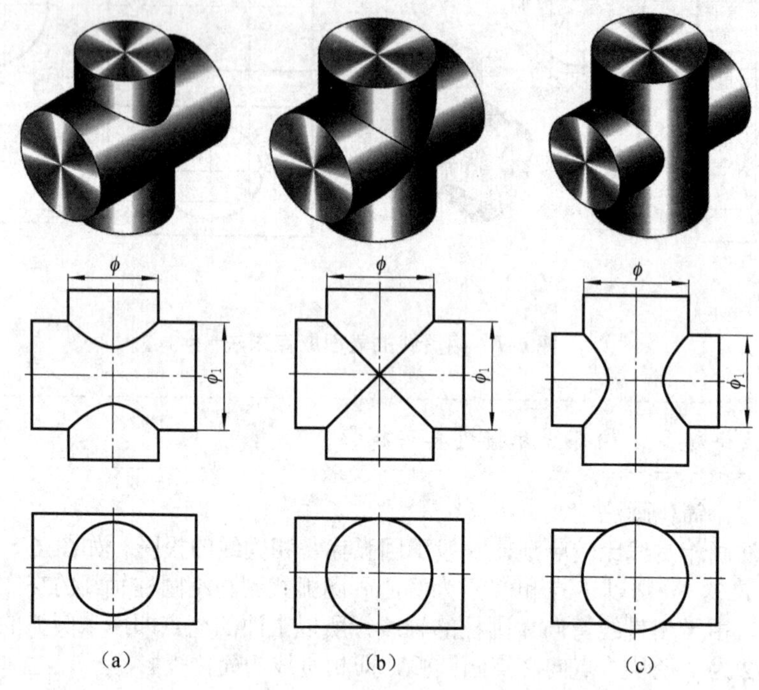

图 6-9　两圆柱大小的相对变化引起相贯线的变化

当相贯（也可不垂直）的两圆柱面直径相等，即公切一个球时，相贯线是相互垂直的两椭圆，且椭圆所在的平面垂直于两条轴线所确定的平面。表 6-1 所示为两圆柱面轴线的相对位置变化时对相贯线的影响。

表 6-1　相交两圆柱轴线相对位置变化时对相贯线的影响

两轴线垂直相交	两轴线垂直交叉			两轴平行
	全　贯		互　贯	

3．内、外圆柱表面相贯

圆柱面相贯有外表面与外表面相贯、外表面与内表面相贯和两内表面相贯三种形式。如图 6-10 所示。其中图 6-10（a）两外表相交；图 6-10（b）外表面与内表面相交；图 6-10（c）两内表面相交。这三种情况的相贯线的形状和作图方法相同。

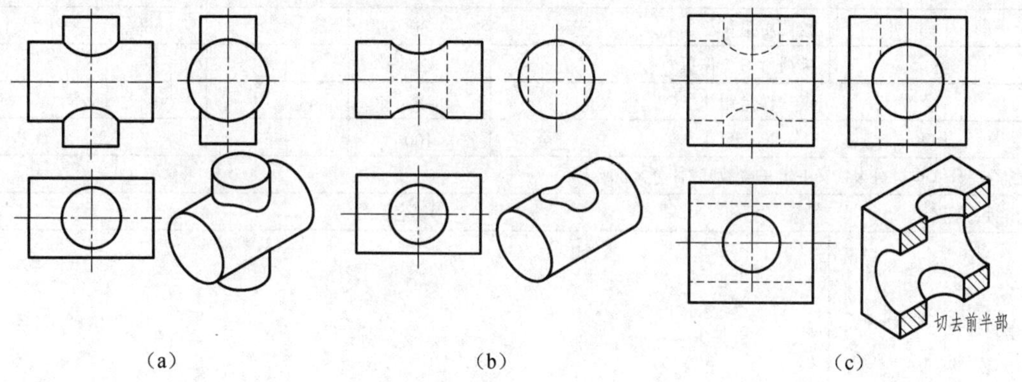

图 6-10　内、外圆柱表面相贯

6.2.2 实践操作：绘制十字管相贯线

01 绘制外面圆柱相贯的相贯线，如图 6-11 所示。采用简化画法，相贯线绘制曲线的半径是________。

02 绘制内孔相贯线，完成视图，如图 6-12 所示。采用简化画法，相贯线绘制曲线的半径是________，且为________线。

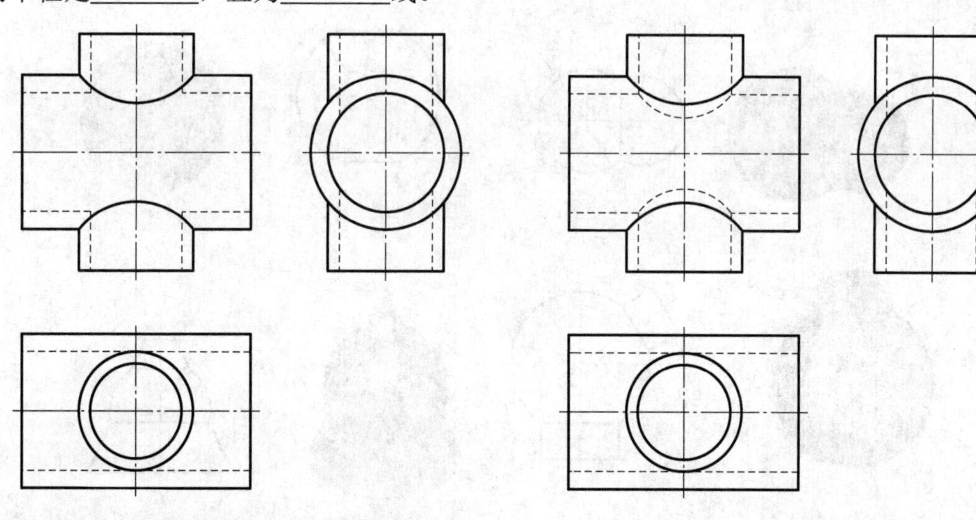

图 6-11　绘制外面圆柱相贯的相贯线　　图 6-12　绘制内孔相贯线

项目测评

按表 6-2 进行项目测评。

表 6-2　项目测评表

序　号	评价内容	分　数	自　评	组长或教师*评分
1	课前准备，按要求进行预习	5		
2	积极参与小组讨论	15		
3	按时完成学习任务	5		
4	绘图质量*	50		
5	完成学习工作页*	20		
6	遵守课堂纪律	5		
总　分		100		
综合评分（自评分×20%＋组长或教师*评分×80%）：				
小组长签名：		教师签名：		
学习体会	签名：　　日期：			

知识拓展：相贯线的特殊情况

相贯线在一般情况下是一条封闭的空间曲线，有时它也会退化为平面曲线。

1）球与任何回转面相交，只要球的球心位于回转体的轴线上，它们的相贯线都退化为平面圆，该圆所在的平面与回转体的轴线垂直。若回转体的轴线与投影面平面，则相贯线在该投影面上的投影为垂直于轴线的直线，如图 6-13 所示。

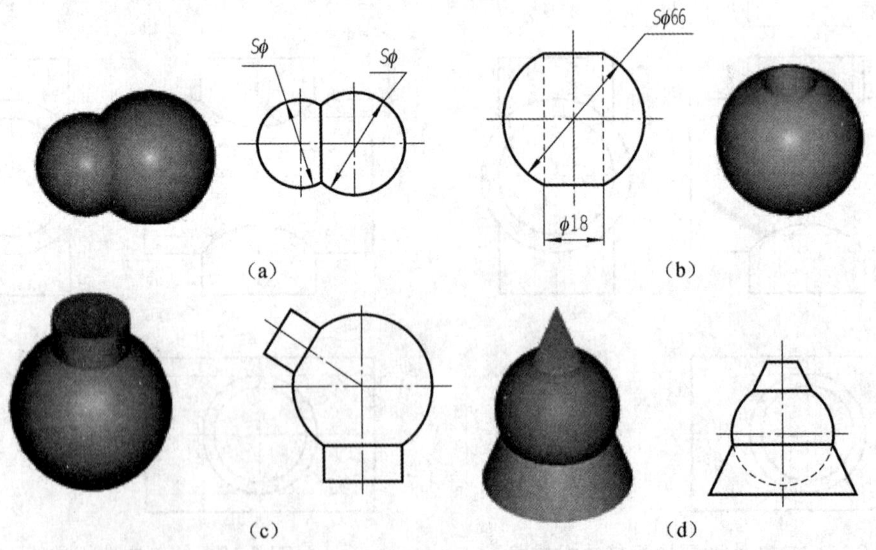

图 6-13　相贯线的特殊情况

2）两等直径的圆柱体，若它们的轴线相交，则其相贯线也退化为平面曲线椭圆，如图 6-14 所示。

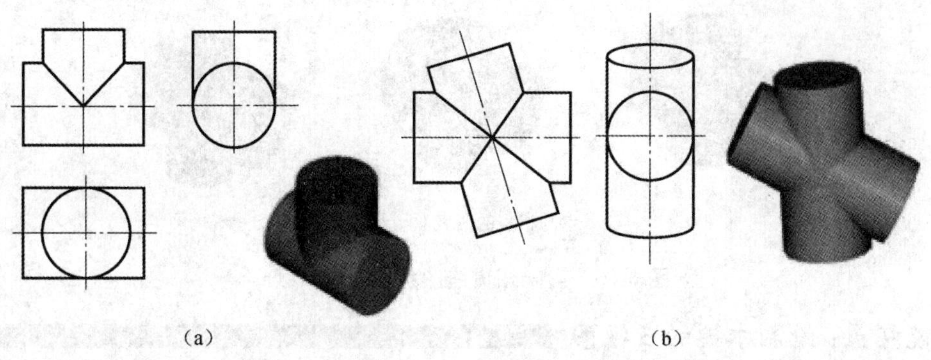

（a）　　　　　　　　　　　　　（b）

图 6-14　两等直径的圆柱体轴线相交的画法

3）轴线相交的圆柱和圆锥相贯，若它们有公共的内切球，则其相贯线也退化为平面曲线椭圆，如图 6-15 所示。

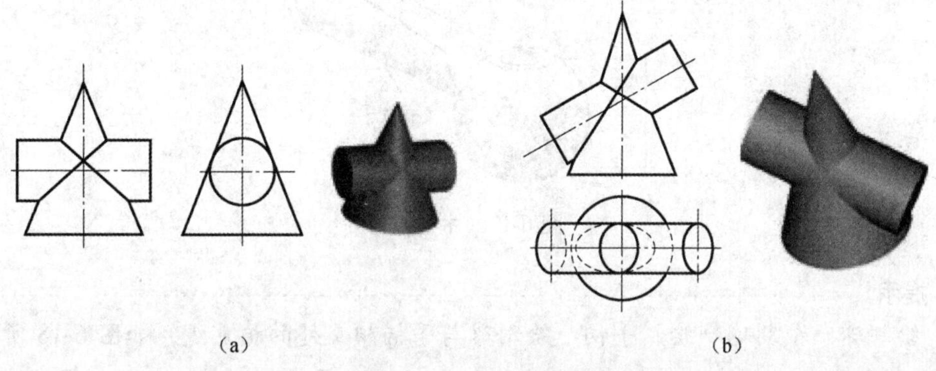

（a）　　　　　　　　　　　　　（b）

图 6-15　轴线相交的圆柱和圆锥相贯的画法

4）影响相贯线形状的因素。相贯线的形状与参与相贯的表面性质、表面的相对位置和相对大小有关，如图 6-16 所示。

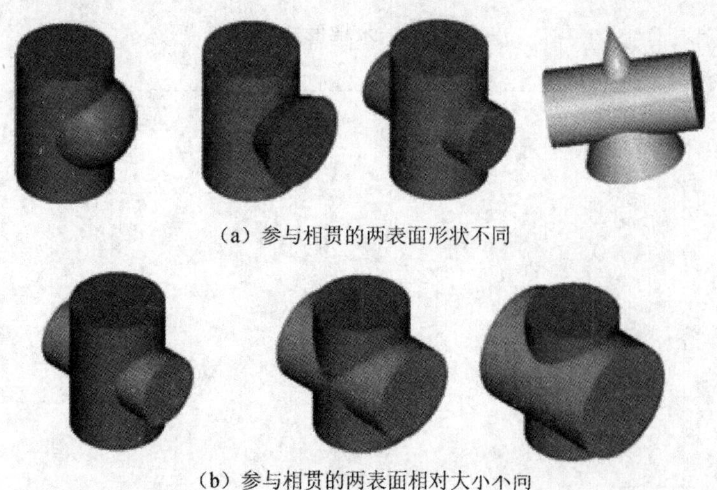

（a）参与相贯的两表面形状不同

（b）参与相贯的两表面相对大小不同

图 6-16　影响相贯线形状的因素

（c）参与相贯的两表面相对位置不同

图 6-16　影响相贯线形状的因素（续）

技能拓展：绘制木槌的三视图

根据图 6-17 所示木槌的立体图，绘制木槌的三视图。

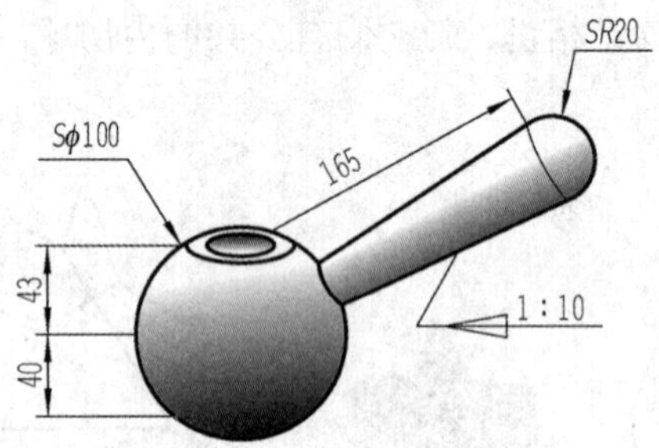

图 6-17　木槌尺寸

提示

绘制球→截割球→绘制手柄→绘制球与手柄相交处的相贯线，如图 6-18 所示。

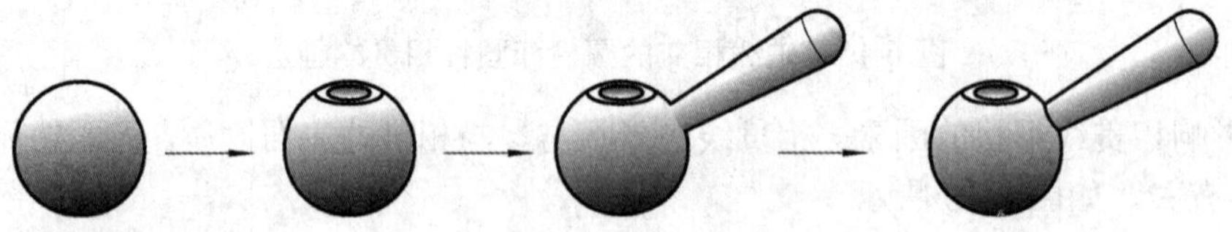

图 6-18　木槌形成过程

项目 7

支座三视图的绘制

项目描述

支座（图 7-1）是用来支撑轴承的，固定轴承的外圈，仅让内圈转动，外圈保持不动，始终与传动的方向保持一致（如电机运转方向），并且保持平衡。根据组合体视图的画法完成支座三视图的绘制，并标注尺寸。

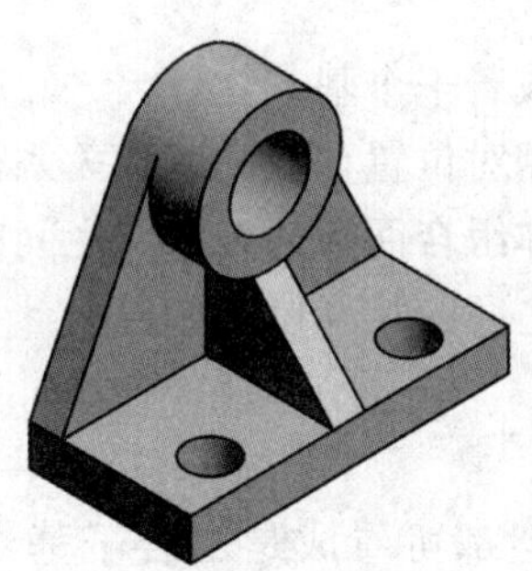

图 7-1　轴承座

学习目标

◎ 能够叙述组合体的组合形式、各基本体之间的表面连接关系。

◎ 能对支座进行形体分析。

◎ 小组讨论绘制轴承座组合体的方案，在教师指导下绘制组合体。

◎ 能叙述组合体尺寸标注的要求和尺寸的相关概念。

◎ 在教师的指导下，小组合作进行支座组合体的尺寸分析，并标注尺寸。

学习任务

◎ 支座的形体分析。

◎ 支座三视图的绘制。

◎ 支座尺寸的标注。

任务 7.1 支座的形体分析

任务思考与小组讨论 1

1．我们学习了基本体，图 7-1 所示的轴承座可以看成是由哪些基本体组成的？
2．这些基本体是如何组合在一起的？它们的表面连接关系如何？
3．底板上的孔是怎样来的？

7.1.1 形体分析法

在画、读组合体视图和尺寸标注过程中，通常假想把组合体分解成若干个基本形体，搞清楚各形体的形状、相对位置、组合形式和表面连接关系，这种分析的方法称为形体分析法。

1．组合体的形体分析——“分”→“合”

“分”即把复杂的组合体分成若干个基本体。

“合”即根据各组成部分的相对位置和表面连接关系把所有基本体组合成组合体。

1）组合体是由哪几个基本体组合而成的？它们之间的组合形式有哪几种？

2）组合体上相邻两基本体之间的相互位置如何？

2．组合体的组合形式

组合体的形状有简有繁，但都可看成是由若干基本体按一定的相对位置经过叠加或经多次切割形成的。组合体的组合形式可归纳为**叠加型**、**切割型**和**综合型**，如图 7-2 所示。

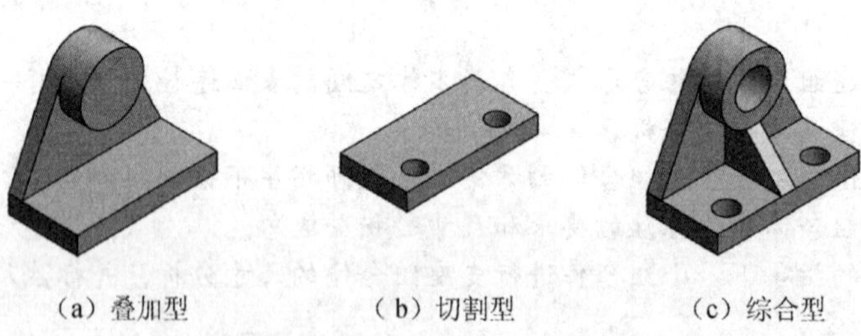

（a）叠加型　（b）切割型　（c）综合型

图 7-2　组合体的组合形式

3．组合体中各形体表面的连接关系

组合体中形体的连接形式有**共面**、**不共面**、**相切**、**相交**四种。

1）共面与不共面，如图 7-3 所示。

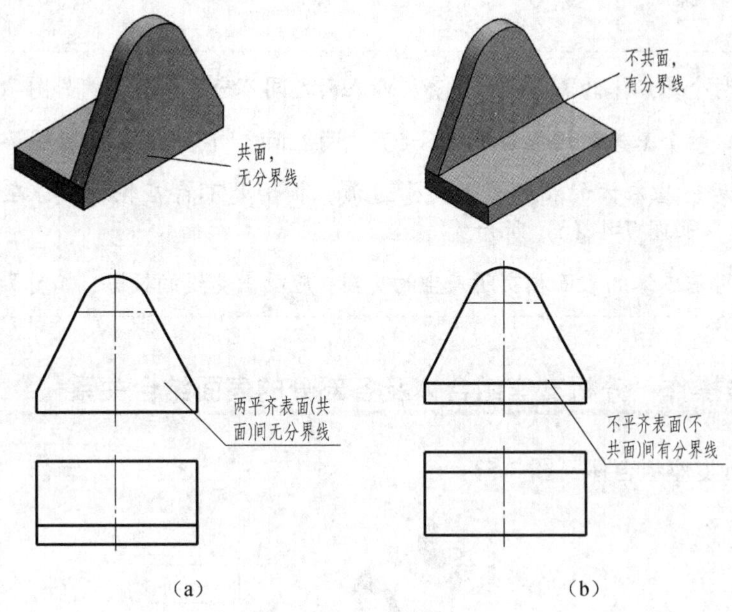

图 7-3　共面与不共面

2）相切与相交，如图 7-4 所示。

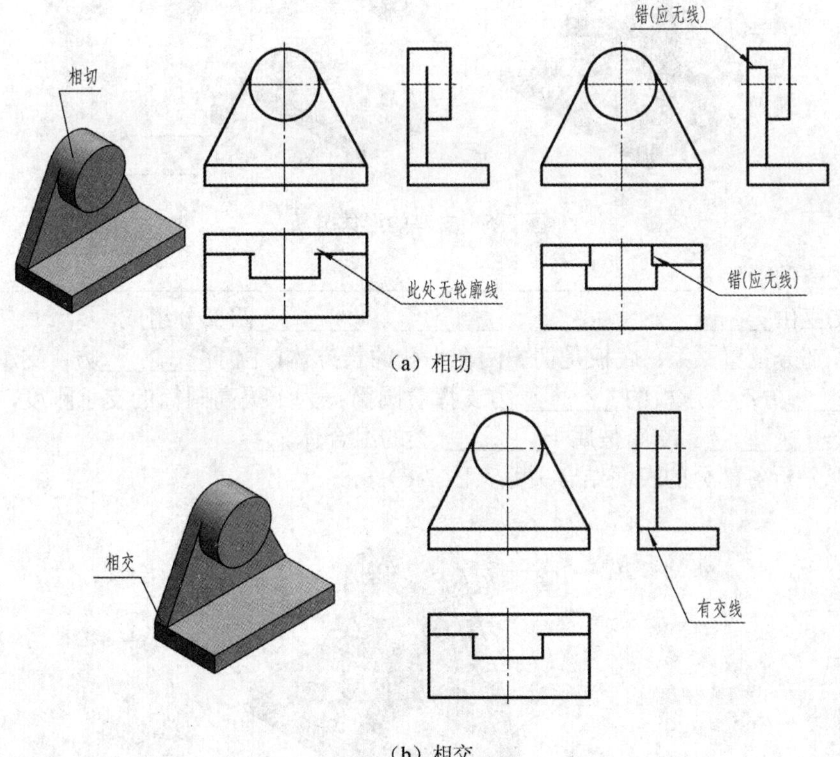

图 7-4　相切与相交

结论

共面：两个基本体的表面相接平齐，两表面之间不应有分界线，如图 7-3（a）所示。

不共面：两个基本体的表面相接不平齐，两表面之间有分界线，如图 7-3（b）所示。

相切：两个基本体的相邻表面光滑过渡，相切处不存在轮廓线，在视图上一般不画分界线。如图 7-4（a）所示。

相交：两基本体的表面相交所产生的交线，应画出交线的投影，如图 7-4（b）所示。

7.1.2 实践操作：分析支座组合体及各部分的表面结合关系

01 分析支座组合体（图 7-5）。

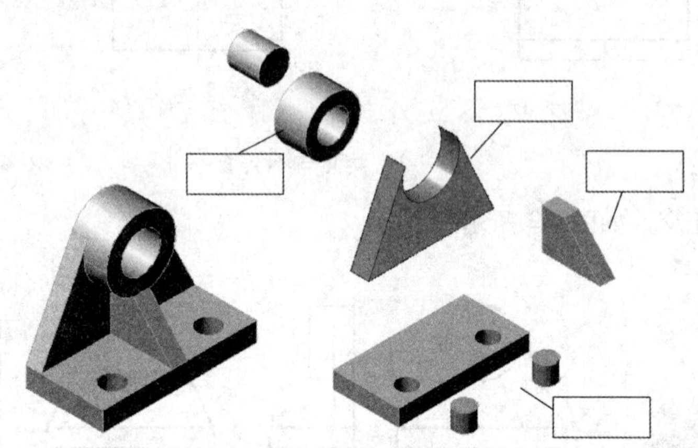

图 7-5 支座的形体分析

① 支座的功用是____。

② 支座由________、________、________、________四部分组成。

③ 各部分位置关系：底板是切去两个小孔的长方体，位于________方；支承板立在底板的________方；支承板的________方支撑着圆筒；为了提高圆筒的支承刚度，在圆筒的前下方加一________。支座是属于________类的组合体。

02 分析各部分的表面结合关系（图 7-6）。

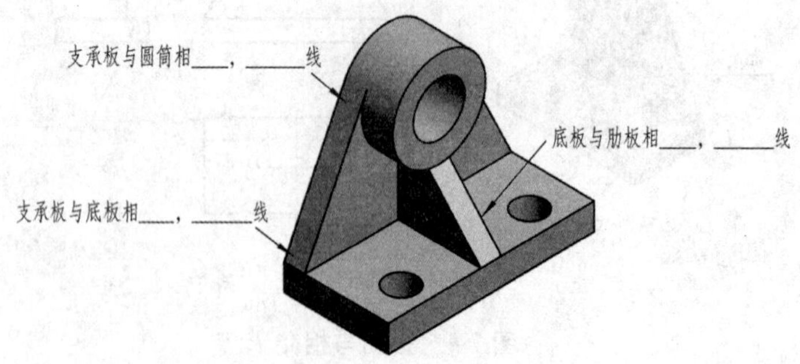

图 7-6 支座各部分表面结合关系

任务 7.2 支座三视图的绘制

任务思考与小组讨论 2

1．如何把这个支座用三视图表达出来？

2．组合体整体是否对称？如何对称？（前后、上下，还是左右？）

7.2.1 相关知识：主视图的表达及组合体视图的画法

1．确定基准，选择主视图

选择视图，首先要选好主视图（图 7-7 和图 7-8）。选择主视图原则如下：

1）应能反映物体的形状和特征，尽量使形体上主要表面平行于投影面，以便使其在视图中反映出实形，并尽可能多地表达各组成部分的形状和相对位置。

2）符合物体的放置位置、工作或加工位置，以便测量，装配，看图。

3）在俯视图、左视图上尽量减少虚线。

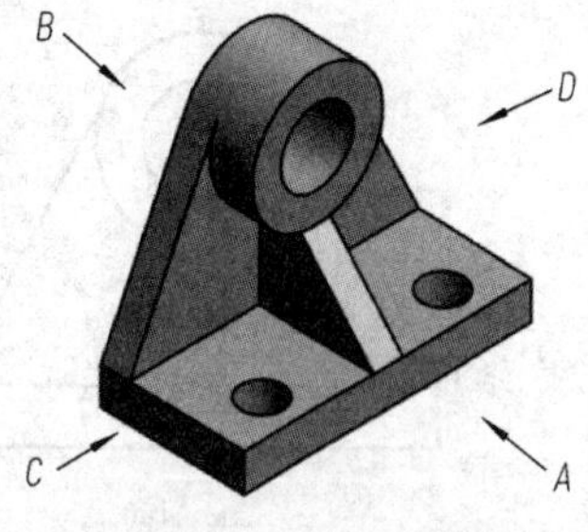

图 7-7　支座轴测图

2．画组合体视图的一般步骤

01 根据实物形状大小，确定比例、选定图幅

① 主视图确定后，要根据物体的复杂程度和尺寸大小，按照标准的规定选择适当的比例与图幅。优先选用 1∶1。

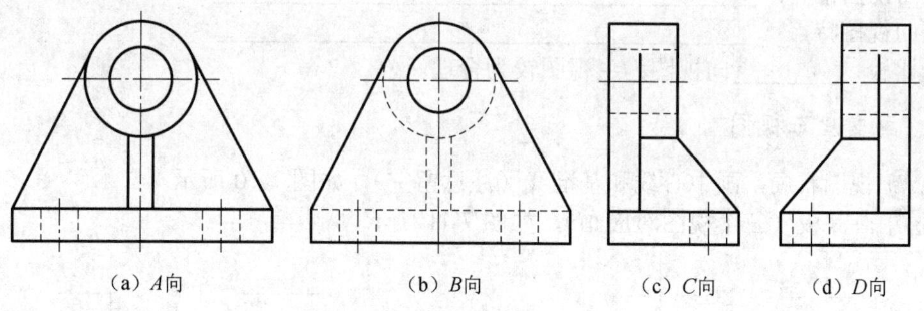

(a) *A*向　(b) *B*向　(c) *C*向　(d) *D*向

图 7-8　支座主视图的选择

② 选择的图幅要留有足够的空间以便标注尺寸和画标题栏等。

02 布置视图位置。

布置视图时，应根据已确定的各视图每个方向的最大尺寸，并考虑尺寸标注和标题栏等所需的空间，将各视图均匀地布置在图幅内，并画出对称中心线、轴线和定位线。

03 画底稿。

04 检查、描深。

3．绘图时注意事项

1）为保证三视图之间相互对正，提高画图速度，减少差错，应尽可能把同一形体的三面投影联系起来作图，并依次完成各组成部分的三面投影。不要孤立地先完成一个视图，再画另一个视图。

2）画每一部分形体时，应先画反映该部分形状特征的视图。先画主要形体，后画次要形体；先画各形体的主要部分，后画次要部分；先画可见部分，后画不可见部分。

3）应考虑到组合体是各个部分组合起来的一个整体，作图时要正确处理各形体之间的表面连接关系。

7.2.2 实践操作：绘制支座三视图

1．支座主视图的确定

确定支座的主视图，如图 7-9 所示。

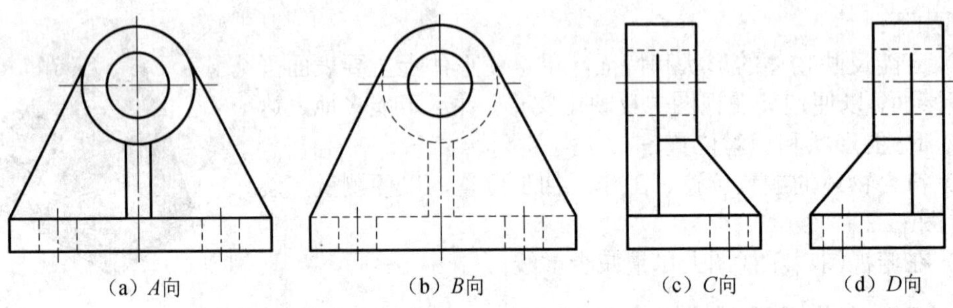

（a）*A*向　（b）*B*向　（c）*C*向　（d）*D*向

图 7-9　确定支座的主视图

A 向视图特点：____。

B 向视图特点：____。

C 向视图特点：____。

D 向视图特点：____。

经比较，________向视图为主视图较为合理。

2．画支座三视图

01 视图布局，画中心线和基准线（注意留空），如图 7-10 所示。

02 画底板（三个视图对应画），如图 7-11 所示。

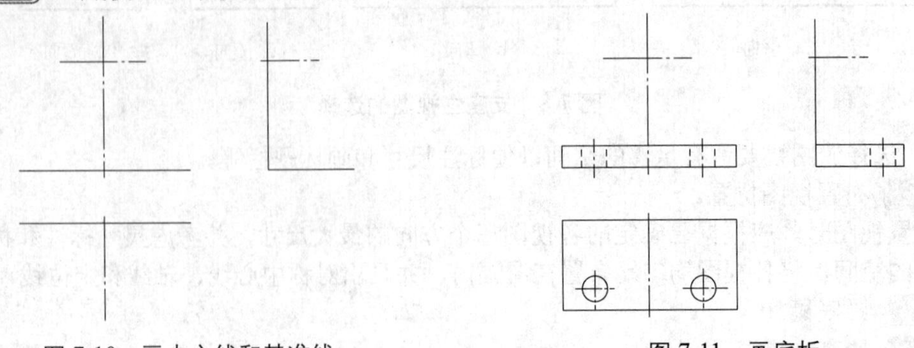

图 7-10　画中心线和基准线　　图 7-11　画底板

绘制三视图中，要注意视图间的________对正、________相等、________平齐。

03 画圆筒，如图 7-12 所示。

04 画支撑板（注意切点的画法），如图 7-13 所示。

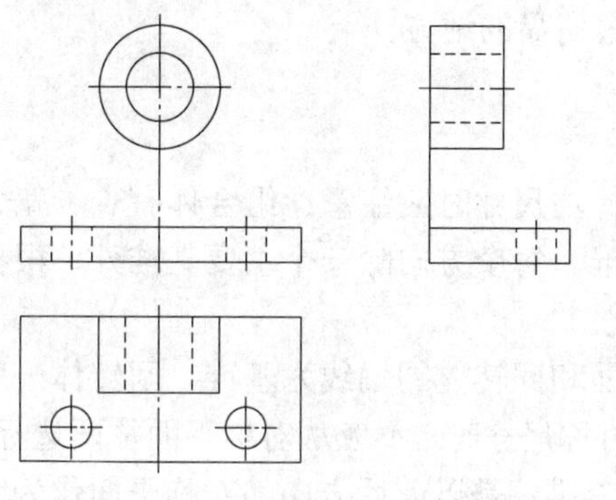

图 7-12　画圆筒

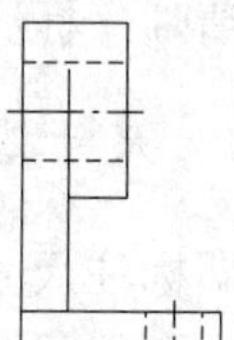

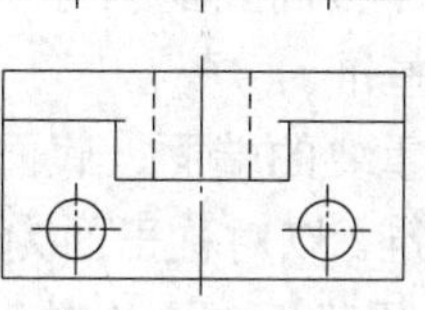

图 7-13　画支撑板

支撑板与圆筒相切，其交接处________（有或无）线。

05 画肋板，如图 7-14 所示。

06 检查、描深，如图 7-15 所示。

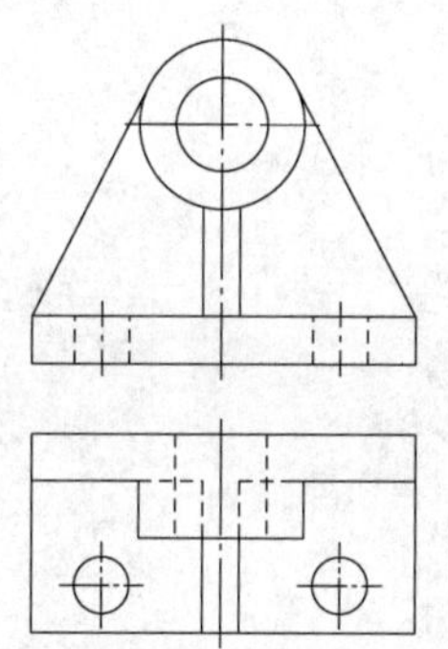

图 7-14　画肋板

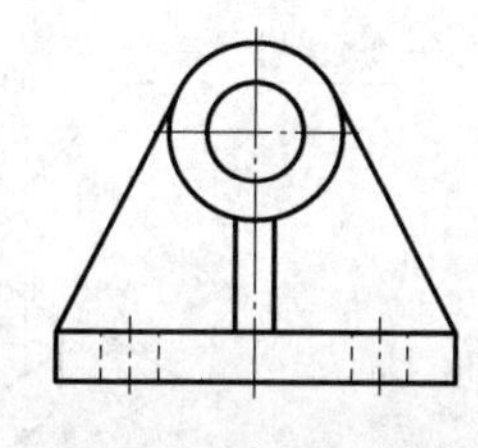

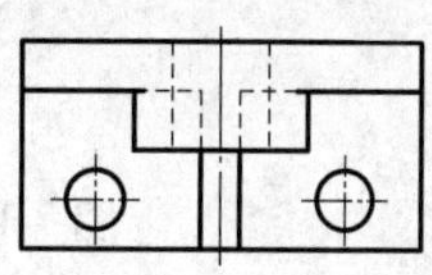

图 7-15　检查、描深

任务 7.3　支座的尺寸标注

任务思考与小组讨论 3

图样是表达组合体的形状，而尺寸才能表达组合体的真实大小。那么这个组合体的尺寸如何标注呢？标注尺寸的基本规则是什么？什么是标注尺寸的三要素？

7.3.1　相关知识：组合体的尺寸标注

一组视图只能表示物体的形状，不能确定物体的大小，组合体各部分的真实大小及相对位置，由标注的尺寸确定。

在组合体的视图上标注尺寸，应**正确**、**完整**、**清晰**。

正确：尺寸标注要符合国家标准。

完整：尺寸必须注写齐全，既不遗漏，也不重复。

清晰：标注尺寸的位置要恰当，尽量注写在最明显的地方。

1．尺寸基准

即标注尺寸或度量的起点。选择尺寸基准和标注尺寸时应注意：组合体有长、宽、高三个方向的尺寸，每个方向至少应有一个尺寸基准。每个方向除一个主要基准外，根据情况还可以有几个辅助基准。

通常以组合体较重要的端面、底面、对称平面和回转体的轴线为基准。回转体一般确定其轴线的位置为基准。以对称平面为基准标注对称尺寸时，不应从对称平面往两边标注。

如图 7-16 所示，用竖板右面为长度方向尺寸基准；是以前后方向的对称平面作为宽度方向尺寸基准的；用底板的底面作为高度方向的尺寸基准。

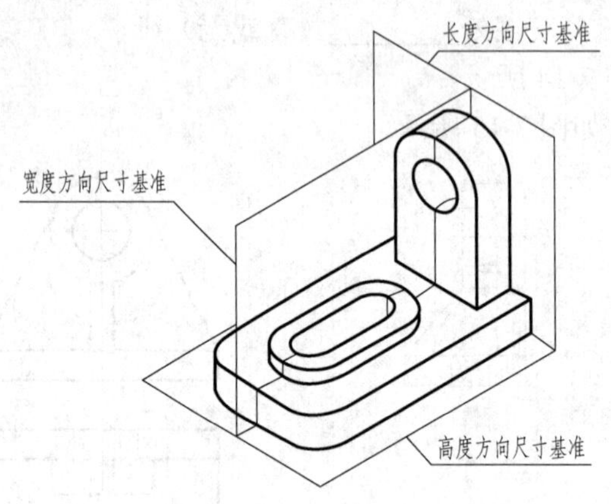

图 7-16　尺寸基准分析

2．组合体的尺寸分为三大类

1）**定形尺寸**：确定组合体各部分形状大小的尺寸。

2）**定位尺寸**：确定形体之间相对位置的尺寸。

3）**总体尺寸**：确定组合体外形总长、总宽和总高的尺寸。对于具有圆弧面的结构，通常只注中心线位置尺寸，而不注总体尺寸。

3．尺寸的布置

为了使尺寸标注清晰，便于看图查找尺寸，标注尺寸除必须遵守国家标准中的有关规定外，还应注意以下几点。

1）同一形体的定形尺寸和有关定位尺寸、要尽量集中标注，便于看图。

2）尺寸应尽量注在表达形体特征最明显的视图上、并尽量避免标注在虚线上。

3）尺寸应尽量注在视图外部；高度尺寸尽量注在主、左视图之间，长度尺寸尽量注在主、俯视图之间，以保持两视图之间的联系。为了避免尺寸标注零乱，同一方向连续的几

个尺寸尽量放在一条线上，如图 7-17 所示。

4）尽量避免尺寸线和尺寸界线相交，如图 7-18 所示。

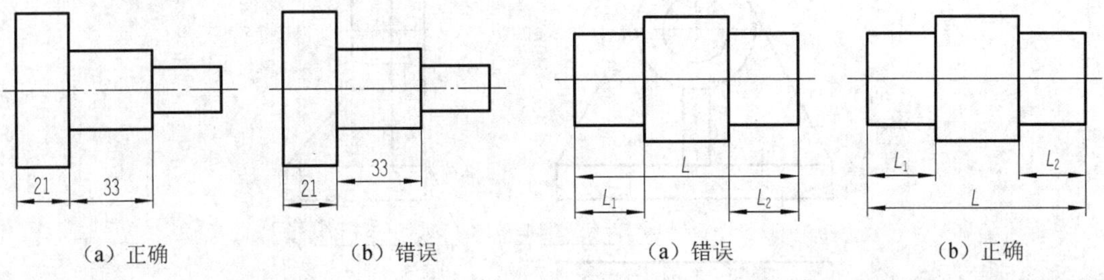

（a）正确　（b）错误　（a）错误　（b）正确

图 7-17　连续尺寸的标注　图 7-18　避免尺寸线和尺寸界线相交

4．尺寸标注的要点

1）尺寸标注完全，注意在标注尺寸时使用形体分析法；必须按照将组合体分解为基本体，先标注各基本体定形尺寸和定位尺寸，再考虑用总体尺寸修改、调整的步骤进行。

2）要记住交线不直接标注尺寸，不出现封闭尺寸，回转体必须以其轴线定位这三条原则。

3）标注尺寸时要选择好尺寸基准。常选底面、端面、对称平面、回转轴线作为基准。

4）尺寸布置清晰，要做到：先保证标注完全，初标一次，再按清晰布置和格式正确调整、修改一回。

7.3.2 实践操作：支座尺寸的标注

按图 7-19 所示立体图标注支座的尺寸。

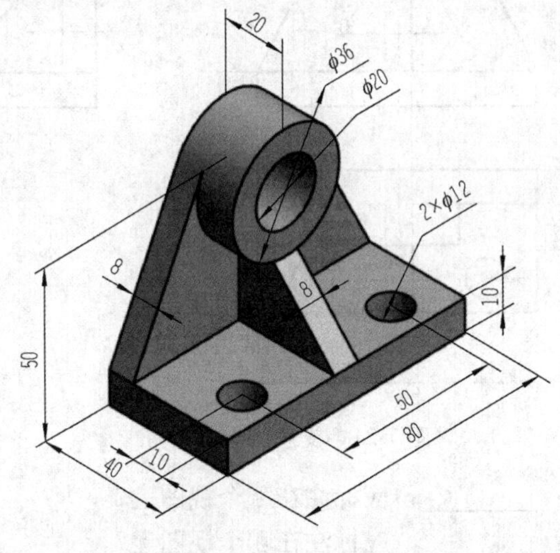

图 7-19　支座尺寸

01 确定长、宽、高三个方向的主要尺寸基准，如图 7-20 所示。

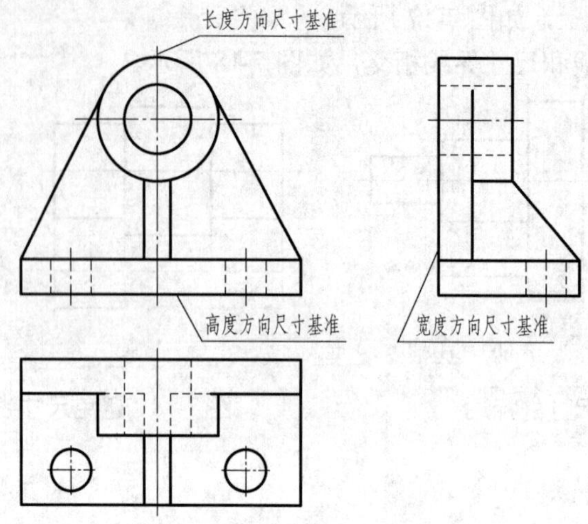

图 7-20　支座三视图尺寸基准

支座长度方向的尺寸基准是________；
支座高度方向的尺寸基准是________；
支座宽度方向的尺寸基准是________。

02　分析支座各基本形体的定形尺寸如图 7-21 所示。

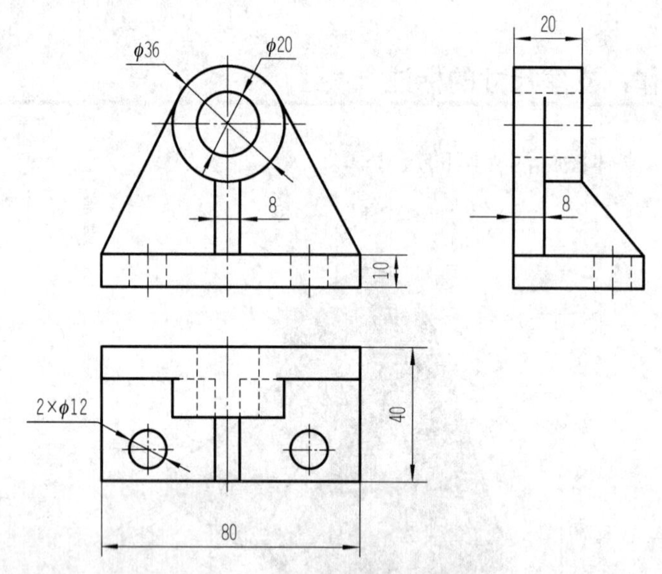

图 7-21　支座的定形尺寸

底板的定形尺寸有：________，应标注在哪个视图上？
圆筒的定形尺寸有：________，应标注在哪个视图上？
支撑板的定形尺寸有：________，应标注在哪个视图上？
肋板的定形尺寸有：________，应标注在哪个视图上？

03　标注定位尺寸，如图 7-22 所示。

底板上有个$\phi12$的孔，其定位尺寸有：________，应标注在哪个视图上？

圆筒在底板之上，其定位尺寸有：________，应标注在哪个视图上？

04 标注总体尺寸，如图 7-23 所示。

轴承座的总长为________，总宽为________，总高为________。

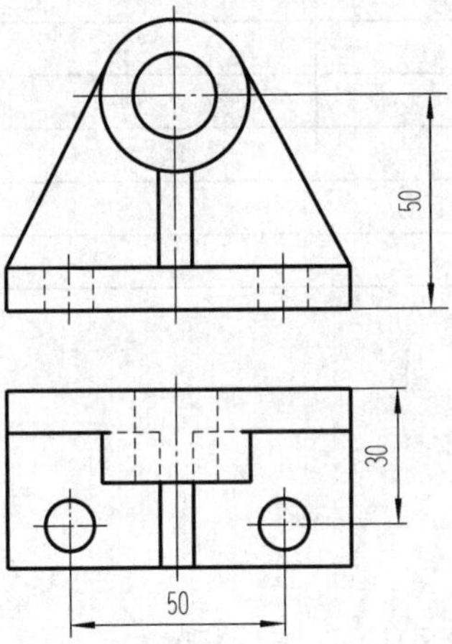

图 7-22　支座的定位尺寸 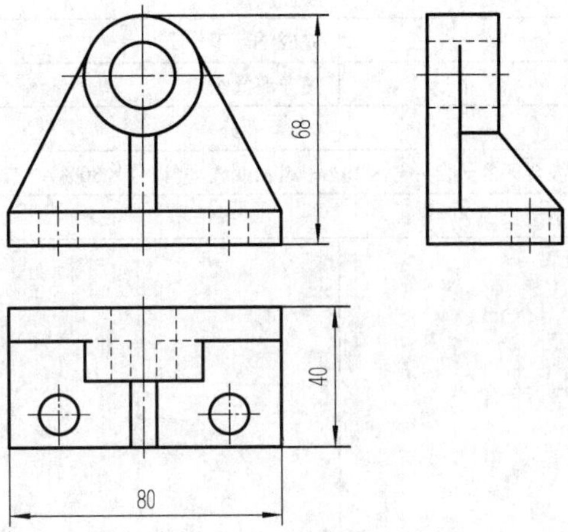　　　　图 7-23　支座的总体尺寸

05 对尺寸作适当的调整，检查是否正确、完整等，如图 7-24 所示。

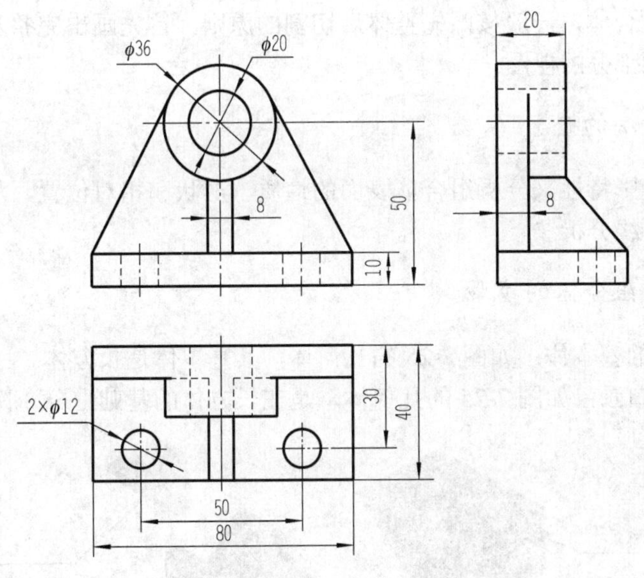

图 7-24　支座的尺寸标注

项目测评

按表 7-1 进行项目测评。

表 7-1　项目测评表

序　号	评 价 内 容	分　数	自　评	组长或教师*评分
1	课前准备，按要求进行预习	5		

续表

2	积极参与小组讨论	15		
3	按时完成学习任务	5		
4	绘图质量*	50		
5	完成学习工作页*	20		
6	遵守课堂纪律	5		
	总　分	100		
综合评分（自评分×20%＋组长或教师*评分×80%）：				
小组长签名：		教师签名：		
学习体会	签名：　　　日期：			

知识拓展：切割型组合体的画法

画切割型的组合体，一般按照**先整体后切割**的原则，首先画出完整基本体的三视图，再依次画出被切割部分的视图。

1．面线分析法的概念

根据表面的投影特性来分析组合体表面的性质、形状和相对位置，从而完成画图和读图的方法，称为面线分析法。

2．画切割型组合体的步骤

01 画完整的基本体：如图 7-25 的几何体，其基本体是长方体。

02 逐个切口画：如图 7-25 的几何体，是在长方体的基础上分 3 次切割。

图 7-25　切割型组合体的形成

3．画切割型组合体的注意事项

1）先画有积聚性的投影，利用投影的类似性帮助画图。

2）画切割型组合体时，不一定从最简单的基本体开始，也可以从一个比较清晰的有一定复杂程度的组合体开始（复杂程度视自己的画图水平而定）。

技能拓展：绘制U形压块的三视图

在机床夹具中，通过U形压块可以将钻模板、工件、底座固定在一起，如图7-26所示。根据图7-27绘制U形压块的三视图。

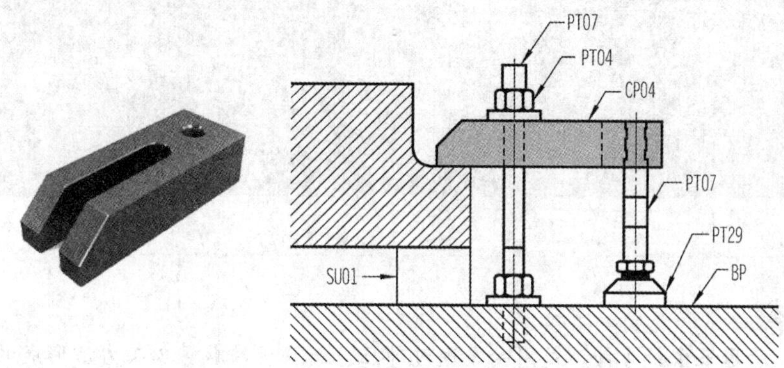

图7-26　U形压块在钻模板中的作用

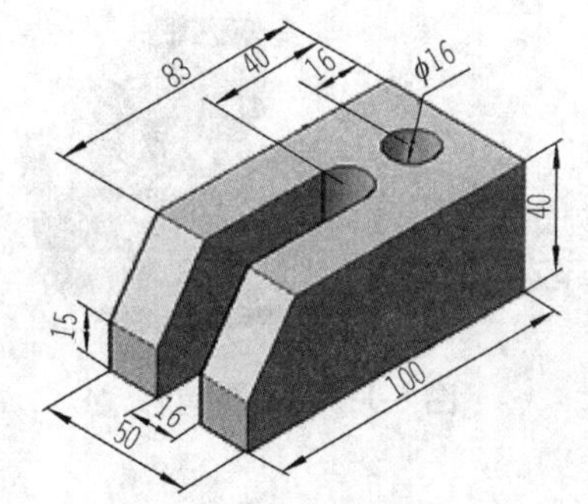

图7-27　U形压块

提示

U形压块的形成过程，如图7-28所示。

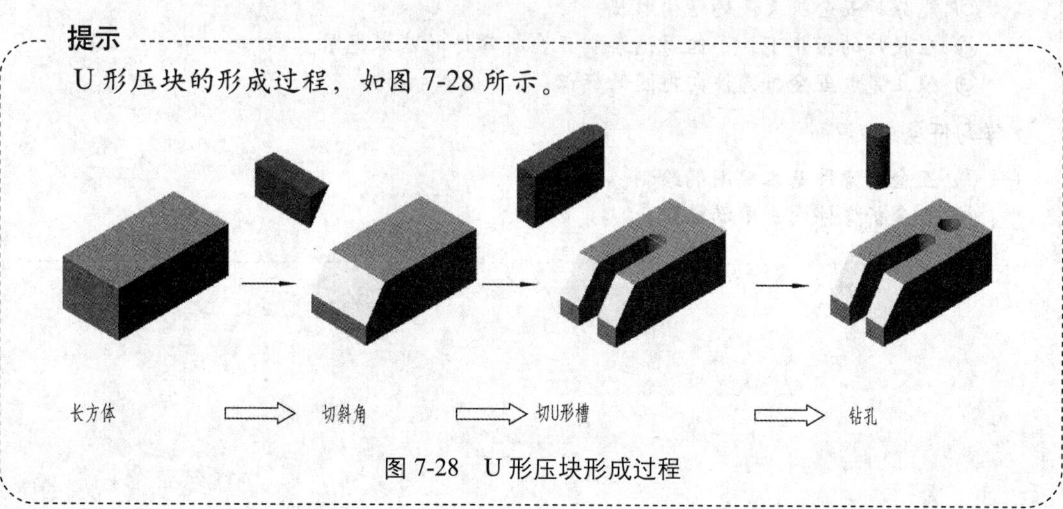

图7-28　U形压块形成过程

项目 8

五金折弯件的绘制

项目描述

图 8-1 所示五金折弯件，是用金属通过冲压、折弯、冲裁等加工方法形成的，是用来固定机件的一种零件。运用基本视图的表达方法，绘制五金折弯件的视图。

图 8-1　五金折弯件

学习目标

◎ 能叙述视图的概念、分类和各种视图表达的应用。
◎ 能分析五金折弯件的结构形状。
◎ 在教师的指导下，小组讨论绘制五金折弯件的基本视图。
◎ 独立完成五金折弯件向视图的标识。

学习任务

◎ 五金折弯件基本视图的绘制。
◎ 五金折弯件向视图的标识。

任务 8.1　五金折弯件基本视图的绘制

任务思考与小组讨论 1

1．观察图 8-1 从图 8-2 中选择正确的答案填入下列括号内。

假设人的视线从前向后看，看到的图形如图 8-2（b）所示，则：

假设人的视线从后向前看，看到的图形如图（　　）所示；

假设人的视线从左向右看，看到的图形如图（　　）所示；

假设人的视线从右向左看，看到的图形如图（　　）所示；

假设人的视线从上向下看，看到的图形如图（　　）所示；

假设人的视线从下向上看，看到的图形如图（　　）所示。

（a）

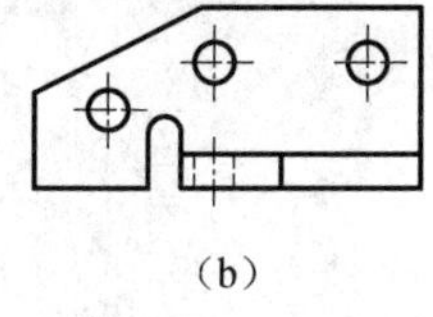

（b）

（c）

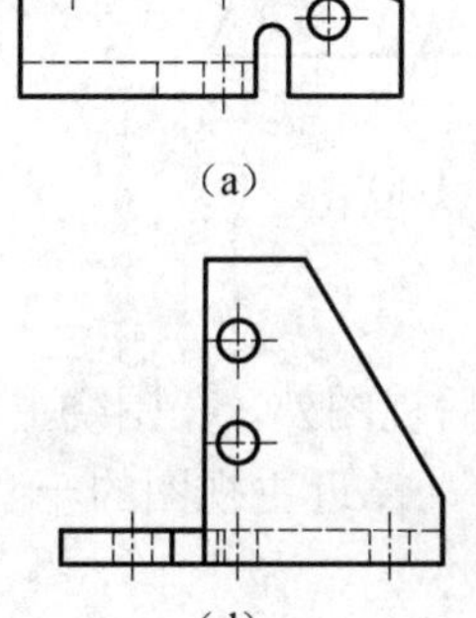

（d）

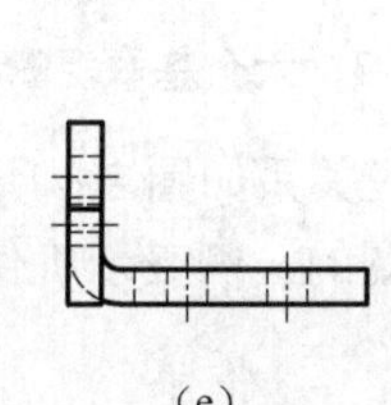

（e）

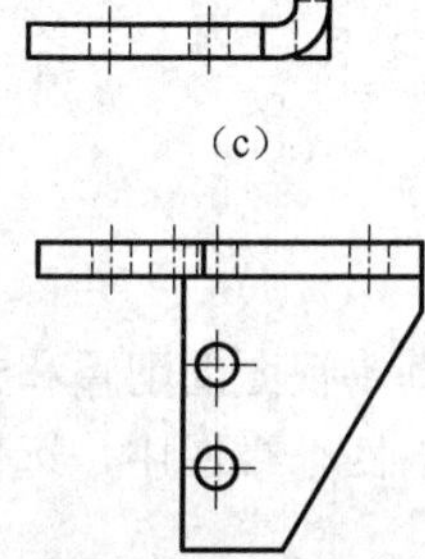

（f）

图 8-2　五金折弯件的视图

2．从六个不同的方向看，形成的图形如果放在同一张图纸上如何布置视图？有何投影规律？

8.1.1　相关知识：基本视图

1．视图的概念及分类

视图主要用来表达机件的外部结构形状，一般仅画出可见部分，必要时才用虚线画出不可见部分。根据有关国家标准和规定用正投影法绘制的图形称为**视图**。视图分为**基本视图**、**向视图**、**局部视图**、**斜视图**。

2．基本视图

当机件的外部结构形状在各个方向（上下、左右、前后）都不相同时，三视图往往不能清晰地表达。因此，必须加上更多的投影面，得到更多的视图。

国家标准规定采用正六面体的六个面为基本投影面，机件放在其中，如图 8-3（a）所示，机件向各基本投影面投影，得到六个基本视图，视图名称如图 8-3（b）所示：主视图、俯视图、左视图、右视图（由右向左投影）、仰视图（由下向上投影）、后视图（由后向前投影）。它们的展开方法是正投影面不动，其余如图 8-3（b）所示的箭头所指方向旋转，使其与正投影面共面。

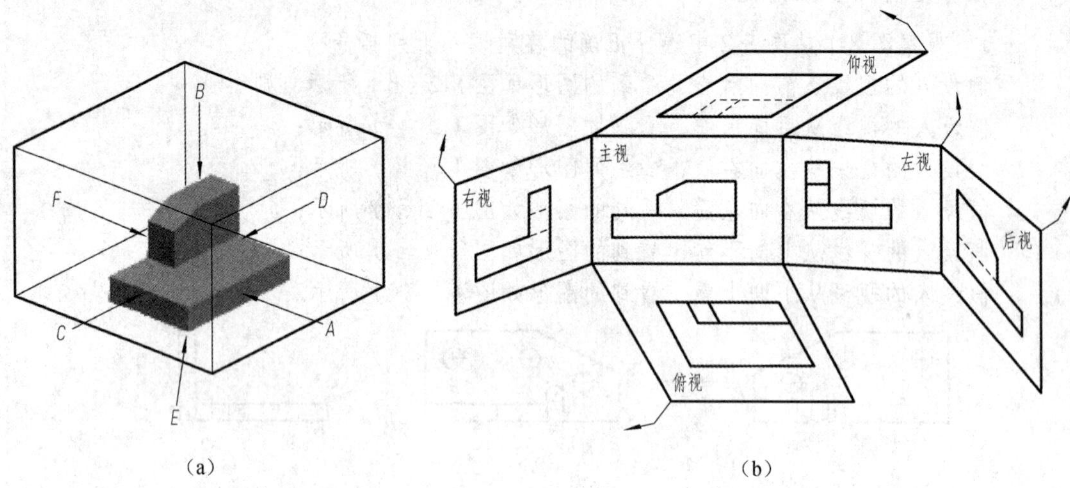

（a）　（b）

图 8-3　六个基本视图的形成

六个基本视图的配置和方位对应关系如图 8-4 所示，除后视图外，在围绕主视图的俯、仰、左、右四个视图中，远离主视图的一侧表示机件的前方，靠近主视图的一侧表示机件的后方。

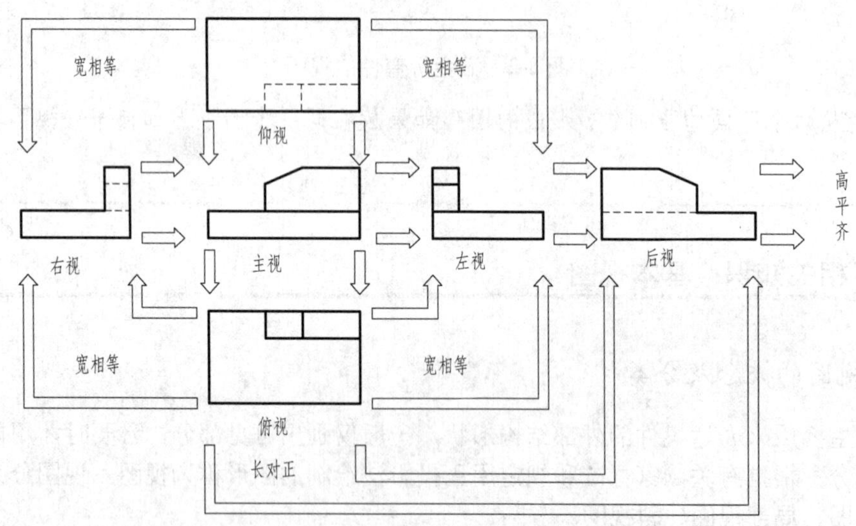

图 8-4　六个基本视图的配置和方位对应关系

六个基本投射方向及视图名称如表 8-1 所示，同一张图纸内，六个基本视图按图 8-3 所示配置时，一律不标注视图名称，他们仍**保持长对正、高平齐、宽相等的投影关系**。即仰视图与俯视图同样反映物体长、宽方向的尺寸；右视图与左视图同样反映物体高、宽方

向的尺寸；后视图与主视图同样反映物体长、高方向的尺寸。

表 8-1　六个基本投射方向及视图名称

方向代号	*A*	*B*	*C*	*D*	*E*	*F*
投射方向	由前向后	由上向下	由左向右	由右向左	由下向上	由后向前
视图名称	主视图	俯视图	左视图	右视图	仰视图	后视图

8.1.2 实践操作：绘制五金折弯件的基本视图

1．五金折弯件主视图的确定

选择五金折弯件的主视图，请在图 8-5 上标注出主视图投射方向。

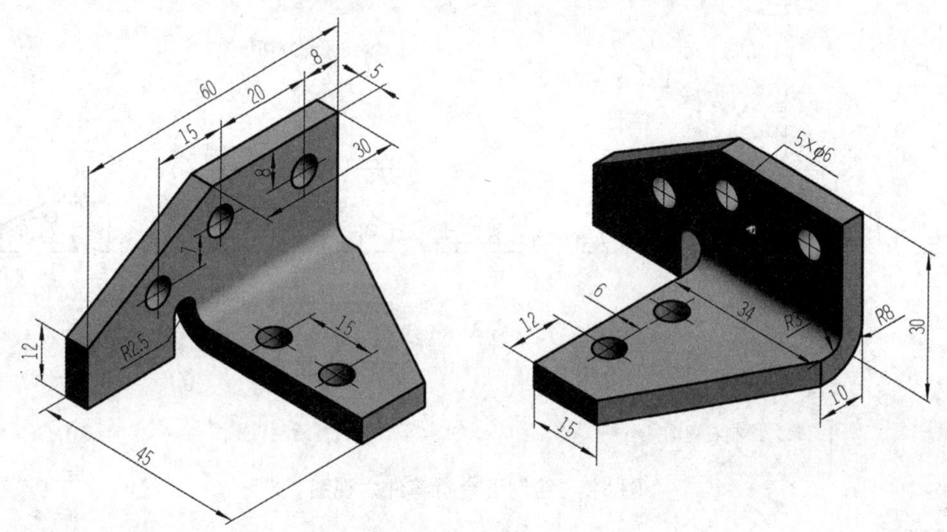

图 8-5　五金折弯件的尺寸立体图

2．五金折弯件基本视图的绘制

根据图 8-5 所标注的尺寸，绘制五金折弯件的基本视图。

01 绘制基准线，如图 8-6（a）所示。

02 绘制五金折弯件竖板部分三视图，如图 8-6（b）所示。

03 绘制五金折弯件水平板部分三视图，如图 8-6（c）所示。

04 绘制五金折弯件的仰视图，如图 8-6（d）所示。

05 绘制五金折弯件的右视图，如图 8-6（e）所示。

06 绘制五金折弯件的后视图，如图 8-6（f）所示。

① 机件向各基本投影面投影，得到六个基本视图，其名称为：主视图、俯视图、左视图________、________、________。

② 六个基本视图中，长对正关系的视图有：________、________、________、________。

③ 六个基本视图中，高平齐关系的视图有：________、________、________、________。

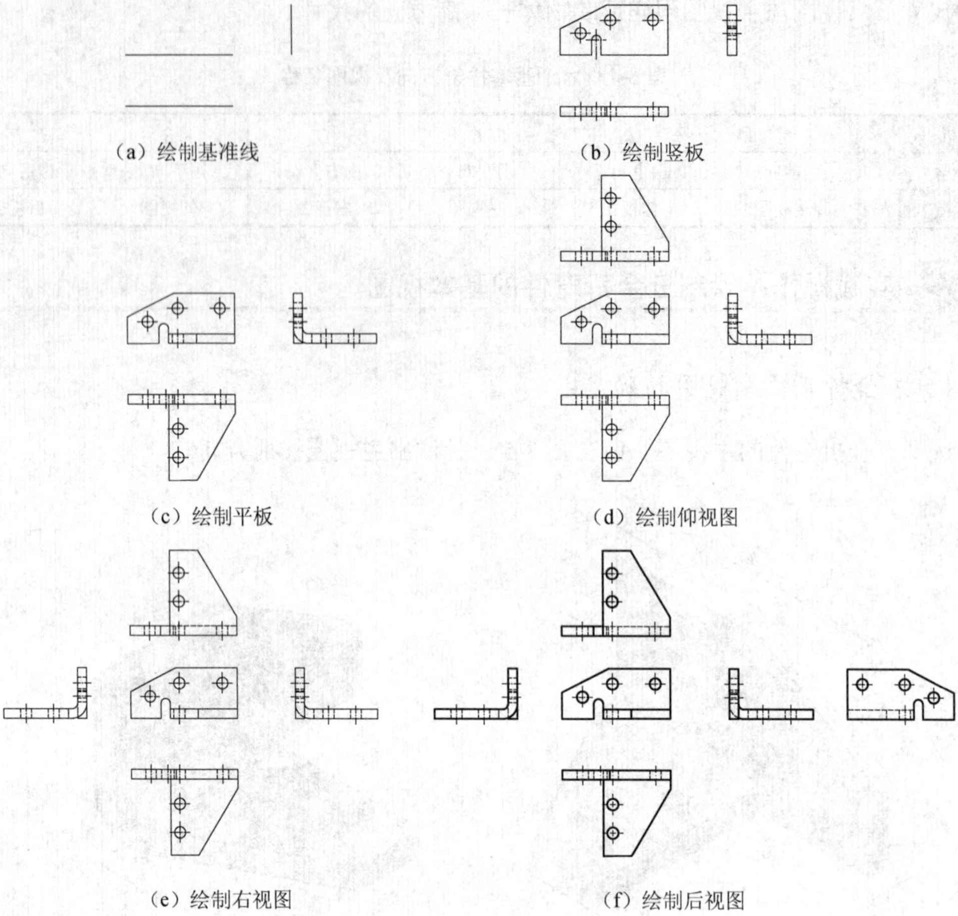

（a）绘制基准线　　（b）绘制竖板

（c）绘制平板　　（d）绘制仰视图

（e）绘制右视图　　（f）绘制后视图

图 8-6　绘制五金折弯件六视图

07 检查、描深。

任务 8.2 五金折弯件向视图的标识

任务思考与小组讨论 2

当图纸位置不够时，基本视图不能按投影关系配置，如图 8-7 所示，视图要如何标注便于识图？

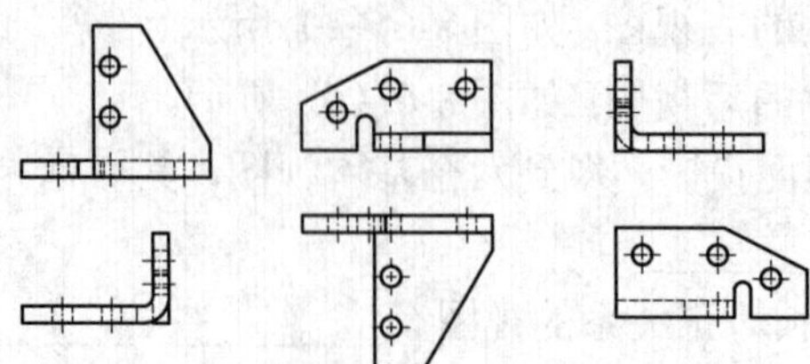

图 8-7　五金折弯件向视图的标识

8.2.1 相关知识：向视图

1．向视图的概念

向视图是指可自由配置的视图，一般指移位的基本视图。

2．向视图的标注

在向视图上方用大写拉丁字母标出该向视图的名称如 *A*、*B*、*C*，并在相应的视图附近用箭头指明投影方向，注上相同的字母，如图 8-8 所示。

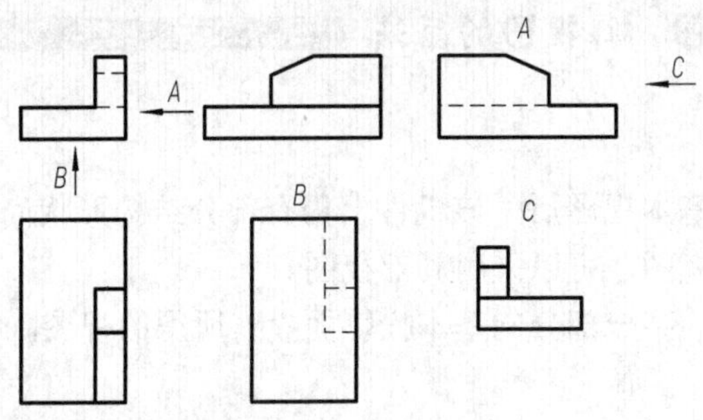

图 8-8　向视图及其标注

8.2.2 实践操作：标识五金折弯件的向视图

在图 8-7 中标识五金折弯件的向视图。

向视图须在图形上方位置处标出视图名称，名称用________来表示，并在相应的视图附近用________指明投影方向，注写________的字母。

项目测评

按表 8-2 进行项目测评。

表 8-2　项目测评表

序　号	评价内容	分　数	自　评	组长或教师*评分
1	课前准备，按要求进行预习	5		
2	积极参与小组讨论	15		
3	按时完成学习任务	5		
4	绘图质量*	50		
5	完成学习工作页*	20		
6	遵守课堂纪律	5		
总　分		100		

续表

综合评分（自评分×20%＋组长或教师*评分×80%）：	
小组长签名：	教师签名：
学习体会	签名： 日期：

知识拓展：局部视图、斜视图的画法

1．局部视图

当采用一定数量的基本视图后，该机件上仍有部分结构形状尚未表达清楚，而又没有必要再画出完整的基本视图，可以采用局部视图。

局部视图是将机件的某一部分向基本投影面投射所得的视图，如图 8-9 所示的局部视图的画法与标注。

1）按需要而定，断裂边界线以波浪线表示，左凸台的图形周围画出波浪线，如图 8-9 所示 *B* 向局部视图。

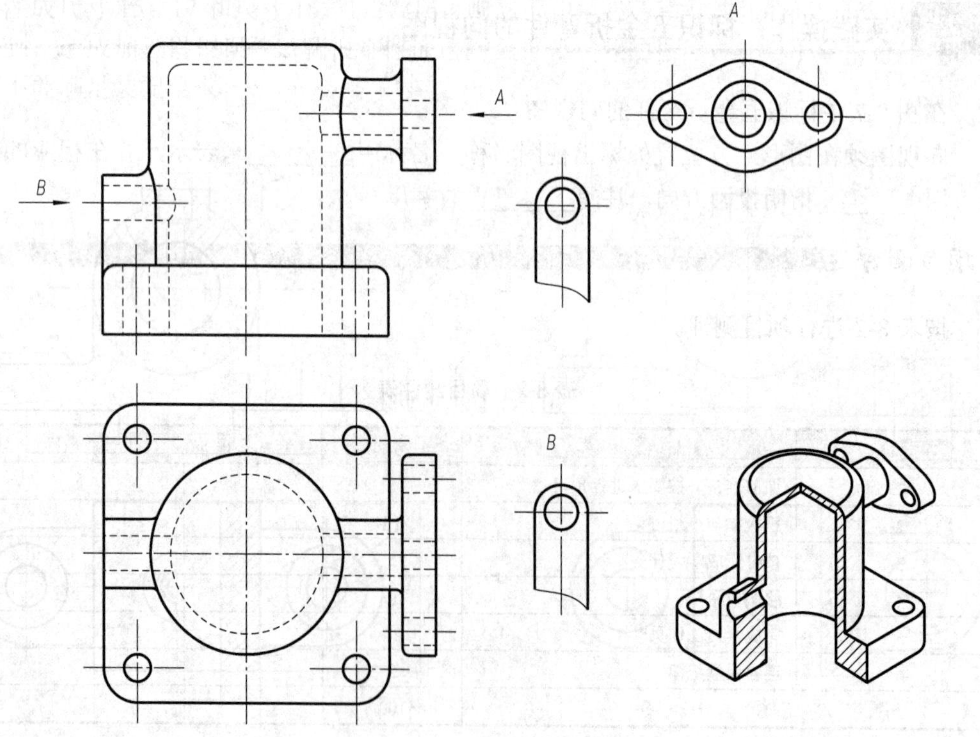

图 8-9　局部视图

2）当所表达的局部结构完整，且外轮廓线成封闭状时波浪线可省略，如图 8-9 所示的 *A* 向局部视图。

3）配置：一般按投影关系配置，必要时也可配置在其他位置，如图 8-9 所示的 *B* 向视图。

4）标注：用带字母的箭头表示指明投影方向和部位，并于局部视图的上方标注名称“X”。

5）省略条件：按投影关系配置，中间又无其他图形隔开时可省略。

2．斜视图

当物体的表面与投影面成倾斜位置时，其投影不反映实形，如图 8-10 所示。

（1）解决方法

1）增设一个与倾斜表面平行的辅助投影面。

2）将倾斜部分向辅助投影面投射。

斜视图是物体向不平行于基本投影面的平面投射所得的视图，如图 8-10 所示。

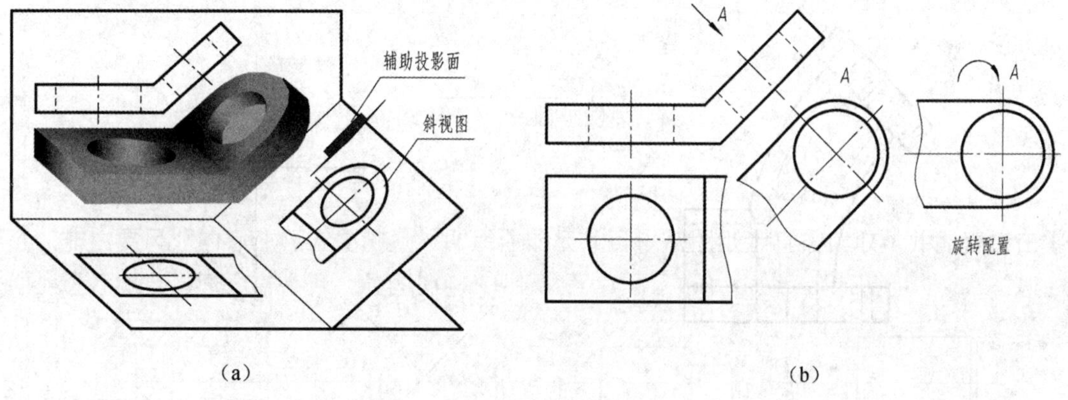

图 8-10　斜视图

（2）斜视图的配置、标注及画法

1）斜视图的断裂边界用波浪线或双折线表示。

2）斜视图一般按照正常投影关系配置，用带大写字母的箭头表示投影方向，并在对应的斜视图上方标明相同的字母。

3）必要时，斜视图也可以配置在其他适当位置，并允许将斜视图旋转配置，如图 8-11 所示，旋转符号为半圆形，半径等于字体高度。表示该视图名称的字母靠近旋转符号的箭头端，也允许在字母之后注出旋转角度。

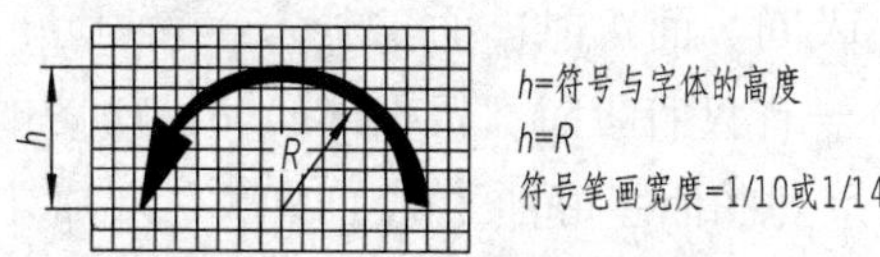

图 8-11　旋转符号的画法

项目拓展：绘制弯管接头局部视图和斜视图

结合图 8-12 所示立体图，根据如图 8-13 所示已有弯管接头的主视图，在指定位置绘制局部视图和斜视图。

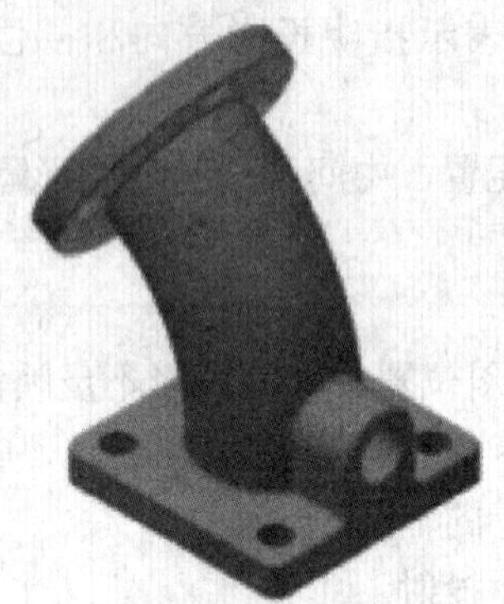

图 8-12　弯管接头的立体图

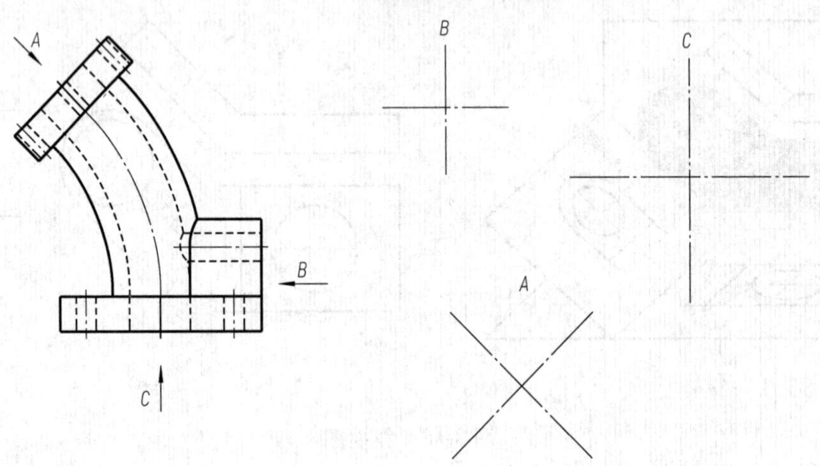

图 8-13　弯管接头的视图

提示

投影方向 *A* 部位采用斜视图绘制；投影方向 *B* 和 *C* 采用局部视图绘制。

项目 9

铣床尾架底座的绘制

项目描述

铣床尾架是铣床的附件，对工件装夹起辅助支承作用。底座主要作用是支承、定位和容纳铣床尾架零件。根据如图 9-1 所示底座立体图，用正确合理的表达方法绘制底座零件图。

图 9-1　底座

学习目标

◎ 能叙述剖视的形成、画法和标注要求、剖视图的种类。
◎ 能运用全剖视图的表达方法正确表达底座的形状结构。
◎ 能正确合理确定底座的表达方案，在教师的指导下，小组合作绘制底座零件图样。
◎ 在教师的指导下，根据尺寸标注的相关规定标注底座零件图的尺寸。

学习任务

◎ 底座表达方案的确定。
◎ 底座视图的绘制。
◎ 底座的尺寸标注。

任务9.1 底座表达方案的确定

任务思考与小组讨论1

主视图是一组图形的核心，确定零件表达方案，应首先选择主视图。如何摆放零件？又如何确定主视方向？

9.1.1 相关知识：底座的作用和主视图的选择

1. 底座的作用

底座是铣床尾架的主要组成零件，如图 9-2 所示。铣床尾架是铣床的附件，对工件装夹起辅助支承作用。

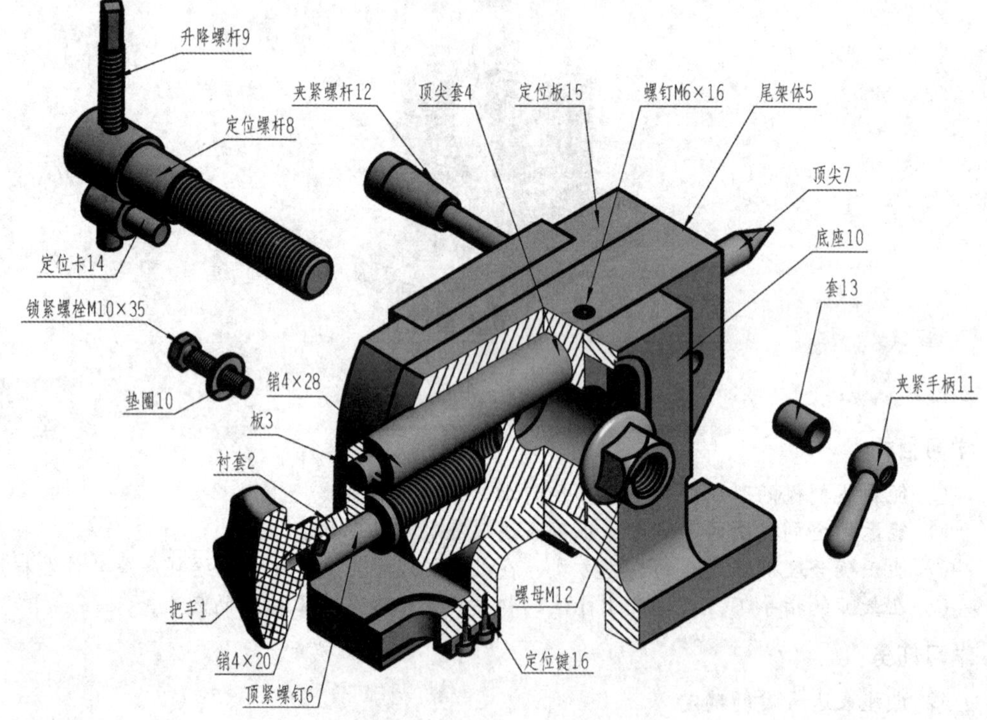

图 9-2 铣床尾架立体图

2．主视图的选择

选择主视图即确定零件的摆放位置和主视方向。

（1）零件的摆放位置应符合**加工位置**原则或**工作位置**原则

主视图是零件图的核心，选择主视图时应先确定零件的位置，再确定投射方向。

1）工作位置是零件在机器中安装和工作的位置。主视图的位置和工作位置一致，便于想象零件的工作状况，有利于阅读图样。如图 9-3 所示，吊钩竖直摆放为工作位置。

（a）实物

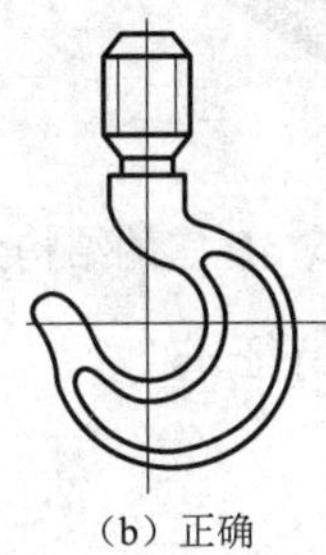
（b）正确

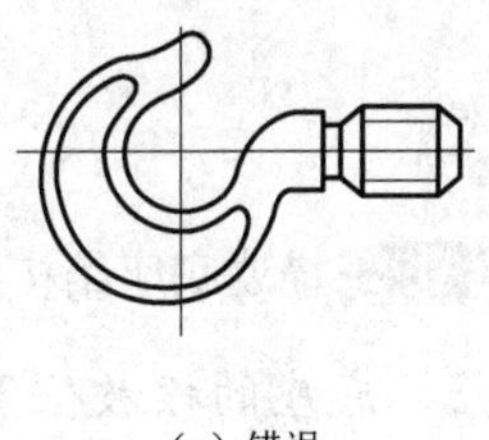
（c）错误

图 9-3　吊钩的工作位置

2）加工位置是零件加工时在机床上的装夹位置。回转体类零件，不论其工作位置如何，一般均将轴线水平放置画主视图。如图 9-4 所示轴类零件的加工位置。

图 9-4　轴套类零件的加工位置

对钩、支架、箱体等零件一般按工作位置摆放，而轴套类、盘类等回转体零件一般按加工位置摆放。

（2）主视方向的确定应符合形状特征原则

选择投射方向时，应使主视图最能反映零件的形状特征，即在主视图上尽量多地反映出零件内外结构形状及其之间的相对位置关系。

9.1.2　实践操作：确定底座的视图表达

1．底座的功用分析

底座是________中的零件，在该部件中起________作用。

2．底座的形体分析

01 分析底座的结构，由三部分组成：________、________和________。并将组成部分名称标在图 9-5 中。

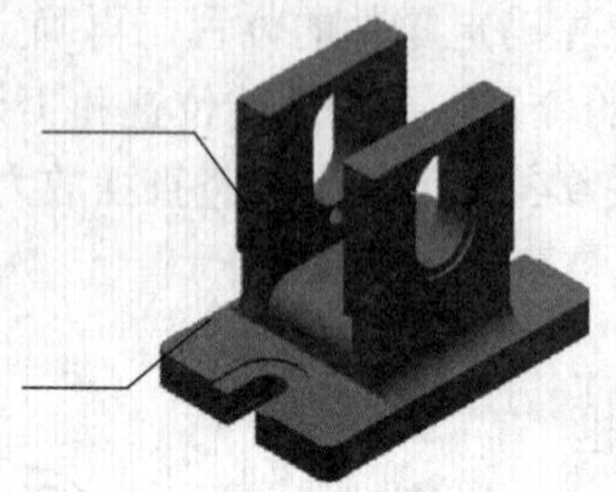

图 9-5 底座的结构分析

02 描述底座结构组成各形状的特征。

3．底座的摆放位置

图 9-6 所示为底座零件的几种摆放位置，该零件按________位置原则，图________较合理。

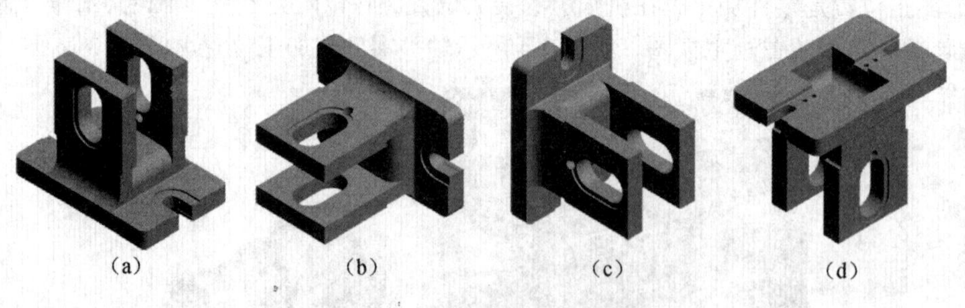

图 9-6 底座零件的几种摆放

4．底座主视图的选择

观察如图 9-7 所示投影方向，底座的结构特点：________、________对称。其中________向和________向、________向和________向投影所得视图是相同的。因此，底座投影方向主要有________向和________向两种方案，如图 9-8 所示。

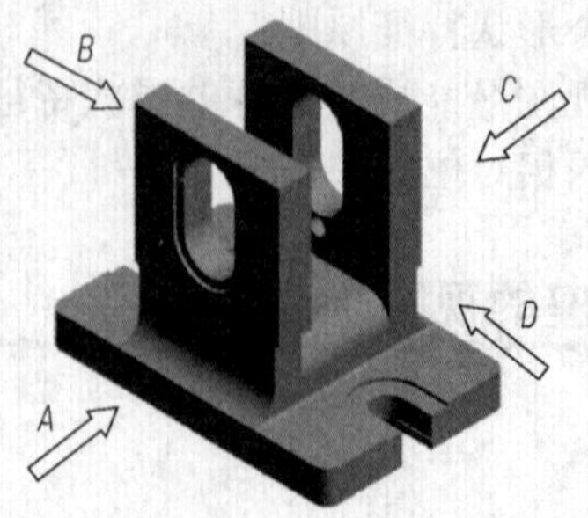

图 9-7 底座投影方向的选择

图 9-8　底座零件主视方向的选择

两种方案对比，以________向为主视图方向较合理。

任务 9.2 底座视图的绘制

任务思考与小组讨论 2

底座主视图不可见轮廓较多，视图中有许多虚线，如何解决？其他视图如何确定？

9.2.1 相关知识：剖视图和其他视图的表达

1．剖视图的概念

当机件的内部形状较复杂时，视图上将出现许多虚线，使图形不够清晰，不便于标注尺寸。这时可以采用剖视图。

剖视图：假想用剖切面剖开机件，将处在观察者和剖切面之间的部分移走，而将剩余的部分向投影面投射所得的图形，如图 9-9 所示。

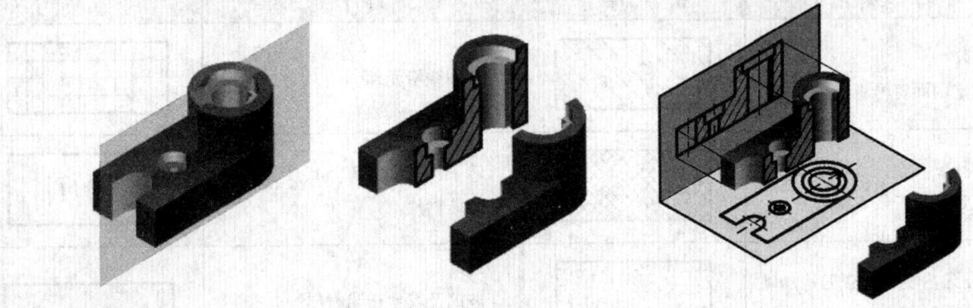

图 9-9　剖视图的形成

2．剖视图的画法

剖视图画法要遵循 GB/T 17452-1998《技术制图 图样画法 剖视图和断面图》、GB/T

4458.6-2002《机械制图 图样画法 剖视图和断面图》的规定。

（1）确定剖切面的位置

剖切面一般平行于投影面，且通过机件的对称面、轴线等，以反映实形。

（2）剖视图画法的注意事项

1）不仅要画出剖切面与机件实体相交的断面轮廓线的投影，还必须画出剖切面之后的可见轮廓的投影。如图 9-10 所示。

2）因为剖切是假想的，所以其他视图应按完整的机件画出。如图 9-10 的俯视图。

3）已表达清楚的结构，虚线应省略，使图形清晰。如图 9-11 中的虚线应删除。

4）尚未表达清楚的结构，还需用虚线表达。

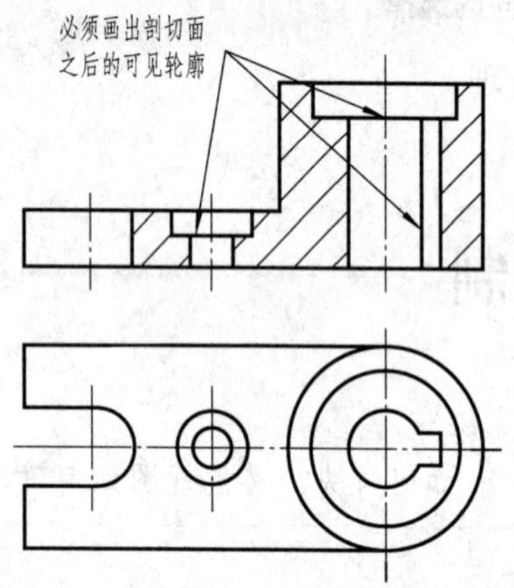

图 9-10　必须画出剖切面之后的可见轮廓

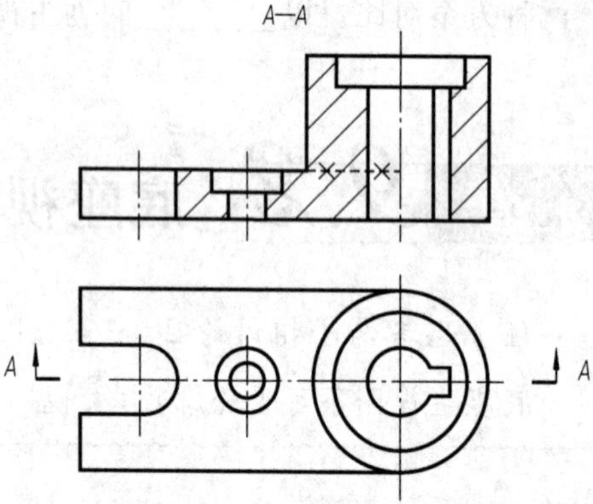

图 9-11　已表达清楚的结构虚线应省略

（3）剖面符号

机件被假想剖切后，在剖视图中，剖切面与机件接触部分称为剖面区域。为使具有材料实体的切断面与其余部分明显地区别开，应在剖面区域画上剖面符号。国家标准《机械制图》中规定了各种材料的剖面符号，如表 9-1 所示。

表 9-1　剖面符号（摘自 GB 4457.5—1984）

材料名称	剖面符号	材料名称	剖面符号
金属材料（已有规定剖面符号者除外）		线圈绕组元件	
金属材料（已有规定剖面符号者除外）		转子、变压器等的迭钢片	
型砂、粉末冶金、陶瓷刀片、硬质合金刀片等		玻璃及其他透明材料	
木质胶合板（不分层数）		格网（筛网、过滤网等）	

续表

材料名称		剖面符号	材料名称	剖面符号
木材	纵剖面		液体	
	横剖面			

在机械设计中，金属材料使用最多，为此，国家标准规定用简明易画的平行细实线作为剖面符号，且特称为剖面线。绘制剖面线时，同一机械图样中的同一零件的剖面线应方向相同、间隔相等。剖面线的间隔应按剖面区域的大小确定。剖面线的方向一般与主要轮廓或剖面区域的对称线成45°，如图9-12所示。

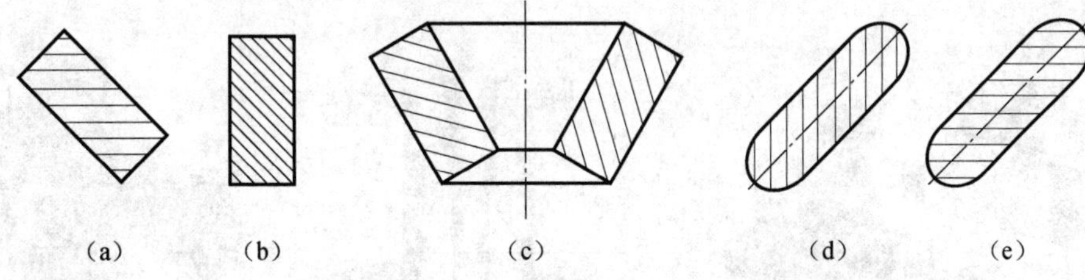

图9-12 特殊情况下剖面线的画法

（4）剖视图的配置与标注

1）配置：剖视图应首先考虑配置在基本视图的方位，如图9-13中的*A—A*；当难以按基本视图的方位配置时，也可按投影关系配置在相应位置上；必要时才考虑配置在其他适当位置。

2）标注：

① 剖视图标注有三个要素：**剖切位置**、**投影方向**和**剖视图名称**，如图9-13所示。

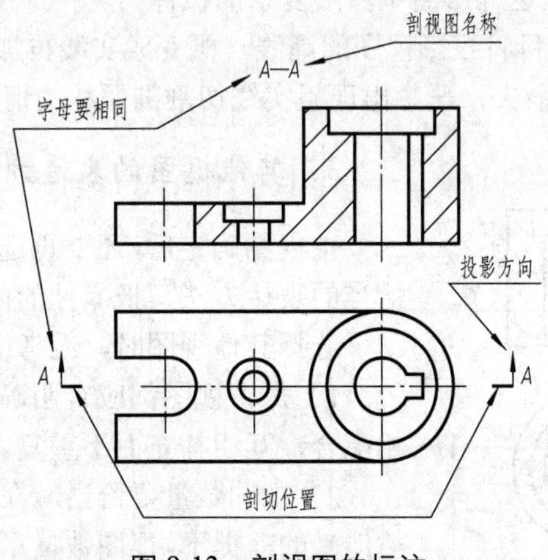

图9-13 剖视图的标注

剖切位置：用**粗实线的短线段**表示剖切平面。

投影方向：用带字母的箭头表示。

剖视图名称：用×－×形式表示，×要与投影方向字母相同。

② 剖视图的标注方法可分为三种情况：全标、不标和省标。

全标：指按剖视图标注的三个要素全部标出，如图 9-13 中的 *A—A*。

不标：指剖视图标注的三个要素均不必标注。但是，必须同时满足三个条件方可不标注，即单一剖切平面通过机件的对称平面或基本对称平面剖切；剖视图按投影关系配置；剖视图与相应视图间没有其他图形隔开。如图 9-13 中的 *A—A* 的剖切位置、投影方向箭头、剖视图名称均可不标。

省标：指仅满足不标条件中的后两个条件，则可省略表示投影方向的箭头。

（5）剖视图的种类

根据剖切范围的大小，剖视图可分为**全剖视图**、**半剖视图**和**局部剖视图**，如图 9-14 所示。

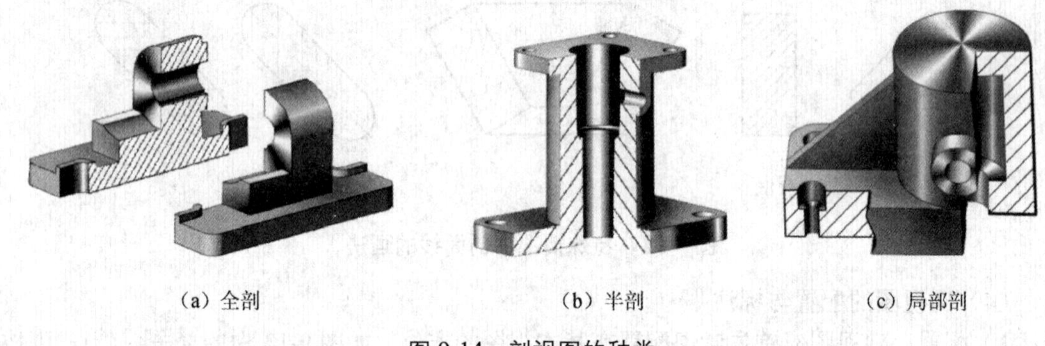

（a）全剖　　（b）半剖　　（c）局部剖

图 9-14　剖视图的种类

（6）全剖视图

1）定义：用剖切面完全地剖开机件所得的剖视图，如图 9-15 所示。

2）特点：能清晰地表达物体的内形，但不能兼顾外形。

3）应用场合：用于表达外形简单内形复杂的机件。

4）画法要点：严禁盲目将投影视图的虚线一概变成实线再加剖面线来充当剖视图。剖切后，物体上某些外形线消失，严禁出现粗实线切割剖面线的情况，如图 9-15 所示。

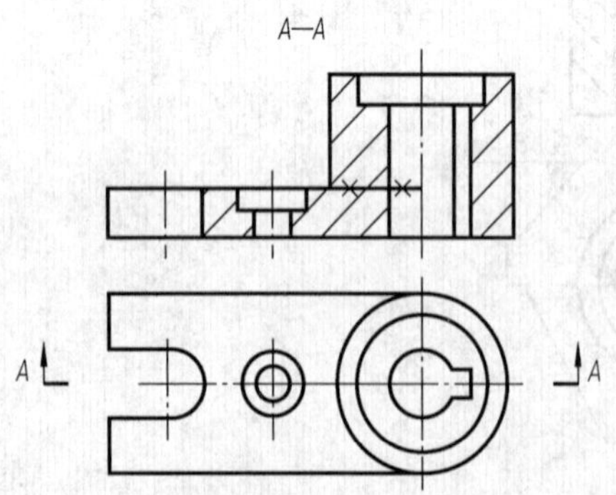

图 9-15　严禁粗实线切割剖面线

3．其他视图的表达方法

主视图确定后，还要再选择适当数量的其他视图和恰当的表达方法，把零件的内外结构形状表达清楚。

选择其他视图时，应考虑以下几点。

1）每个视图都应有明确的表达重点，各个视图互相配合，互相补充而不重复。

2）视图数量要恰当，在把零件内、外结构形状表达清楚的前提下，视图数量尽量少，以便于画图和看图。

3）合理地布置视图位置，做到既使图样清晰美观，又便于读图。

确定合理表达方案的原则：兼顾零件内、外结构形状的表达；处理好集中与分散表达的问题；在选择表达方法时，应避免支离破碎和不必要的重复；根据零件的具体情况，设想几个表达方案，通过分析比较最后选出最佳方案。

4．内螺纹的画法

本项目只介绍底座中 4 个 M6 内螺纹的画法，详细的螺纹介绍请见项目 11。

1）螺纹标记的含义如下：

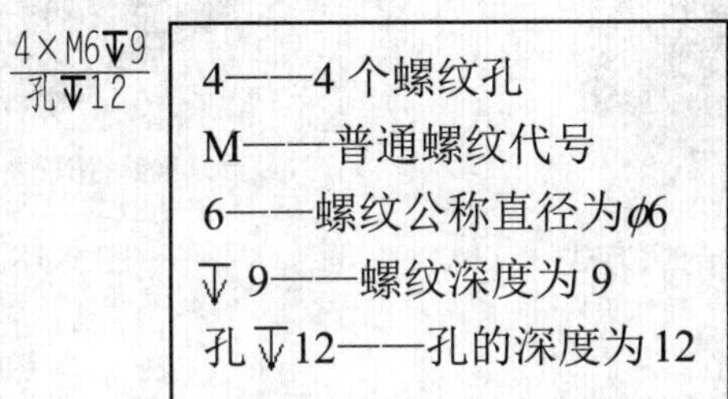

2）M6 螺纹孔的画法，如图 9-16 所示。

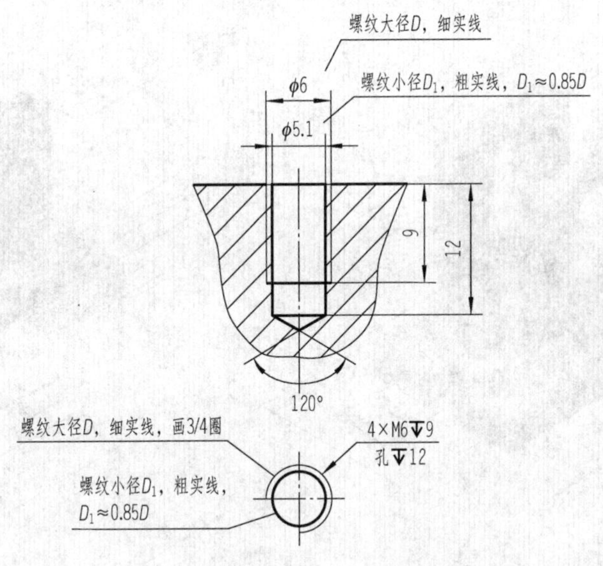

图 9-16　螺纹的含义和画法

9.2.2 实践操作：绘制底座视图

1．底座主视图剖切方式的选择

底座外形________而内形________，主视图采用________剖视表达，如图 9-17 所示。

2．其他视图的选择

采用左视图采用________剖视，表达了________。俯视图采用________图，表达了________，如图 9-18 所示。

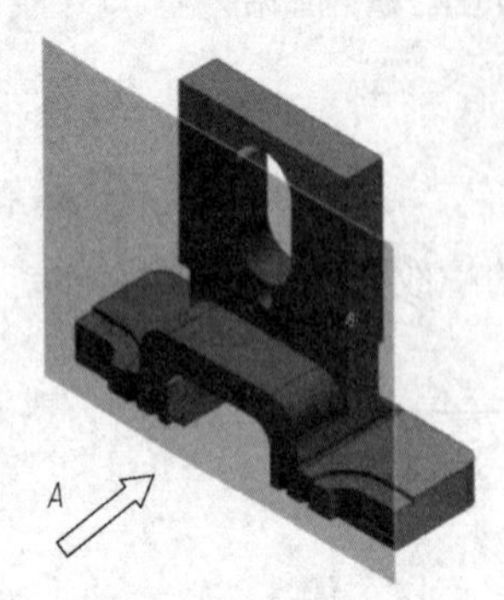

图 9-17　主视图的剖切方式

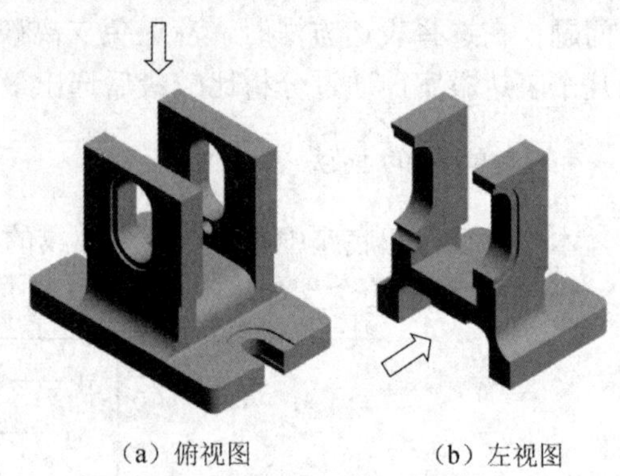

（a）俯视图　　　　（b）左视图

图 9-18　其他视图的选择

3．底座视图的绘制

根据如图 9-19 所示立体图，逐步画底座的视图。

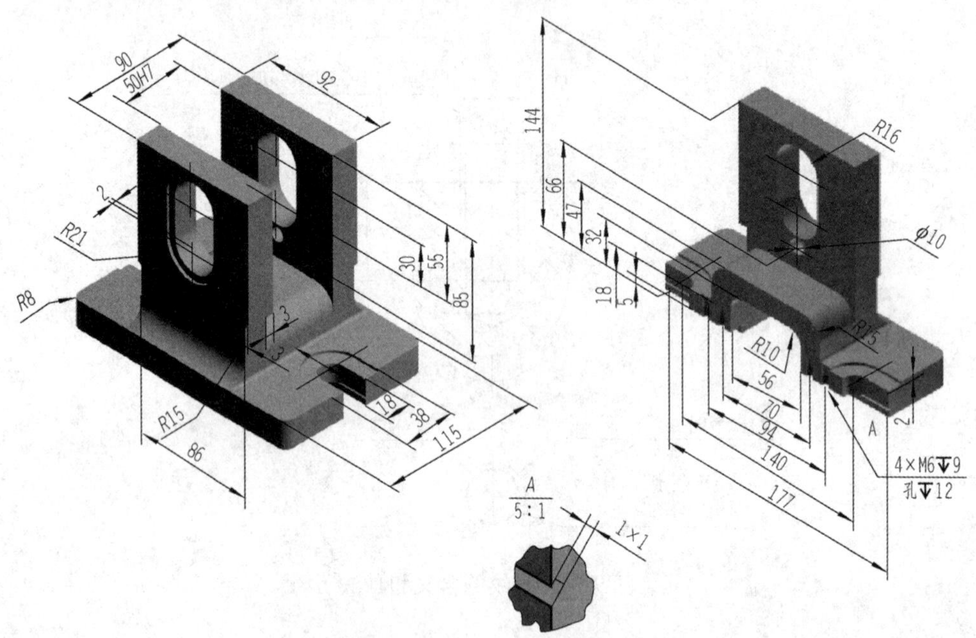

图 9-19　底座立体图

01 画基准线，如图 9-20 所示。

02 画底座外形。逐一画出各形体外形的三视图，以确定零件的整个框架。

① 画底板，如图 9-21（a）所示。

② 画竖板，如图 9-21（b）所示。

③ 画凸台，如图 9-21（c）所示。

④ 画圆角，如图 9-21（d）所示。

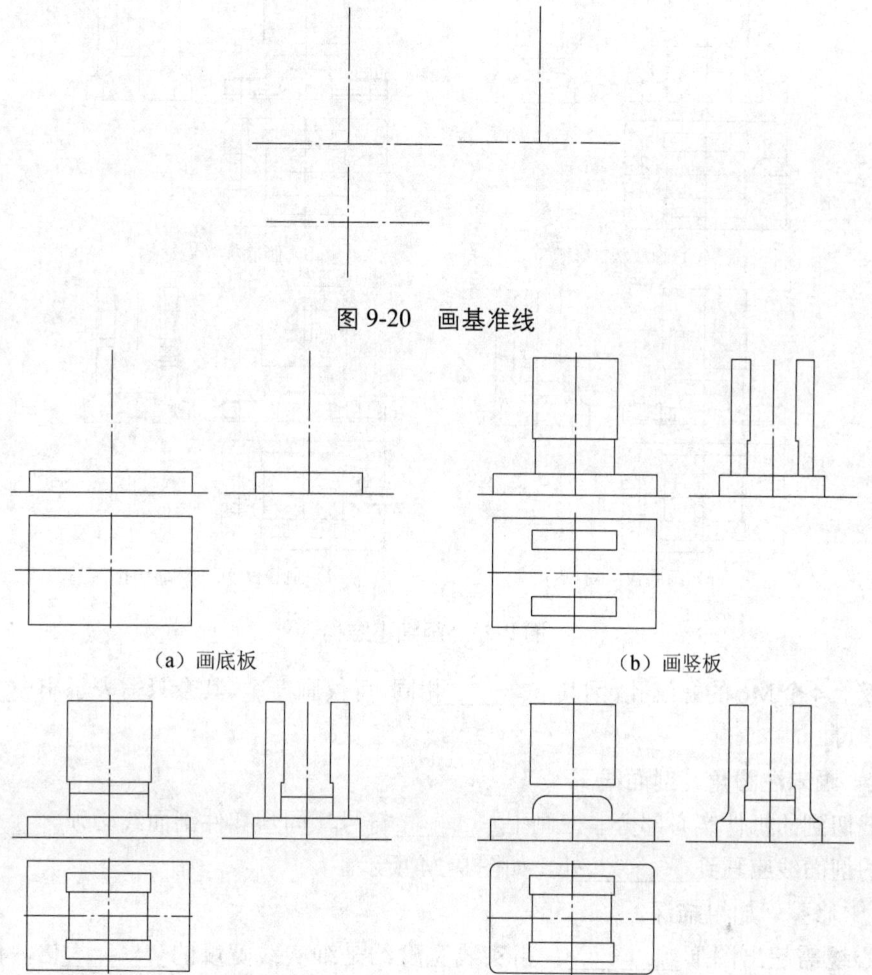
图 9-20　画基准线

(a) 画底板　(b) 画竖板　(c) 画凸台　(d) 画圆角

图 9-21　画底座外形

03 画底板凹槽。长方形槽已通过________、________视图表达清楚，所以在俯视图不再用虚线表示，如图 9-22 所示。

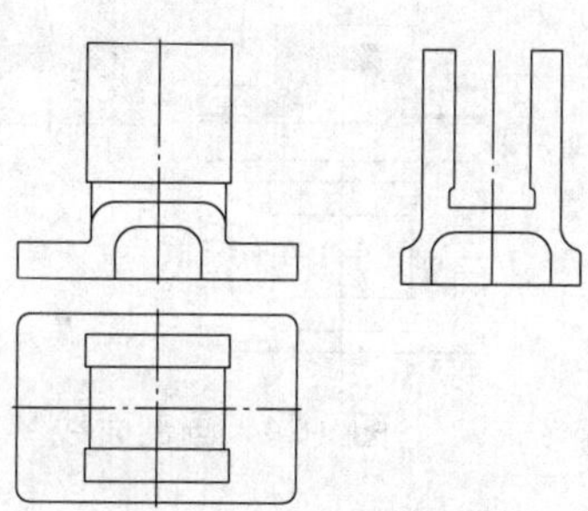
图 9-22　画底板凹槽

04 画细小结构。

① 画底板 U 形槽，如图 9-23（a）所示。

② 画底板左右通槽，如图 9-23（b）所示。

③ 画底板 M6 的螺孔，如图 9-23（c）所示。

④ 画竖板 O 形槽和ϕ10 孔，如图 9-23（d）所示。

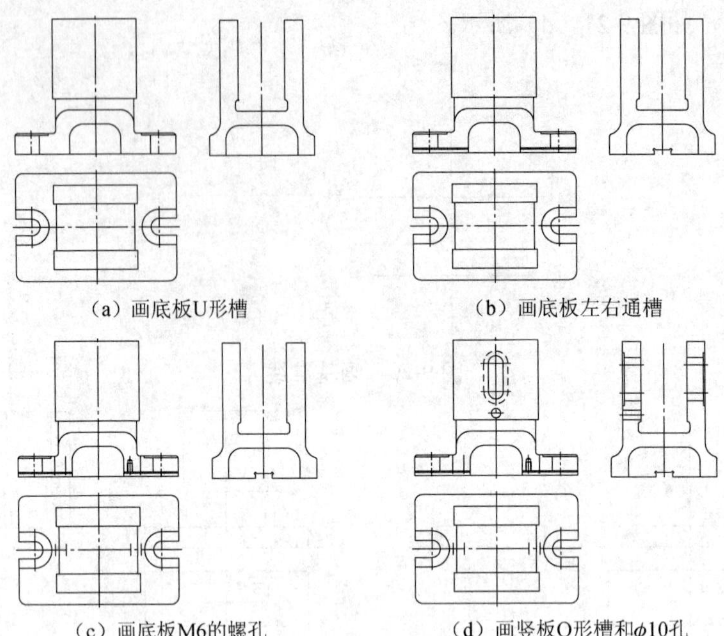

（a）画底板U形槽　（b）画底板左右通槽

（c）画底板M6的螺孔　（d）画竖板O形槽和ϕ10孔

图 9-23　画细小结构

底板上 4 个 M6 的螺纹孔，因其________相同，可仅画一个，其余只需表示出________中心位置即可。

05 画未注圆角、剖面线。

被截切到的机件实心部分，应画上________符号，同一零件剖面线必须________。内螺纹处的剖面线应画到________处，如图 9-24 所示。

06 修整、加粗描深。

中心线需超出图形________。粗实线宽度约是细实线宽度的________倍，使粗细线有明显的区分，达到图形清晰的效果。如图 9-25 所示。

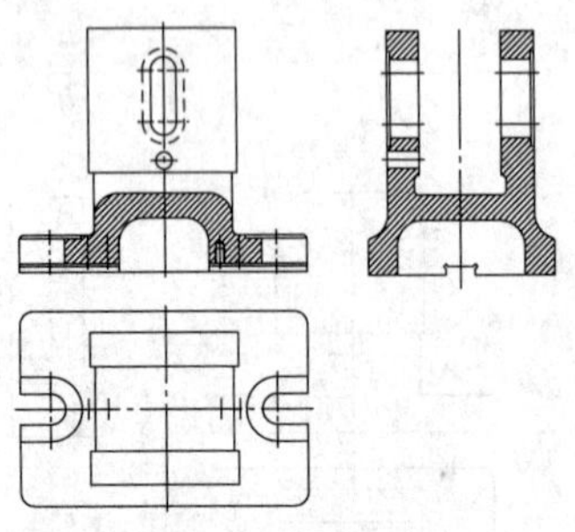

图 9-24　画剖面线

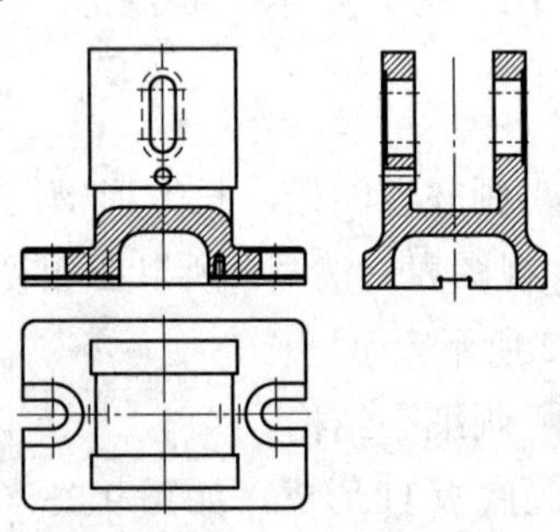

图 9-25　加粗

任务 9.3 底座的尺寸标注

任务思考与小组讨论 3

完整的尺寸是零件图的基本内容。标注尺寸的第一步骤做什么？标注方法与步骤是什么？如何达到正确、完整、清晰、合理的尺寸标注要求？

9.3.1 相关知识：尺寸基准

尺寸基准是指零件在机器中或在加工测量时用以确定其位置的面或线。一般情况下，零件在长宽高三个方向上都应有一个主要基准。为便于加工制造，还可以有若干辅助基准。如图 9-26 所示。

1．尺寸基准的种类

根据基准的不同作用，可分为**设计基准**和**工艺基准**。

（1）设计基准

设计基准是指在设计中用以确定零件在部件或机器中的几何位置的基准。如图 9-26 中，标注轴承孔的中心高 32，应以底面为高度方向基准。因为一根轴要用两个轴承座支承，为了保证轴线的水平位置，两个轴孔的中心应等高。标注底板两螺钉孔的定位尺寸 80，其长度方向和宽度方向分别以左右对称面和前后对称面为基准，以保证两螺钉孔与轴孔的对称关系。因此，底面（安装面）和对称面是设计基准。

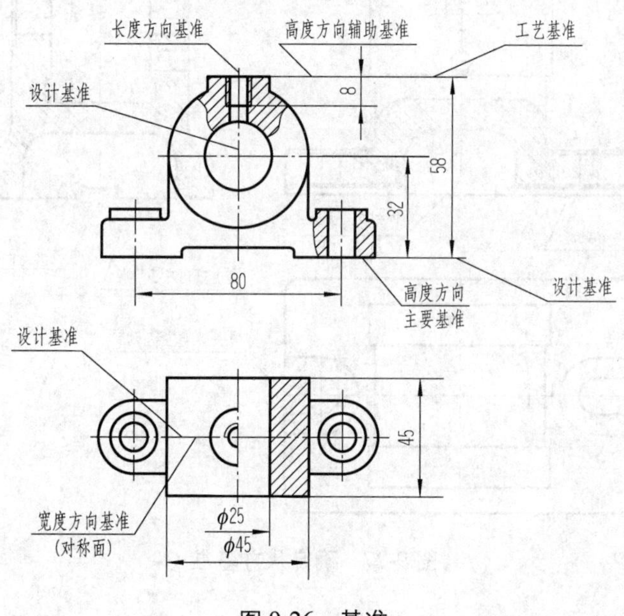

图 9-26　基准

（2）工艺基准

工艺基准是指根据零件加工、测量和检验的要求选定的基准。如图 9-26 中凸台的顶面是工艺基准，以此为基准测量螺孔的深度尺寸 8 比较方便。

2．选择基准的原则

1）尽量使设计基准和工艺基准统一，当两者不能统一时，以保证设计要求为主。

2）零件的主要尺寸应从设计基准出发，而其余尺寸考虑到加工和测量的方便，一般应从工艺基准标出。

3）一般情况下，常选择零件上主要回旋面的轴线、对称平面、主要加工面、支撑面、零件的安装面和大的端面作为基准。

9.3.2 实践操作：标注底座的尺寸

标注尺寸时先确定________。合理选择________是保证零件使用要求和便于加工的基本条件。尺寸标注用________法，即逐个形体标注，每一形状应标注________尺寸和________尺寸，最后标注形体的________尺寸。

1．确定尺寸基准

如图 9-27 所示，底座的长度尺寸基准是________，宽度尺寸基准是________，高度尺寸基准是________。

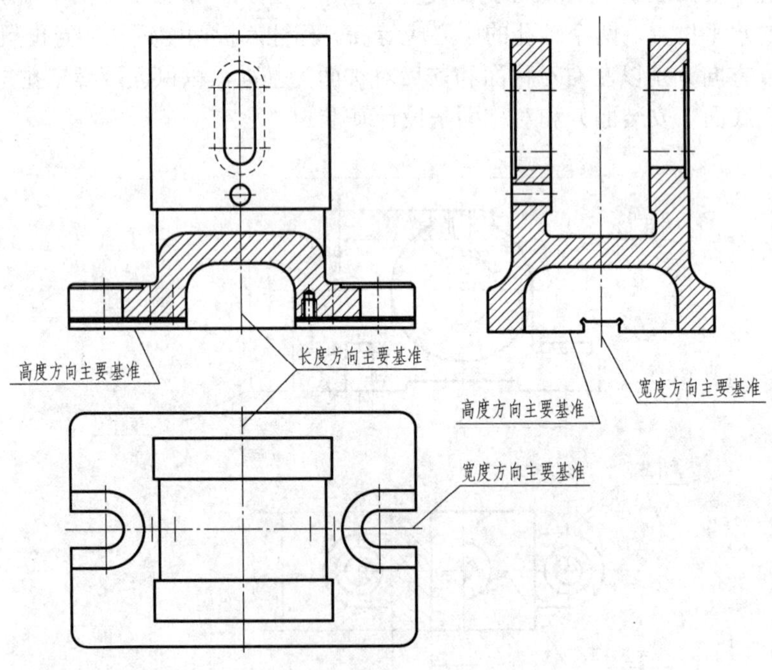

图 9-27　确定尺寸基准

2．标注各组成部分的尺寸

（1）标注底板上的尺寸

01 标注底板 U 形槽和底槽尺寸，如图 9-28（a）所示。

小 U 形槽的定形尺寸是________、________，定位尺寸是________。

底槽宽是________，高是________，还有定形尺寸________，定位尺寸不需标注是因为________。

02 标注凹槽和螺孔尺寸，如图 9-28（b）所示。

凹槽长是________，高是________，宽是________，定位尺寸不需标注是因为________。

螺孔的定形尺寸是________，定位尺寸是________和________。

$\frac{4\times M6\downarrow 9}{孔\downarrow 12}$表示螺孔的尺寸有________个，螺纹类别是________，螺孔大径是________，螺孔深是________，孔深是________，孔径是螺纹的________径，它与螺纹大径的关系式是________。

03 标注底板的总体尺寸，如图 9-28（c）所示。

总长是________，总宽是________，总高是________。

（2）标注竖板上的尺寸

01 标注长圆槽和圆孔的尺寸，如图 9-29（a）所示。

长圆槽定形尺寸有________、________、________和________，定位尺寸是________。

圆孔定形尺寸是________，定位尺寸是________。

02 标注其他形状尺寸，如图 9-29（b）所示。

03 标注竖板总体尺寸，如图 9-29（c）所示。

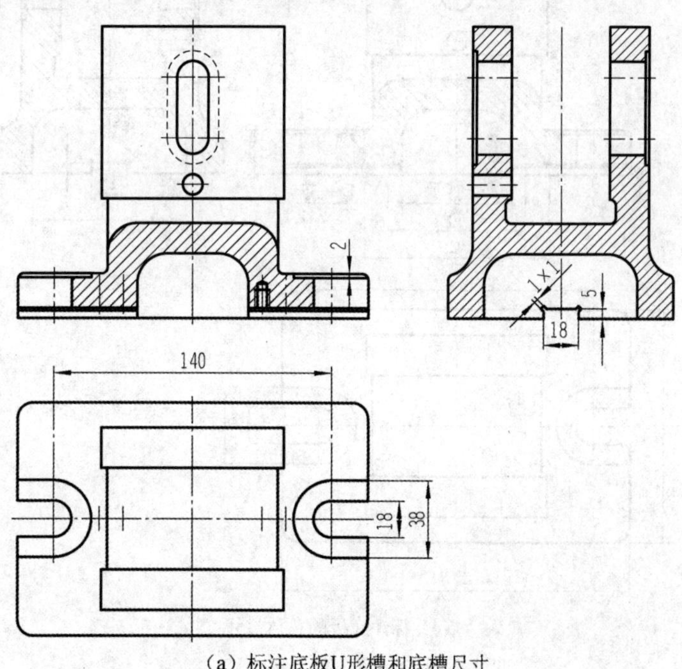

（a）标注底板U形槽和底槽尺寸

图 9-28 标注底板上的尺寸

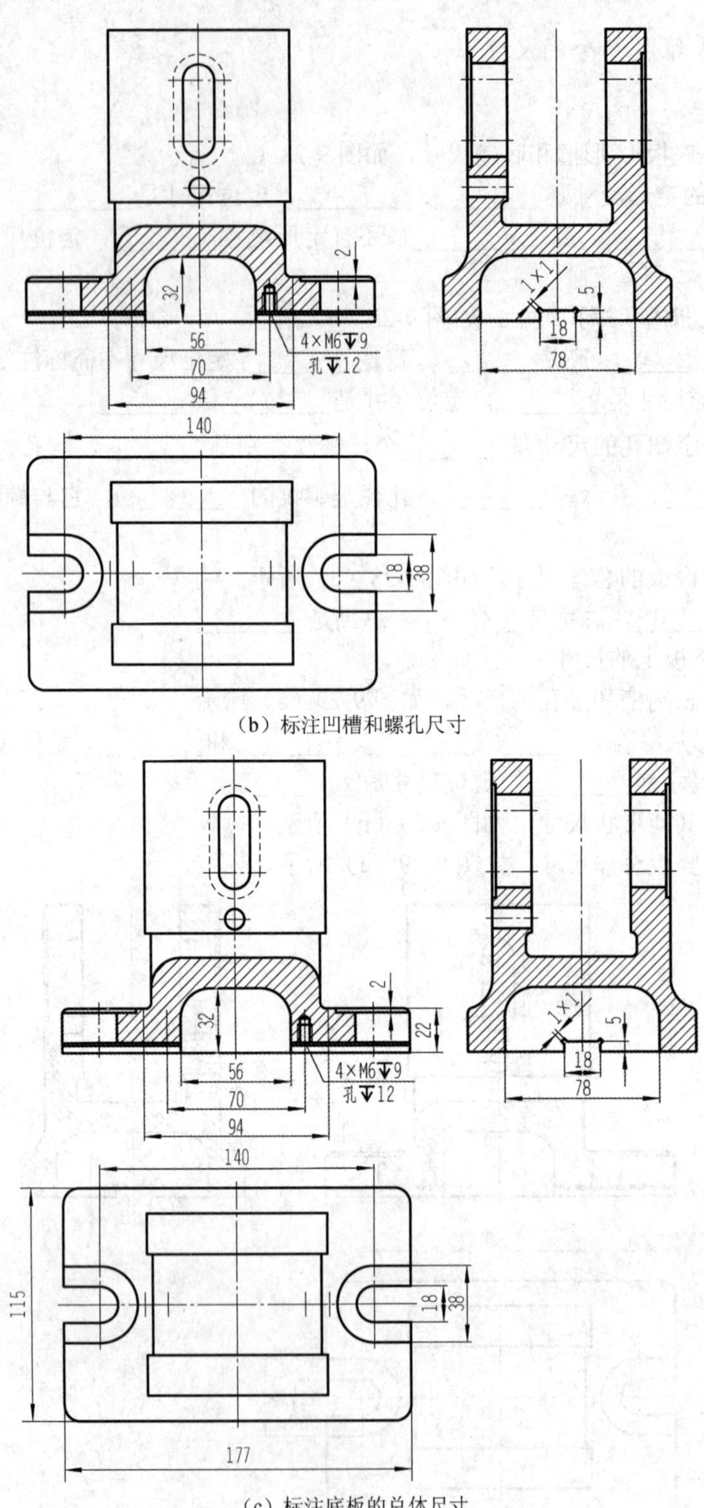

（b）标注凹槽和螺孔尺寸

（c）标注底板的总体尺寸

图 9-28　标注底板上的尺寸（续）

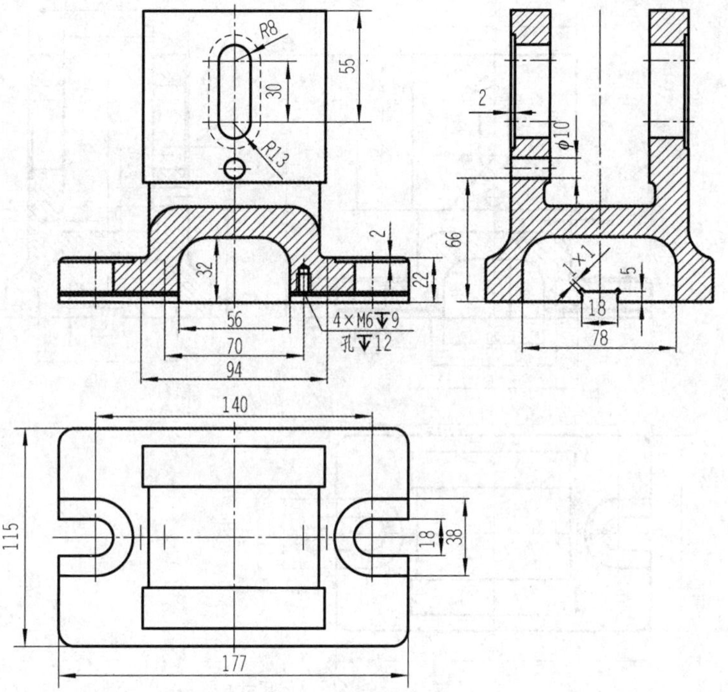

（a）标注长圆槽和圆孔的尺寸

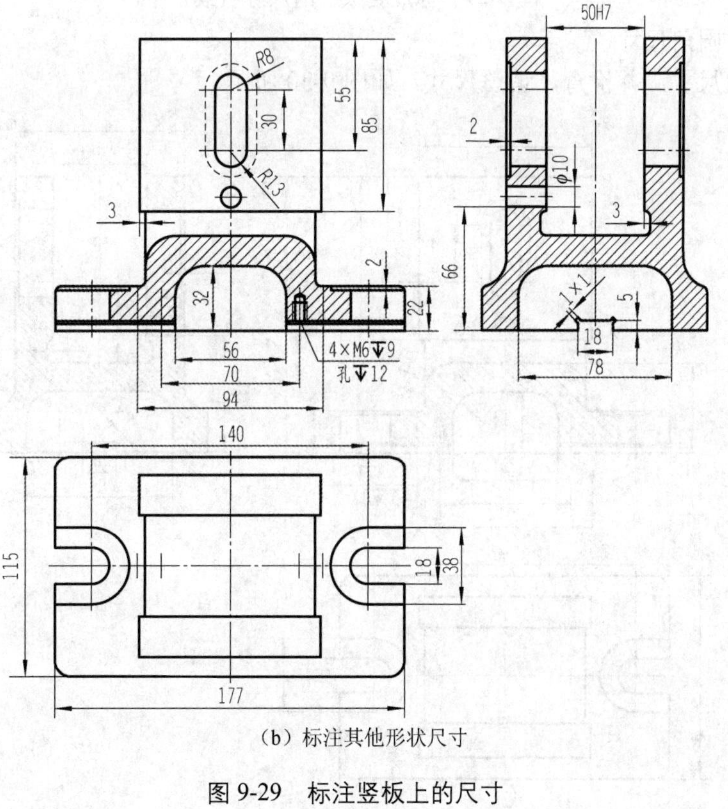

（b）标注其他形状尺寸

图9-29 标注竖板上的尺寸

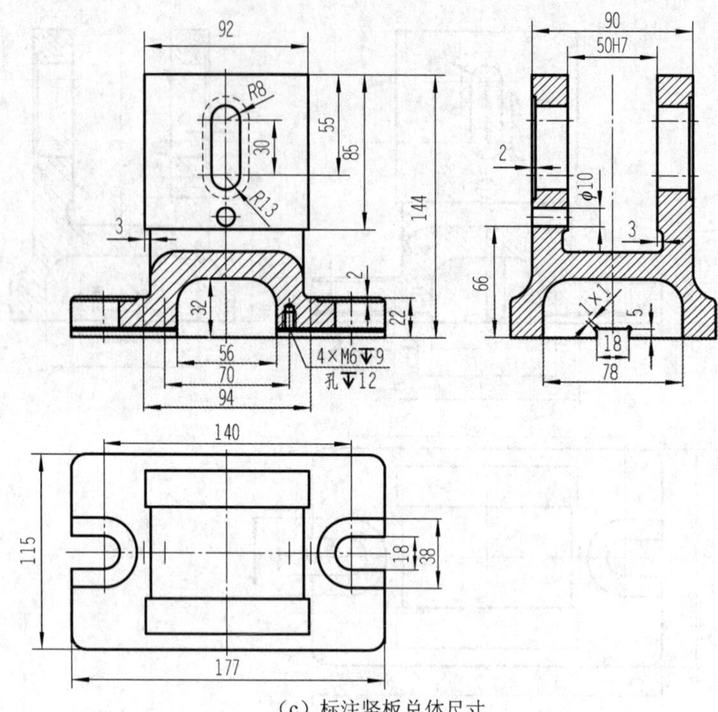

（c）标注竖板总体尺寸

图 9-29　标注竖板上的尺寸（续）

（3）标注圆角尺寸

标注圆角尺寸，并检查、调整尺寸，如图 9-30 所示。

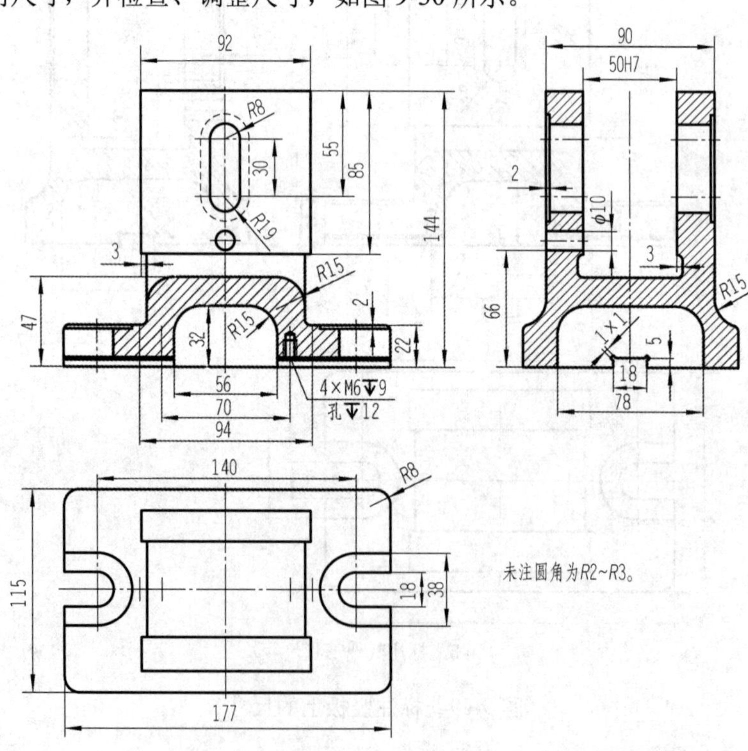

图 9-30　标注圆角尺寸，并检查、调整尺寸

项目测评

按表 9-2 进行项目测评。

表 9-2　项目测评表

序　　号	评 价 内 容	分　　数	自　　评	组长或教师*评分
1	课前准备，按要求进行预习	5		
2	积极参与小组讨论	15		
3	按时完成学习任务	5		
4	绘图质量*	50		
5	完成学习工作页*	20		
6	遵守课堂纪律	5		
总　　分		100		
综合评分（自评分×20%＋组长或教师*评分×80%）：				
小组长签名：		教师签名：		
学习体会	签名：　　　　日期：			

知识拓展：盘盖类零件的表达方式

盘盖类零件包括各种用途的轮、盘盖，如带轮、手轮、齿轮，以及各种形状的法兰盘、端盖等。轮一般装在轴上，起传递扭矩和动力的作用；盘盖主要起支承、轴向定位和密封等作用。

盘盖类零件的外形轮廓变化较大，其主要结构以回转体居多。它们的径向尺寸一般大于轴向尺寸。为了与其他零件连接，或增强本身的强度，盘盖类零件上常开有键槽、光孔、螺纹孔，也附有肋、凸台等结构。它们的毛坯多为铸件，也有锻件，以车削加工为主。图 9-31 所示为常见的盘、盖类零件。

（a）手轮

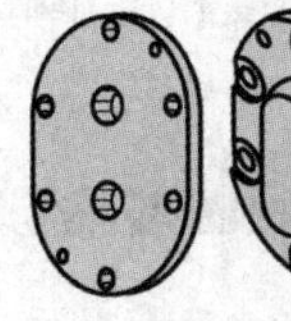

（b）泵盖

（c）齿轮

（d）端盘

图 9-31　常见的盘盖类零件

1．结构特点

径向尺寸远大于轴向尺寸，一般有均布的圆孔、沉孔、筋、轮辐、凸台，用于支承轴的支承孔，有径向和轴向的配合面，用于盘盖类零件在部件中的定位，还有螺纹、键槽等结构。

2．视图表达特点

一般采用两个基本视图，主视图通常采用全剖视图表达内部结构，另一视图表达外形轮廓和各组成部分，如图 9-32 所示。主体形状为回转体时，零件的摆放应符合加工位置原则，轴线水平放置，否则应符合工作位置原则。

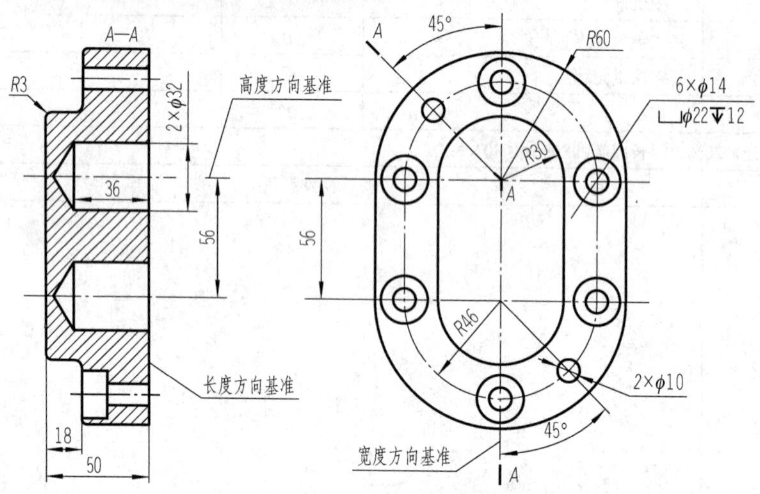

图 9-32　泵盖零件图

3．尺寸标注特点

长度方向尺寸基准为结合面的端面。如图 9-32 所示泵盖是以结合面右端面为长度方向基准的。

径向（宽、高方向）尺寸基准为轴线或对称面。如图 9-31 所示泵盖的宽度尺寸基准为对称面，高度方向基准为上支承孔的轴线。

均布孔的标注：若要表示 4 个均布直径为 12 的孔，则表示为 4×ϕ12。如图 9-32 中的 6×ϕ14。

4．技术要求

有配合要求或用于轴向定位的表面，其表面粗糙度和尺寸精度要求较高，端面与轴心线之间常有形位公差要求。

技能拓展：绘制阀盖零件图

阀盖是球阀部件中的组成零件，是盘盖类零件。根据图 9-33 所示阀盖立体图，绘制阀盖零件图（暂不加技术要求）。

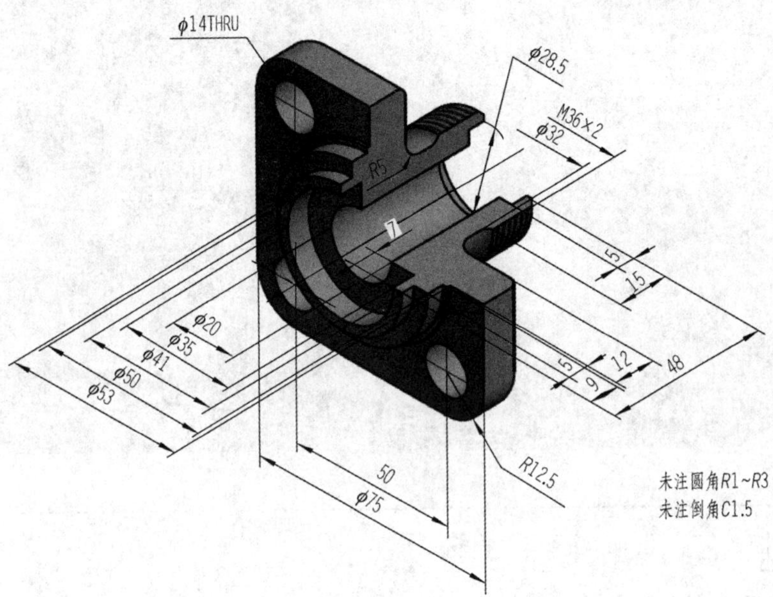
φ14THRU
φ28.5
M36×2
φ32
R5
5
15
φ20
φ35
φ41
φ50
φ53
5
12
48
9
50
φ75
R12.5
未注圆角R1~R3
未注倒角C1.5

图 9-33　阀盖立体图

项目 10

轴承座的绘制

项目描述

轴承座是支承类零件。这类零件主要用来包容其他零件，其内外结构都比较复杂，一般为铸件。根据10-1所示轴承座立体图，正确选择轴承座视图的表达方案，绘制轴承座的视图并标注尺寸和技术要求。

图 10-1　轴承座

学习目标

◎ 查阅资料，能叙述轴承座的功用。
◎ 能叙述半剖视的视图画法，知道半剖视画法的要求。
◎ 小组讨论轴承座视图的表达方案，确定合理表达方案。
◎ 独立完成轴承座视图的绘制。
◎ 小组合作共同讨论完成轴承座的尺寸标注。

学习任务

◎ 轴承座表达方案的选择。
◎ 轴承座视图的绘制。
◎ 轴承座的尺寸标注。
◎ 轴承座技术要求的标注。

任务 10.1 轴承座表达方案的选择

任务思考与小组讨论 1

1．轴承座由几个部分组成？

2．观察轴承座的外形和内部结构有何特点？采用什么表达方法比较好？

3．轴承座视图表达如何确定？

10.1.1 相关知识：半剖视图

1．半剖视图

当机件具有对称平面时，在垂直于对称面的投影面上投影所得的图形，可以对称中心线为界，一半画成**剖视图**，另一半画成**视图**，所得的图形称为**半剖视图**。

2．半剖视图

半剖视图既表达机件内部形状，也保留了外部形状，因此常用于内、外形状都比较复杂的对称机件，如图 10-2 所示。

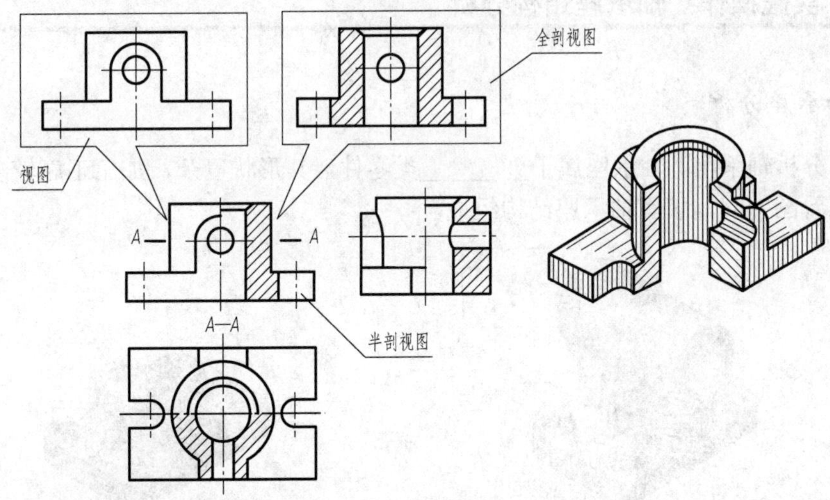

图 10-2　半剖视图的表达

3．画半剖视图时要注意的几个问题

1）剖分线不能画成粗实线，而应画细点画线。

2）零件的内部结构在半个视图中已表示清楚（对称件），故在表示外形的另半个视图中不画反映内形的虚线，如图 10-3 所示。

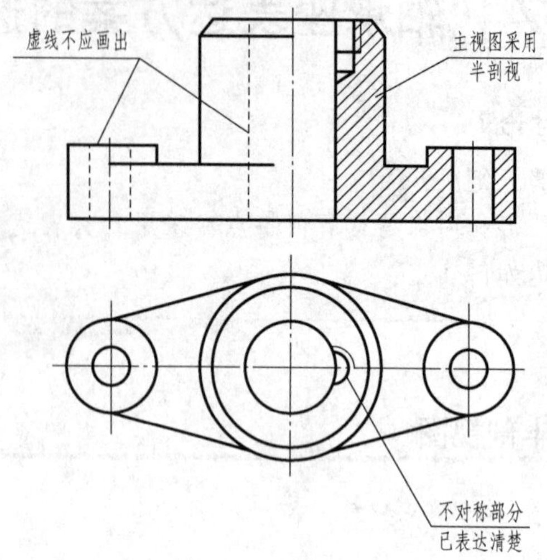

图 10-3　半剖视图

3）一般将表示内形的半个剖视图放在右半边（左、右组合时）或下半边（上、下组合时）。

4）若机件形状接近对称，且不对称部分其余视图已表达清楚，也可画成半剖视。

5）标注与全剖视相同，通过机件对称面，可不标注，但剖切面不通过机件对称面，则要标剖切位置和名称（在对应位置省画箭头）。

10.1.2 实践操作：轴承座结构分析

1．轴承座分析

01 分析轴承座。轴承座属于________类零件，其形状复杂，加工工序较多。

02 看图 10-4，填写轴承座结构组成。

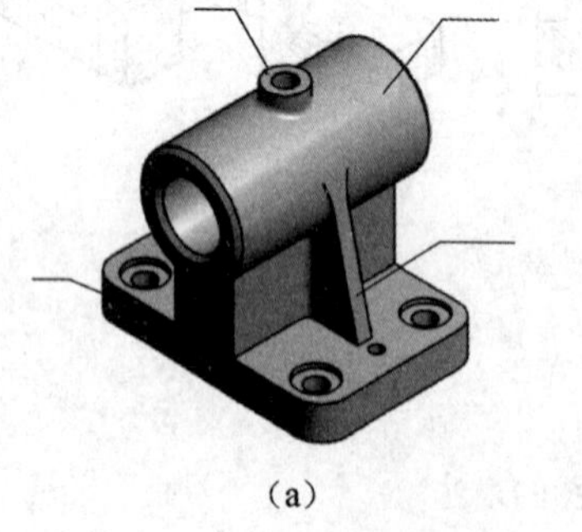

(a)

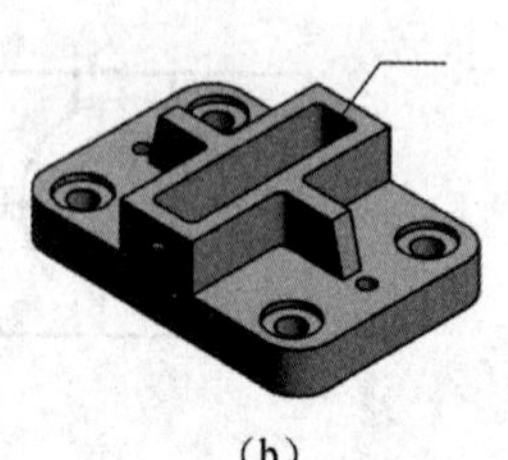

(b)

图 10-4　轴承座的组成

2．表达方案的选择

01 选择主视图投射方向，如图 10-5 和图 10-6 所示。

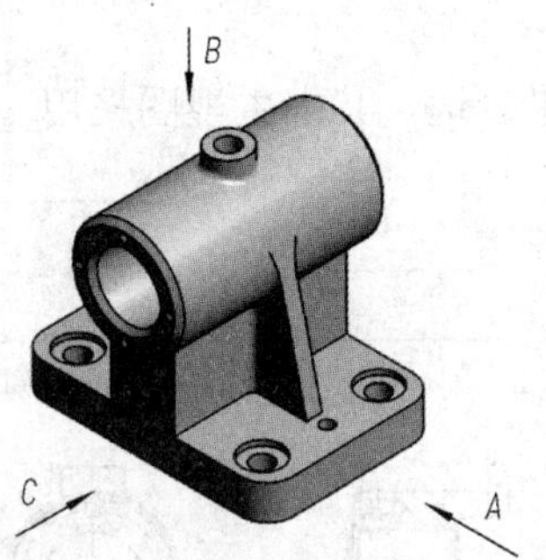

图 10-5　主视图的投影方向

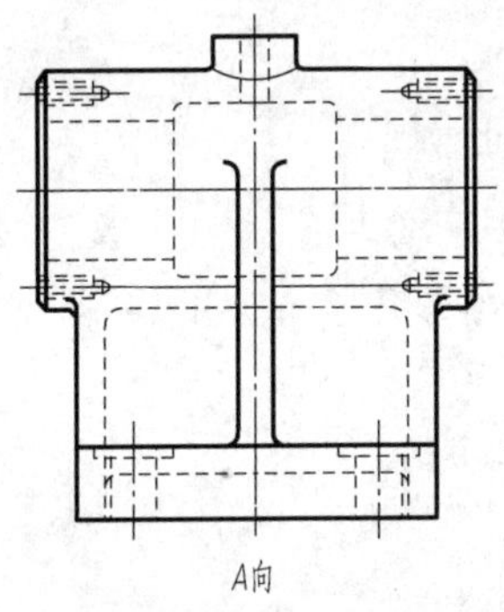

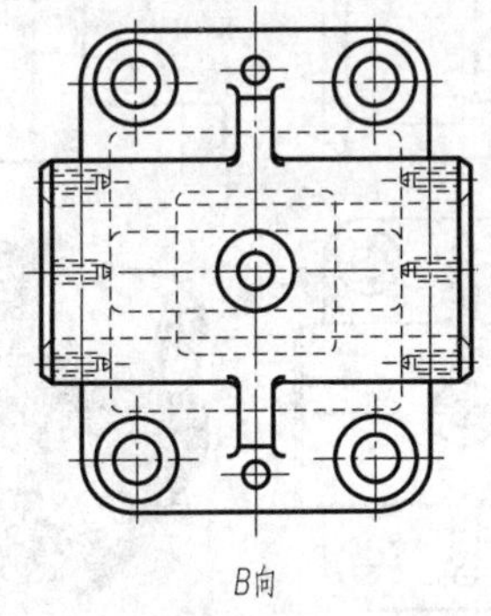

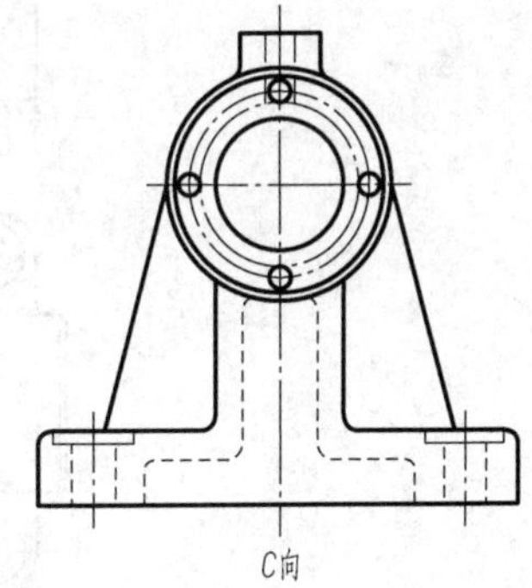

图 10-6　主视图投射方向选择

A 向视图的特点：____；
B 向视图的特点：____；
C 向视图的特点：____。
经比较，________向视图为主视图较为合理。

02 分析视图表达方案。

方案 1，如图 10-7 所示。

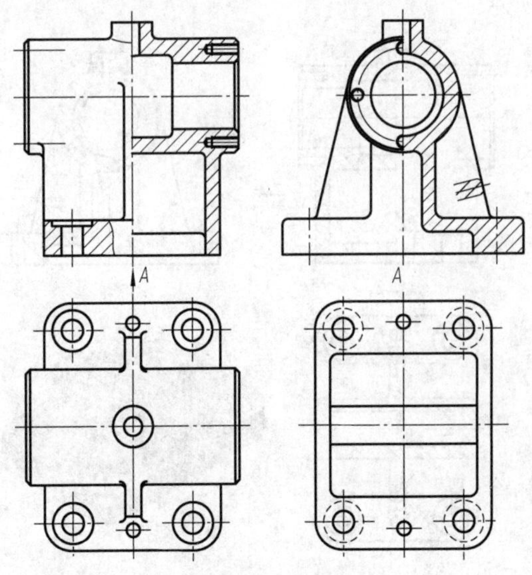

图 10-7　表达方案 1

分析：

此方案采用________个视图来表达，其中主视图采用________视图和________，主要表达________；俯视图为________视图，主要表达________；左视图采用________视图，主要表达________；仰视图主要表达________。

特点：____。

方案 2，如图 10-8 所示。

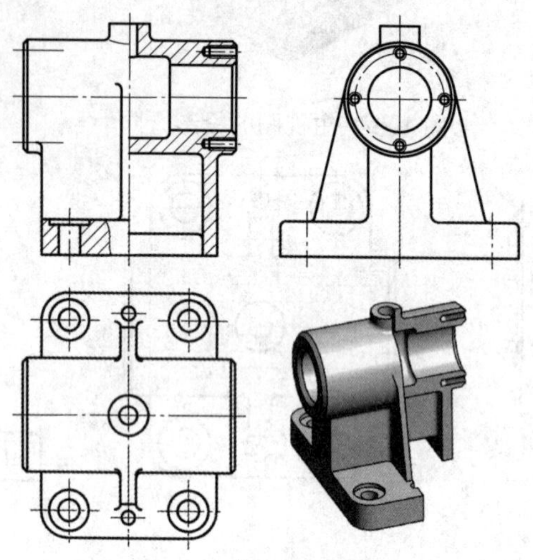

图 10-8　表达方案 2

分析：

此方案采用________个视图来表达，其中主视图采用________视图和________，主要表达________；俯视图为________视图，主要表达________；左视图为________视图，主要表达________；

特点：____。

方案 3，如图 10-9 所示。

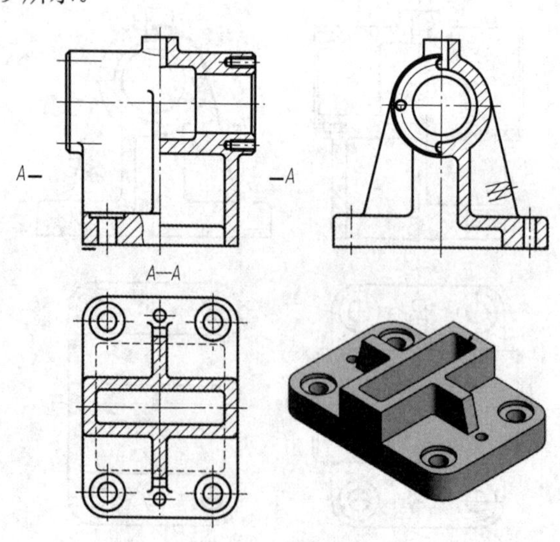

图 10-9　表达方案 3

分析：

此方案采用________个视图来表达，其中主视图采用________视图和________，主要表达________；俯视图采用________视图，主要表达________；左视图为________视图，主要表达________；

特点：____。

03 确定视图表达方案。

经比较，方案________较为合理。

任务 10.2 轴承座视图的绘制

任务思考与小组讨论 2

绘画轴承座的步骤是怎么样的？应该先画什么，后画什么？是否三个视图同时画？

10.2.1 相关知识：绘制零件图的一般步骤

绘制零件的一般步骤如下：

01 定比例，选图幅。

02 画出图框和标题栏。

03 布图，画基准线。根据各视图的轮廓尺寸，布置视图位置，并画好各视图的基准线。

04 画底搞，按投影关系，逐个画出各个形体。绘图步骤：先画主要形体，后画次要形体；先定位置，后定形状；先画主要轮廓，后画细节。

05 检查、描深。检查无误后，加深并画剖面线。

10.2.2 实践操作：绘制轴承座的视图

根据如图 10-10 所示轴承座尺寸立体图，绘制轴承座的视图。

01 定比例，选图幅。

从图上可以看到，轴承座的长宽高为________，可以选用________图幅，比例采用________。

02 布图，画基准线，如图 10-11 所示。

03 按形体分析法，逐个画出它们的三视图。

按形体分析法，从主要形体、大的形体着手，先画有开关特征的视图，且先画主要部分，再画次要部分，再按各基本形体的相对位置和表面连接关系及其投影关系，逐个画出它们的三视图，如图 10-12 所示。

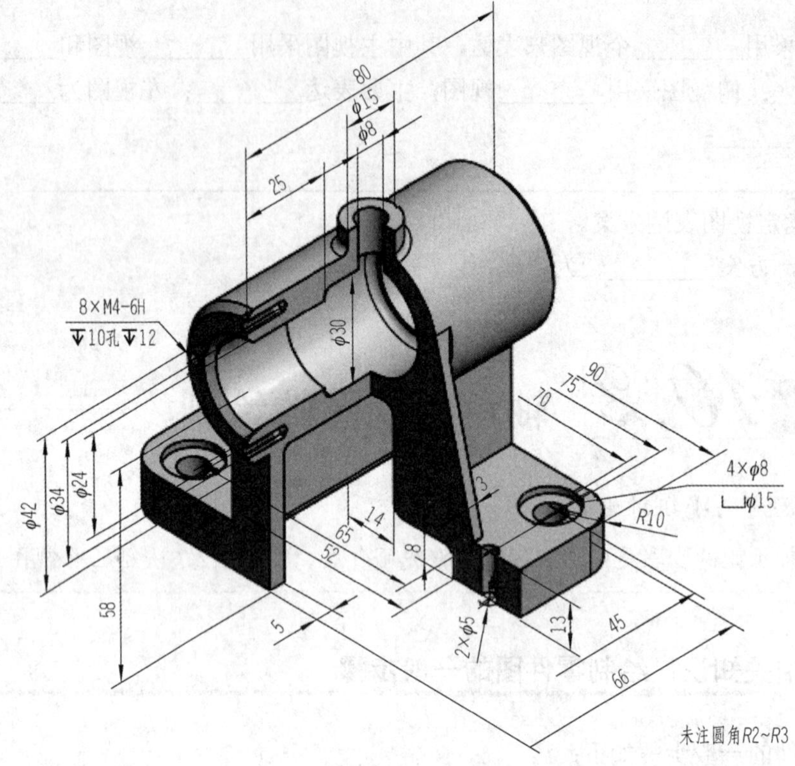

图 10-10　轴承座尺寸立体图

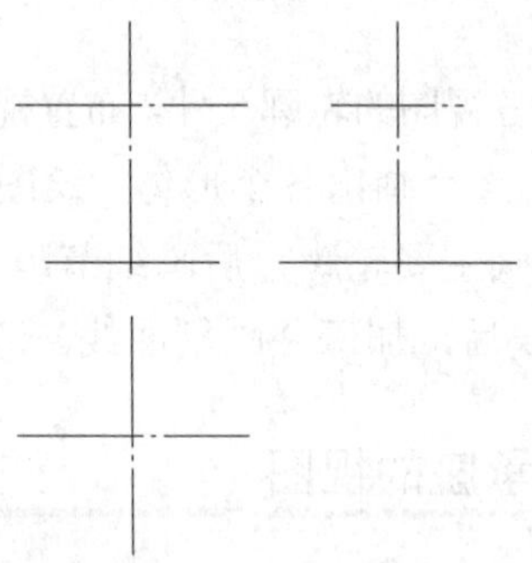

图 10-11　画基准线

① 画底板和主视局部剖，如图 10-12（a）所示。

② 画圆筒，如图 10-12（b）所示。

③ 画支撑板、肋板，如图 10-12（c）所示。

④ 画上方凸台，如图 10-12（d）所示。

⑤ 作俯视图全剖视，如图 10-12（e）所示。

⑥ 检查、加粗，如图 10-12（f）所示。

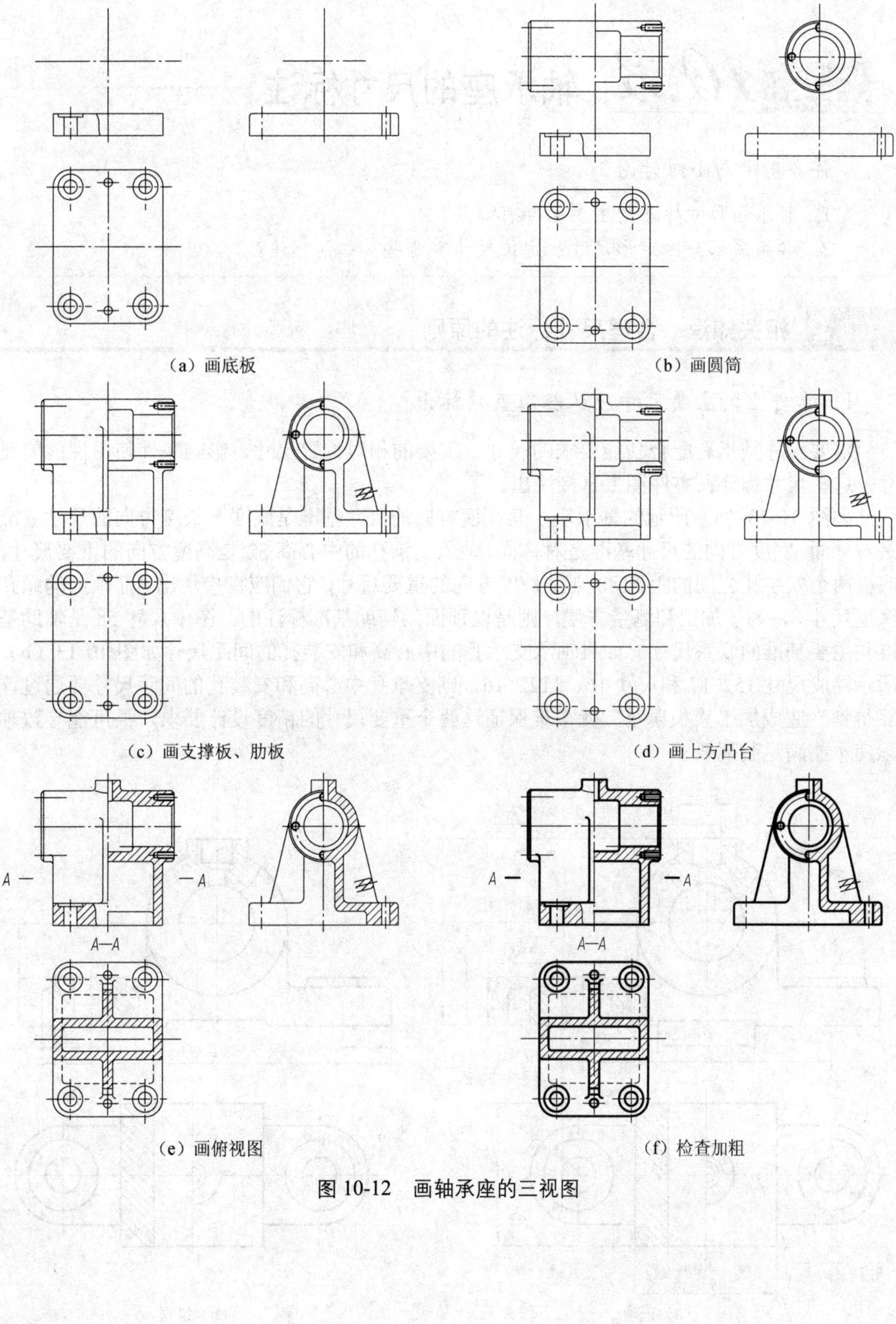

（a）画底板

（b）画圆筒

（c）画支撑板、肋板

（d）画上方凸台

（e）画俯视图

（f）检查加粗

图 10-12　画轴承座的三视图

任务 10.3 轴承座的尺寸标注

任务思考与小组讨论 3

1．轴承座尺寸标注的主要基准有哪些？

2．各组成部分的定形尺寸、定位尺寸有哪些？如何标注？

10.3.1 相关知识：合理尺寸标注的原则

1．零件上的主要尺寸应从基准直接标出

重要尺寸是指有配合功能要求的尺寸、重要的相对位置尺寸、影响零件使用性能的尺寸，这些尺寸都要在零件图上直接注出。

如图 10-13（a）所示的轴承座，其高度方向的尺寸基准是底面，长度方向的尺寸基准是对称面，宽度方向的尺寸基准是对称面。轴承支承孔的中心高 32 是高度方向的重要尺寸，底板两个安装孔之间的距离 80 则是长度方向的重要尺寸，它们应直接注出。而顶部的螺孔深度尺寸 8，为了加工和测量方便，则是以顶面为辅助基准标注的。图中尺寸 58 是辅助基准与主要基准的联系尺寸。如果轴承支承孔的中心高和安装孔的间距尺寸如图 10-13（b）所示注成尺寸 15、17 和尺寸 16、112、16，则支承孔中心高和安装孔的间距尺寸要通过计算得到，造成加工累积误差，就很难保证这两个重要尺寸的精度设计要求，很可能导致轴承座不能满足装配要求。

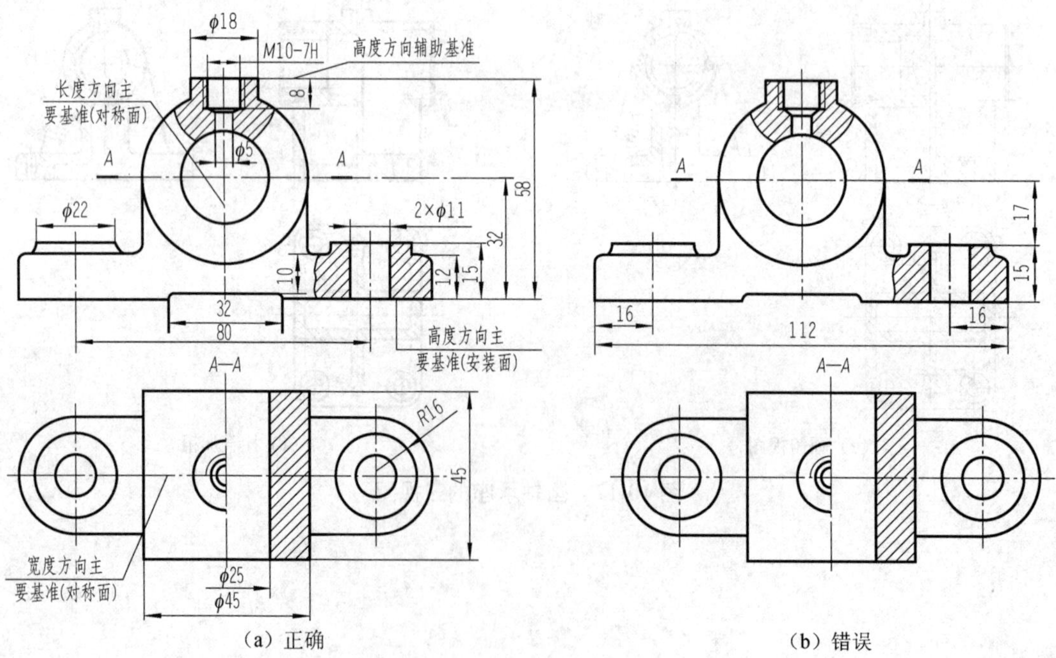

（a）正确　　（b）错误

图 10-13　重要尺寸直接标注

2．避免出现封闭的尺寸链

一组首尾相连的链状尺寸称为尺寸链，如图 10-14（a）中 A_1、A_2、A_3、A_4 尺寸就组成一个尺寸链。组成尺寸链的每一个尺寸称为尺寸链的环。如果尺寸链中所有各环都注上尺寸，如图 10-14（a）所示，这样的尺寸链称封闭尺寸链。

在标注尺寸时，应避免注成封闭尺寸链。通常是将尺寸链中最不重要的那个尺寸作为封闭环，不注写尺寸，如图 10-14（b）所示。这样，使该尺寸链中其他尺寸的制造误差都集中到这个封闭环上，从而保证主要尺寸的精度。

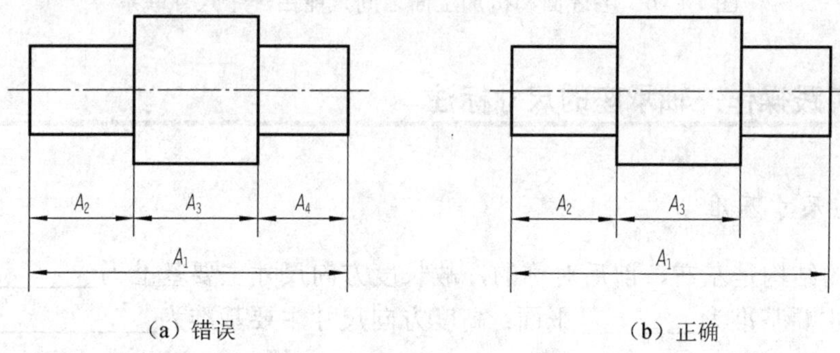

（a）错误　　（b）正确

图 10-14　台阶轴的尺寸链

3．考虑测量和检验方便的要求

非主要尺寸的标注应方便测量，即所注的尺寸可以从图纸上直接读取，并能直接在零件上进行测量，而无需换算。如图 10-15 所示。

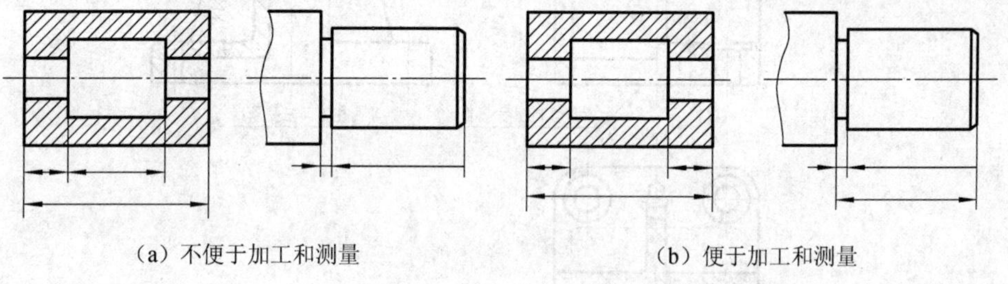

（a）不便于加工和测量　　（b）便于加工和测量

图 10-15　尺寸标注应符合加工和测量方便的要求

4．毛坯面和机加工面的尺寸标注

毛坯的毛面是指始终不进行加工的表面。标注尺寸时在同一方向上应分为两个尺寸系统，即毛面与毛面之间为一尺寸系统，加工面与加工面之间为另一尺寸系统。两个系统之间必须由一个尺寸联系。如图 10-16（a）所示，该零件只有一个 B 为毛面与加工面之间的联系尺寸，图 10-16（b）中 D 尺寸增加了加工面和毛面的联系尺寸个数，是不合理的。

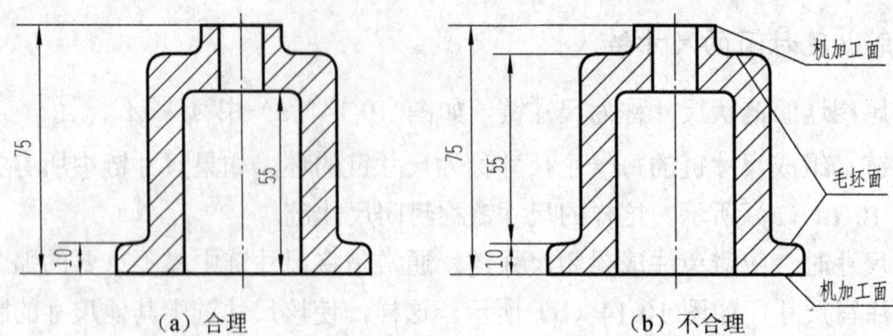

图 10-16　毛坯面和机加工面之间只能由一个尺寸联系

10.3.2　实践操作：轴承座的尺寸标注

1．确定尺寸基准

轴承座的结构是左右、前后对称的，故长度方向尺寸主要基准为________平面，宽度方向尺寸主要基准为________平面；高度方向尺寸主要基准为________________，如图 10-17 所示。

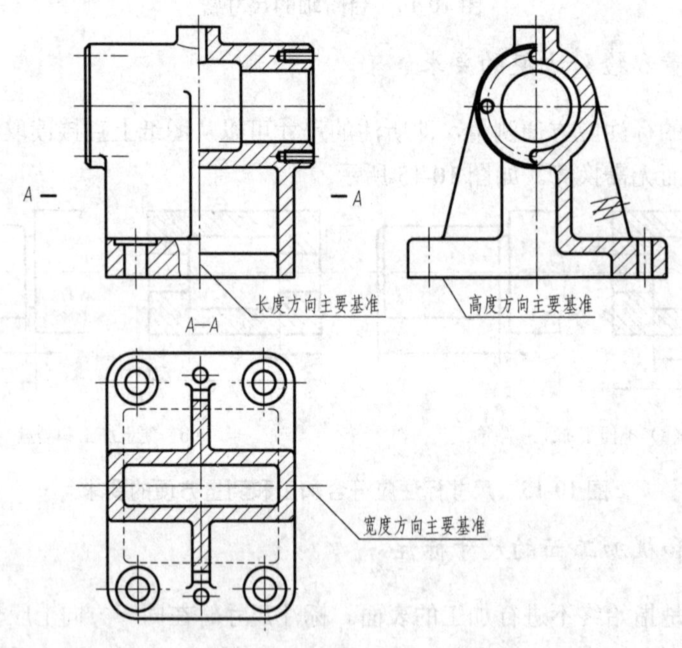

图 10-17　轴承座尺寸基准

2．标注定形尺寸

01 标注底板定形尺寸，如图 10-18（a）所示。

底板定形尺寸有________________。

02 标注圆筒及凸台定形尺寸，如图 10-18（b）所示。

圆筒定形尺寸有________；凸台定形尺寸有________。

03 标注回形支撑、肋板的定形尺寸，如图 10-18（c）所示。

回形支撑定形尺寸有________；肋板定形尺寸有________。

04 标注定位尺寸，如图 10-18（d）所示。

轴承座定位尺寸有________。

05 综合调整，如图 10-18（e）所示。

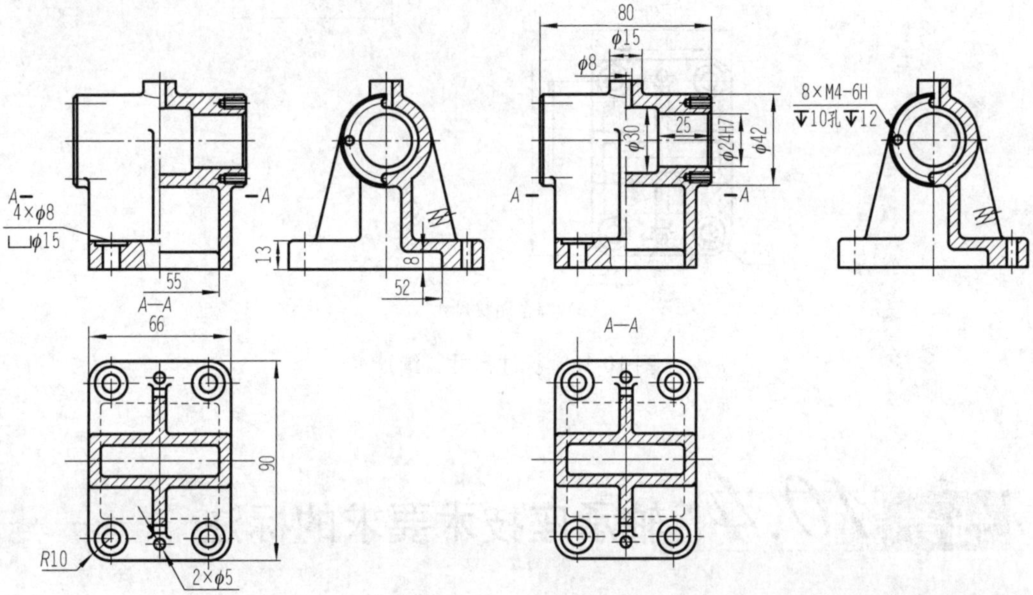

（a）标注底板定形尺寸

（b）标注圆筒及凸台定形尺寸

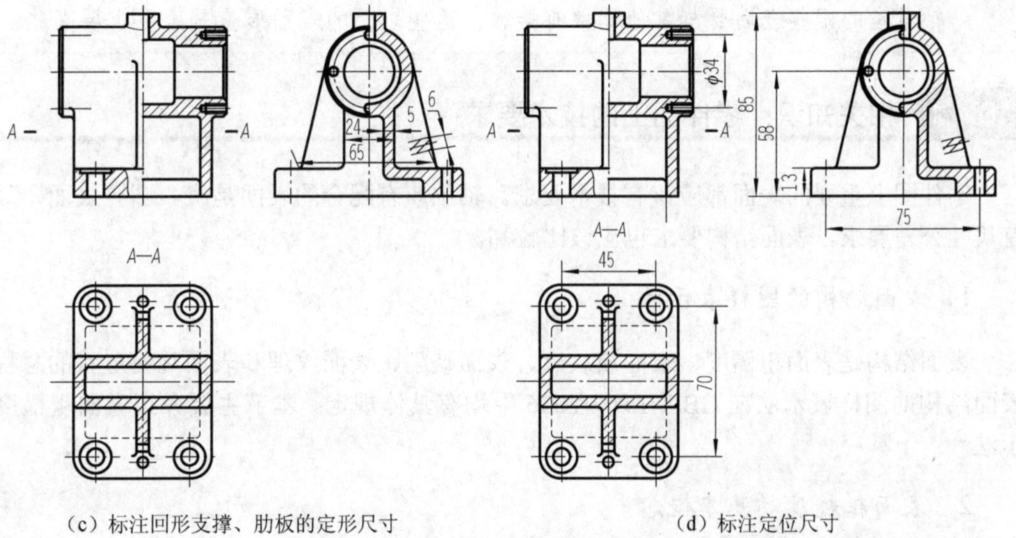

（c）标注回形支撑、肋板的定形尺寸

（d）标注定位尺寸

图 10-18　标注尺寸

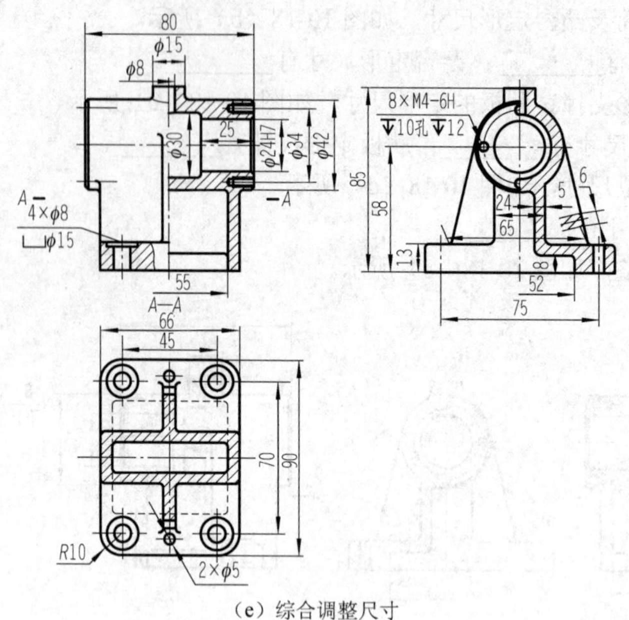

（e）综合调整尺寸

图 10-18　标注尺寸（续）

任务 10.4 轴承座技术要求的标注

任务思考与小组讨论 4

轴承座的哪些表面要与其他零件有接触，这些表面的表面质量是否要求要高些？

10.4.1 相关知识：零件图上的技术要求

零件图上重要的表面都应该有技术要求。轴承座有配合的表面是ϕ24 圆孔表面，故应有尺寸公差要求，表面结构要求也应该比较高。

1．表面结构的图样表示法

表面结构是表面粗糙度、表面波纹度、表面缺陷、表面纹理和表面几何形状的总称。表面结构的图样表示法在 GB/T 131—2006 中均有具体规定。本节主要介绍表面粗糙度表示法。

2．表面粗糙度的基本概念

零件经过机械加工后的表面看似光滑平整，但在放大镜或显微镜下观察，就会发现许多高低不平的凸峰和凹谷。如图 10-19 所示。

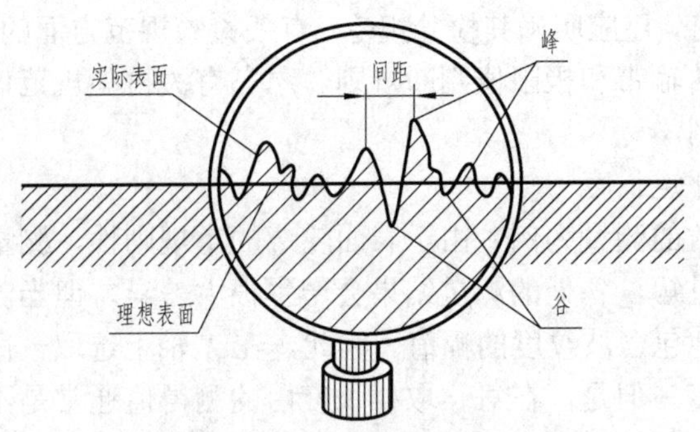

图 10-19　表面粗糙度的概念

表面粗糙度是零件加工表面具有这种较小间距的峰和谷的微观几何形状特征。

表面粗糙度与加工方法、所用刀具和工件材料等因素有密切的关系。

表面粗糙度是评定零件表面质量的一项重要技术指标，对于零件的配合、耐磨性、抗蚀性和密封性都有显著的影响。

3．评定表面结构常用的轮廓参数

对于零件表面结构的状况，可由三大类参数评定：轮廓参数（由 GB/T 3505—2009 定义）、图形参数（由 GB/T 18618—2009 定义）、支承率曲线参数（由 GB/T 18778.2—2003 和 GB/T 18778.3—2006 定义）。其中轮廓参数是我国机械图样中目前最常用的评定参数。本节仅介绍评定粗糙度轮廓（*R* 轮廓）中的两个高度参数 *Ra* 和 *Rz*，如图 10-20 所示。

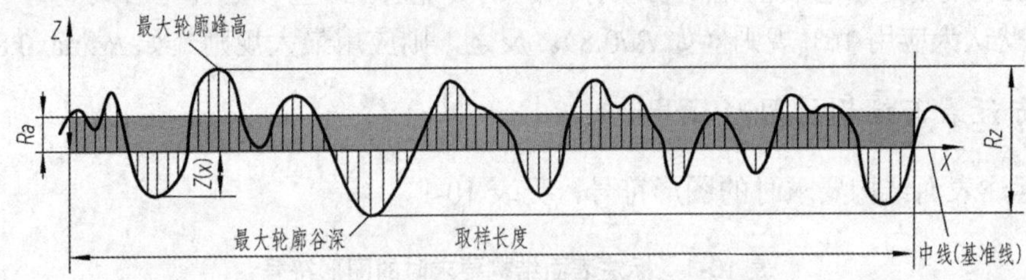

图 10-20　评定表面结构常用的轮廓参数

1）算术平均偏差 *Ra*。在一个取样长度 *L* 内，轮廓偏距（*Y* 方向）上轮廓线上的点与基准线的距离，绝对值的算术平均值。

$$Ra=\frac{|y_1|+|y_2|+|y_3|+\cdots+|y_n|}{n}=\frac{1}{n}\sum_{i=1}^{n}|y_i|$$

2）轮廓的最大高度 *Rz*。在同一取样长度内，最大轮廓峰高和最大轮廓谷深之和的高度。

一般来说，凡是零件上有配合要求或有相对运动的表面，*Ra* 值就要小。*Ra* 值越小，表面质量要求越高，但加工成本也越高。因此，在满足使用要求的前提下，应尽量选用较大的 *Ra* 值，以降低成本。

4．有关检验规范的基本术语

检验评定表面结构参数值必须在特定条件下进行。国家标准规定，图样中注写参数代号及其数值要求的同时，还应明确其检验规范。有关检验规范方面的基本术语有取样长度、评定长度、滤波器、传输带和极限值判断规则。本书有关检验规范仅介绍取样长度、评定长度和极限值判断规则。

（1）取样长度和评定长度

以粗糙度高度参数的测量为例，由于表面轮廓的不规则性，测量结果与测量段的长度密切相关，当测量段过短，各处的测量结果会产生很大差异，但当测量段过长，则测得的高度值中将不可避免地包含波纹度的幅值。因此，在 *X* 轴上选取一段适当长度进行测量，这段长度称为取样长度。但是，在每一取样长度内的测得值通常是不等的，为取得表面粗糙度最可靠的值，一般取几个连续的取样长度进行测量，并以各取样长度内测量值的平均值作为测得的参数值。这段在 *X* 轴方向上用于评定轮廓的并包含一个或几个取样长度的测量段称为评定长度。当参数代号后未注明时，评定长度默认为 5 个取样长度，否则应注明个数。例如，*Rz*0.4、*Ra*30.8、*Rz*13.2 分别表示评定长度为 5 个（默认）、3 个、1 个取样长度。

（2）极限值判断规则

完工零件的表面按检验规范测得轮廓参数值后，需与图样上给定的极限比较，以判定其是否合格。极限值判断规则有两种：

1）16%规则。运用本规则时，当被检表面测得的全部参数值中，超过极限值的个数不多于总个数的 16%时，该表面是合格的。

2）最大规则。运用本规则时，被检的整个表面上测得的参数值一个也不应超过给定的极限值。16%规则是所有表面结构要求标注的默认规则。即当参数代号后未注写“max”字样时，均默认为应用 16%规则（如 *Ra*0.8）。反之，则应用最大规则（如 *Ra*max0.8）。

5. 标注表面结构的图形符号

1）标注表面结构要求时的图形符号，见表 10-1。

表 10-1　标注表面结构要求时的图形符号

符号名称	符　号	含　义
基本图形符号	10.5　5　60°　60°	未指定工艺的表面，当通过一个注释时可单独使用
扩展图形符号		用去除材料方法获得的表面；仅当其含义是“被加工表面”时可单独
		不去除材料的表面，也可用于表示保持上道工序形成的表面，不论这种状况是通过去除或不去除材料形成的
完整图形符号		在以上各种符号的长边上加一横线，以便注写对表面结构的各种要求

注：表中 d' 、H_1 和 H_2 的大小是当图样中尺寸数字高度选取 $h=3.5$mm 时按 GB/T 131—2006 的相应规定给定的。表中 H_2 是最小值，必要时允许加大。

2）表面结构代号。表面结构符号中注写了具体参数代号及数值等要求后即称为表面结构代号。表面结构代号的示例及含义见表 10-2。

表 10-2　表面结构代号示例

序号	代号示例	含义/解释	补充说明
1	Ra 0.8	表示不允许去除材料，单向上限值，默认传输带，*R* 轮廓，算术平均偏差 0.8，评定长度为 5 个取样长度（默认），“16%规则”（默认）	参数代号与极限值之间应留空格（下同），本例未标注传输带，应理解为默认传输带，此时取样长度可由 GB/T 10610 和 GB/T 6062 中查取
2	Rzmax 0.2	表示去除材料，单向上限值，默认传输带，*R* 轮廓，粗糙度最大高度的最大值 0.2μm，评定长度为 5 个取样长度（默认），“最大规则”	示例 N0.1～No.4 均为单向极限要求，且均为单向上限值，则均可不加注“U”，若为单向下限值，则应加注“L”
3	0.008~0.8/Ra	表示去除材料，单向上限值，传输带 0.008～0.8mm，*R* 轮廓，算术平均偏差 3.2μm，评定长度为 5 个取样长度（默认），“16%规则”（默认）	传输带“0.008～0.8”中的前后数值分别为短波和长波滤波器的截止波长（$\lambda_s-\lambda_c$），以示波长范围。此时取样长度等于 λ_s，则 $l_r=0.8$mm
4	-0.8/Ra3 3.2	表示去除材料，单向上限值，传输带：根据 GB/T 6062，取样长度 0.8mm（λ_s 默认 0.0025mm），*R* 轮廓，算术平均偏差 3.2μm，评定长度为 3 个取样长度，“16%规则”（默认）	传输带仅注出一个截止波长值（本例 0.8 表示 λ_s 值）时，另一截止波长值 λ_s 应理解成默认值，由 GB/T 6062 中查知 $\lambda_s=0.0025$mm
5	U Ramax 3.2 L Ra0.8	表示不允许去除材料，双向极限值，两极限值均使用默认传输带，*R* 轮廓，上限值：算术平均偏差 3.2μm，评定长度为 5 个取样长度（默认），“最大规则”，下限值：算术平均偏差 0.8μm，评定长度为 5 个取样长度（默认），“16%规则”（默认）	本例为双向极限要求，用“U”和“L”分别表示上限值和下限值。在不致引起歧义时，可不加注“U”、“L”

6．表面粗糙度的评定参数 *Ra* 及其与加工方法的关系

获得 *Ra* 各数值的加工方法见表 10-3。

表 10-3　获得 *Ra* 各数值的加工方法

Ra 值/μm	表面特征	加工方法	运用范围
100, 50,25	明显可见刀痕	粗车、粗铣、粗刨、粗镗、钻	非接触表面，如钻孔、倒角、端面等
12.5,6.3,3.2	微见加工痕迹	精车、精铣、精刨、精镗、粗磨、扩孔、粗铰	接触表面：不甚精确定心的配合表面

续表

Ra 值/μm	表面特征	加工方法	运用范围
1.6,0.8,0.4	微辨加工痕迹方向	精车、精磨、刮、研、抛光、铰、拉削	要求精确定心的重要的配合表面
0.2,0.1,0.05,0.025,0.12	光泽面	研磨、超精磨、镜面磨、精抛光	高精度、高速运动零件的配合表面；重要装饰面
	毛坯面	铸、锻、轧制等，经表面清理	无需进行加工的表面

7．表面结构表示法在图样中的注写位置

为了表示表面结构的要求，除了标注表面结构参数和数值外，必要时应标注补充要求，包括传输带、取样长度、加工工艺、表面纹理及方向、加工余量等。这些要求在图形符号中的注写位置，如图 10-21 所示。

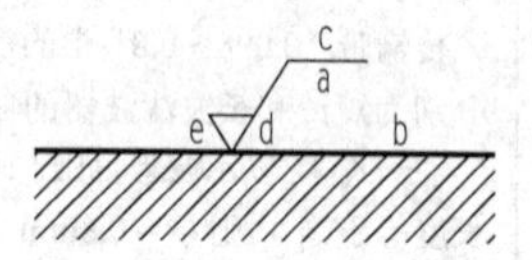

图 10-21　补充要求的注写位置

位置 a：注写表面结构的单一要求

位置 a 和 b：a 注写第一表面结构要求

b 注写第二表面结构要求

位置 c：注写加工方法，如“车”、“磨”、“镀”等

位置 d：注写表面纹理方向，如“=”、“x”、“m”

位置 e：注写加工余量

8．表面结构要求在图样中的注法

表面结构要求对每一表面一般只注一次，并尽可能注在相应的尺寸及其公差的同一视图上。除非另有说明，所标注的表面结构要求是对完工零件表面的要求。

1）当在图样某个视图上构成封闭轮廓的各表面有相同的表面结构要求时，在完整图形符号上加一圆圈，标注在图样中工件的封闭轮廓线上，如图 10-22 所示。

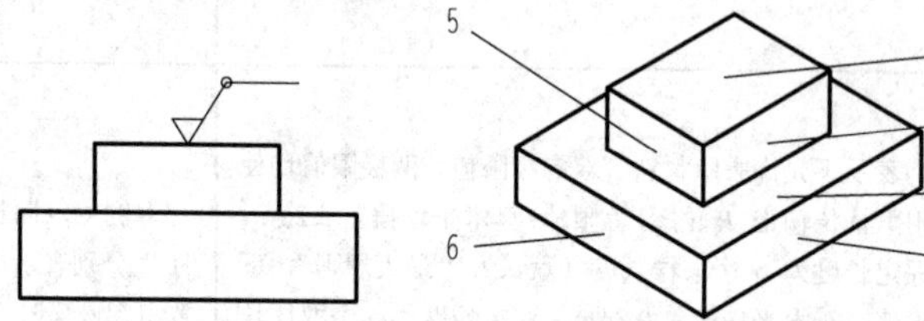

图 10-22　对周边各表面有相同的表面结构要求时的注法

2）表面结构的注写和读取方向与尺寸的注写和读取方向一致。表面结构要求可标注在轮廓线上，其符号应从材料外指向并接触表面。如图 10-23 所示。

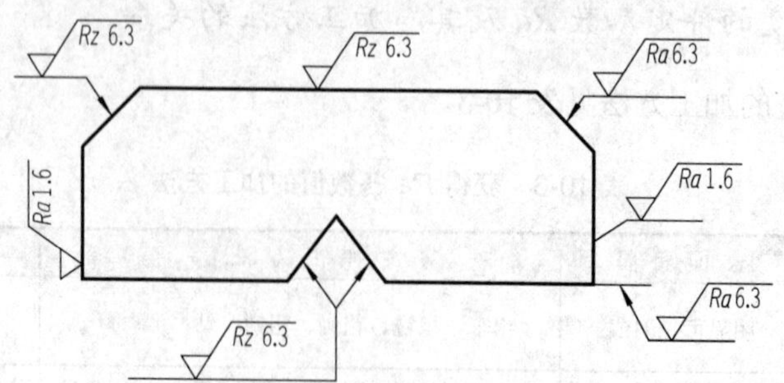

图 10-23　表面结构要求在轮廓线上的标注

3）必要时，表面结构也可用带箭头或黑点的指引线引出标注，如图 10-24 所示。

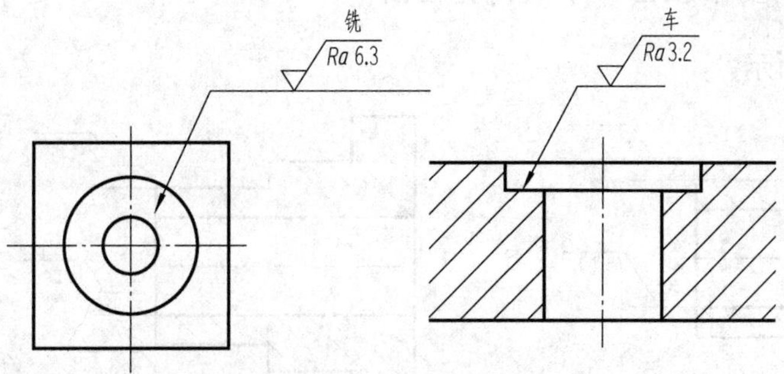

图 10-24　用带箭头或黑点的指引线引出标注

4）在不致引起误解时，表面结构要求可以标注在给定的尺寸线上，如图 10-25 所示。

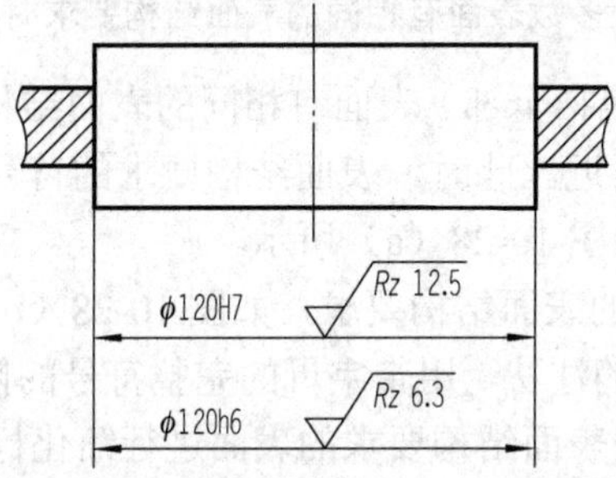

图 10-25　标注在尺寸线上

5）表面结构要求可标注在形位公差框格的上方，如图 10-26 所示。

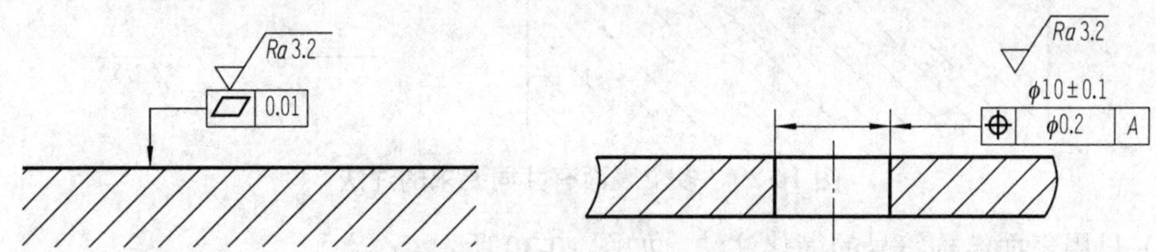

图 10-26　标注在形位公差框格的上方

6）圆柱和棱柱表面的表面结构要求只标注一次，如图 10-27 所示。

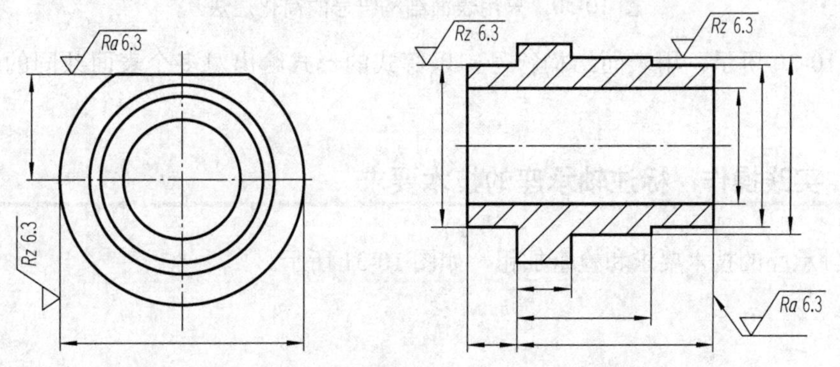

图 10-27　圆柱和棱柱表面的表面结构要求只标注一次

9．表面结构要求在图样中的简化注法

如图 10-28 所示。

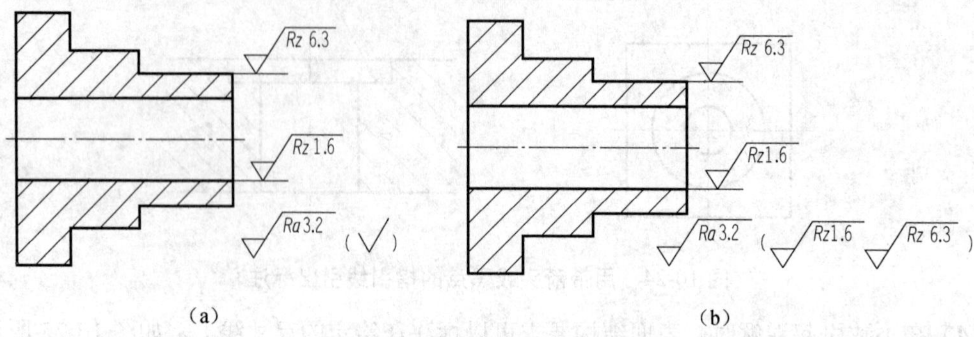

图 10-28　大多数表面有相同的表面结构要求时的简化注法

1）如果在工件的多数（包括全部）表面有相同的表面结构要求时，则其表面结构要求可统一标注在图样的标题栏附近。此时，表面结构要求的符号后面应有在圆括号内给出无任何其他标注的基本符号，如图 10-28（a）所示。

2）在圆括号内给出不同的表面结构要求，如图 10-28（b）所示。

3）多个表面有共同要求的注法，用带字母的完整符号的简化注法，以等式的形式，在图形或标题栏附近，对有相同表面结构要求的表面进行简化标注。如图 10-29 所示。

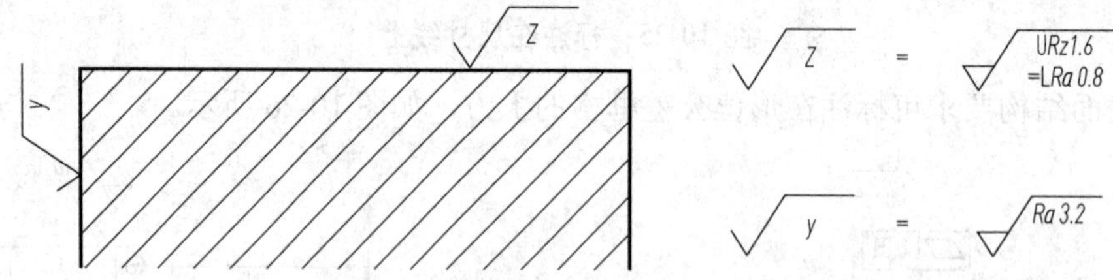

图 10-29　多个表面有共同要求的注法

4）只用表面结构符号的简化注法，如图 10-30 所示。

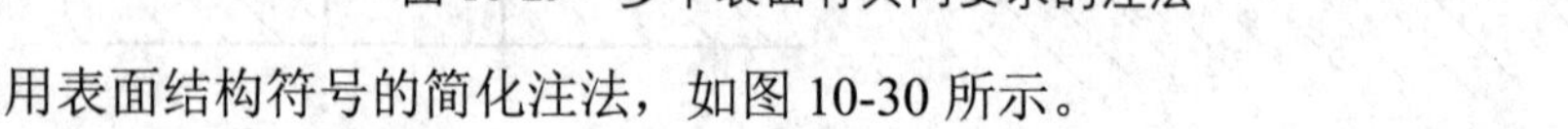

图 10-30　只用表面结构符号的简化注法

如图 10-30 所示：用表面结构符号，以等式的形式给出对多个表面共同的表面结构要求。

10.4.2　实践操作：标注轴承座的技术要求

标注轴承座的技术要求和检查加粗，如图 10-31 所示。

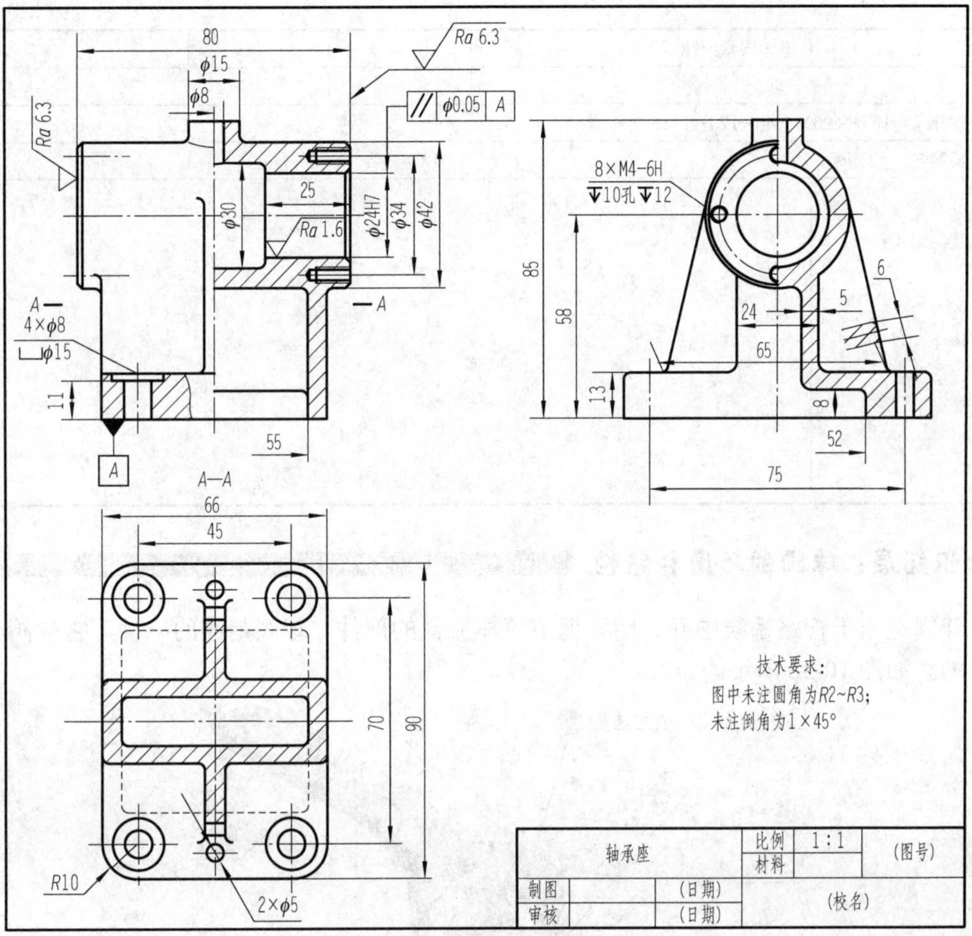

图 10-31　轴承座的零件图

01 ϕ24H7 的轴承孔用于________，要求表面质量较高，确定其表面粗糙度为________。

02 轴承座左右端通过螺钉与________相连，要求有一定的表面质量，确定其表面粗糙度为________。

项目测评

按表 10-4 进行项目测评。

表 10-4　项目测评表

序　号	评价内容	分　数	自　评	组长或教师*评分
1	课前准备，按要求进行预习	5		
2	积极参与小组讨论	15		
3	按时完成学习任务	5		
4	绘图质量*	50		
5	完成学习工作页*	20		

续表

6	遵守课堂纪律	5		
总　　分		100		
综合评分（自评分×20%＋组长或教师*评分×80%）：				
小组长签名：		教师签名：		
学习体会	签名：　　　　日期：			

知识拓展：球阀的功用和结构

球阀是用于管路系统中开、闭和调节流体流量的部件。球阀是阀的一种，它的阀芯是球形的。如图 10-32 所示。

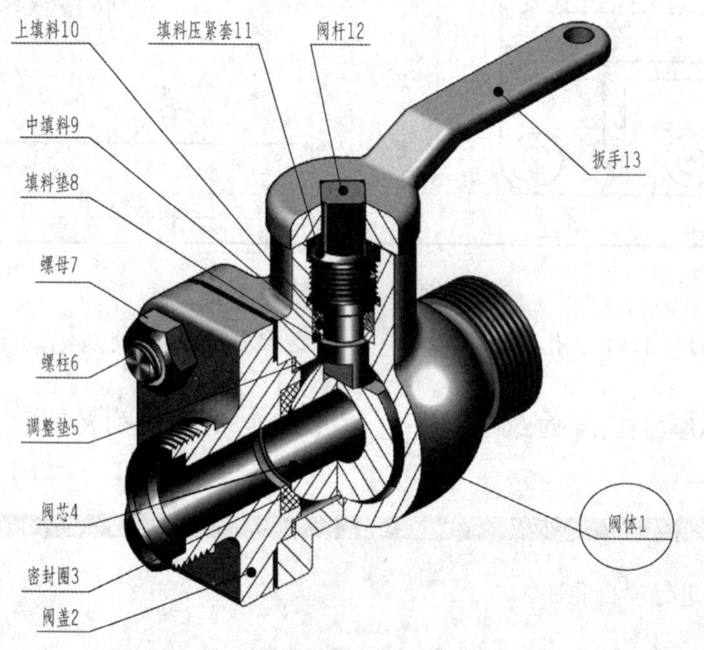

图 10-32　球阀

球阀的工作原理：将扳手 13 的方孔套入阀杆 12 四棱柱，当扳手处于图中所示俯视的位置时，阀门全部开启，管路连通；当扳手顺时针旋转 90° 时，阀门全部关闭，管路断流。从俯视图的局部剖中可以看出，阀体 1 顶部定位凸块的形状制成 90° 扇形结构，用来限制扳手 13 的旋转位置。

装配关系：阀体 1 和阀盖 2 均带有方形的凸缘，它们用四个双头螺柱连接，并用调整垫 5 调节阀芯 4 和密封圈 3 之间的松紧程度。在阀体上部有阀杆 12，阀杆下部有凸块，插接阀芯 4 上的凹槽。为了密封，在阀体与阀杆之间加进填料垫 8、中填料 9 和上填料 10，并且由填料压紧套 11 压紧。

技能拓展：识读并抄画阀体零件图

识图并抄画如图 10-33 所示阀体零件图。

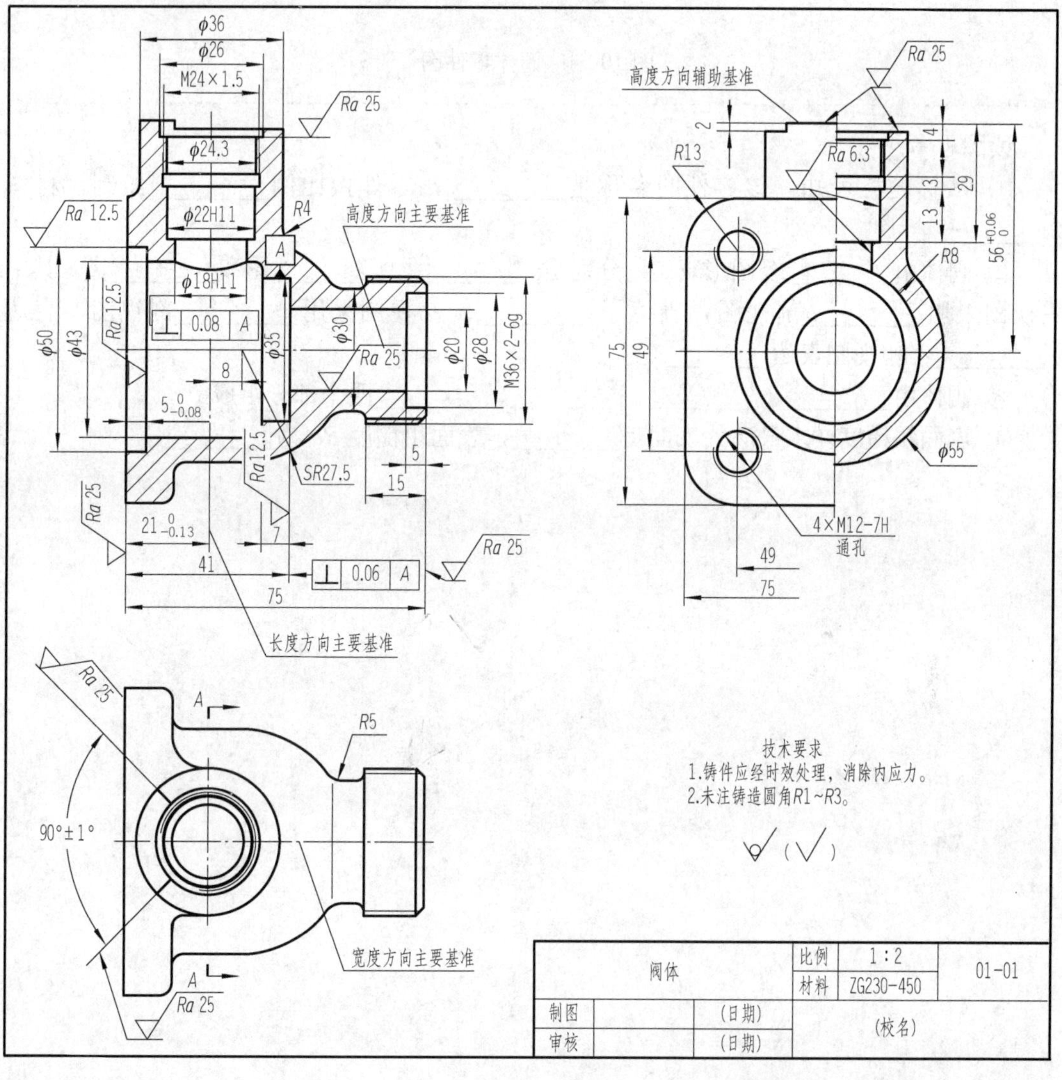

技术要求
1.铸件应经时效处理，消除内应力。
2.未注铸造圆角 $R1\sim R3$。

阀体		比例	1:2	01-01
		材料	ZG230-450	
制图	(日期)	(校名)		
审核	(日期)			

图 10-33　阀体

提示

阀体的零件结构形状如图 10-34 所示。

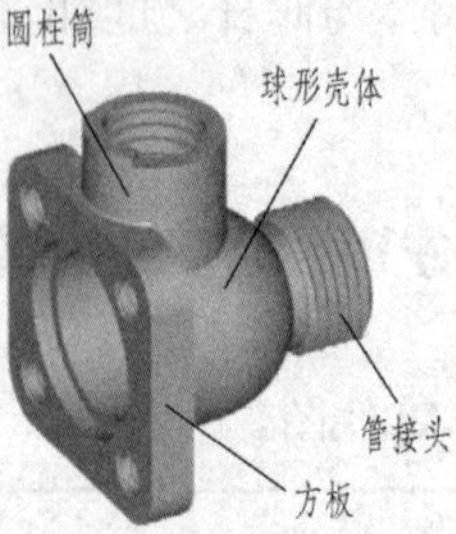

圆柱筒
球形壳体
管接头
方板

图 10-34 阀体零件图

读图思考：

① 从标题栏可知，该零件的名称是________，零件按比例________绘制，材料为________。

② 阀体由________个图形表达。分别是________图、________图和________图。其中主视图采用________剖视图，表达了________；左视图采用________剖视图，表达了________；俯视图表达________。

③ 阀体由________、________、________、________四个部分组成。

④ 表面粗糙度要求最高的表面是________，表面粗糙度 *Ra* 为________。

项目 11

螺栓连接的绘制

项目描述

由于使用、结构、制造、装配、运输等方面的原因，机器中很多零件需要螺栓连接，螺栓连接是连接的一种方式，其应用广泛，如法兰连接阀。螺栓连接由螺栓、螺母、垫圈等标准组成。根据要求绘制出其中的螺栓连接。如图 11-1 所示。

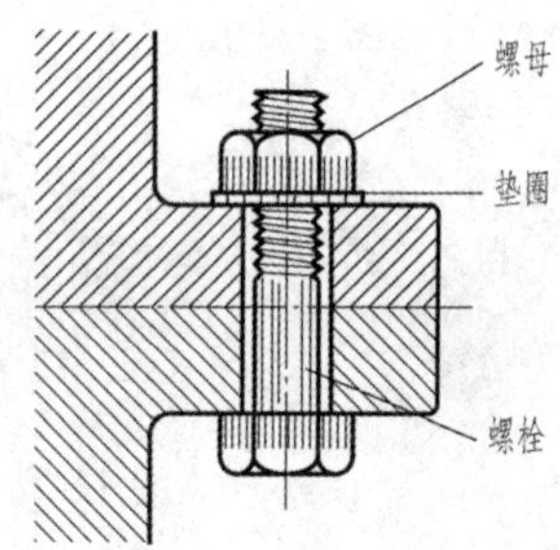

图 11-1　法兰连接阀

学习目标

◎ 能叙述螺纹连接的基本类型及应用，区分常见螺纹的种类及其应用。

◎ 能绘制螺纹及螺纹紧固件的一般方法。

◎ 能识读普通螺纹标记，并叙述其含义。

◎ 在教师的指导下，绘制螺栓连接图。

学习任务

◎ 螺栓连接及各组成零件画法的认识。

◎ 螺栓连接的绘制。

◎ 螺栓连接的标注。

任务11.1 螺栓连接及各组成零件画法的认识

任务思考与小组讨论1

1．生活中，你看到哪些是用螺栓连接？
2．螺栓连接的作用是什么？
3．除螺栓连接外你还见到哪些连接？

11.1.1 相关知识：螺纹及螺纹的规定画法

1．螺纹

（1）螺纹的形成

螺纹是圆柱或圆锥表面上沿着螺旋线所形成的具有规定牙型的连续**凸起**和**沟槽**，如图11-2所示。

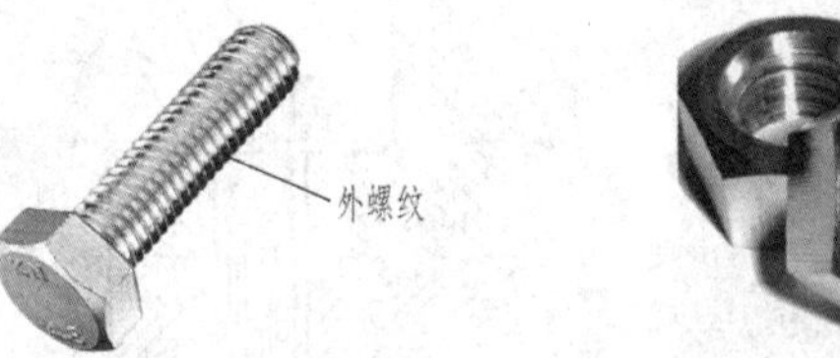

图11-2 螺纹的形成

外螺纹：在圆柱或圆锥**外表面**上形成的螺纹。
内螺纹：在圆柱或圆锥**内表面**上形成的螺纹。
螺纹的加工方法，如图11-3所示。

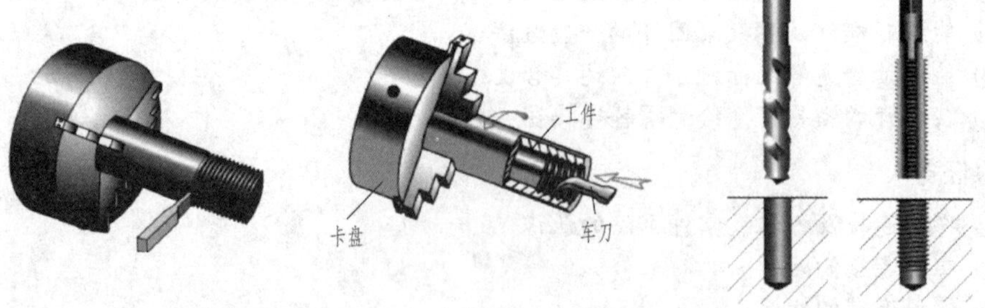

图11-3 螺纹加工方法

（2）螺纹的结构要素

1）牙型：螺纹轴向剖面的形状。常用有三角形、梯形、锯齿形、矩形，如图11-4所示。

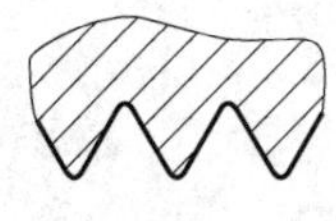

(a) 三角形

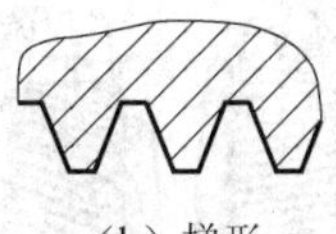

(b) 梯形

(c) 锯齿形

图 11-4　不同牙型的螺纹

2）直径：螺纹的直径有大径、中径、小径，如图 11-5 所示。

大径：与外螺纹牙顶（或内螺纹牙底）相重合的假想圆柱体的直径。

中径：一个假想的直径，在此直径的圆柱面上牙型上的凹槽与凸起沿轴向的宽度相等。

小径：与外螺纹牙底（或内螺纹牙顶）相重合的假想圆柱体的直径。

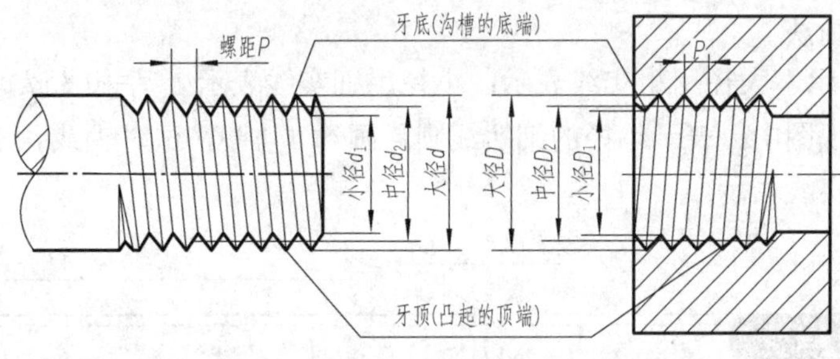

图 11-5　螺纹的直径

3）线数：螺纹有单线和多线之分，沿一条螺旋线形成的螺纹称为单线螺纹；沿两条或两条以上螺旋线形成的螺纹为双线或多线螺纹，如图 11-6 所示。

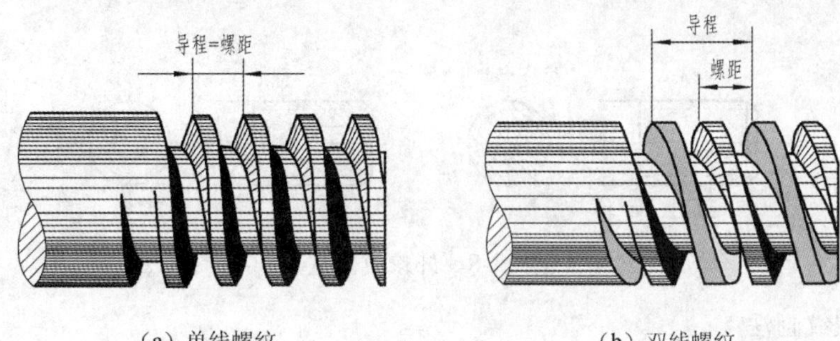

(a) 单线螺纹　　(b) 双线螺纹

图 11-6　螺纹的线数、螺距和导程

4）螺距和导程，如图 11-6 所示。

螺距：相邻两螺牙之间在中径线上对应两点间的轴间距离。

导程：同一条螺旋线上相邻两牙，在中径上对应两点间的轴间距离。

5）旋向：螺纹分为左旋螺纹和右旋螺纹两种。顺时针旋转时旋入的螺纹是右旋螺纹；逆时针旋转时旋入的螺纹是左旋螺纹。工程上常用右旋螺纹。

凡牙型（矩形除外）、大径、螺距这三项符合标准规定的，称为标准螺纹，如图 11-7 所示。

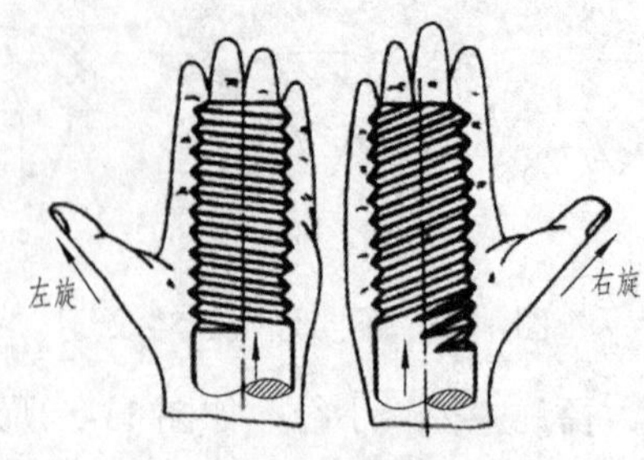

图 11-7　螺纹的旋向

2. 螺纹的规定画法

为了简便画图，螺纹一般不按真实投影作图，而是按国标规定的画法绘制。

（1）外螺纹画法

如图 11-8 所示，大径用粗实线表示；小径用细实线表示（d_1=0.85*d*），应画进倒角；在垂直于轴线的视图中，表示小径的细实线圆只画约 3/4 圈，这时轴或孔上的倒角圆不画；螺纹终止线用粗实线表示。

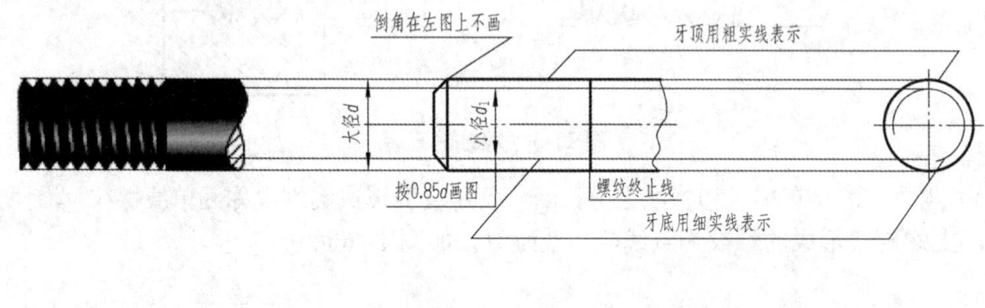

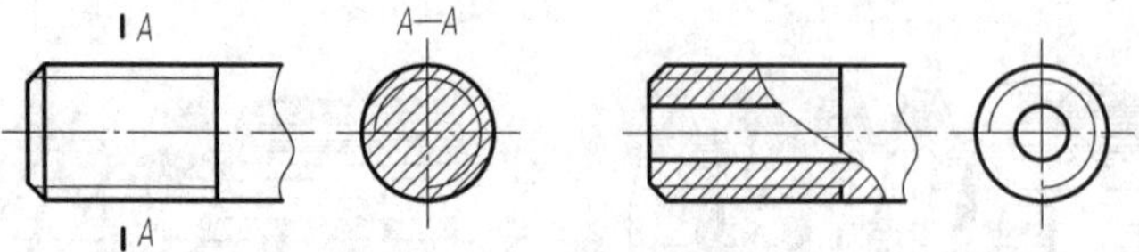

图 11-8　外螺纹画法

（2）内螺纹画法

如图 11-9 所示，内螺纹一般画成剖视图，其大径（牙底）用细实线表示，小径（牙顶）和螺纹终止线用粗实线表示，剖面线画到粗实线为止。在未剖的图中，其牙顶与牙底及螺纹终止线都用虚线表示。在垂直于螺纹轴线的视图中，小径用粗实线表示，大径用细实线表示，只画约 3/4 圈。孔口倒角圆不画。

在绘制不穿通的螺孔时，一般应将钻孔深度与螺纹深度分别画出，如图 11-10 所示。钻孔深度 *H* 一般应比螺纹深度 *b* 大 0.5*D*，其中 *D* 为螺纹大径。

钻头端部有一圆锥，锥顶角为 118°，钻孔时，不穿通孔（称为盲孔）底部造成一圆锥面，在画图时钻孔底部锥面的顶角可以简化为 120°，如图 11-10 所示。

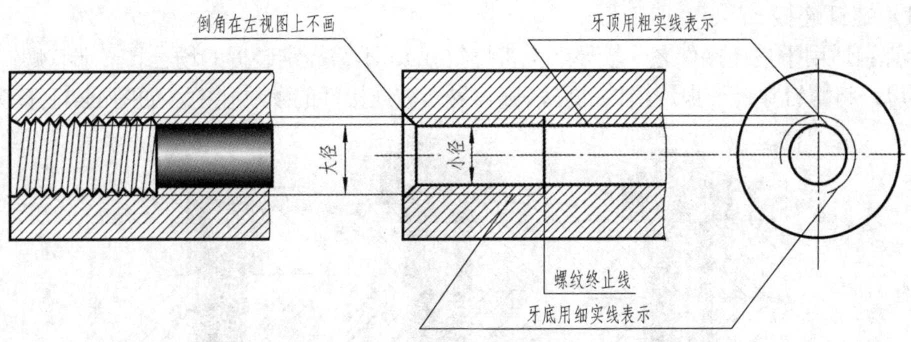

图 11-9　内螺纹画法

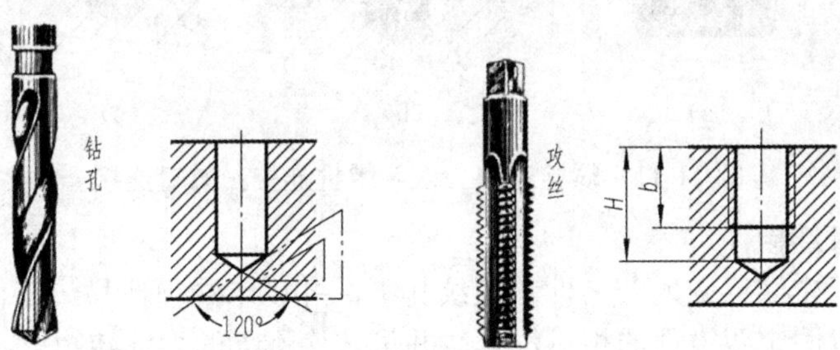

图 11-10　不穿孔螺孔的画法

（3）螺纹的规定画法小结

1）3 条基本线。

牙顶线（外螺纹大经/内螺纹小径）：粗实线——整圆。

牙底线（外螺纹小径/内螺纹大径）：细实线——3/4 圆。

终止线：粗实线。

2）6 个细节点。

大径与小径的近似关系：$d_1 \approx 0.85d$ 或 $D_1 \approx 0.85D$。

牙底（细实线）：应画到倒角斜线处。

牙底（细实线）：只画 3/4 圆。

牙底（细实线）：不应超出螺纹终止线。

内螺纹剖视图中，**剖面线必须画到粗实线**，即牙顶线处。

不通螺孔的底端，自小径处画 **120° 钻头角**。

3．螺纹连接的四种基本类型

（1）螺栓连接

特点：被连接件均较薄，在被连接件上制通孔（不切制螺纹）。允许常拆卸，应用广泛。如图 11-11（a）所示。

（2）双头螺柱连接

特点：被连接件之一较厚，不便穿孔，在其上制盲孔，且在盲孔上切制螺纹。薄件制通孔，无螺纹。允许经常拆卸。拆装时只需拆螺母，而不将双头螺柱从被连接件中拧出。如图 11-11（b）所示。

（3）螺钉连接

特点：适用于被连接件之一较厚（上带螺纹孔），不需经常装拆的场合。一端有螺钉头，不需用螺母，将螺钉穿过一被连接件的孔，旋入另一被连接件的螺纹孔中。如图 11-11（c）所示。

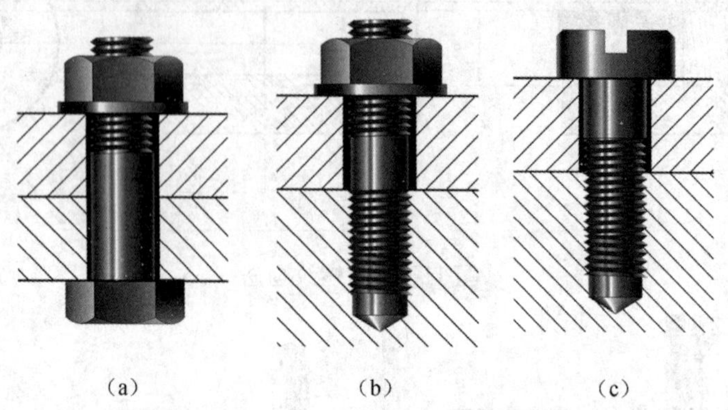

图 11-11　螺栓连接、双头螺柱连接、螺钉连接

（4）紧定螺钉连接

特点：利用紧定螺钉旋入一零件的螺纹孔中，并以末端顶住另一零件的表面或顶入该零件的凹坑中，以固定两零件的相对位置。并可传递不大的力或转矩。

螺栓连接一般要用到 5 个零件：2 个被连接零件，1 个螺栓，1 个垫圈，1 个螺母。

4．螺栓连接件标记

示例：

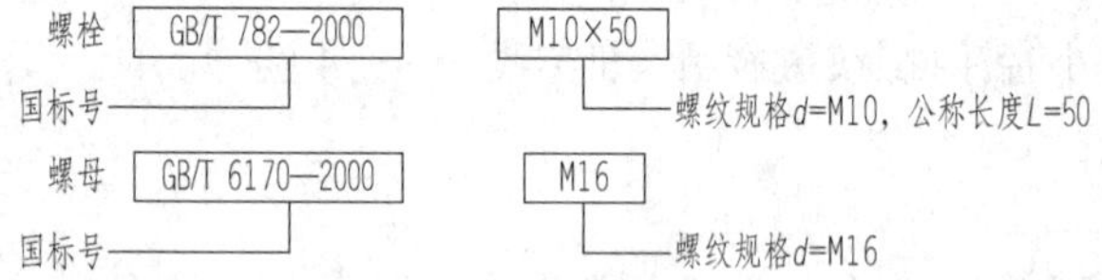

11.1.2　实践操作：认识螺栓连接和螺纹的画法

01　认识螺栓连接（在图 11-12 中的横线上填写零件名称）。

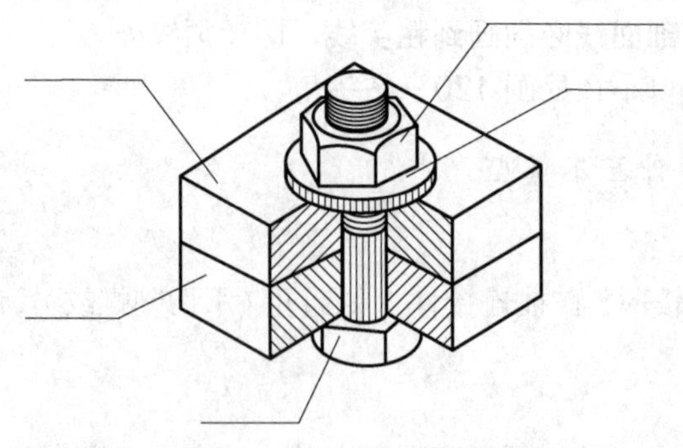

图 11-12　认识螺栓连接

02　绘制螺栓的外螺纹（M12）。

螺纹小径 $d_1 \approx$________；绘制大径应用________线；绘制小径应用________线；投影

为圆的在小径应画________圈，如图 11-13 所示。

03 绘制螺母的内螺纹（M12）。

螺纹小径 $D_1 \approx$________；绘制小径应用________线；绘制大径应用________线；剖面线应画到________处；投影为圆的在大径应画________圈，如图 11-14 所示。

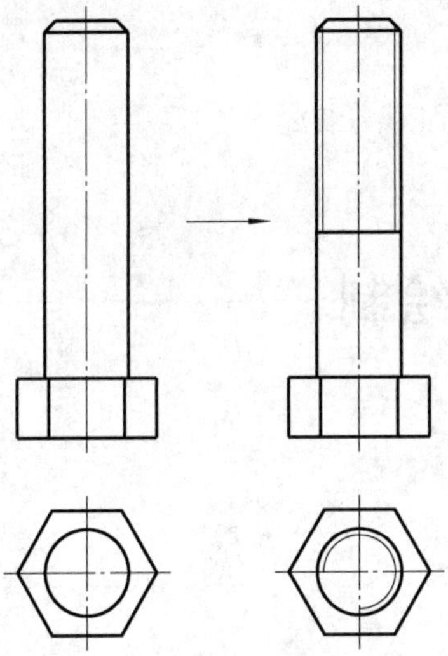

图 11-13　螺栓

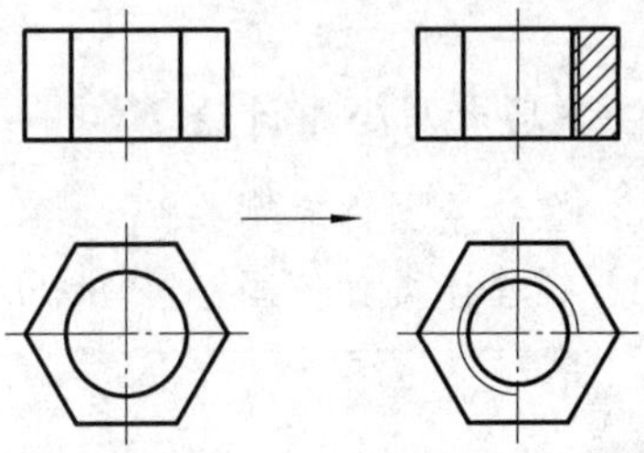

图 11-14　螺母

04 判断外、内螺纹画法的正误。

① 外螺纹，如图 11-15 所示，其中正确的是________。

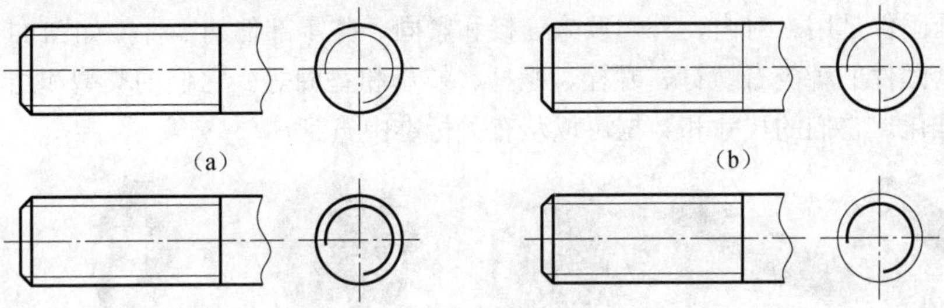

（a）　（b）

（c）　（d）

图 11-15　判断外螺纹画法的正误

② 内螺纹，如图 11-16 所示，其中正确的是________。

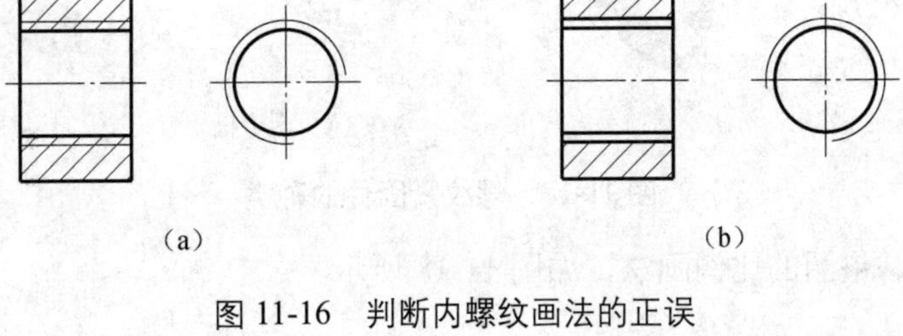

（a）　（b）

图 11-16　判断内螺纹画法的正误

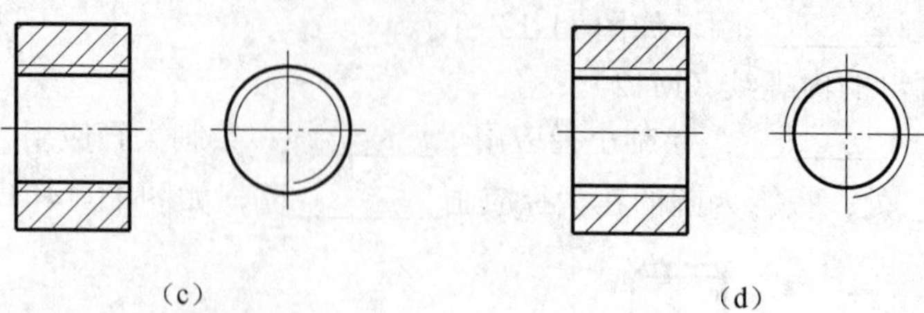

（c）　　　　　　　　　　　　（d）

图 11-16　判断内螺纹画法的正误（续）

任务 11.2　螺栓连接的绘制

任务思考与小组讨论 2

1．螺纹紧固件有哪些？

2．螺栓连接如何画？画图中应注意什么？

11.2.1　相关知识：螺纹连接的画法

1．螺纹紧固件的规定画法和标注

螺纹紧固件是用一对内、外螺纹来连接和紧固一些零部件的零件，如图 11-17 所示。

螺纹紧固件的种类有螺钉、螺栓、螺柱、螺母和垫圈等。它们的类型和结构多样，但大多已标准化。它们的尺寸和数据可以从有关标准中查到。

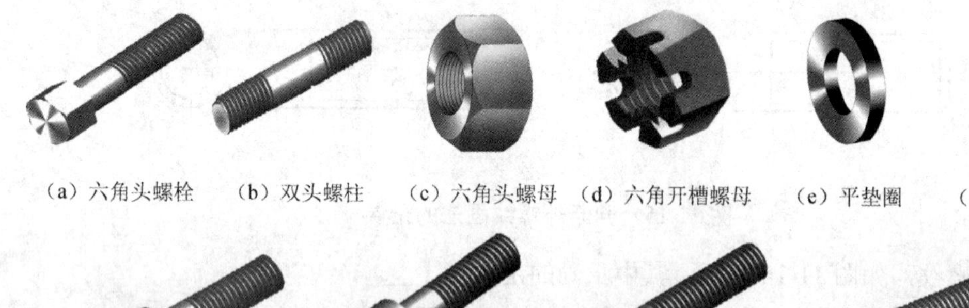

（a）六角头螺栓　（b）双头螺柱　（c）六角头螺母　（d）六角开槽螺母　（e）平垫圈　（f）弹簧垫圈

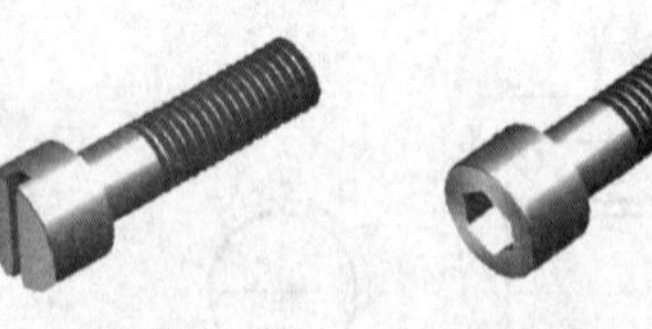

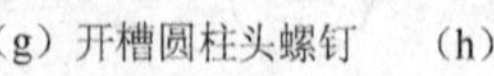

（g）开槽圆柱头螺钉　（h）圆柱头内六角螺钉　（i）沉头十字槽螺钉　（j）开槽紧定螺钉

图 11-17　螺纹紧固件的种类

螺栓、螺母、垫圈的比例画法，如图 11-18 所示。

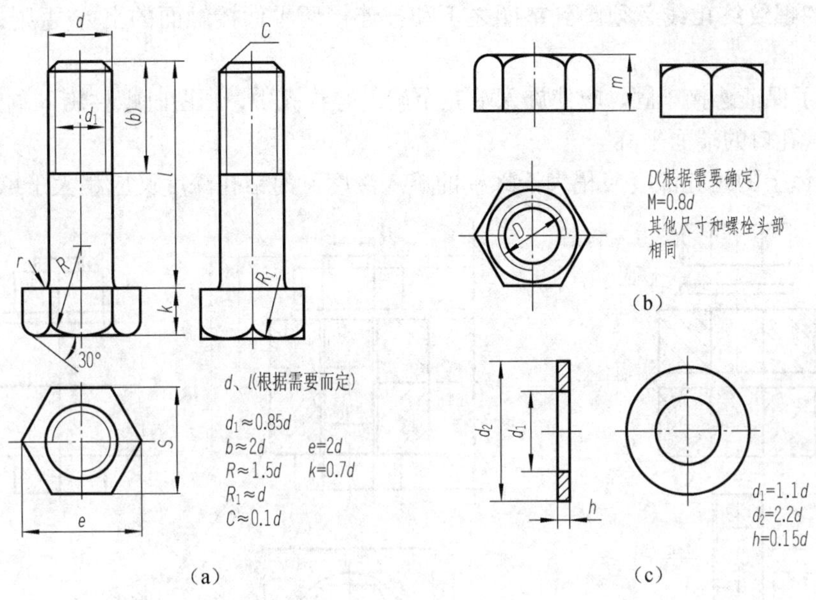

（a）　（b）　（c）

图 11-18　螺栓、螺母、垫圈比例画法

2．螺纹连接装配图的规定画法

1）在螺纹连接的装配图中，当剖切平面通过螺杆的轴线时，螺钉、螺栓、螺柱、螺母和垫圈等均按末剖切绘制，接触面只画一条线，相邻两零件剖面线方向相反。螺纹紧固件的工艺结构，如倒角、退刀槽等均可省略不画。螺钉、螺栓、螺母等可采用简化画法，如图 11-19 所示。

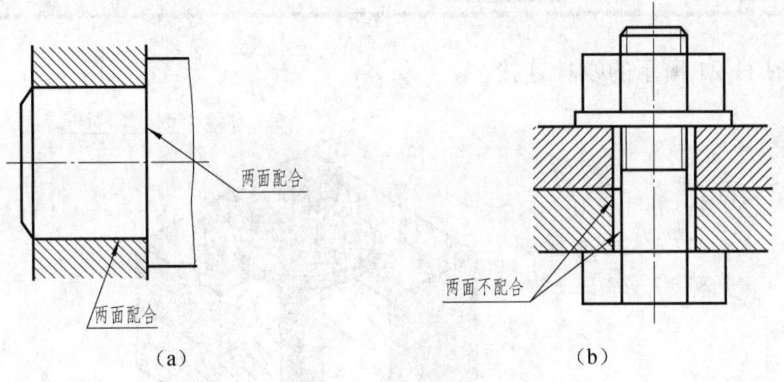

（a）　（b）

图 11-19　螺纹连接装配图的规定画法

2）两个相邻零件的接触表面和配合面，规定只画一条线，如图 11-19（a）所示。但当相邻两零件的基本尺寸不同时，即使间隙很小，也必须画出两条线，如图 11-19（b）所示。

3．螺栓连接画法

螺栓连接的画法，如图 11-20 所示。画螺栓连接的注意事项如下：

1）被连接零件的孔径必须比螺栓大（≈1.1d），否则螺栓装不进通孔。

螺栓的螺纹终止线必须画到垫圈之下和被连接两零件接触面的上方,否则螺母可能拧不紧。

2）为了保证连接牢固，应使旋入端完全旋入螺纹孔中，画图时螺柱旋入端的螺纹终止线应与螺纹孔口的端面平齐。

3）机体上的螺孔深度应稍大于螺柱的旋入深度，而钻孔深度又应稍大于螺孔深度。

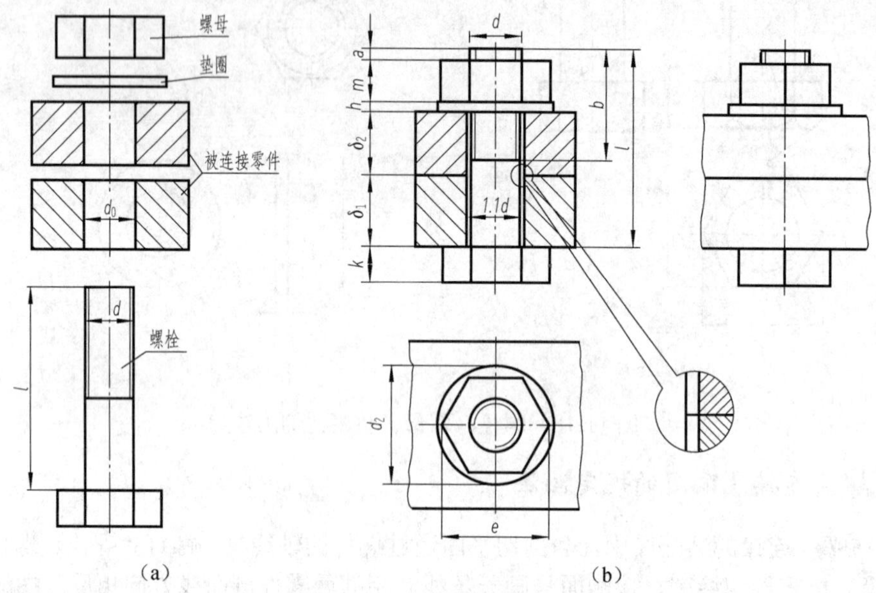

图 11-20　螺栓连接画法

11.2.2 实践操作：绘制螺栓连接

绘制如图 11-21 所示的螺栓连接。

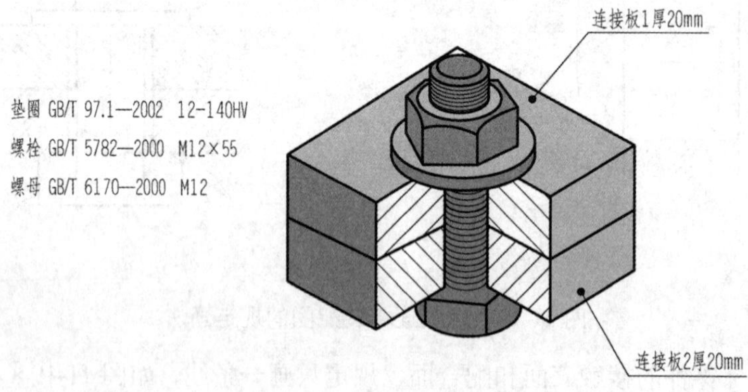

图 11-21　螺栓

01 定基准线，如图 11-22 所示。

02 绘制螺栓的两个视图，如图 11-23 所示。

螺栓为________件，剖切时按________画。

螺栓尺寸：d=________；　　l=________；　　d_1 =________；

b=________；　　e=________；　　R=________；

k=________；　　R_1 =________；　　c=________。

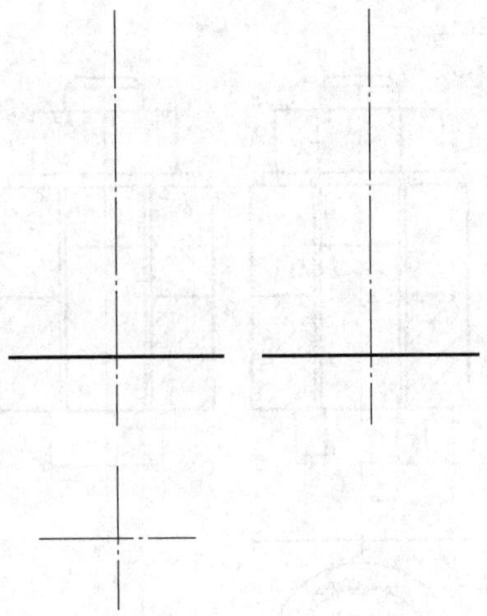

图 11-22　定基准线

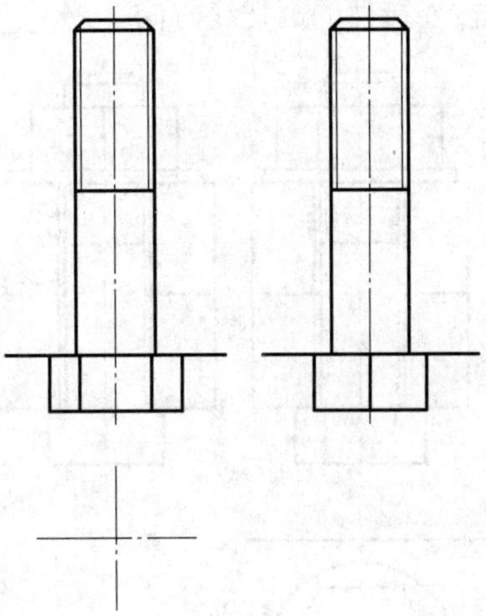

图 11-23　绘制螺栓的两个视图

03 绘制两个被连接件，如图 11-24 所示。

被连接件的孔径为________；连接件 1、2 接触表面画________条线，连接件孔与螺栓不接触，应画________条线。

04 绘制垫片，如图 11-25 所示。

垫片为________件，剖切时按________画。

垫片尺寸：d_1 =________；　　d_2 =________；　　h=________。

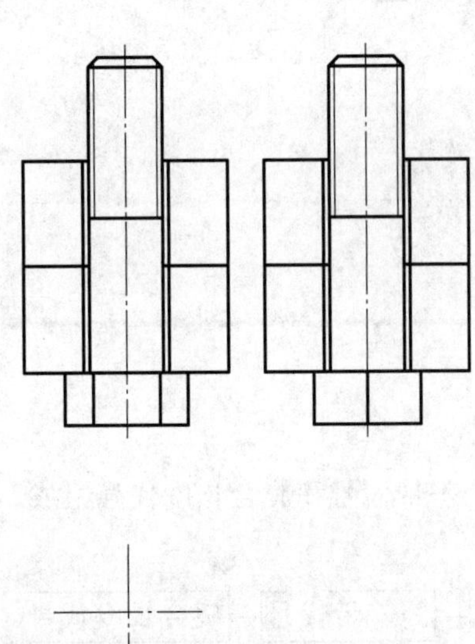

图 11-24　绘制两个被连接件

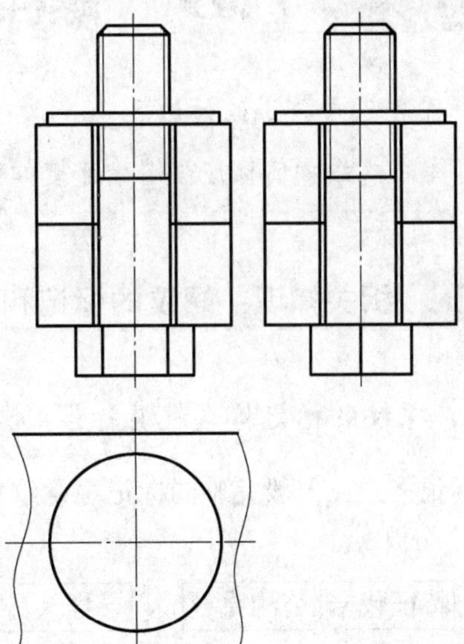

图 11-25　绘制垫片

05 绘制螺母的三视图，如图 11-26 所示。

螺母尺寸：$m=$________。

06 画剖开处的剖切线，补全螺母的截交线，检查，加深，如图 11-27 所示。

两被连接件的剖切线方向________，间隔________。

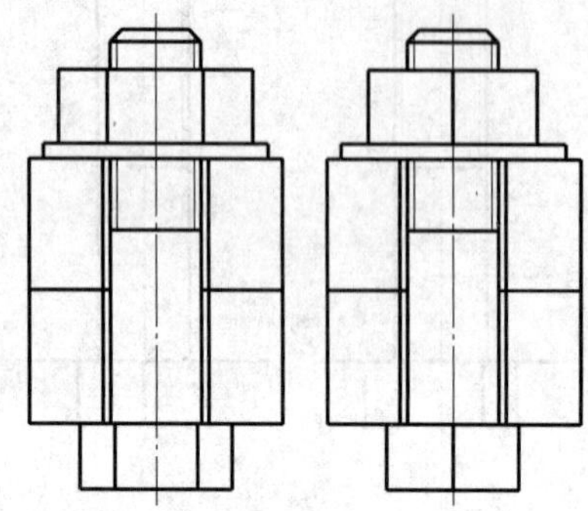

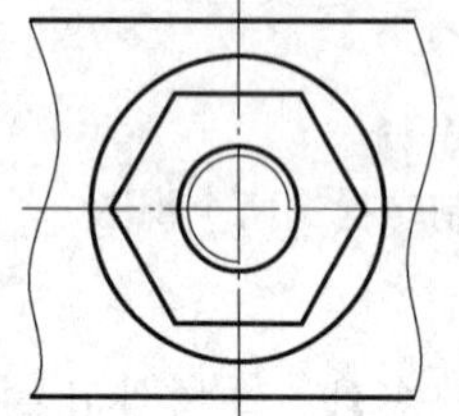

图 11-26　画螺母的三视图

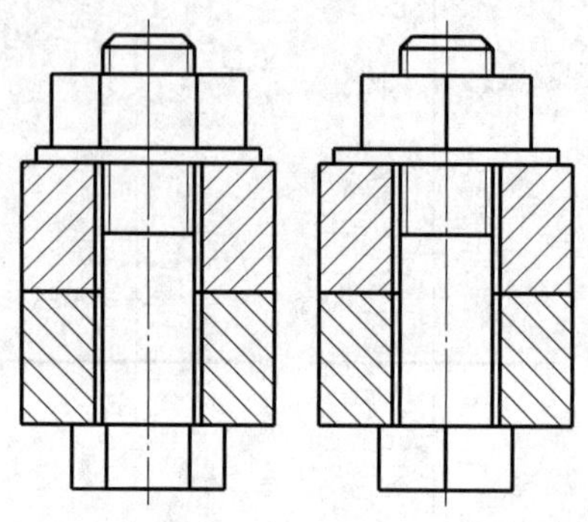

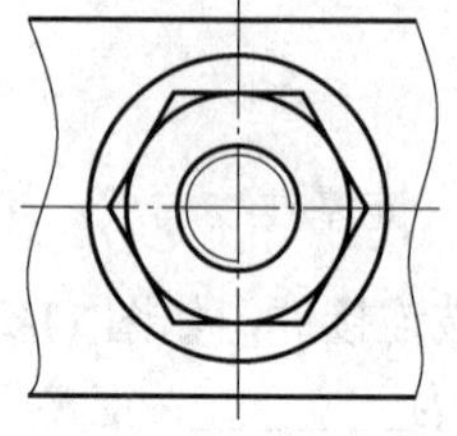

图 11-27　画剖开处的剖切线

任务 11.3 螺栓连接的标注

任务思考与小组讨论 3

单个螺纹如何标注？螺栓连接如何标注？

11.3.1 相关知识：螺纹的标记和标注方法

1. 螺纹的标记格式及其标注的注意事项

标记格式：一般完整的标记由螺纹代号、螺纹公差带代号和旋合长度代号组成，中间用“-”分开。

特征代号 公称直径 × 导程（*P* 螺距） 旋向—公差带代号—旋合长度代号

例如：

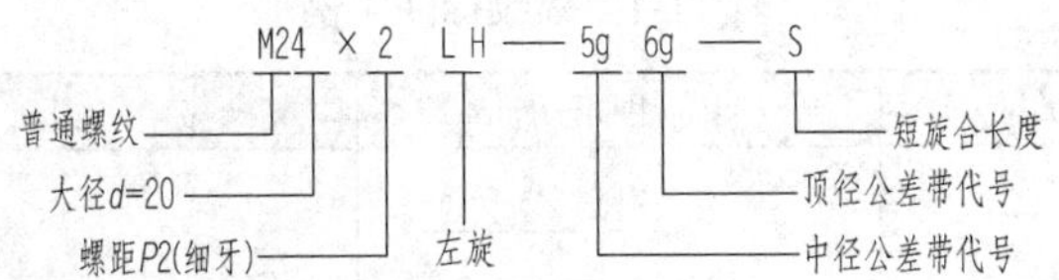

1）螺纹代号：说明牙型、螺距、旋向等。

例如，M10（粗牙普通螺纹，大径 10，螺距 1.5，右旋）。

2）螺纹的公差带代号：由数字和字母组成。

数字：表示公差带的等级。

字母：表示公差带的位置。

3）普通螺纹旋合长度用字母 S（短）、N（中）、L（长）或数值表示。

2．螺纹标注的注意事项

1）粗牙螺距不标注，细牙必须注出螺距。

2）左旋螺纹要注写 LH，右旋螺纹不注。

3）螺纹公差带代号包括中径和顶径公差带代号，如 5g、6g，前者表示中径公差带代号，后者表示顶径公差带代号。如果中径与顶径公差带代号相同，则只标注一个代号。

4）管螺纹的公称直径不表示螺纹大径，而是指管子通径英寸的尺寸。

5）螺纹标注应注在大径上。

例如：M20×1－6H

Tr40×14（P7）LH－7e

G1A

螺纹的标注，如图 11-28 所示。

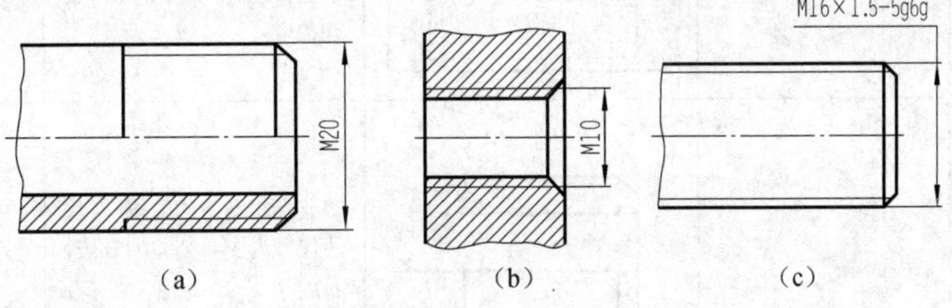

图 11-28　螺纹的标注

尺寸界线应从大径引出，直接标注大径尺寸线上或引出线上。管螺纹从大径引出标注，如图 11-29 所示。

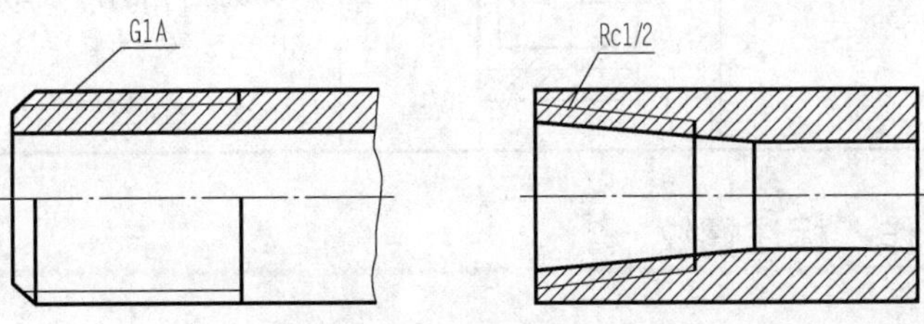

图 11-29　管螺纹的标注

常用标准螺纹的标记和标注见表 11-1。

表 11-1　螺纹标注实例

螺纹类别		标准编号	标注示例	标记的识别	标记要点说明
紧固螺纹	普通螺纹（M）	GB/T 197—2003	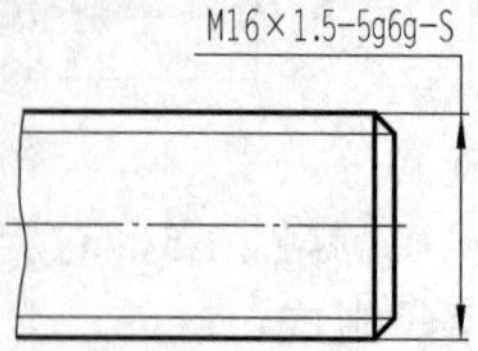 M16×1.5-5g6g-S	细牙普通螺纹，公称直径为 16，螺距 1.5，右旋，中径、顶径公差带分别为 5g、6g，短旋合长度	① 粗牙螺纹不注螺距，细牙螺纹标注螺距 ② 右旋省略不标，左旋以“LH”表示（各种螺纹皆如此） ③ 中径、顶径公差带相同时，只注一个公差带代号 ④ 中等旋合长度不标 ⑤ 螺纹标记应直接注在大径的尺寸线或延长线上
			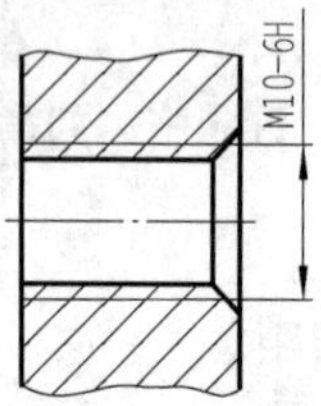 M10-6H	粗牙普通螺纹，公称直径为 10，右旋，中径、顶径公差带皆为 6H，中等旋合长度	
传动螺纹	梯形螺纹（Tr）	GB/T 5796.4—2005	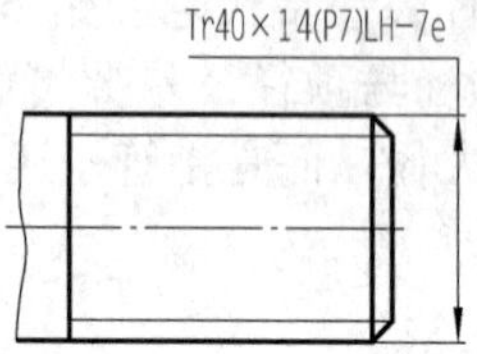 Tr40×14(P7)LH-7e	梯形螺纹，公称直径为 40，双线，导程 14，螺距 7，右旋，中径公差带为 7e，中等旋合长度	① 两种螺纹只标注中径公差带代号 ② 旋合长度只标注中等旋合长度（N）和长旋合长度（L）两组 ③ 中等旋合长度规定不标
	锯齿形螺纹（B）	GB/T 13576—2008	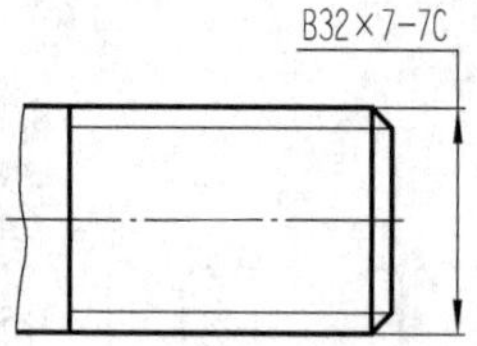 B32×7-7C	锯齿形螺纹，公称直径为 32，单线，螺距 7，右旋，中径公差带为 7C，中等旋合长度	
管螺纹	55º非密封管螺纹（G）	GB/T 7307—2001	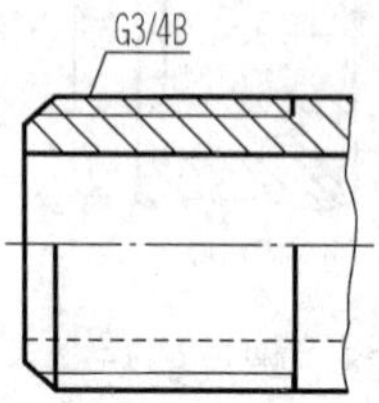 G3/4B	非螺纹密封的管螺纹，尺寸代号为 3/4，公差为 B 级，右旋	① 非螺纹密封的管螺纹，其内、外螺纹都是圆柱管螺纹 ② 外螺纹的公差等级代号分别为 A、B 两级，内螺纹不标记
			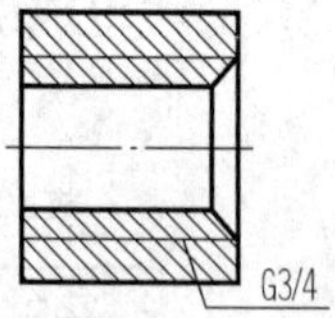 G3/4	非螺纹密封的管螺纹，尺寸代号为 3/4，右旋	

11.3.2　实践操作：标注螺纹

01 根据给定的螺纹要素，在图上进行螺纹的标注。

① 粗牙普通螺纹，公称直径 30mm，螺距 3.5mm，右旋，中径公差带为 5g，顶径公差

带为 6g，中等旋合长度。如图 11-30 所示。

② 细牙普通螺纹，公称直径 24mm，螺距 2mm，左旋，中径和顶径公差带均为 6H，长旋合长度。如图 11-31 所示。

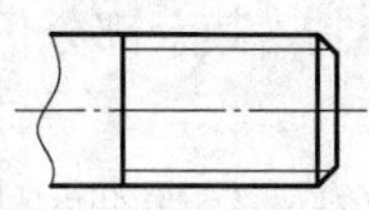

图 11-30 外螺纹的标注

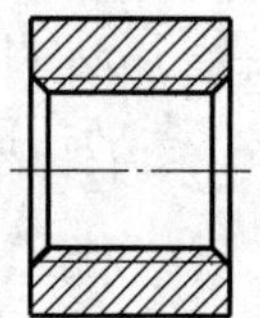

图 11-31 内螺纹的标注

02 根据标准件的标记，在图 11-32 中进行标注。

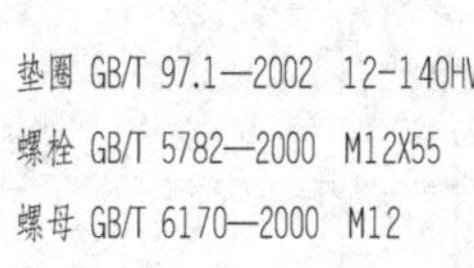

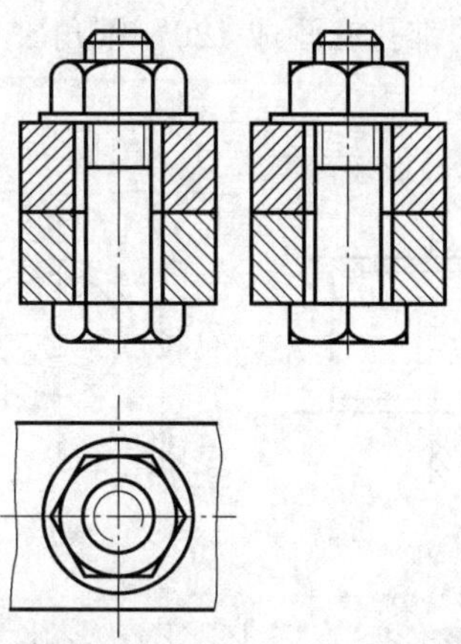

图 11-32 螺栓的标注

项目测评

按表 11-2 进行项目测评。

表 11-2 项目测评表

<table>
<tr><th>序号</th><th>评价内容</th><th>分数</th><th>自评</th><th>组长或教师*评分</th></tr>
<tr><td>1</td><td>课前准备，按要求进行预习</td><td>5</td><td></td><td></td></tr>
<tr><td>2</td><td>积极参与小组讨论</td><td>15</td><td></td><td></td></tr>
<tr><td>3</td><td>按时完成学习任务</td><td>5</td><td></td><td></td></tr>
<tr><td>4</td><td>绘图质量*</td><td>50</td><td></td><td></td></tr>
<tr><td>5</td><td>完成学习工作页*</td><td>20</td><td></td><td></td></tr>
<tr><td>6</td><td>遵守课堂纪律</td><td>5</td><td></td><td></td></tr>
<tr><td colspan="2">总分</td><td>100</td><td></td><td></td></tr>
<tr><td colspan="5">综合评分（自评分×20%＋组长或教师*评分×80%）：</td></tr>
<tr><td colspan="2">小组长签名：</td><td colspan="3">教师签名：</td></tr>
<tr><td>学习体会</td><td colspan="4">签名： 日期：</td></tr>
</table>

知识拓展：螺纹旋合、双头螺柱连接及螺钉连接画法

1．螺纹旋合画法

螺纹旋合画法，如图 11-33 所示。画螺纹旋合时应注意如下问题：

1）在剖视图中，内外螺纹的旋合部分按外螺纹的画法绘制，其余部分仍按各自的规定画法表示。

2）在旋合与不旋合的对接处，螺杆大径的粗实线与螺纹孔大径的细实线，螺杆小径的细实线与螺纹孔小径的粗实线必须对齐并相接。

3）螺杆的旋入长度应比螺纹孔的螺纹长度小约 0.5*D*。

4）螺纹孔底部的锥孔应画成 120° 锥角。

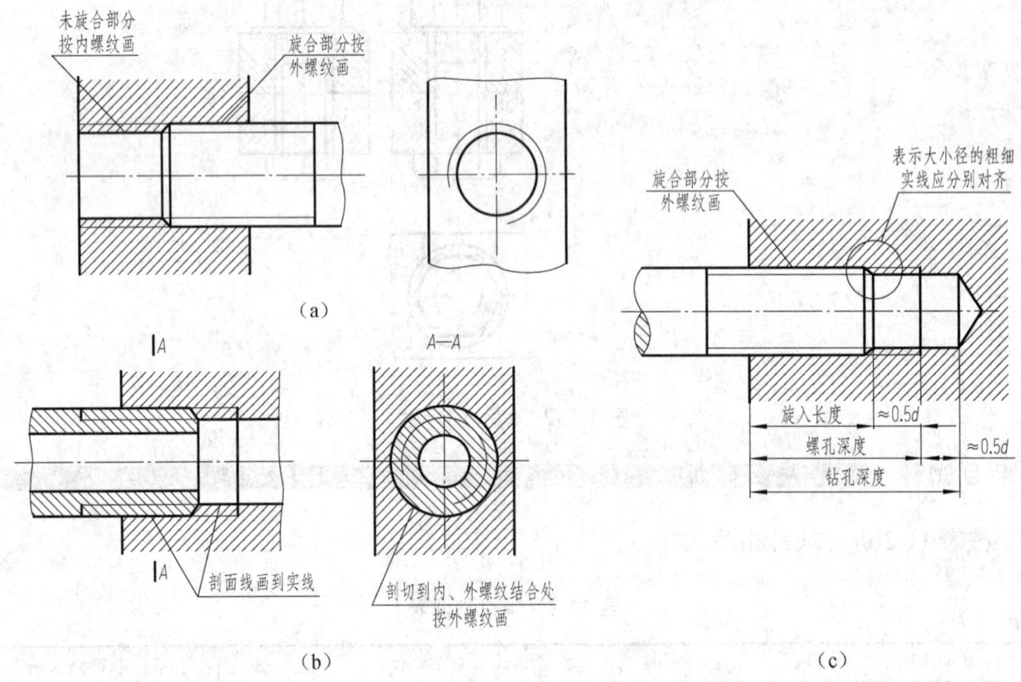

图 11-33　螺纹旋合画法

2．双头螺柱连接画法

双头螺柱连接画法，如图 11-34 所示。画螺柱连接时应注意如下问题：

1）为了保证连接牢固，应使旋入端完全旋入螺纹孔中，画图时螺柱旋入端的螺纹终止线应与螺纹孔口的端面平齐。

2）机体上的螺孔深度应稍大于螺柱的旋入深度，而钻孔深度又应稍大于螺孔深度。

3．螺钉连接画法

螺钉连接画法，如图 11-35 所示。画螺钉连接时应注意如下问题：

1）螺钉的螺纹终止线应画在螺纹孔口之上。

2）在投影为圆的视图中，螺钉头部的一字槽应画成与水平成 45° 的斜线。

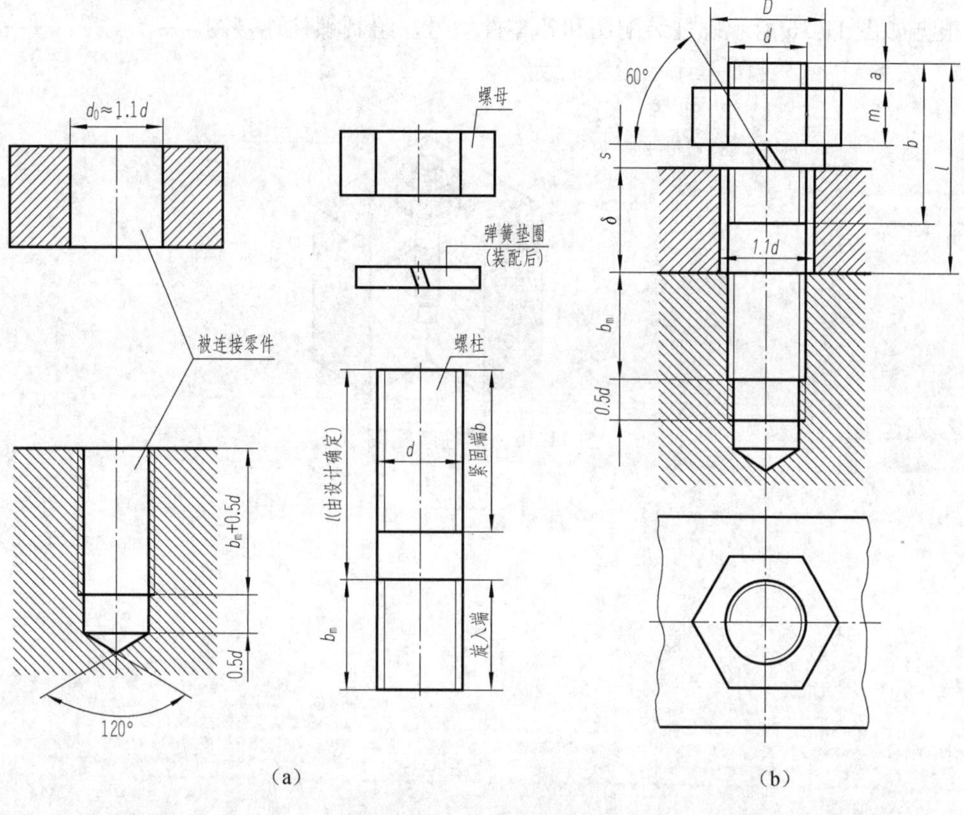

图 11-34　螺柱连接画法

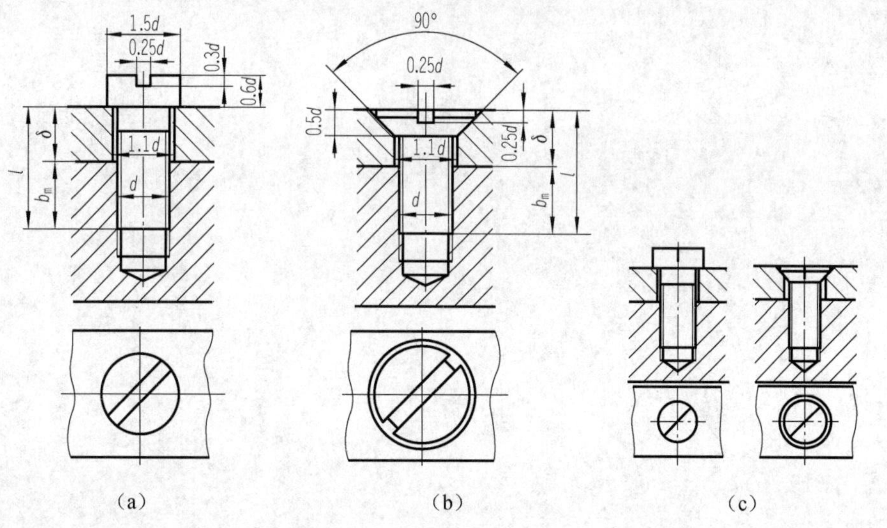

图 11-35　螺钉连接画法

技能拓展：绘制螺柱连接图

根据如图 11-36 所示螺柱装配图和各零件型号，绘制螺柱连接图。

双头螺柱 GB/T 898—1988 M16X35

垫圈 GB/T 93—1987 16

螺母 GB/T 6170—2000 M16

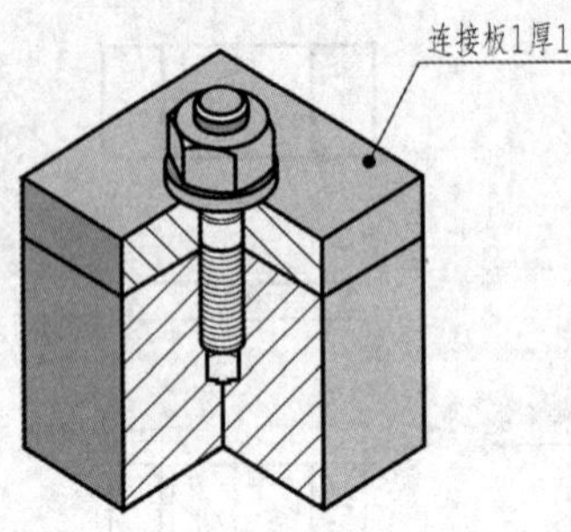

图 11-36　螺柱装配图

项目 12

活塞杆零件图中技术要求的识读

项目描述

活塞杆是气缸中最重要的受力零件，活塞杆在气缸动作下会压力和拉力交变作用。识读活塞杆零件图 12-1 中的尺寸公差和几何公差。

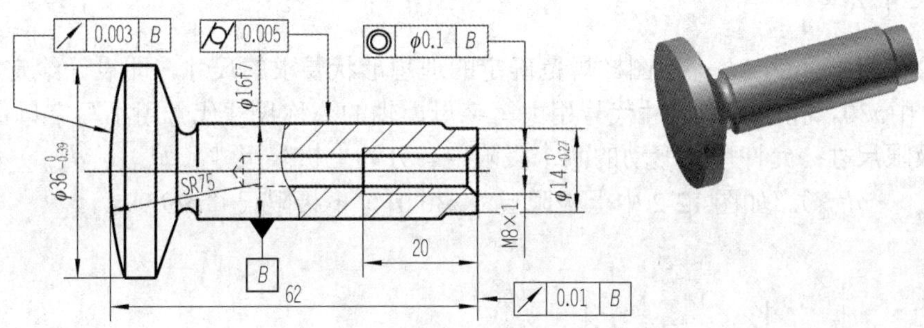

图 12-1　活塞杆零件图和立体图

学习目标

◎ 能叙述尺寸公差的相关概念，小组讨论分析活塞杆零件图中尺寸公差的含义。
◎ 能叙述配合的相关概念，会判别零件的配合性质。
◎ 能识读几何公差的符号，会叙述活塞杆零件图中几何公差的含义。

学习任务

◎ 活塞杆零件图中尺寸公差的分析。
◎ 圆锥齿轮减速器零件间的配合性质的分析。
◎ 活塞杆零件图中几何公差的分析。

任务12.1 活塞杆零件图中尺寸公差的分析

任务思考与小组讨论 1

图 12-1 中尺寸 $\phi36_{-0.39}^{\ 0}$、ϕ16f 7 与尺寸 62 有何不同?

12.1.1 相关知识：极限

零件图上，除了用视图表达零件的结构形状和用尺寸表达零件的各组成部分的大小及位置关系外，通常还标注有关的技术要求。技术要求一般有以下几个方面的内容：①零件的极限与配合要求；②零件的形状和位置公差；③零件上各表面的粗糙度；④零件材料、热处理、表面处理和表面修饰的说明；⑤对零件的特殊加工、检查及试验的说明，有关结构的统一要求，如圆角、倒角尺寸等；⑥其他必要的说明。

1．尺寸公差

1）**公称尺寸**（D，d）：由图样规范确定的理想形状要求的尺寸，即设计给定的尺寸。如图 12-2 中ϕ30。孔的公称尺寸代号用大写字母，轴的公称尺寸代号用小写字母（下同）。

2）**极限尺寸**：允许尺寸变动的两个极限值。分为上极限尺寸（D_{max}，d_{max}）和下极限尺寸（D_{min}，d_{min}）。如图 12-2 中上极限尺寸ϕ30.01，下极限尺寸ϕ29.99。

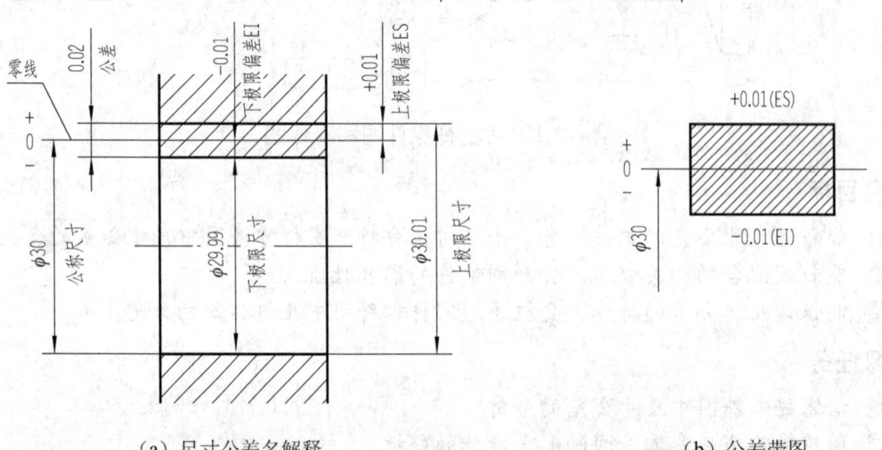

（a）尺寸公差名解释　　（b）公差带图

图 12-2　尺寸公差名解释及公差带图

3）**极限偏差**：指上极限偏差和下极限偏差。

上极限偏差（ES，es）：上极限尺寸减其公称尺寸所得的代数差。如图 12-2 中＋0.01。

下极限偏差（EI，ei）：下极限尺寸减其公称尺寸所得的代数差。如图 12-2 中−0.01。

孔的极限偏差代号用大写字母，轴的极限偏差代号用小写字母。

孔　　ES＝$D_{max}-D$；EI＝$D_{min}-D$

轴　　es＝$d_{max}-d$；ei＝$d_{min}-d$

4）**尺寸公差**：上极限尺寸减下极限尺寸之差，或上极限偏差减下极限偏差之差。是允许尺寸的变动量。

由于上极限尺寸总是大于下极限尺寸，上极限偏差总是大于下极限偏差，所以它们的代数差值总为正值，一般将正号省略，取其绝对值。即尺寸公差是一个没有符号的绝对值。

① 从极限尺寸入手：$T_D=|D_{max}-D_{min}|$

$T_d=|d_{max}-d_{min}|$

② 从极限偏差看：$T_D=ES-EI$

$T_d=|es-ei|$

③ 三者之间的关系：$T_D=|D_{max}-D_{min}|=|(D+ES)-(D+EI)|=ES-EI$

5）公差带和零线。

公差带：由代表上极限偏差和下极限偏差的两条直线所限定的一个区域。

零线：在公差带图中，表示公称尺寸的一条直线。

2．标准公差与基本偏差

（1）标准公差（IT）

国标规定标准公差的精度等级分为 20 级，即 IT01，IT0，IT1，…，IT18。**公差值越小，精度越高；公差值越大，精度越低**。同一精度的公差，公称尺寸越小，公差值越小；反之，公差值越大。

公称尺寸在 3150mm 内的各级标准公差的数值可查阅表 12-1。

表 12-1　标准公差数值（摘自 GB/T 1800.1—2009）

公称尺寸/mm		公差等级																	
		IT1	IT2	IT3	IT4	IT5	IT6	IT7	IT8	IT9	IT10	IT11	IT12	IT13	IT14	IT15	IT16	IT17	IT18
大于	至	μm											mm						
—	3	0.8	1.2	2	3	4	6	10	14	25	40	60	0.1	0.14	0.25	0.4	0.6	1	1.4
3	6	1	1.5	2.5	4	5	8	12	18	30	48	75	0.12	0.18	0.3	0.48	0.75	1.2	1.8
6	10	1	1.5	2.5	4	6	9	15	22	36	58	90	0.15	0.22	0.36	0.58	0.9	1.5	2.2
10	18	1.2	2	3	5	8	11	18	27	43	70	110	0.18	0.27	0.43	0.7	1.1	1.8	2.7
18	30	1.5	2.5	4	6	9	13	21	33	52	84	130	0.21	0.33	0.52	0.84	1.3	2.1	3.3
30	50	1.5	2.5	4	7	11	16	25	39	62	100	160	0.25	0.39	0.62	1	1.6	2.5	3.9
50	80	2	3	5	8	13	19	30	46	74	120	190	0.3	0.46	0.74	1.2	1.9	3	4.6
80	120	2.5	4	6	10	15	22	35	54	87	140	220	0.35	0.54	0.87	1.4	2.2	3.5	5.4

续表

公称尺寸/mm		公差等级																	
		IT1	IT2	IT3	IT4	IT5	IT6	IT7	IT8	IT9	IT10	IT11	IT12	IT13	IT14	IT15	IT16	IT17	IT18
大于	至	μm											mm						
120	180	3.5	5	8	12	18	25	40	63	100	160	250	0.4	0.63	1	1.6	2.5	4	6.3
180	250	4.5	7	10	14	20	29	46	72	115	185	290	0.46	0.72	1.15	1.85	2.9	4.6	7.2
250	315	6	8	12	16	23	32	52	81	130	210	320	0.52	0.81	1.3	2.1	3.2	5.2	8.1
315	400	7	9	13	18	25	36	57	89	140	230	360	0.57	0.89	1.4	2.3	3.6	5.7	8.9
400	500	8	10	15	20	27	40	63	97	155	250	400	0.63	0.97	1.55	2.5	4	6.3	9.7
500	630	9	11	16	22	32	44	70	110	175	280	440	0.7	1.1	1.75	2.8	4.4	7	11
630	800	10	13	18	25	36	50	80	125	200	320	500	0.8	1.25	2	3.2	5	8	12.5
800	1000	11	15	21	28	40	56	90	140	230	360	560	0.9	1.4	2.3	3.6	5.6	9	14
1000	1250	13	18	24	33	47	66	105	165	260	420	660	1.05	1.65	2.6	4.2	6.6	10.5	16.5
1250	1600	15	21	29	39	55	78	125	195	310	500	780	1.25	1.95	3.1	5	7.8	12.5	19.5
1600	2000	18	25	35	46	65	92	150	230	370	600	920	1.5	2.3	3.7	6	9.2	15	23
2000	2500	22	30	41	55	78	110	175	280	440	700	1100	1.75	2.8	4.4	7	11	17.5	28
2500	3150	26	36	50	68	96	135	210	330	540	860	1350	2.1	3.3	5.4	8.6	13.5	21	33

注：1．公称尺寸大于 500mm 的 IT1～IT5 的标准公差数值为试行。

2．公称尺寸小于或等于 1mm 时，无 IT14～IT18。

3．标准公差等级 IT01 和 IT0 在工业上很少用到，所以本表中没有给出这两种公差等级的标准公差数值。

（2）基本偏差

基本偏差是指在极限制中确定公差带相对零线位置的那个极限偏差（上极限偏差或下极限偏差），一般为靠近零线的那个偏差。

GB/T 1800.1—2009 对孔和轴各规定了 28 个基本偏差，如图 12-3 所示。

根据尺寸公差的定义，基本偏差和标准公差有以下计算式：

$$ES = EI + IT \text{ 或 } EI = ES - IT$$

$$Es = ei + IT \text{ 或 } ei = es - IT$$

孔和轴的公差带代号由基本偏差代号和公差等级代号组成。例如：

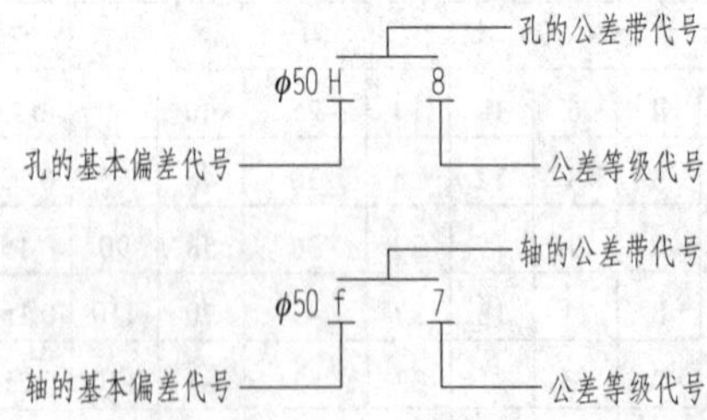

3．优先与常用公差带

（1）优先与常用的孔公差带

GB/T 1801—2009 中，公称尺寸至 500mm 的孔公差带规定如图 12-4 所示。选择时，应优先选用圆圈中的公差带，其次选用方框中的公差带，最后选用其他的公差带。

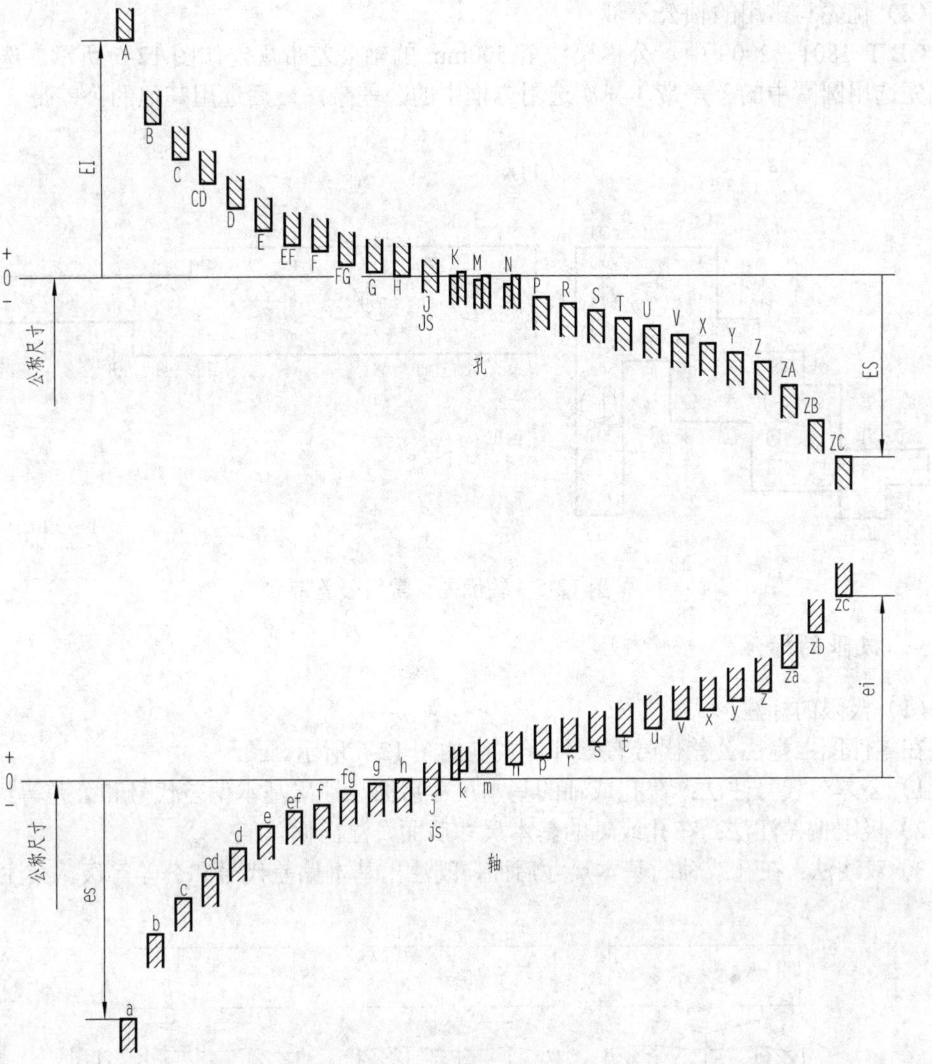

A B C CD D E EF F FG G H J JS K M N P R S T U V X Y Z ZA ZB ZC
EI
ES
+
0
-
公称尺寸
孔
a b c cd d e ef f fg g h j js k m n p r s t u v x y z za zb zc
es
ei
轴

图 12-3　基本偏差系列

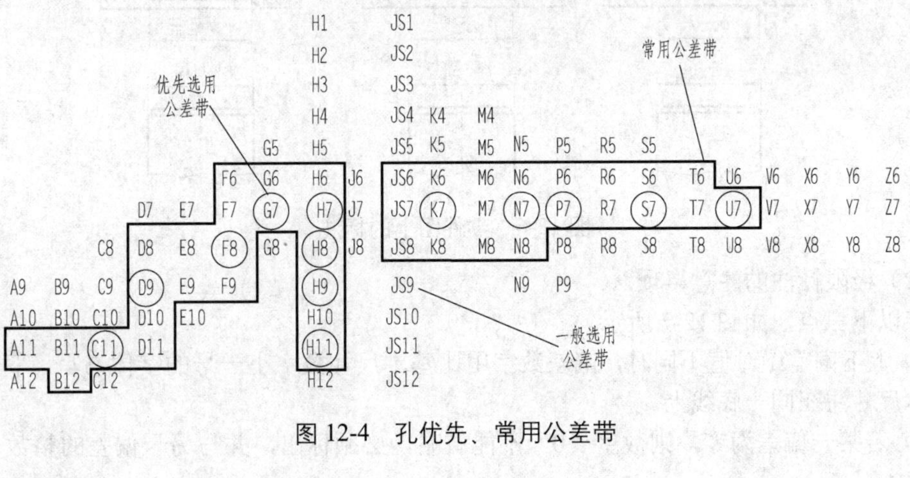

优先选用公差带
常用公差带
一般选用公差带
H1 JS1
H2 JS2
H3 JS3
H4 JS4 K4 M4
G5 H5 JS5 K5 M5 N5 P5 R5 S5
F6 G6 H6 J6 JS6 K6 M6 N6 P6 R6 S6 T6 U6 V6 X6 Y6 Z6
D7 E7 F7 G7 H7 J7 JS7 K7 M7 N7 P7 R7 S7 T7 U7 V7 X7 Y7 Z7
C8 D8 E8 F8 G8 H8 J8 JS8 K8 M8 N8 P8 R8 S8 T8 U8 V8 X8 Y8 Z8
A9 B9 C9 D9 E9 F9 H9 JS9 N9 P9
A10 B10 C10 D10 E10 H10 JS10
A11 B11 C11 D11 H11 JS11
A12 B12 C12 H12 JS12

图 12-4　孔优先、常用公差带

（2）优先与常用的轴公差带

GB/T 1801—2009 中，公称尺寸至 500mm 的轴公差带规定如图 12-5 所示。选择时，应优先选用圆圈中的公差带，其次选用方框中的公差带，最后选用其他的公差带。

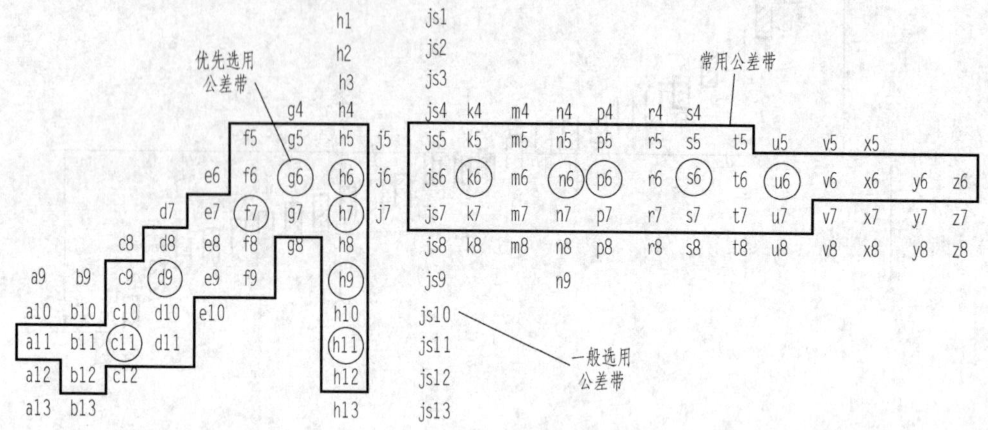

图 12-5　轴优先、常用公差带

4．极限的标注

（1）极限的标注形式

在零件图上标注公差代号有三种形式，如图 12-6 所示。

1）公差带代号注法：在孔或轴的基本尺寸后面，注出基本偏差代号和公差等级。

2）极限偏差注法：在孔或轴的基本尺寸后面，注出偏差值。

3）双注法：在孔或轴的基本尺寸后面，既注出基本偏差代号和公差等级，又注出偏差数值。

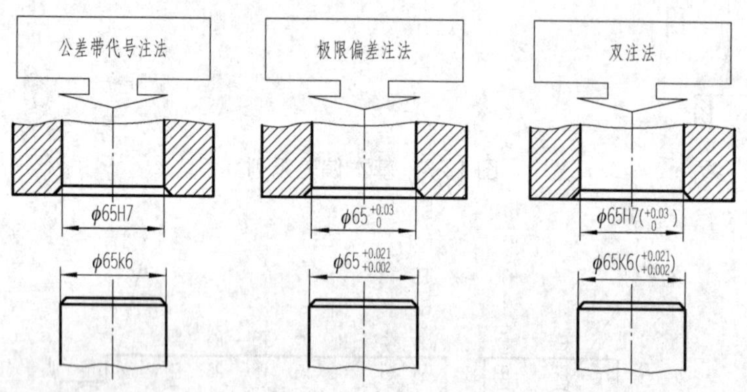

图 12-6　零件图上的标注

（2）极限标注的注意事项

有以下三点，如图 12-7 所示。

1）上下偏差绝对值不同时，偏差数字用比基本尺寸数字小一号的字体书写。下偏差应与基本尺寸注在同一底线上。

2）若某一偏差为零，则数字“0”不能省略，必须标出，并与另一偏差的整数个位对齐书写。

3）若上下偏差绝对值相同符号相反，则偏差数字只写一个，并与基本尺寸数字字号相同。

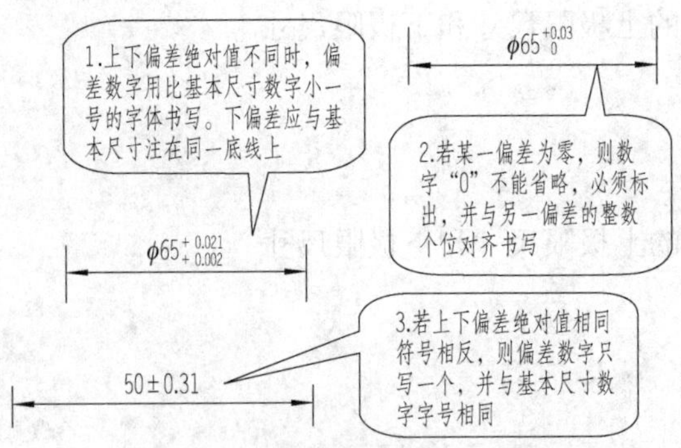

图 12-7　极限标注的注意事项

12.1.2 实践操作：识读并计算活塞杆零件图中的尺寸公差

1．解释活塞杆零件图 12-8 中圈中的尺寸的含义

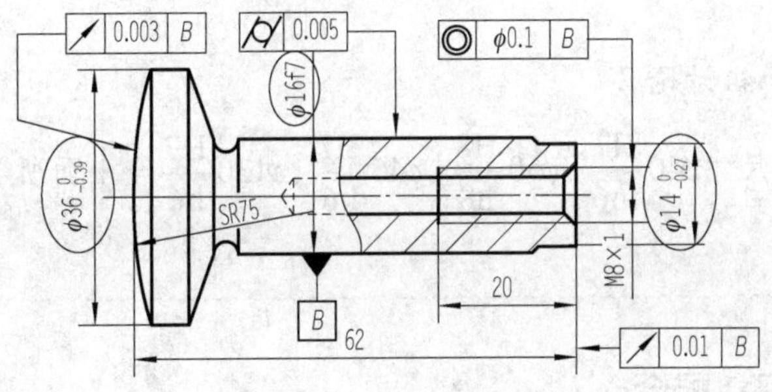

图 12-8　活塞杆零件图

01 在方框中填写尺寸$\phi 36^{0}_{-0.39}$的尺寸含义。

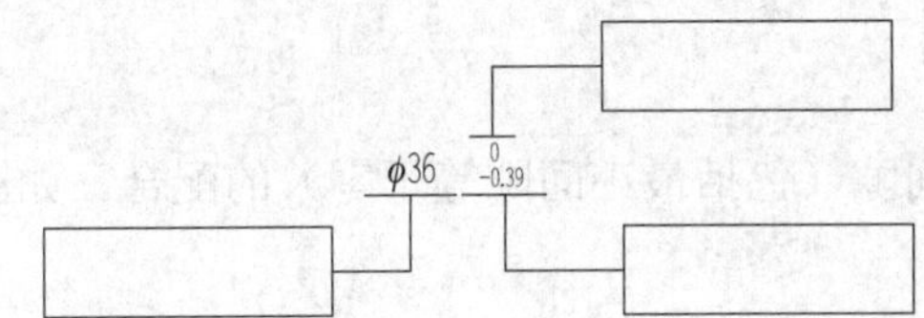

02 在方框中填写尺寸ϕ16f7 的尺寸含义。

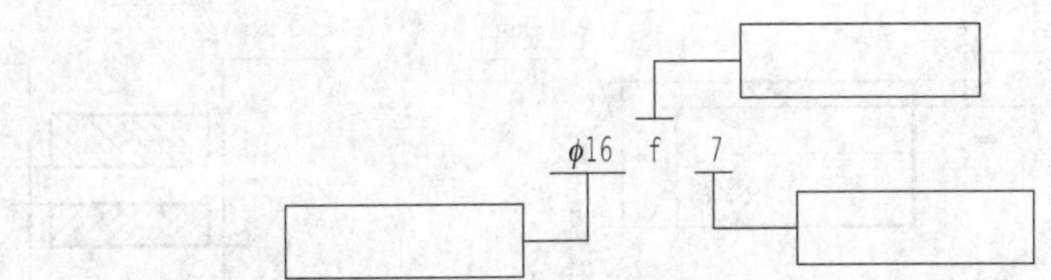

2．计算极限尺寸

01 计算$\phi 36_{-0.39}^{\ 0}$的上极限尺寸和下极限尺寸。

02 计算$\phi 14_{-0.27}^{\ 0}$的上极限尺寸和下极限尺寸

3．确定极限偏差和极限尺寸

查表并计算确定ϕ16f 7 的上、下极限偏差，上、下极限尺寸。

任务 12.2 圆锥齿轮减速器零件间配合性质的分析

任务思考与小组讨论 2

在图 12-15 中尺寸$\phi 40\dfrac{H7}{m6}$、$\phi 50\dfrac{H8}{h8}$、$\phi 45\dfrac{H7}{k6}$、$\phi 130\dfrac{H7}{h6}$与上面所学尺寸有何不同？什么情况下使用？

12.2.1 相关知识：配合

配合是指公称尺寸相同的，相互结合的孔和轴公差带之间的关系。

1．配合的种类

1）**间隙配合**：具有间隙（包括最小间隙等于零）的配合。如图 12-9 所示，孔的公差带在轴的公差带之上。

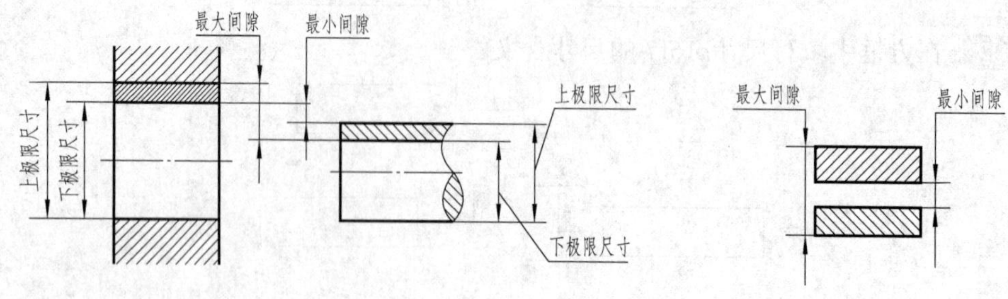

图 12-9　间隙配合的公差带图

2）**过盈配合**：具有过盈（包括最小过盈等于零）的配合。如图 12-10 所示，孔的公差带在轴的公差带之下。

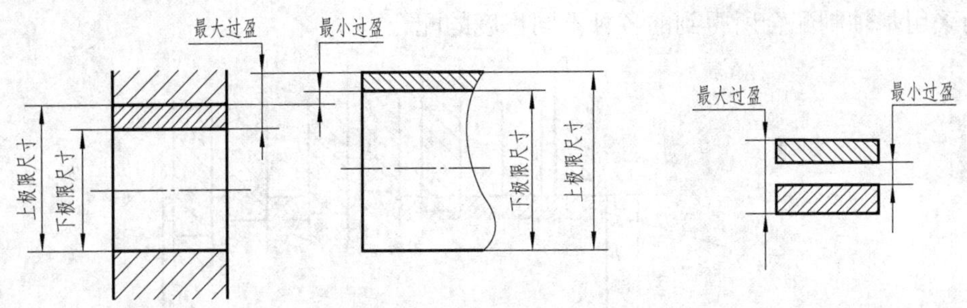

图 12-10　过盈配合的公差带图

3）**过渡配合**：可能具有间隙或过盈的配合。如图 12-11 所示，孔的公差带与轴的公差带相互重叠。

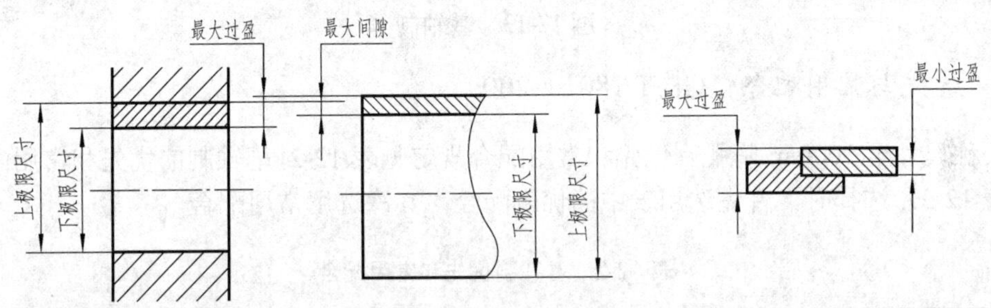

图 12-11　过渡配合的公差带图

2. 配合制

在制造相互配合的零件时，使其中一种零件作为基准件，它的基本偏差固定，通过改变另一种非基准件的基本偏差来获得各种不同性质的配合制度称为**配合制**。

1）**基孔制配合**：基本偏差为一定的孔的公差带，与不同的基本偏差的轴的公差带形成各种配合的一种制度。基孔制的孔称为基准孔，基本偏差代号为 H，其下偏差为 0。如图 12-12 所示为采用基孔制配合所得到的各种不同程度的配合。

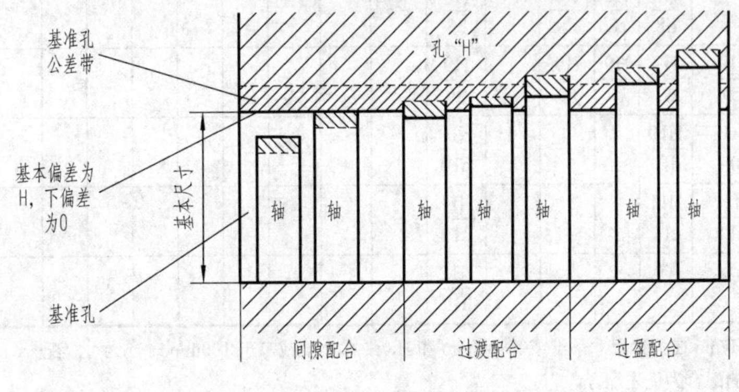

图 12-12　基孔制

2）**基轴制配合**：基本偏差为一定的轴的公差带，与不同基本偏差的孔的公差带形成各种配合的一种制度。基轴制的轴称为基准轴，基本偏差代号为 h，其上偏差为 0。如图 12-13 所示为采用基轴制配合所得到的各种不同程度的配合。

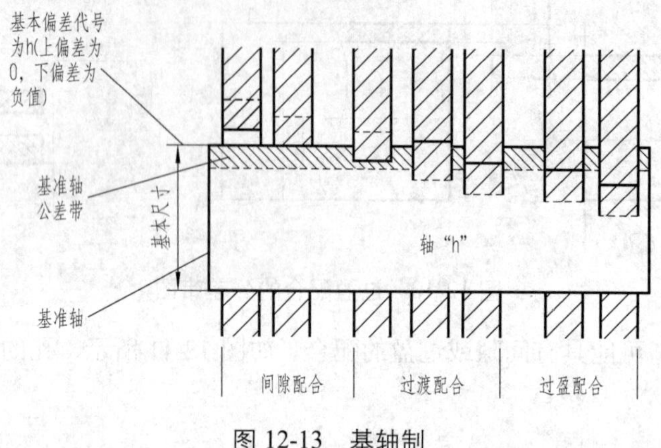

图 12-13　基轴制

3．优先与常用配合（GB/T 1801—2009）

公称尺寸至 500mm 基孔制优先和常用配合规定见表 12-2，基轴制的优先和常用配合规定见表 12-3。选择时，首先选用表中的优先配合，其次选用常用配合。

表 12-2　基孔制优先和常用配合

基准孔	轴																				
	a	b	c	d	e	f	g	h	js	k	m	n	p	r	s	t	u	v	x	y	z
	间隙配合								过渡配合			过盈配合									
H6						H6/f5	H6/g5	H6/h5	H6/js5	H6/k5	H6/m5	H6/n5	H6/p5	H6/r5	H6/s5	H6/t5					
H7						H7/f6	◤H7/g6	◤H7/h6	H7/js6	◤H7/k6	H7/m6	◤H7/n6	◤H7/p6	H7/r6	◤H7/s6	H7/t6	◤H7/u6	H7/v6	H7/x6	H7/y6	H7/z6
H8					H8/e7	◤H8/f7	H8/g7	◤H8/h7	H8/js7	H8/k7	H8/m7	H8/n7	H8/p7	H8/r7	H8/s7	H8/t7	H8/u7				
				H8/d8	H8/e8	H8/f8		H8/h8													
H9			H9/c9	◤H9/d9	H9/e9	H9/f9		◤H9/h9													
H10			H10/c10	H10/d10				H10/h10													
H11	H11/a11	H11/b11	◤H11/c11	H11/e11				◤H11/h11													
H12		H12/b12						H12/h12													

注：1. H6/n5、H7/p6 在公称尺寸小于或等于 3mm 和 H8/r7 在小于或等于 100mm 时，为过渡配合。

2. 标注◤的配合为优先配合。

表 12-3　基轴制优先和常用配合

基准轴	孔																				
	A	B	C	D	E	F	G	H	JS	K	M	N	P	R	S	T	U	V	X	Y	Z
	间隙配合								过渡配合			过盈配合									
h5						F6/h5	G6/h5	H6/h5	JS6/h5	K6/h5	M6/h5	N6/h5	P6/h5	R6/h5	S6/h5	T6/h5					
h6						F7/h6	◤G7/h6	◤H7/h6	JS7/h6	◤K7/h6	M7/h6	◤N7/h6	◤P7/h6	R7/h6	◤S7/h6	T7/h6	◤U7/h6				
h7					E8/h7	F8/h7		H8/h7	JS8/h7	K8/h7	M8/h7	N8/h7									
h8				D8/h8	E8/h8	◤F8/h8		◤H8/h8													
h9				◤D9/h9	E9/h9	F9/h9		◤H9/h9													
h10				D10/h10				H10/h10													
h11	A11/h11	B11/h11	◤C11/h11	D11/h11				◤H11/h11													
h12		B12/h12						H12/h12													

注：标注◤的配合为优先配合。

4．配合的标注

在装配图上的标注：配合公差代号有两种形式，如图 12-14 所示。

1）配合代号注法：在孔（轴）的基本尺寸后面，注出配合公差代号。

2）极限偏差注法：在孔（轴）的基本尺寸后面，注出配合偏差值。

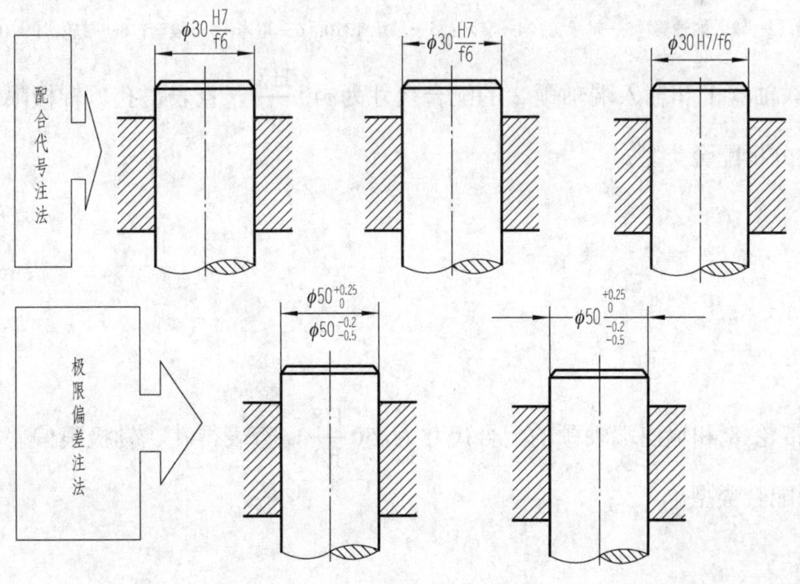

图 12-14　装配图上的标注

12.2.2 实践操作：分析圆锥齿轮减速器零件间的配合

图 12-15 所示为圆锥齿轮减速器的装配图。

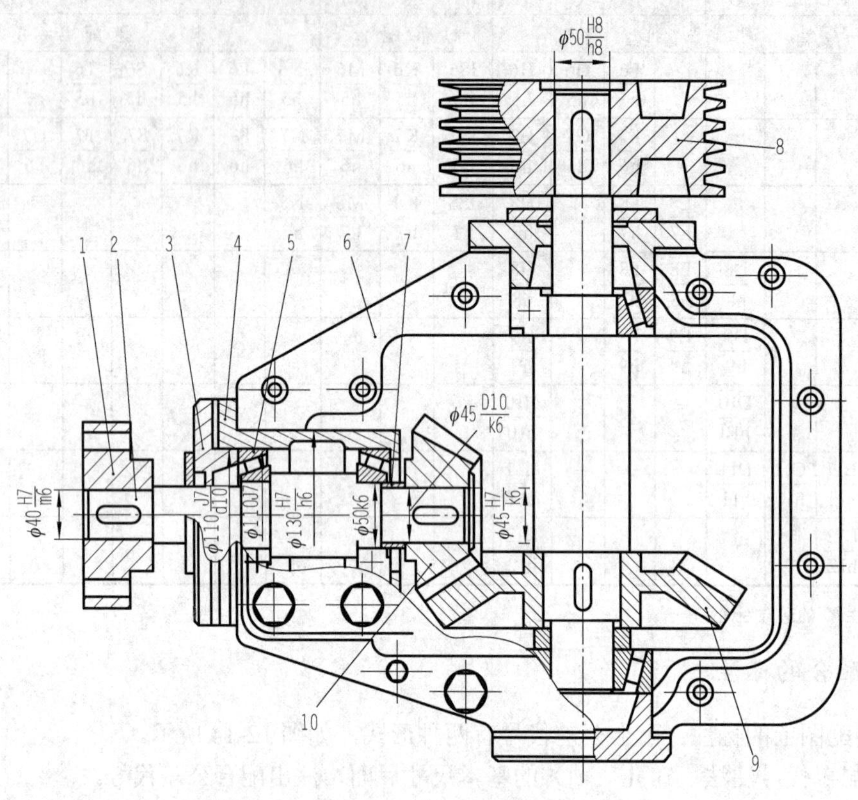

图 12-15　圆锥齿轮减速器

1—联轴器；2—输入端轴器；3—轴承盖；4—套环；5—轴承 T310；6—箱体；7—隔套；8—带轮；9、10—锥齿轮

01 联轴器 1 和输入端轴颈 2 的配合尺寸为$\phi40\dfrac{H7}{m6}$，查表得孔、轴极限偏差，画公差带图，并分析配合类型。

02 带轮 8 和输出端轴颈的配合尺寸为$\phi50\dfrac{H8}{h8}$，查表得孔、轴极限偏差，画公差带图，并分析配合类型。

03 小锥齿轮 10 和轴颈的配合尺寸为$\phi 45\frac{H7}{k6}$，查表得孔、轴极限偏差，画公差带图，并分析配合类型。

04 套杯 4 外径和箱体 6 座孔的配合尺寸为$\phi 130\frac{H7}{h6}$，查表得孔、轴极限偏差，画公差带图，并分析配合类型。

任务 12.3　活塞杆零件图中几何公差的分析

任务思考与小组讨论 3

图 12-1 中 4 个长方形的方框是什么符号？为了表达什么？

12.3.1　相关知识：几何公差

1．基本概念

零件在加工后形成的各种误差是客观存在的，除了在极限与配合中讨论过的尺寸误差外，还存在着形状误差和位置误差。

零件上的实际几何要素的形状与理想形状之间的误差称为**形状误差**。

零件上各几何要素之间的实际相对位置与理想相对位置之间的误差称为**位置误差**。

形状误差与位置误差简称**形位误差**。

形位误差的允许变动量称为**几何公差**。

2．形位公差特征项目及符号

几何公差的几何特征和符号见表 12-4。

表 12-4 几何公差的几何特征和符号

公差类型	几何特征	符号	有无基准	公差类型	几何特征	符号	有无基准
形状公差	直线度	—	无	位置公差	位置度	⌖	有或无
	平面度	⏥	无		同心度（用于中心点）	◎	有
	圆度	○	无				有
	圆柱度	⌭	无		同轴度（用于轴线）	◎	有
	线轮廓度	⌒	无				有
	面轮廓度	⌓	无		对称度	⌯	有
方向公差	平行度	//	有		线轮廓度	⌒	有
	垂直度	⊥	有		面轮廓度	⌓	有
	倾斜度	∠	有	跳动公差	圆跳动	↗	有
	线轮廓度	⌒	有		全跳动	⌰	有
	面轮廓度	⌓	有				

3．几何公差的标注方法

几何公差在图样上的注法应遵照 GB/T 1182—2008 的规定。

（1）几何公差代号和基准符号

如图 12-16（a）所示，几何公差细实线绘制，分成两格或多格，框格高度是图中尺寸数字高度的 2 倍，框格长度根据需要而定。框格中的字母、数字与图中数字等高。几何公差项目符号的线宽为图中数字高度的 1/10，框格应水平或垂直绘制。图 12-16（b）所示为标注带有基准要素几何公差时所用的基准符号。其基准字母注写在基准细实线方格内，与一个涂黑（或空心）的三角形相连。

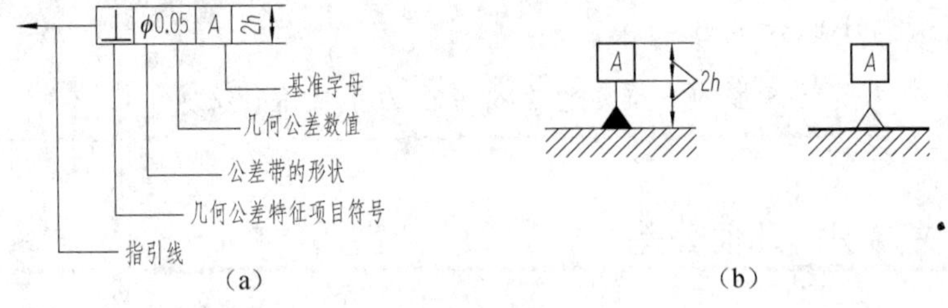

图 12-16 几何公差代号和基准符号的画法

（2）被测要素的标注方法

按下列方式之一用指引线连接被测要素和公差框格。指引线引自框格的任意一侧，终端带一箭头。

1）当被测要素为轮廓线或轮廓面时，指引线的箭头指向该要素的轮廓线或其延长线上（应与尺寸线明显错开），如图 12-17（a）、（b）所示。箭头也可指向引出线的水平线，引出线引自被测面，如图 12-17（c）所示。

2）当被测要素为轴线或中心平面时，箭头应位于尺寸线的延长线上，如图 12-17（b）所示。公差值前加注ϕ，表示给定的公差带为圆形或圆柱形。

（3）基准要素的标注方法

基准要素是零件上用于确定被测要素方向和位置的点、线或面，用基准符号表示，表

示基准的字母也应注写在公差框格内，如图 12-18 所示。

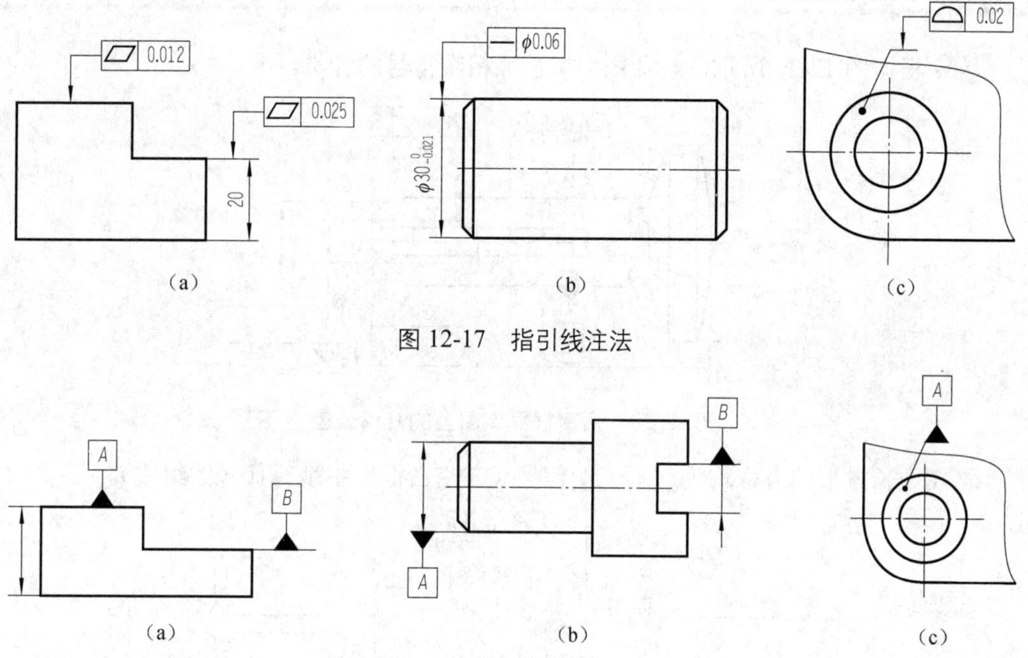

图 12-17　指引线注法

图 12-18　基准符号的标注（一）

带基准字母的基准三角形应按如下规定放置。

1）当基准要素为轮廓线或轮廓面时，基准三角形放置在要素的轮廓线或其延长线上（应与尺寸线明显错开），如图 12-18 所示。

2）当基准要素为轴线或中心平面时，基准三角形应放置在该尺寸线的延长线上，如图 12-19（a）所示。如果没有足够的位置标注基准要素尺寸的两个尺寸箭头，则其中一个箭头可用基准三角形代替，如图 12-19（b）所示。

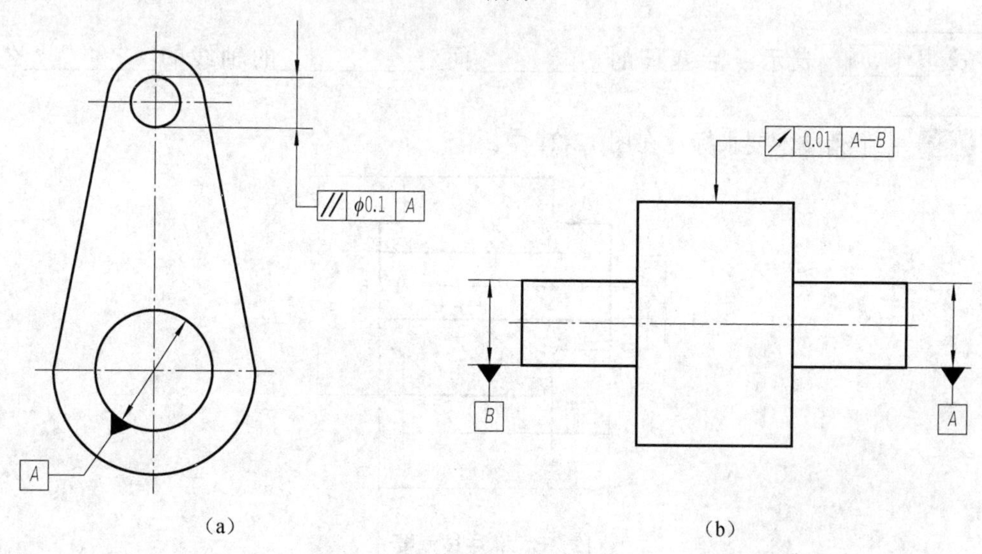

图 12-19　基准符号的标注（二）

12.3.2 实践操作：分析活塞杆几何公差

01 根据图 12-20 所示，解释图中黑色加粗圈符号的含义。

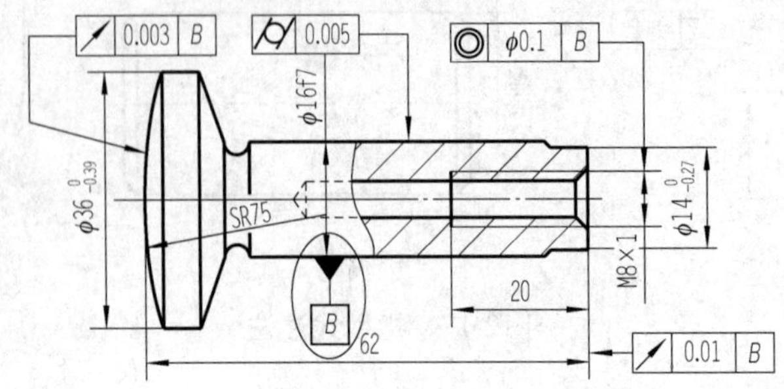

图 12-20　活塞杆零件图上的几何公差

① 图中长方形的方框均为________代号（在空白框格中填写代号的组成）。

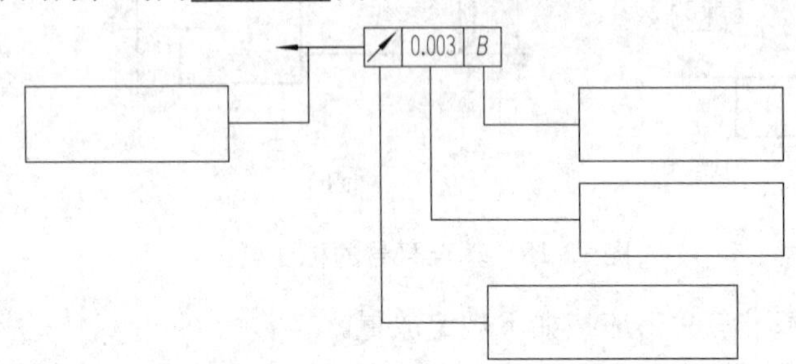

② 图中[B]是________符号，该要素是指________。

③ [↗ 0.003 B]表示________表面对________的轴线的________公差为________。

④ [⌭ 0.005]表示________圆柱面的________公差为________。

⑤ [◎ φ0.1 B]表示 M8×1 内螺纹的________对φ16f7 的________的________公差为________。

⑥ [↗ 0.01 B]表示：活塞杆的________面对________的轴线的________公差为________。

02 将下列技术要求标注在图 12-21 中。

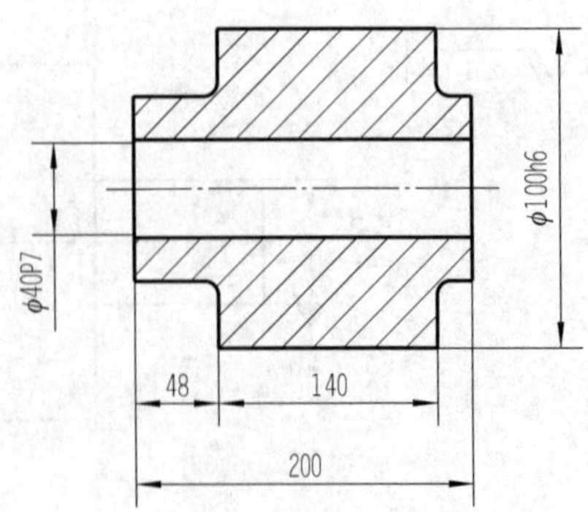

图 12-21　标注技术要求

① ϕ100h6 圆柱表面的圆度公差为 0.005mm。

② ϕ100h6 轴线对ϕ40P7 孔轴线的同轴度公差为ϕ0.015mm。

③ ϕ40P7 孔的圆柱度公差为 0.005mm。

④ 左端面对ϕ40P7 孔轴线的垂直度公差为 0.01mm。

⑤ 右端面对左端面的平行度公差为 0.02mm。

03 找出如图 12-22 所示的几何公差标注错误，并在图 12-23 中改正。

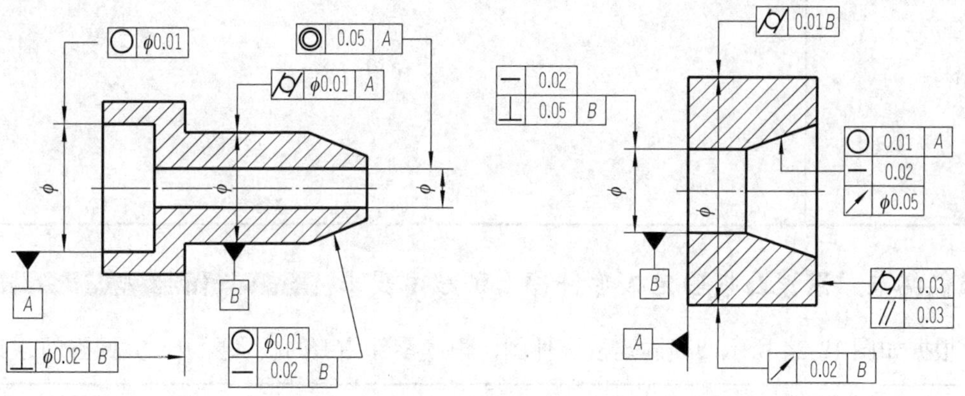

图 12-22　有错几何公差标注

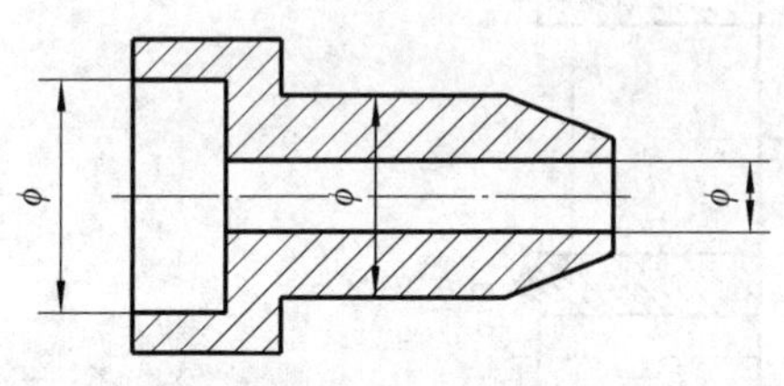

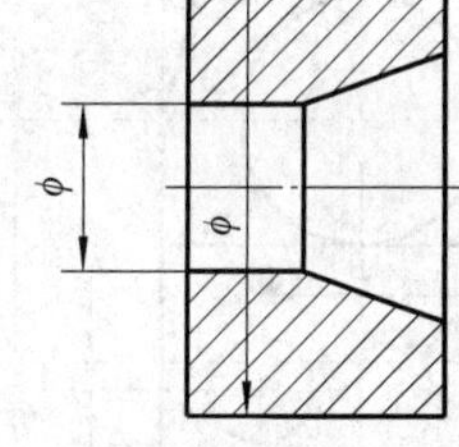

图 12-23　改正

项目测评

按表 12-5 进行项目测评。

表 12-5　项目测评表

序　号	评 价 内 容	分　数	自　评	组长或教师*评分
1	课前准备，按要求进行预习	5		
2	积极参与小组讨论	15		
3	按时完成学习任务	5		
4	图纸答辩*	50		
5	完成学习工作页*	20		

续表

6	遵守课堂纪律	5		
	总　分	100		
综合评分（自评分×20%＋组长或教师*评分×80%）：				
小组长签名：		教师签名：		
学习体会	签名：　　　　日期：			

技能拓展：识读凸模固定板零件图上的技术要求

根据如图 12-24 所示凸模固定板零件图，识读零件图上的技术要求，并回答问题。

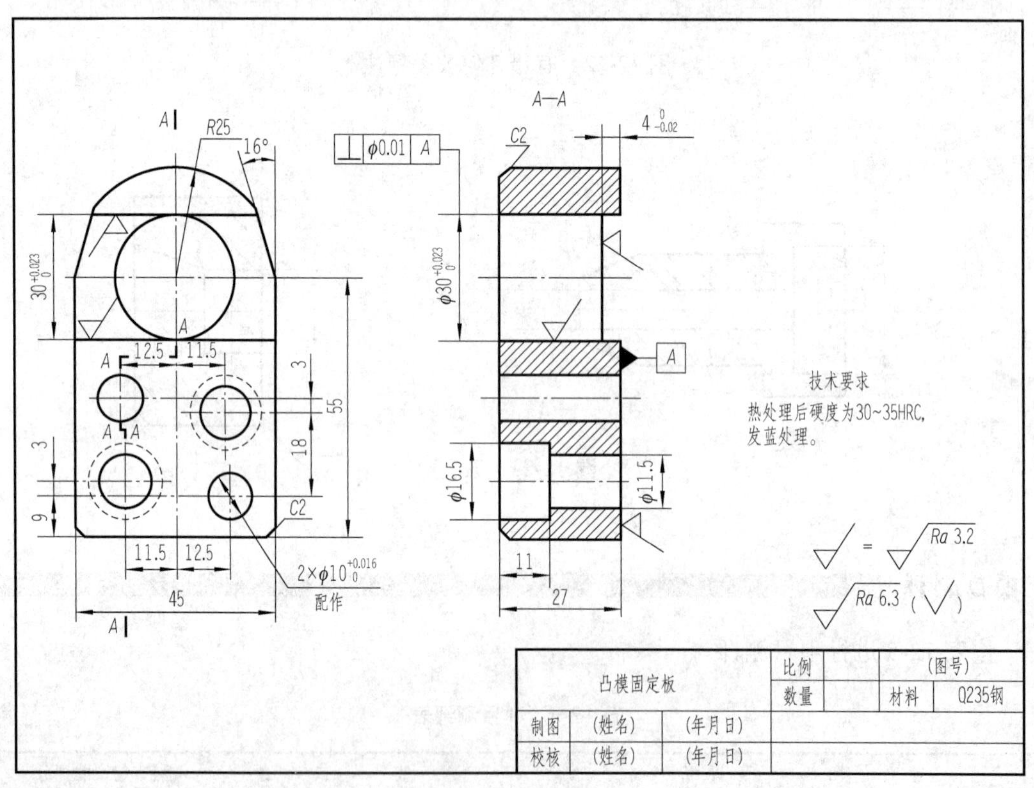

图 12-24　凸模固定板

01 尺寸公差的识读。

① 尺寸 $30^{+0.023}_{\ 0}$ 的上极限尺寸是________，下极限尺寸是________，尺寸公差是________。

② 尺寸 $4_{-0.02}^{\ 0}$ 的上极限尺寸是________，下极限尺寸是________，尺寸公差是________。

③ 尺寸 $\phi 30_{\ 0}^{+0.016}$ 的上极限尺寸是________，下极限尺寸是________，尺寸公差是________。

02 几何公差的识读。

⊥ | φ0.01 | A 表示：________的轴线对________面的________公差为________。

03 表面粗糙度的识读。

① √ = √Ra 3.2 表示：________________________________。

② √Ra 6.3 (√) 表示：________________________________。

③ 凸模固定板 $\phi\ 30_{\ 0}^{+0.023}$ 孔的表面粗糙度是______________。

④ 凸模固定板右端面的表面粗糙度是________________。

⑤ φ11.5 孔的表面粗糙度是______________。

04 其他技术要求的识读。

凸模固定板热处理后的硬度为________，且表面发蓝处理，其目的是________。

项目 13

齿轮泵泵体零件图的识读

项目描述

齿轮油泵是机器中润滑装置的主要部件，用来输送润滑油，它依靠一对齿轮的高速旋转运动输送油。泵体是齿轮油泵的一个主要组成零件。识读如图 13-1 所示泵体零件图，想象泵体零件的结构，分析零件图的表达方案、尺寸和技术要求。

学习目标

◎ 叙述零件图读图的方法、步骤。

◎ 查阅资料，能叙述齿轮泵的应用场合、工作原理和结构组成。

◎ 在教师的指导下，分析和想象齿轮泵泵体的立体结构。

◎ 小组讨论方式，在教师的指导下分析泵体零件图的表达方案、尺寸和技术要求。

学习任务

◎ 泵体零件的认识。

◎ 泵体的视图表达和结构分析。

◎ 泵体尺寸和技术要求的分析。

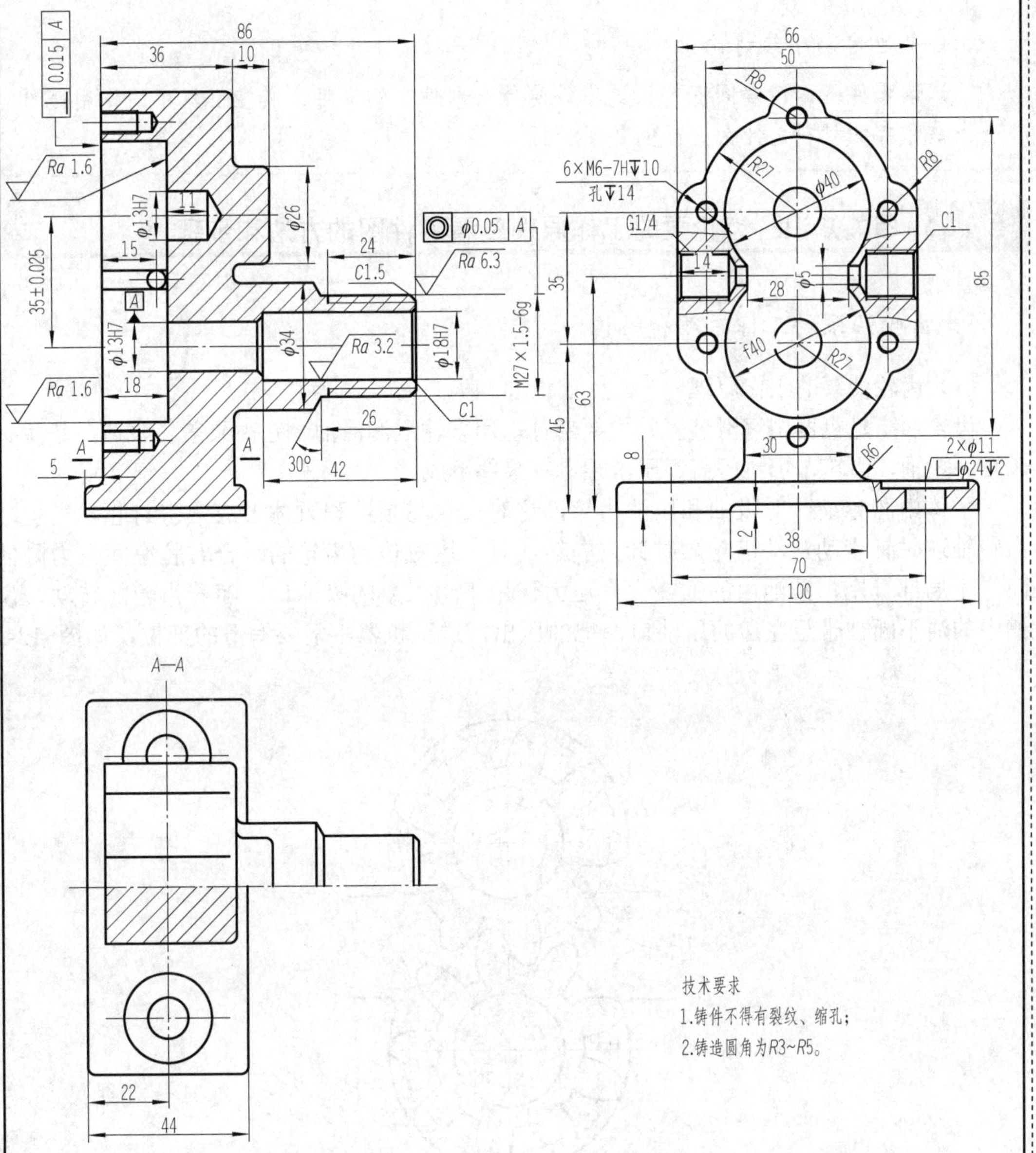

A—A

技术要求

1.铸件不得有裂纹、缩孔;

2.铸造圆角为$R3\sim R5$。

泵体		比例	1∶1	(图号)
		材料	HT200	
制图	(日期)	(单位)		
审核	(日期)			

图 13-1　泵体零件图

任务13.1 泵体零件的认识

任务思考与小组讨论1

识读零件图，请查阅资料，该零件是什么部件中的零件，其在机器中的作用是什么，该零件的材料是什么，比例是多少？

13.1.1 相关知识：齿轮泵的工作原理及看零件图的方法和步骤

1．齿轮油泵的工作原理和结构

（1）齿轮油泵的工作原理

齿轮油泵是机器中润滑装置的主要部件，用来输送润滑油。它由泵盖、泵体、垫片、长轴、短轴、齿轮、填料压盖、压紧螺母等零件组成。

泵体内腔容纳一对吸油和压油齿轮，这对齿轮与泵盖和泵体形成一密封腔，当主动齿轮轴逆时针带动从动齿轮顺时针方向转动时，这对传动齿轮的啮合右腔空间压力降低而产生局部真空，油池内的油在大气压力作用下进入泵的吸油口。随着齿轮的转动，齿槽中的油不断被带至左边的压油口，把油压出，送至机器中需要润滑的部位，如图13-2所示。

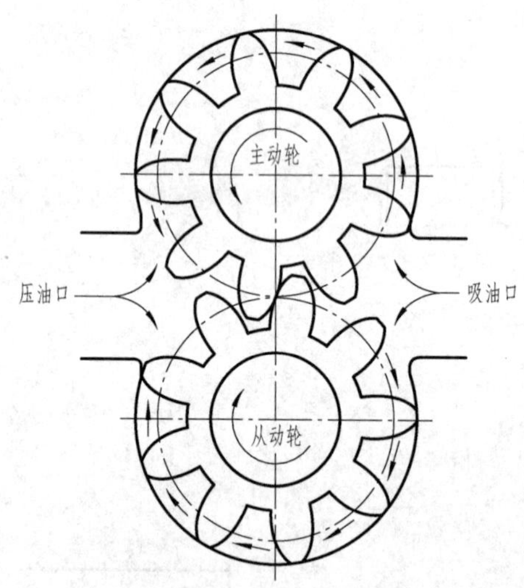

图13-2　齿轮油泵的工作原理示意图

（2）齿轮泵结构

齿轮泵的装配轴测图如图13-3所示，装配示意图如图13-4所示，齿轮泵的组成零件见表13-1。

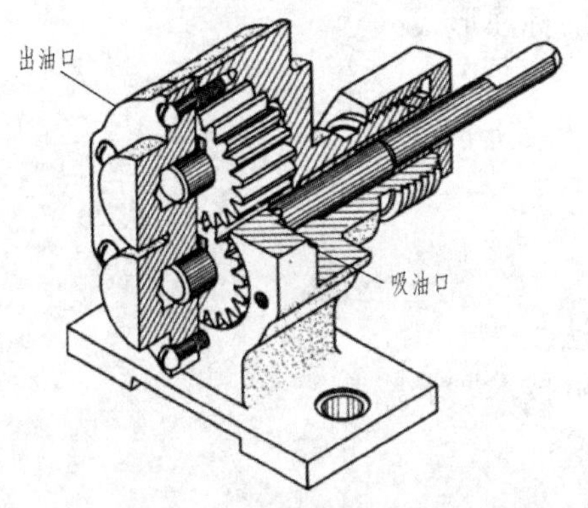

图 13-3　齿轮泵装配轴测图

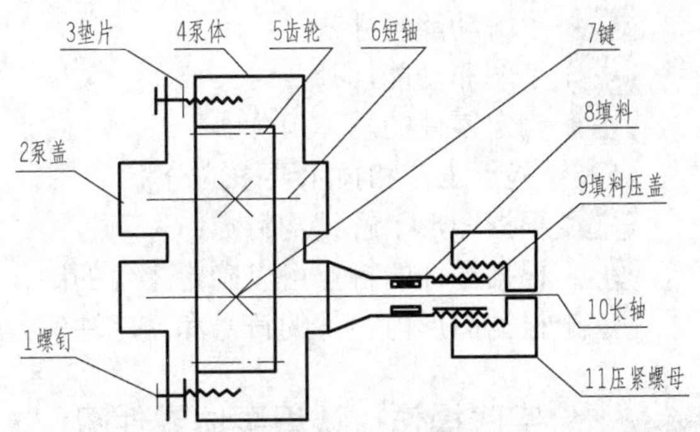

图 13-4　齿轮油泵的装配示意图

表 13-1　齿轮泵的组成零件

序　号	零件名称	数　量	材　料	序　号	零件名称	数　量	材　料
1	螺钉	6	Q235-A（GB/T 5782—2000）	6	从动轴（短轴）	1	45
				7	键	1	45
2	泵盖	1	HT200	8	填料	1	聚四氟乙烯
3	垫片	1	纸板	9	填料压盖	1	35
4	泵体	1	HT200	10	齿轮轴（长轴）	1	45
5	齿轮	2	45	11	压紧螺母	1	Q235-A

2．看零件图的方法和步骤

（1）看标题栏

看标题栏，了解零件的名称、材料、质量、图样的比例等，从而大体了解零件的功用。对不熟悉的比较复杂的零件图，通常还要参考有关的技术资料，如该零件所在部件的装配图、相关的其他零件图及技术说明书等，以便从中了解该零件在机器或部件中的功用、结构特点、设计要求和工艺要求，为看零件图创造条件。

（2）表达方案分析

分析各视图及视图间的关系，搞清楚表达方案：

01 找出主视图；

02 找出其他视图、剖视图等，其相对位置、投影关系；

03 剖视图、断面图的剖切面的位置；

04 局部视图、斜视图处的投射部位、投射方向；

05 有局部放大图和简化画法。

（3）结构分析

形体一般都体现为零件的某一结构。进行结构分析，综合想象出整个零件的形状。

01 先看大致轮廓，再分成几个较大的独立部分进行分析；

02 分析外部结构，逐个看懂；

03 分析内部结构，逐个看懂；

04 对形体复杂的部分可进行线面分析，搞清楚投影关系。

（4）尺寸分析

01 根据对零件结构形状的分析，了解定形尺寸和定位尺寸；

02 根据零件的结构特点，了解基准和尺寸的标注形式；

03 了解功能尺寸；

04 了解非功能尺寸；

05 确定零件的总体尺寸。

（5）结构、工艺和技术要求的分析

01 根据图形了解结构特点；

02 根据零件的特点可以确定零件的制作方法；

03 根据图形内、外的符号和文字注解，了解技术要求。

13.1.2 实践操作：认识泵体零件图

01 在图 13-5 中方框中，填写零件图组成的内容。

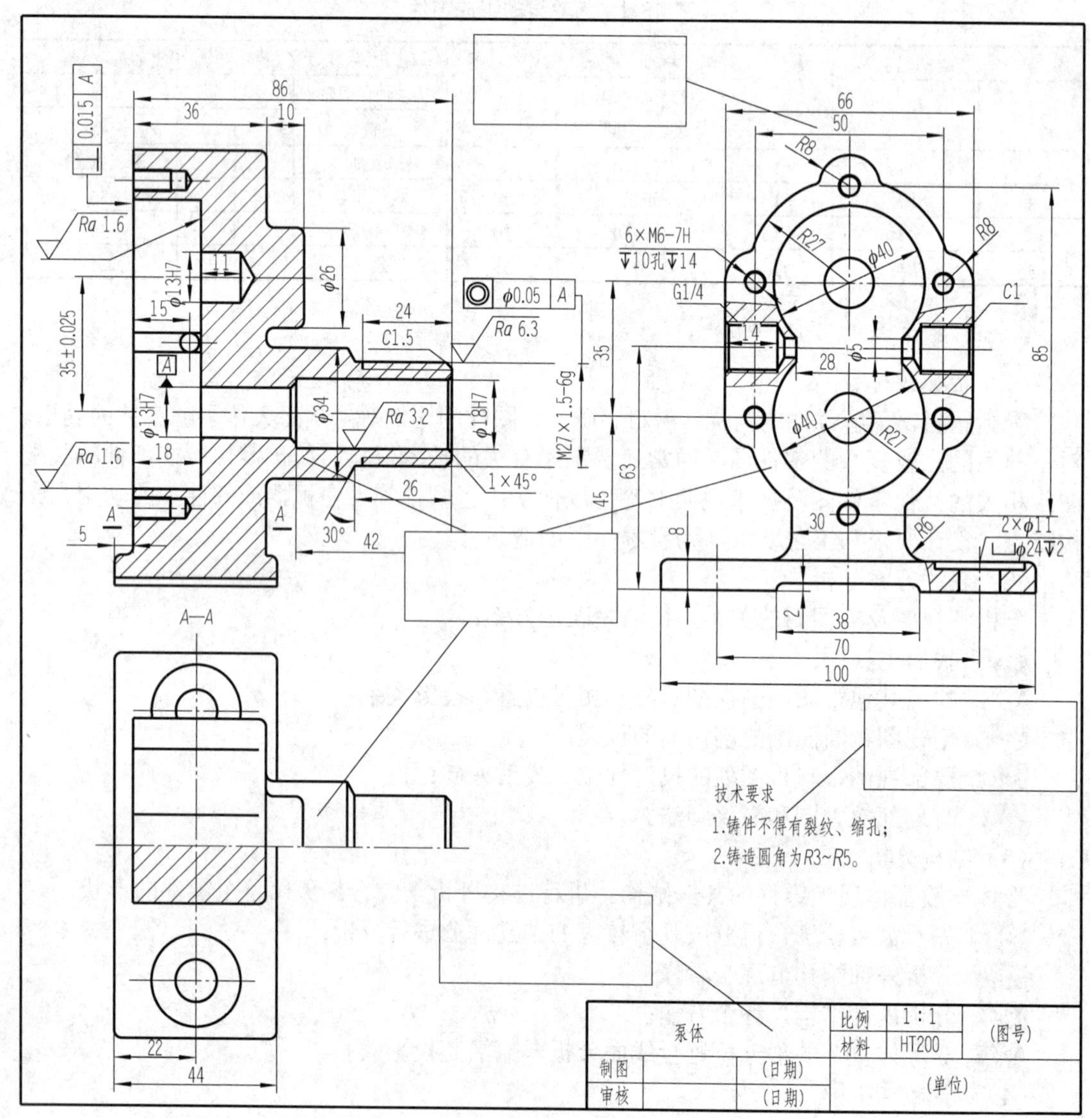

图 13-5 泵体零件图的组成

02 根据泵体零件图，初步识读零件图。

该零件的名称叫________，材料是________，毛坯是________件。绘图比例是________，该零件实物的线性尺寸为图形的________倍。

03 查阅资料，了解泵体是何部件中的零件及其工作的原理。

泵体是________中的主体零件，该部件是机器________系统中的主要装置，通常用________泵输送各类________。

任务 13.2　泵体的视图表达和结构分析

任务思考与小组讨论 2

识读泵体零件图，讨论泵体用了几个视图来表达，都是什么样的视图。并根据视图，想象零件的形体。

13.2.1　相关知识：零件上常见的工艺结构

1．铸造工艺结构

（1）拔模斜度

为便于将木模（或金属模）从砂型中取出，铸件的内外壁沿拔模方向应设计成具有一定的斜度，称为拔模斜度。

拔模方向尺寸在 25～500mm 的铸件，其拔模斜度为 1∶20～1∶9（3°～6°），如图 13-6 所示。拔模斜度的大小也可从有关手册中查得。

（2）铸造圆角

铸造圆角半径一般取 3～5mm，或取壁厚的 0.2～0.4，也可从有关手册中查得，如图 13-7 所示。

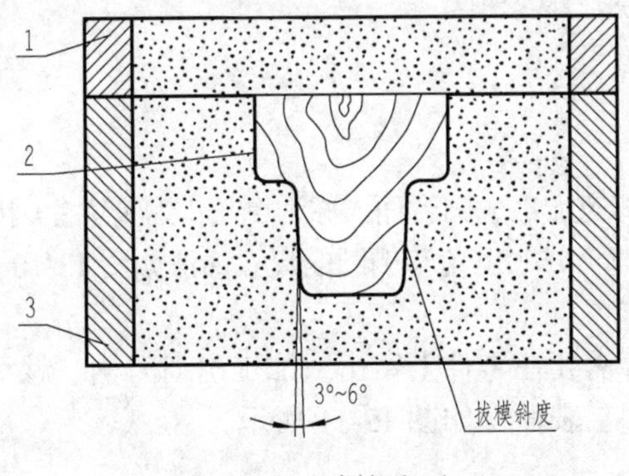

图 13-6　砂箱造型

1—上砂箱；2—木模；3—下砂箱

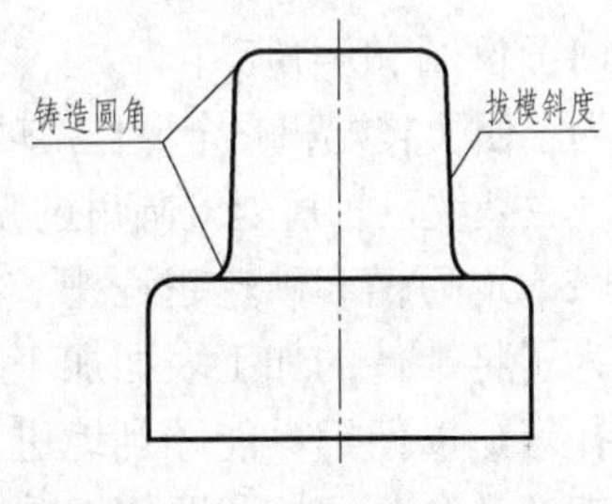

图 13-7　铸造圆角

过渡线画法与相贯线画法基本相同，只是在其端点处不与其他轮廓线相接触，如图 13-8 所示。

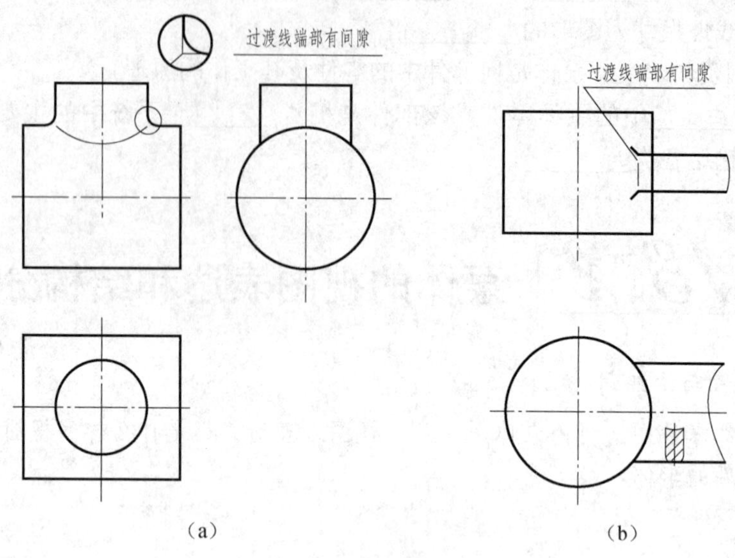

图 13-8　过渡线画法

（3）铸件壁厚

为了避免浇铸后由于铸件壁厚不均匀而产生缩孔、裂纹等缺陷，如图 13-9（a）所示，应尽可能使铸件壁厚均匀或逐渐过渡，如图 13-9（b）、（c）所示。

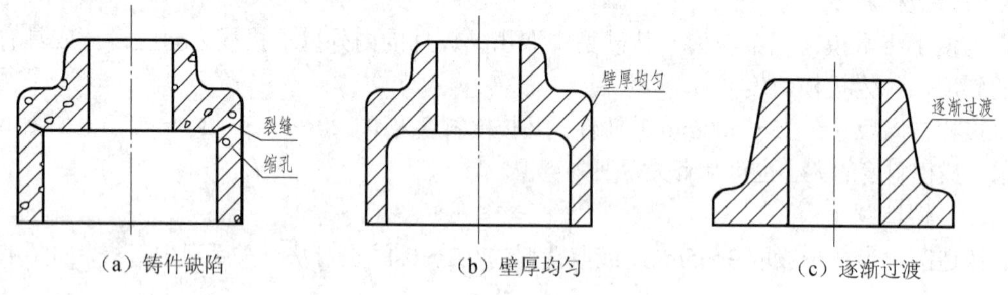

（a）铸件缺陷　　（b）壁厚均匀　　（c）逐渐过渡

图 13-9　厚均匀或逐渐过渡

2．机械加工工艺结构

（1）倒圆和倒角

为了便于装配和安全操作，轴或孔的端部应加工成圆台面，称为倒角；为了避免因应力集中而产生裂纹，轴肩处应圆角过渡，称为倒圆。45° 倒角和倒圆的尺寸注法如图 13-10 所示。

（2）退刀槽和砂轮越程槽

为了将零件的加工表面加工彻底，有时需要在零件上留出或加工出退刀槽（越程槽）、工艺孔等，以便刀具能顺利地进入或退出加工表面。如图 13-11 所示。

（3）凸台、凹坑和凹槽

为了使零件表面接触良好和减小加工面积，常将两零件的接触表面做成凸台、凹坑、凹槽或凹腔。如图 13-12 所示。

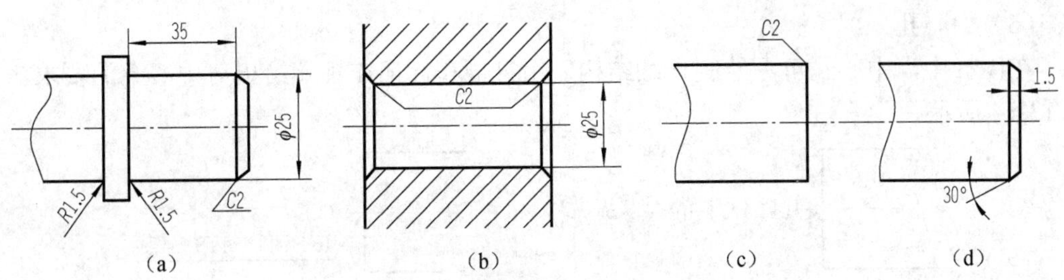

图 13-10　倒角和倒圆的画法和标注

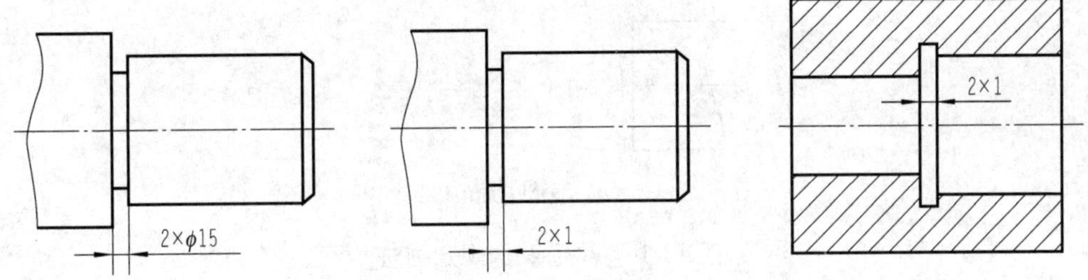

图 13-11　退刀槽和砂轮越程槽的结构及尺寸标注形式

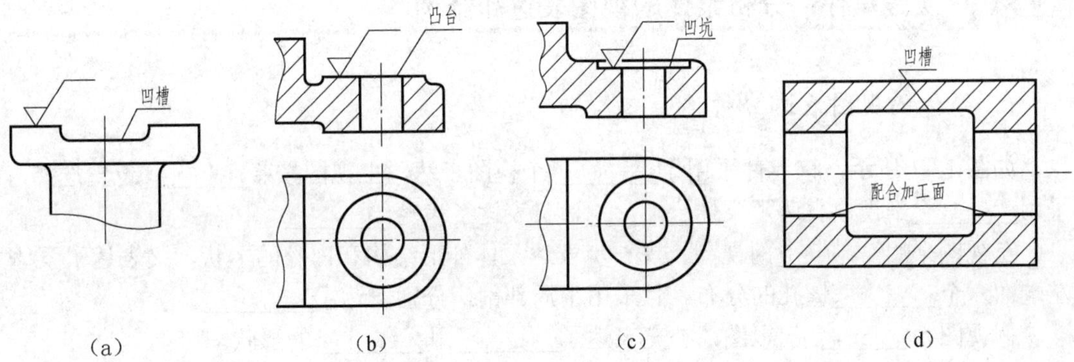

图 13-12　凸台、凹坑和凹槽的结构

（4）钻孔端面

钻孔时，应尽可能使钻头轴线与被钻孔表面垂直，以保证孔的精度和避免钻头弯曲或折断。图 13-13 所示为三种斜面上钻孔的正确结构。

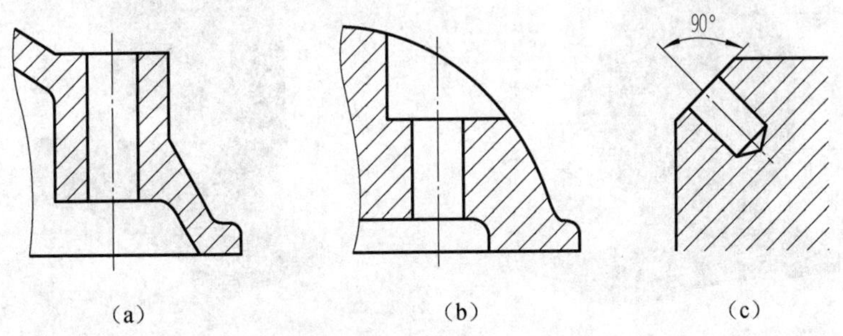

图 13-13　钻孔时的结构

（5）中心孔

在图样中，中心孔可不绘制详细结构，用符号和标记在轴端给出对中心孔的要求，如图 13-14 所示。

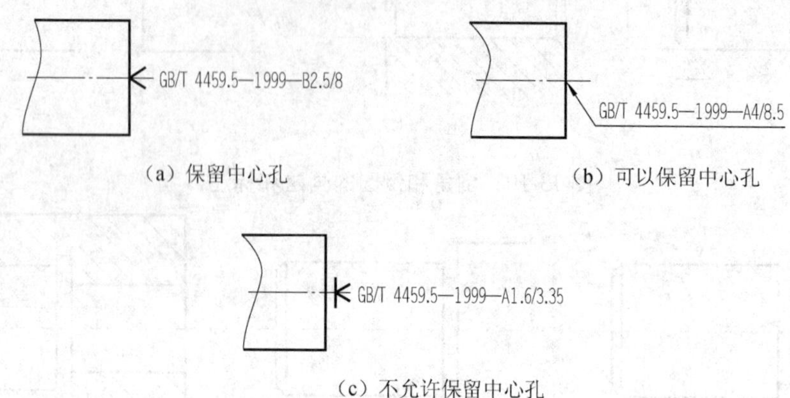

（a）保留中心孔　（b）可以保留中心孔

（c）不允许保留中心孔

图 13-14　中心孔的规定画法

13.2.2 实践操作：分析泵体的视图表达和结构

1．泵体的视图表达分析

如图 13-1 所示，该零件采用了________个视图表达，主视图按照________位置选择，采用________剖视，表达了泵体________，又表达了齿轮________；

左视图采用________剖视图，进一步表达泵体外形结构和内腔的形状，又表达了泵体左端面六个________螺孔的分布。且采用了局部剖，分别表达了________。

俯视图为________剖视图，补充表达了________和________的形状。

2．泵体的结构分析

01 分析泵体的主要组成，并在图 13-15 中填写名称。

图 13-15　泵体的组成

02 分析外部、内部结构。

①底板，如图 13-16（a）所示。②支撑，如图 13-16（b）所示。③泵壳，如图 13-16（c）所示。④内腔，如图 13-16（d）所示。⑤进、出油口，如图 13-16（e）所示。⑥齿轮轴孔，如图 13-16（f）所示。⑦螺纹孔，如图 13-16（g）所示。

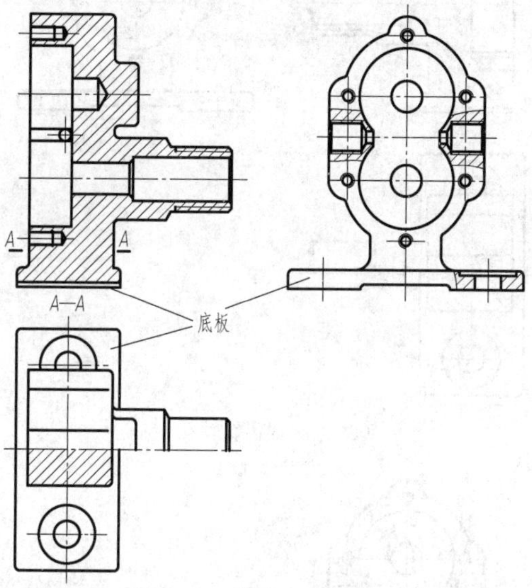

（a）泵体的底板

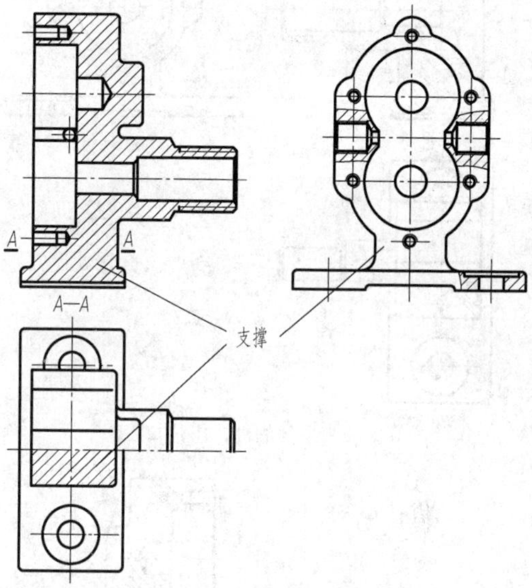

（b）泵体的支撑

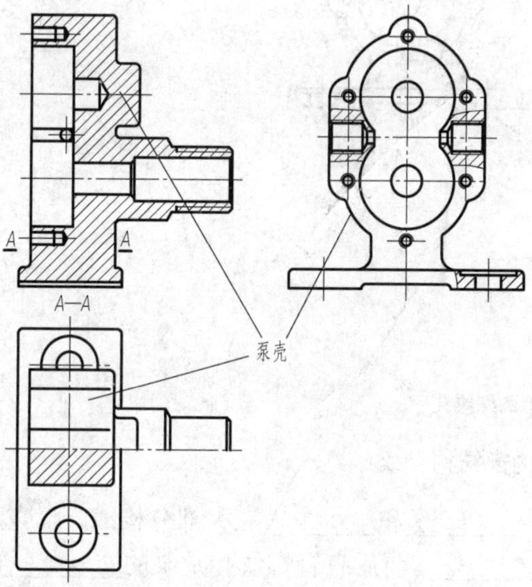

（c）泵体的泵壳

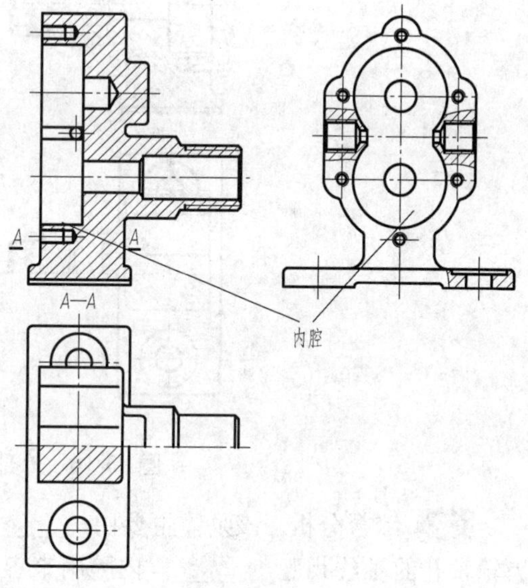

（d）泵体的内腔

图 13-16　外部、内部结构

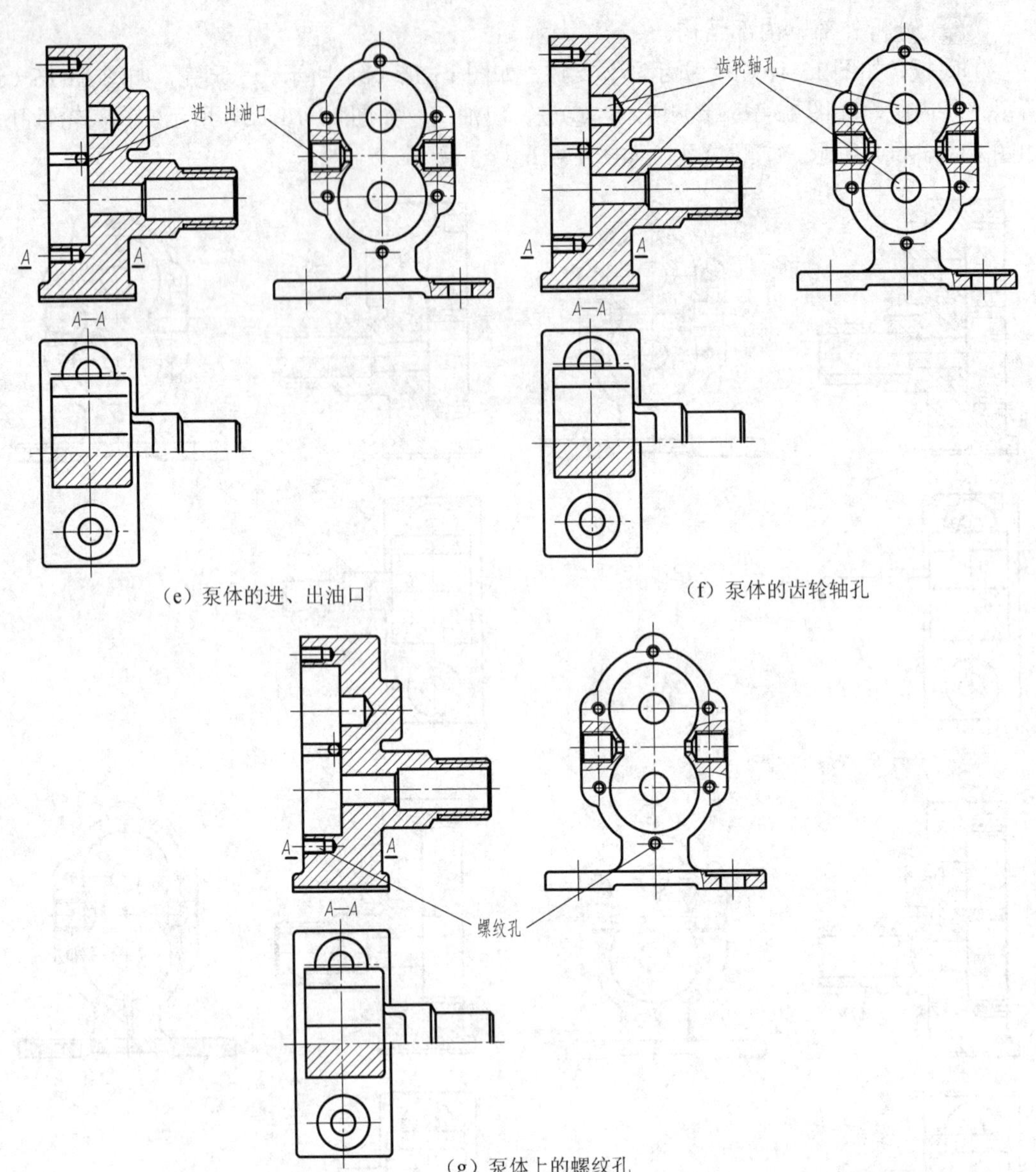

（e）泵体的进、出油口

（f）泵体的齿轮轴孔

（g）泵体上的螺纹孔

图 13-16　外部、内部结构（续）

03 综合分析。该泵体主要由________、________和________三大部分构成。泵壳两齿轮轴孔的轴线相互________，内腔用来容纳________。前后有管螺纹孔是泵的________口和________口。底座为近似________，主要用于________和________。底座下方开有________，以减少加工面，增加接触性能。

任务 13.3 泵体的尺寸和技术要求分析

任务思考与小组讨论 3

泵体零件图中的尺寸基准有哪些？有哪些定形、定位尺寸？泵体有哪些表面有表面精度要求？图中几何公差的含义是什么？

13.3.1 相关知识：常见的尺寸标注符号及缩写

标注尺寸时应尽可能使用符号及缩写（GB/T 4458.4—2003、GB/T 16675.2—2012），见表 13-2。

表 13-2　标注尺寸的符号及缩写

序号	符号及缩写			序号	符号及缩写		
	含义	现行	曾用		含义	现行	曾用
1	直径	ϕ	（未变）	9	深度	↧	深
2	半径	R	（未变）	10	沉孔或锪平	⌴	沉孔、锪平
3	球直径	$S\phi$	球ϕ	11	埋头孔	⌵	沉孔
4	球半径	SR	球 R	12	弧长	⌒	（仅变注法）
5	厚度	t	厚，δ	13	斜度	∠	（未变）
6	均布	EQS	均布	14	锥度	◁	（仅变注法）
7	45°倒角	C	L×45°	15	展开长	○→	（新增）
8	正方形	□	（未变）	16	型材截面形状	GB/T 4656.1—2000	GB/T 4656—1984

标注尺寸符号的画法如图 13-17 所示。

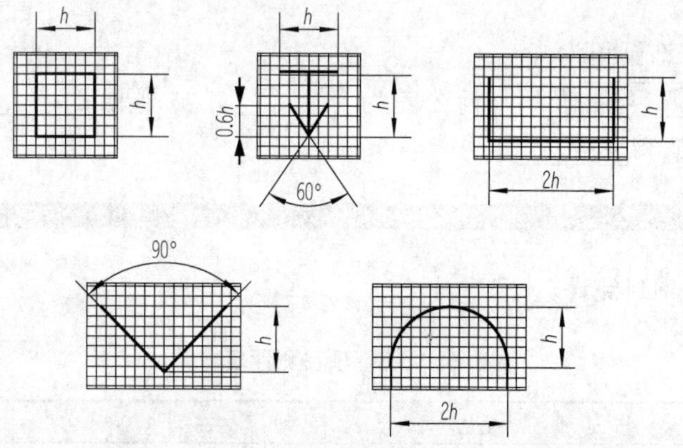

图 13-17　标注尺寸符号的画法

13.3.2 实践操作：识读泵体的尺寸和技术要求

01 泵体（图 13-1）的尺寸分析。

① 该泵体长度方向的主要尺寸基准是泵壳的________，由此标出长度尺寸________、________、________、________等。

② 由于泵体是前、后结构对称，选用________为宽度方向的主要尺寸基准。由此标出底板的定形尺寸________、________，安装孔的定位尺寸________，________螺孔的定位尺寸________，泵壳的宽度尺寸________。

③ 底板底面为________的主要尺寸基准，由此标出 G1/4 的定位尺寸________、底板的高度尺寸________。为保证泵体的装配质量和其他结构的加工精度，以________孔的轴线为辅助基准，与主要尺寸基准的联系尺寸为________。由此标出另一齿轮轴孔的距离________。

④ 请在图 13-1 泵体零件图上标出长、宽、高三个方向主要尺寸基准。

⑤ G1/4 是________螺纹，其大径________，小径________，螺纹牙型是________度，1/4 的单位是________。

02 泵体的技术要求分析。

① 为保证泵体内腔齿轮的安装精度，定位尺寸________注有极限偏差。

② 轴孔ϕ13H7 的基本尺寸为________，公差代号为________，其中基本偏差代号为________，其值为________，标准公差等级为________。

③ 螺纹代号 M27×1.5－6g 表示螺纹类型是________，大径是________，螺距是________，旋向是________，中径公差带代号为________，顶径公差带代号为________。

④ 螺纹代号$\frac{6\times \mathrm{M6\text{-}7H}\downarrow 10}{\text{孔}\downarrow 14}$表示________个________螺纹孔，螺纹类型是________，中径、顶径公差带代号________，螺纹深为________ mm，孔深为________ mm。

⑤ 泵体内腔的表面精度要求是________，M27×1.5－6g 螺纹的表面精度要求是________。

⑥ 其他未注铸造圆角为________。

⑦ 图中框格[◎|ϕ0.05|A]表示几何公差为________，被测要素为________，基准要素为________，公差值为________。

项目测评

按表 13-3 进行项目测评。

表 13-3 项目测评表

序 号	评价内容	分 数	自 评	组长或教师*评分
1	课前准备，按要求进行预习	5		
2	积极参与小组讨论	15		

续表

3	按时完成学习任务	5		
4	图纸答辩*	50		
5	完成学习工作页*	20		
6	遵守课堂纪律	5		
	总　分	100		
综合评分（自评分×20%＋组长或教师*评分×80%）：				
小组长签名：		教师签名：		
学习体会	签名：　　日期：			

知识拓展：简化表示法

1. 均匀分布的孔、肋的画法

零件回转体上均匀分布的孔、肋不在剖切平面上时，可将它们绕回转体轴线自动旋转到剖切平面上，按剖到画出，且不加任何标注。如图 13-18 所示。

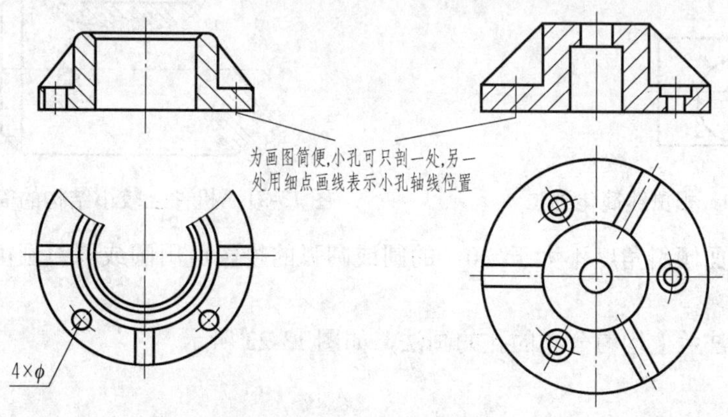

图 13-18　孔、肋板的画法

2．对相同结构的简化

1）若干相同结构（如齿、槽等）按一定规律分布时，只需画出几个完整的结构，其余用细实线连接，并注明该结构的总数。如图 13-19 所示。

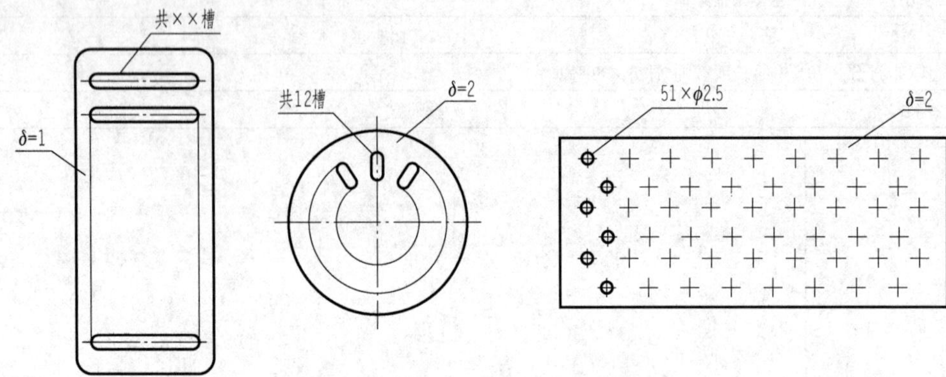

图 13-19　相同结构规律分布的画法

2）按规律分布的等直径孔，可仅画出一个或几个，其余只需用圆中心线或“✦”表示出孔的中心位置，并注明孔的总数。如图 13-20 所示。

3．对某些结构投影的简化

1）相贯线、过渡线在不会引起误解时，可用圆弧或直线代替。如图 13-20 所示。

2）机件上较小结构已在一个图形中表达清楚时，在其他图形中可简化表示或省略。如图 13-21 所示。

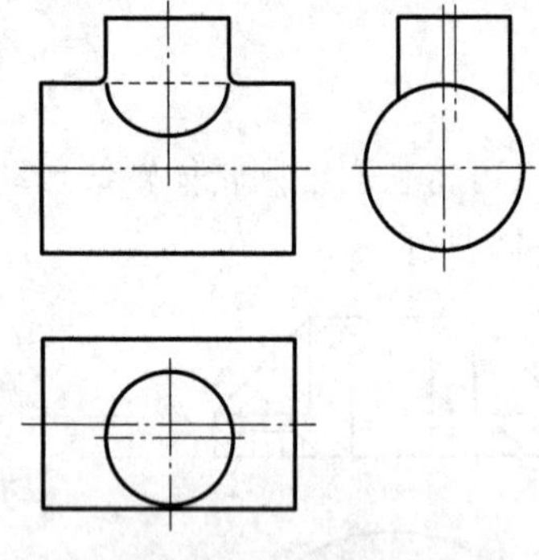

图 13-20　相贯线简化画法

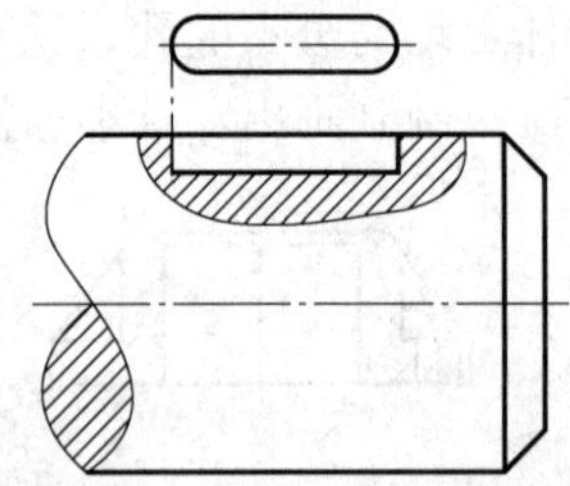

图 13-21　机件上较小结构的简化表示

3）与投影面倾斜角度不大于 30°的圆或圆弧的投影可用圆或圆弧画出。如图 13-22 所示。

4）圆柱形法兰上均匀分布的孔的画法，如图 13-23 所示。

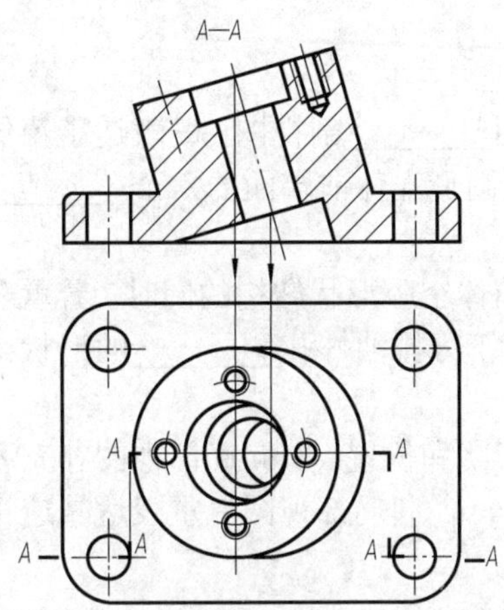

图 13-22　与投影面倾斜角度不大于 30° 的圆和圆弧画法

图 13-23　圆柱形法兰上均匀分布的孔的画法

4．剖视图中再作局部剖视图

在剖视图的剖面区域中可再作一次局部剖视。两者的剖面线应同方向、同间隔，但要相互错开；图名“*B—B*”用引出线标注，如图 13-24 所示。

5．对称图形的简化画法

在不致引起误解时，对称机件的视图可以只画 1/2 或 1/4，并在中心线的两端画出两条与该中心线垂直的平行细实线，如图 13-25 所示。

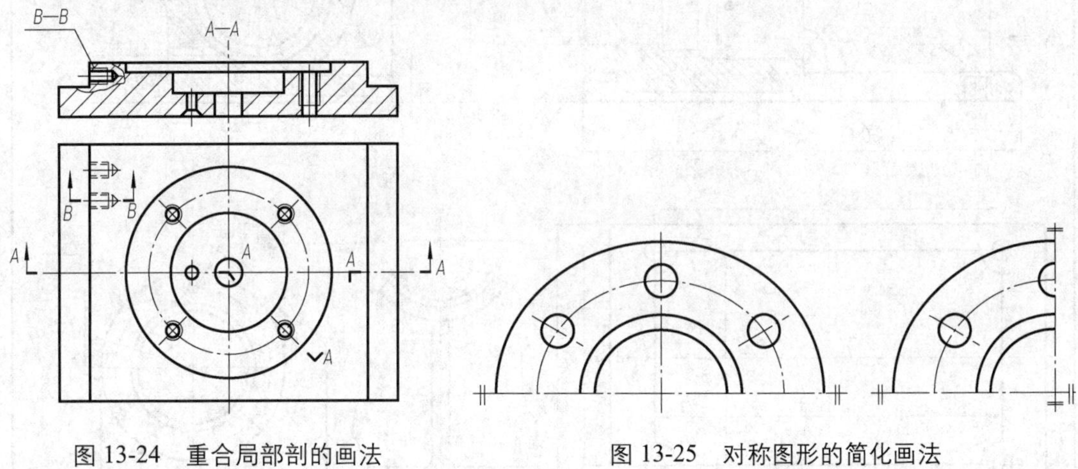

图 13-24　重合局部剖的画法

图 13-25　对称图形的简化画法

技能拓展：识读蜗杆减速箱零件

识读如图 13-26 所示蜗杆减速箱零件，并回答问题，补画右视图。

01 看标题栏。

该零件名称为________，属于________类零件，用来容纳和支撑一对相互啮合的________。材料是________，零件的毛坯是________。绘图比例是________，该零件实物的线性尺寸为图形的________倍。

02 视图分析。

① 该零件图用________个视图表达，主视图采用________剖视图，既表达了箱体空腔和蜗杆轴孔的________，又表达了箱体的外形结构及圆形壳体前端面的六个________螺孔的分布情况。

② 左视图采用________剖视图，在进一步表达箱体空腔形状结构的同时，着重表达圆形壳体上的________和箱体上方注油螺孔________和下方排油螺孔________的形状结构，以及ϕ130 圆柱下方________的形状。

③ *A* 向为________视图，补充表达________的形状和位置。*B* 向局部视图补充表达圆筒体两端外形及端面上三个________螺孔的分布情况。*C* 向局部视图着重表达减速箱底平面和________的形状大小及四个________的分布情况。

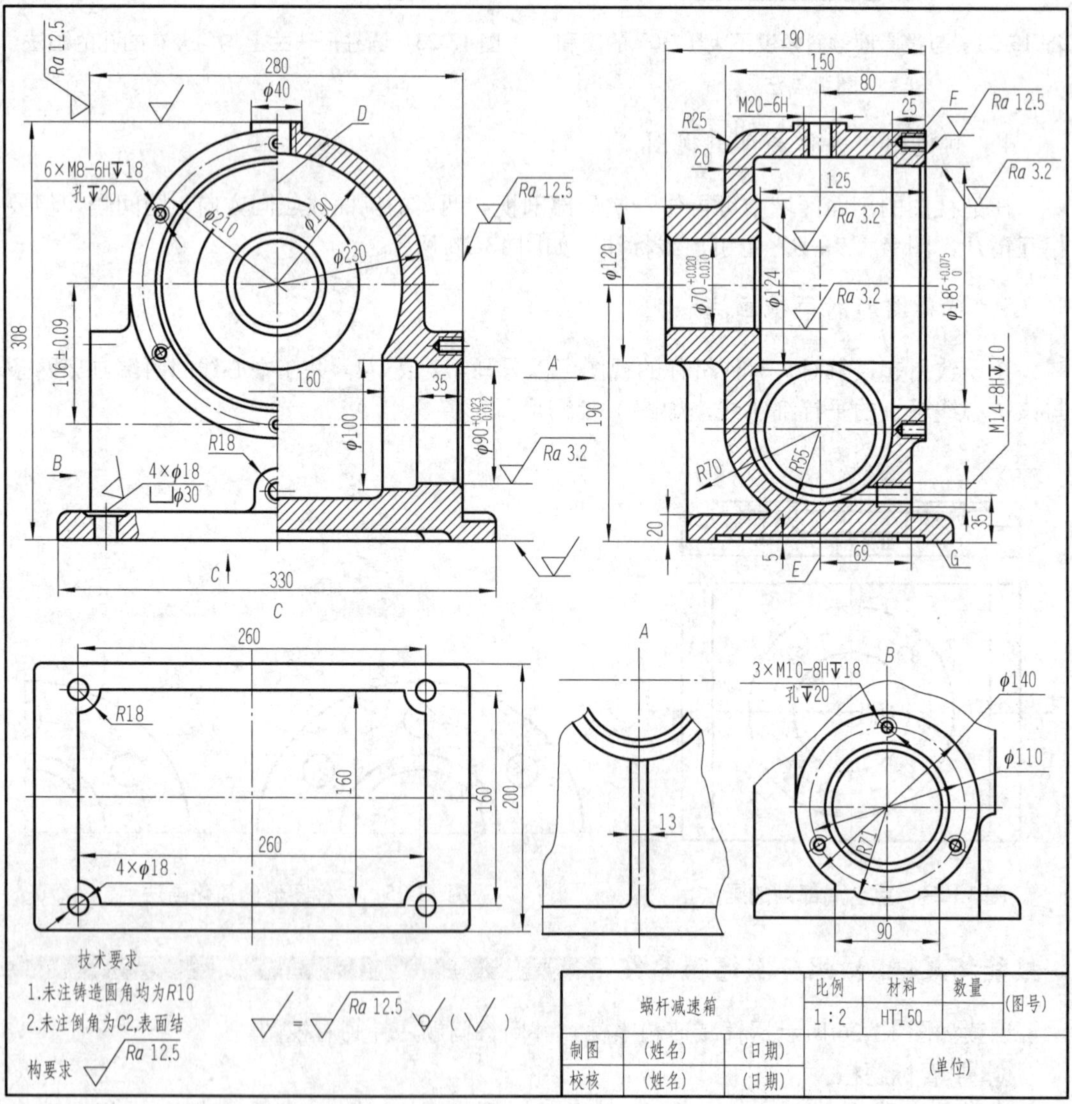

技术要求

1.未注铸造圆角均为R10

2.未注倒角为C2,表面结构要求 Ra 12.5

蜗杆减速箱			比例	材料	数量	(图号)
			1:2	HT150		
制图	(姓名)	(日期)	(单位)			
校核	(姓名)	(日期)				

图 13-26　蜗杆减速箱零件图

03 结构分析。

综合分析可知，该箱体主要由________形壳体、圆筒体和________三大部分构成。壳体和圆筒体的轴线相互________交叉，空腔用来容纳________和________。为了支撑并保证蜗轮、蜗杆平稳啮合，圆形壳体的后面和圆筒体的左、右两侧配有相应的________。底座为近似________，主要用于支撑和安装减速箱体。底座下方开有长方形凹槽，以保证________。

04 尺寸分析。

① 该箱体由于左、右结构对称，故选用________作为长度方向尺寸的主要基准，由此标出长度尺寸________、________和四个________固定孔的孔心距________等。

② 由于蜗轮、蜗杆啮合区下处在过蜗杆轴线的中心平面上，所以宽度方向尺寸的主要基准为该________，由此标出壳体前端面定位尺寸________，排油孔前端面定位尺寸________及四个________固定孔的孔心距________ mm 等。另外考虑工艺要求，选择________壳体前端面 F 为________的辅助基准，并由此标出距 $\phi\,70^{+0.020}_{-0.010}$ mm 孔后端面的定位尺寸________。

③ 由于箱体的底面是安装基面，所以________是高度方向尺寸的主要基准。由此标出________螺孔的定位尺寸________ mm、$\phi\,70^{+0.020}_{-0.010}$ mm 孔轴线的定位尺寸________ mm。为保证蜗轮蜗杆的装配质量和其他结构的加工精度，以________ mm 孔和________轴孔的公共轴线为________的辅助基准，并由此标出到蜗杆轴孔________ mm 轴线的距离________，这是一个重要的定位尺寸。

05 技术要求分析。

① 为确保蜗轮蜗杆的装配质量，各轴孔的定形、定位尺寸均注有极限偏差，如________ mm、________mm、________mm 等，尺寸精度较高的是________。

② 箱体的重要工作部位主要集中在蜗轮轴孔和蜗杆轴孔的孔系上，所以图中各轴孔内表面及蜗轮轴孔前端面表面结构要求均为________。另几个有接触要求表面的表面结构要求分别为________、________等，其余表面的表面结构要求为________。

③ 其他未注铸造圆角为________，未注倒角________。

项目 14

摇杆的绘制

项目描述

连杆主要的作用是连接及传递运动的零件。这类零件工作部分细部结构较多，如圆孔、螺孔、油槽、油孔、凸台和凹台等。连接部分多为肋板结构，且形状弯曲、扭斜的较多。运用剖视图的表达方法绘制图 14-1 所示摇杆的零件图。

图 14-1 摇杆

学习目标

◎ 能分析摇杆的结构，小组讨论运用视图表达方法确定摇杆的表达方案。
◎ 能独立完成摇杆视图的绘图。
◎ 能独立完成摇杆的尺寸标注，在教师的指导下标注零件图的技术要求。

学习任务

◎ 摇杆合理表达方案的确定。
◎ 摇杆视图的绘制。
◎ 摇杆的尺寸标注。

任务 14.1 摇杆合理表达方案的确定

任务思考与小组讨论 1

摇杆零件结构有何特点？根据已学知识用什么视图来表达？

14.1.1 相关知识：两相交剖切面和叉架类零件的表达

国家标准规定，根据机件的结构特点，剖视图的剖切面有以下选择：单一剖切面、几个平行的剖切面、几个相交的剖切面（交线垂直于某一投影面）。前面项目中叙述的全剖视、半剖视和局部剖视都是用平行于某一投影面的单一剖切平面剖切。几个平行的剖切面将在项目 15 中讲述。

1. 两相交剖切面

当用一个剖切平面不能通过机件的各内部结构，而机件在整体上又具有回转轴时，可用两个相交的剖切平面剖开机件，然后将剖面的倾斜部分旋转到与基本投影面平行，然后进行投影，这样得到的视图又称为旋转全剖视。如图 14-2 所示。

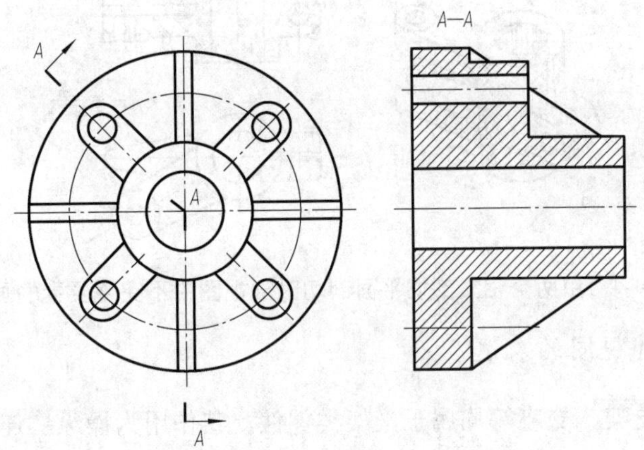

图 14-2 用两个平行的剖切面获得的剖视图

（1）画这种剖视图的注意事项

1）相邻两剖切平面的交线应垂直于某一投影面。

2）**先旋转，后投影**。倾斜的平面必须旋转到与选定的基本投影面平行的位置，以使投影能够表达实形。

3）剖切平面后面的结构，一般应按原来的位置画出其投影。如图 14-3 所示。

4）当剖切后产生不完整的要素时，应将此部分结构按不剖绘制。如图 14-4 所示。

（2）配置及标注

1）几个相交平面剖切应标注剖视图的名称。

2）在相应视图上用剖切符号标明剖切平面的起始和相交转折处。

3）剖切符号端部的箭头表示剖切后的投影方向，箭头应垂直于剖面符号，字母的字头一律朝上。

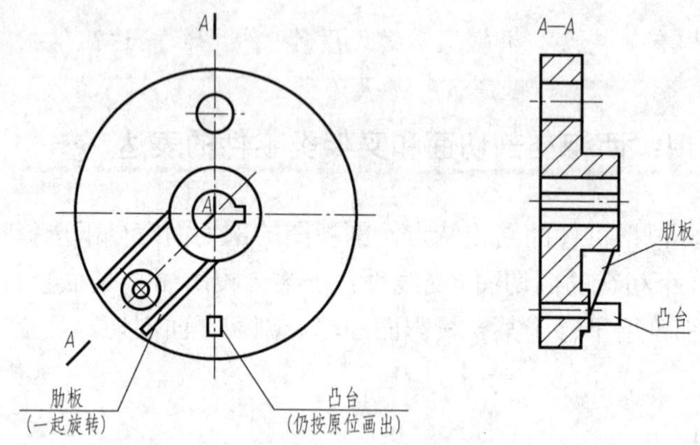

图 14-3　用两个相交剖切平面剖切时剖视图的画法及标注

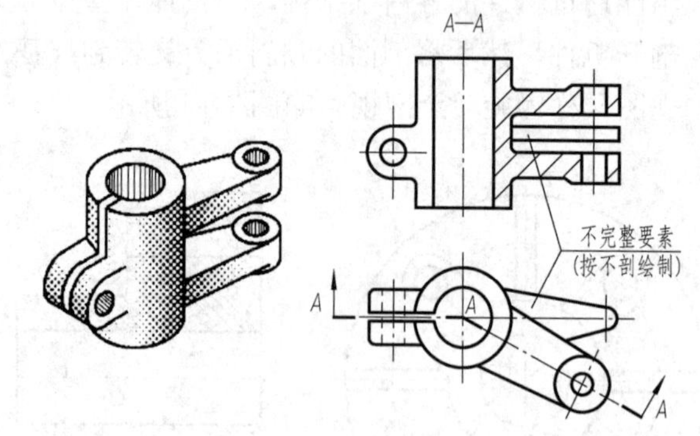

图 14-4　用两个相交剖切平面剖切时剖视图中不完整要素的画法

2．叉架类零件视图的表达

拨叉、连杆、支架、支座等均属于叉架类零件。其作用为操纵、连接、传动或支承。结构形状比较复杂多样。毛坯为不规则的铸、锻件，杆身断面形状有矩形、椭圆形、工字形、T 字形或十字形等。工作部分或支承部分的孔、槽、叉、端面等常经过加工，并且有严格的技术要求。

叉架类零件一般以自然放置、工作位置或按形状特征方向作为主视方向，采用 1～2 个基本视图，根据具体结构增加斜视图或局部视图，一般用两相交平面进行剖切（旋转剖）作全剖视图或半剖视图表达内部结构，对于连接支撑部分的截面形状，则用断面图表达。

（1）主视图选择

选择主视图时，主要考虑零件的结构特征和工作位置。如果工作位置是倾斜的，为了使投影简化，一般将零件放正。主视图上常用局部剖视表达内部结构。

（2）其他视图选择

一般还需 1～2 个其他视图。例如，对于倾斜结构，要用斜视图、斜剖切平面剖得的剖视图来表达；起连接作用的肋和杆的形状，常用断面图表达。有些局部结构，则用局部视图表达。

14.1.2 实践操作：确定摇杆的表达方案

1．摇杆的结构分析

分析摇杆的结构，并在图 14-5 中标示名称。

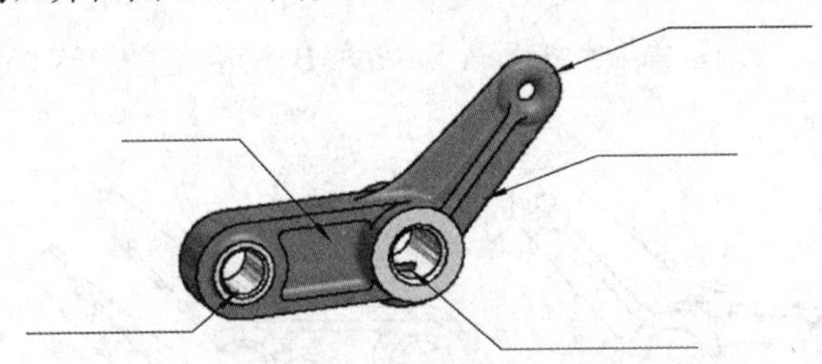

图 14-5　摇杆的结构分析

2．摇杆的摆放位置

如图 14-6 所示为摇杆的摆放，其中________方案较为合理，它是以________位置来摆放的。

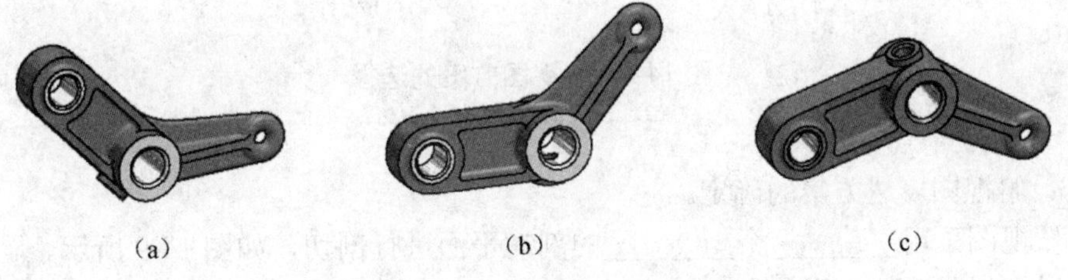

图 14-6　摇杆的摆放位置

3．摇杆的视图表达

01 主视图投影方向的选择。

如图 14-7 所示，主视图选择________方向较合理，表达了________。

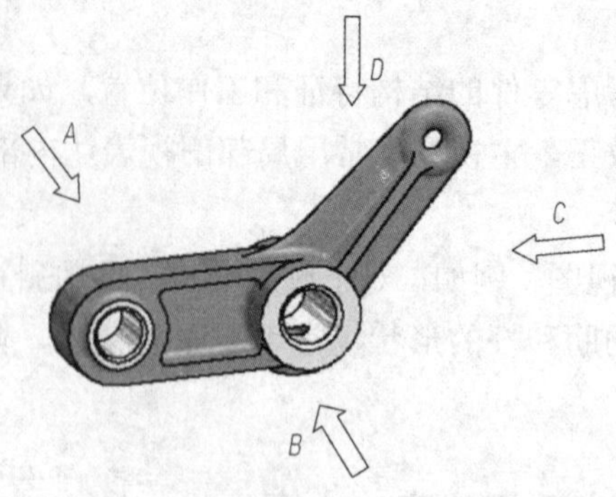

图 14-7　摇杆的主视图投影方向

02 俯视图方案的选择。

任务思考与小组讨论 2

如图 14-8 所示，俯视图表达方案 A 和方案 B 能否完整表达式摇杆的内部结构，各有什么缺点？如何解决？

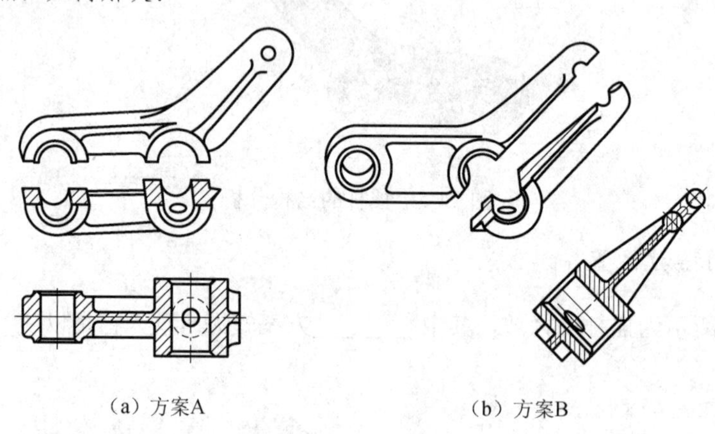

（a）方案A　　（b）方案B

图 14-8　俯视图方案的选择

03 俯视图表达方案的确定。

① 俯视图采用________个________的剖切平面进行剖切，如图 14-9 所示。

② 对倾斜部分的投影应先________后________。

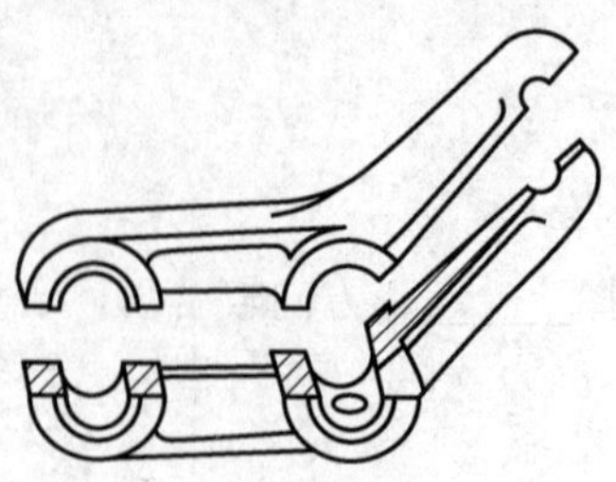

图 14-9　俯视图的剖切方式

04 其他视图的选择。表达方案 A～C 如图 14-10～图 14-12 所示。

方案 A：

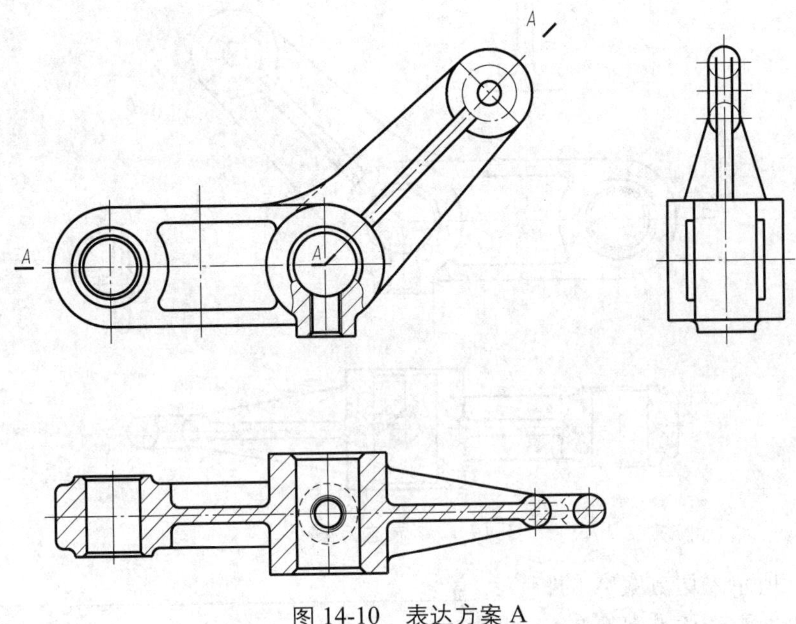

图 14-10　表达方案 A

方案 B：

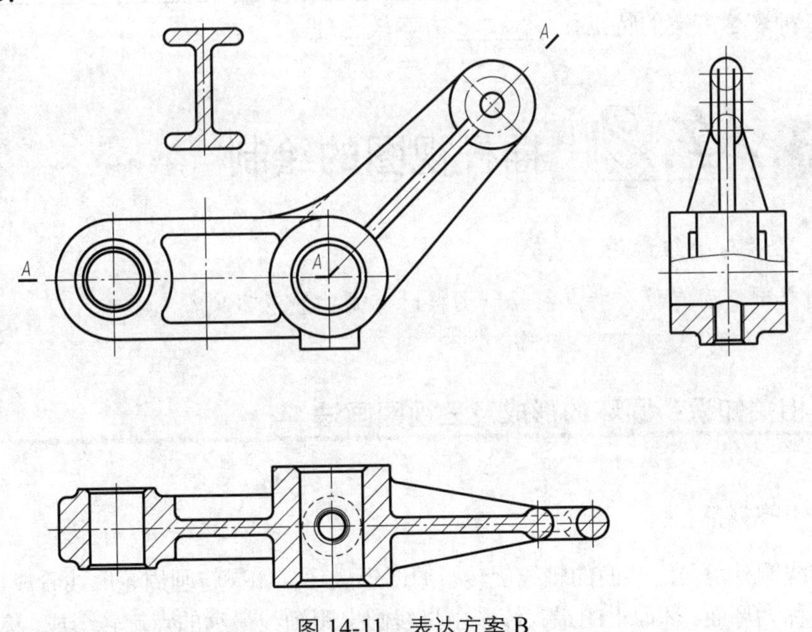

图 14-11　表达方案 B

方案 C：

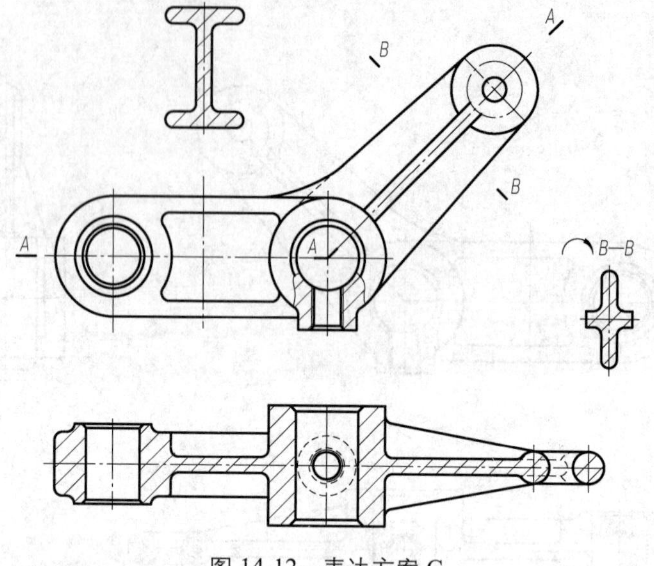

图 14-12　表达方案 C

图 14-10 所示表达方案 A 的特点：________________________________

图 14-11 所示表达方案 B 的特点：________________________________

图 14-12 所示表达方案 C 的特点：________________________________

根据三种表达方案的特点，________方案较合理。

任务 14.2 摇杆视图的绘制

任务思考与小组讨论 3

两相交剖切面有什么特点？绘制图样时有哪些注意事项？

14.2.1 相关知识：圆环的形成及三视图画法

1．圆环的形成

一圆周绕圆外但与之共面的轴线旋转一周即形成环。如果将圆周轮廓线看成母线，则形成的回转面称为环面。环面上的最大纬圆由母线圆上距轴线最远的点旋转形成，称为赤道圆；最小的纬圆由母线上距轴线最近的点旋转形成，称为喉圆。环面的外侧表面由母线圆的外半圆旋转形成，称为外环面；环面的内侧表面由母线圆的内半圆旋转形成，称为内环面。

2．圆环的三视图

如图 14-13 所示，环的轴线垂直于水平投影面，它的正面投影中两个小圆是轮廓素线

圆的正面投影，上下两条水平线是圆环最上、最下的两轮廓圆的投影。只有前半个外环面可见。侧面投影也是如此，只有左半个外环面可见。水平投影是环水平方向最大、最小两个轮廓圆（即赤道圆、喉圆）的投影，只有上半个环面可见。

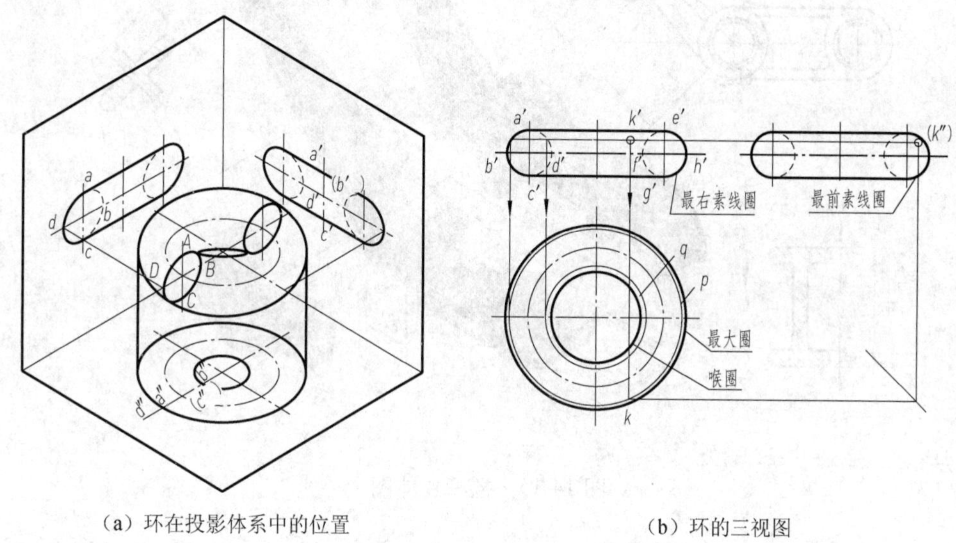

（a）环在投影体系中的位置　　（b）环的三视图

图 14-13　圆环的投影

3．圆环的三视图画法

画环的三视图时，先画出回转轴线和母线圆的中心线，如图 14-14（a）所示，然后再画出各投影，如图 14-14（b）所示。

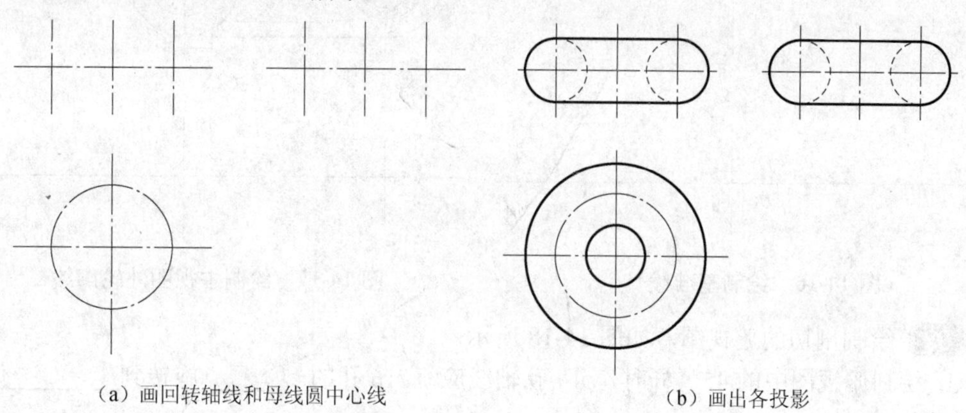

（a）画回转轴线和母线圆中心线　　（b）画出各投影

图 14-14　圆环的三视图画法

14.2.2　实践操作：绘制摇杆的视图

根据图 14-15 所示摇杆立体图画摇杆的视图。

01 绘制基准线，如图 14-16 所示。

02 绘制主视图外轮廓线，如图 14-17 所示。

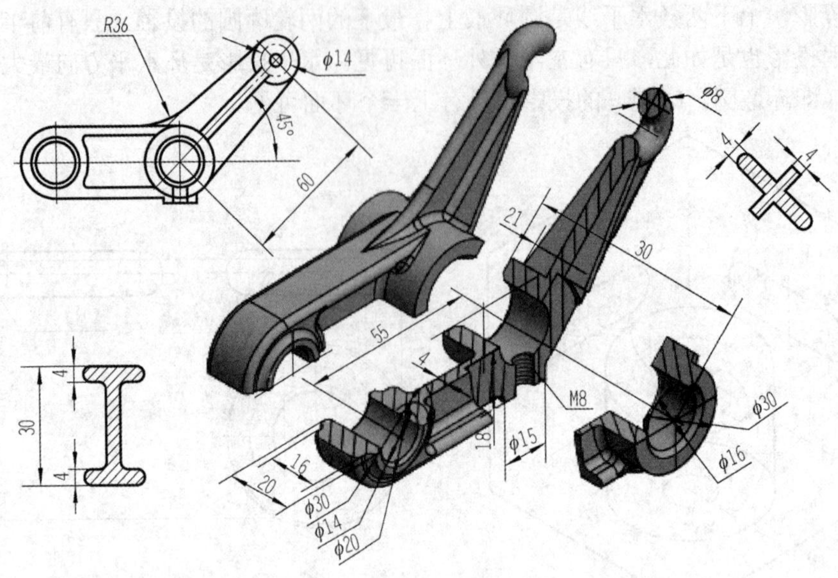

图 14-15　摇杆立体图

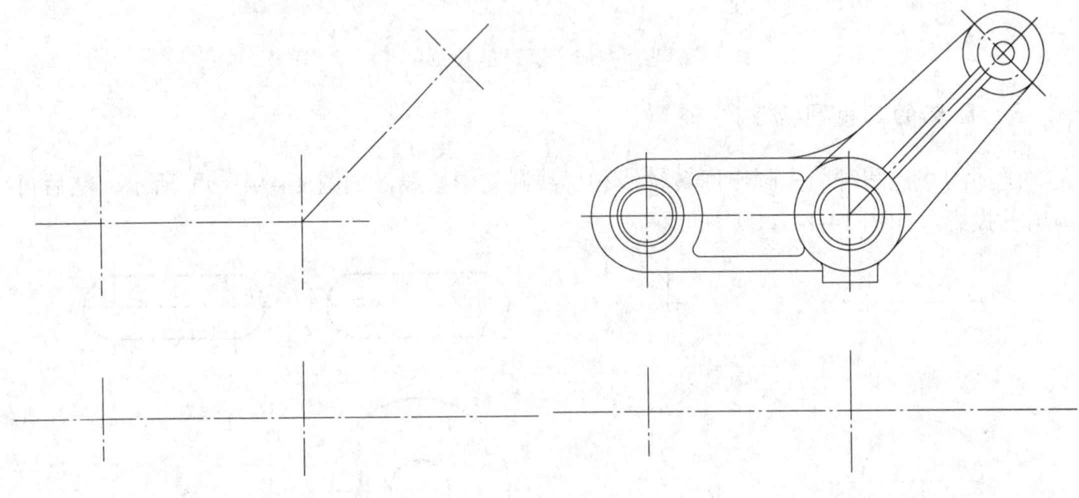

图 14-16　绘制基准线　　　　图 14-17　绘制主视图外轮廓线

03 绘制剖切的俯视图，如图 14-18 所示。

① 绘制俯视图中的 45° 杆时，ϕ14 孔轴线应绕ϕ16 孔的________旋转到________位置后再投影。

② M8 的螺纹孔在剖切平面后，应按________位置画出它的投影。

04 绘制主视图中的局部剖及两个断面图。

① 画主视图上 M8 螺纹孔的局部剖，如图 14-19 所示。

② 画水平杆处工字型断面图，如图 14-20 所示。

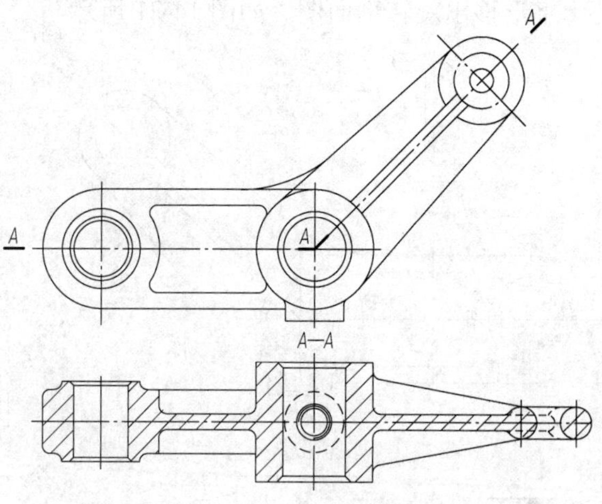

图 14-18　画俯视图

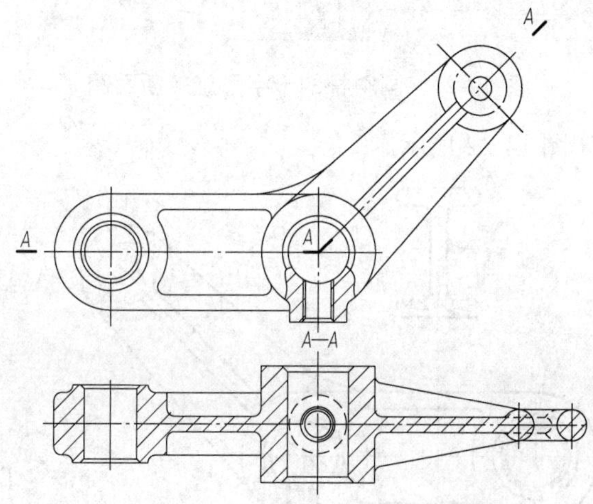

图 14-19　画主视图上 M8 螺纹孔

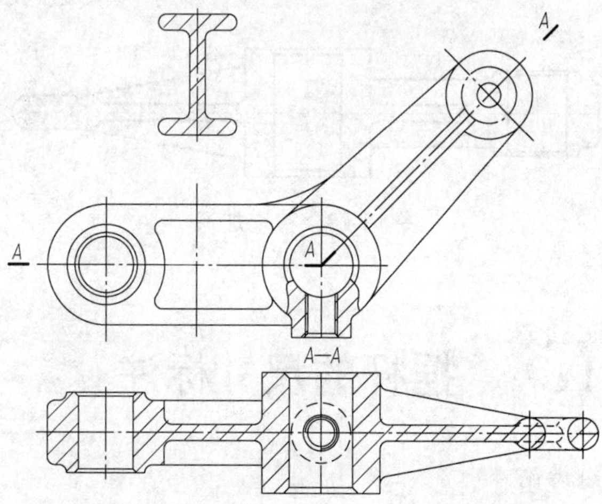

图 14-20　画水平杆处工字型断面图

③ 画 45° 斜杆处十字形移出旋转剖面图，如图 14-21 所示。

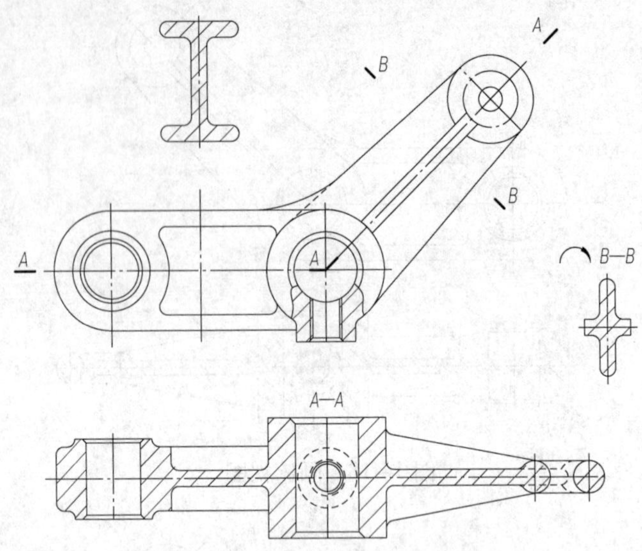

图 14-21　画斜杆的十字形旋转断面图

05 检查加深，如图 14-22 所示。

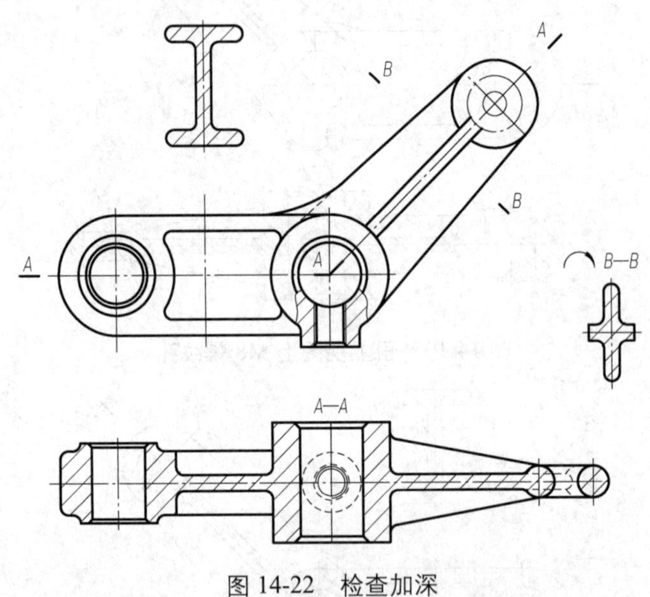

图 14-22　检查加深

任务 14.3 摇杆的尺寸标注

任务思考与小组讨论 4

如何标注摇杆零件的尺寸？如何完整而准确地标注尺寸？

14.3.1 相关知识：叉架类零件的尺寸标注和技术要求

1．叉架类零件的尺寸标注

叉架类零件一般有长、宽、高三个方向的尺寸，以孔的轴线、对称面、结合面作为基准。这类零件尺寸较多，定形尺寸应先按形体分析法注出。定位尺寸除要求注得完整外，还要注意尺寸精度。定位尺寸一般要标注出孔的中心线之间的距离，或孔的中心线到平面之间的距离，或平面到平面的距离。又由于这类零件的圆弧连接较多，所以还要注意已知弧、中间弧的圆心应给出定位尺寸。

2．叉架类零件的技术要求

1）叉架类零件支承部分的平面、孔或轴应给定尺寸公差、形状公差和表面粗糙度。

2）定位平面应给定表面粗糙值和形位公差。

3）叉架类零件工作部分的结构形状比较多样，常见的有孔、圆柱、圆弧、平面等，有些甚至是曲面或不规则形状结构。一般情况下，对工作部分的结构尺寸、位置尺寸应给定适当的公差。另外还应给定必要的形位公差和表面粗糙度。

4）叉架类零件常用毛坯为铸件和锻件。铸件一般应进行时效热处理，锻件应进行正火或退火热处理。毛坯不应有砂眼、缩孔等缺陷，应按规定标注出铸（锻）造圆角和斜度。根据使用要求提出必需的最终热处理方法、所达到的硬度及其他要求。

5）其他技术要求，如毛坯面涂漆、无损探伤检验等。

14.3.2 实践操作：标注摇杆的尺寸和技术要求

01 确定摇杆尺寸标注的基准，如图 14-23 所示。

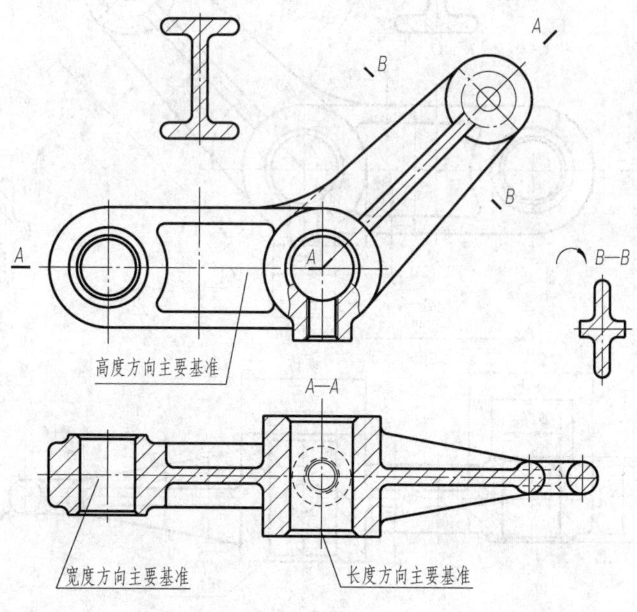

图 14-23　摇杆的尺寸基准

摇杆的长度方向基准是________，宽度方向基准是________，高度方向基准是________。

02 标注摇杆的定形尺寸，如图 14-24 所示。

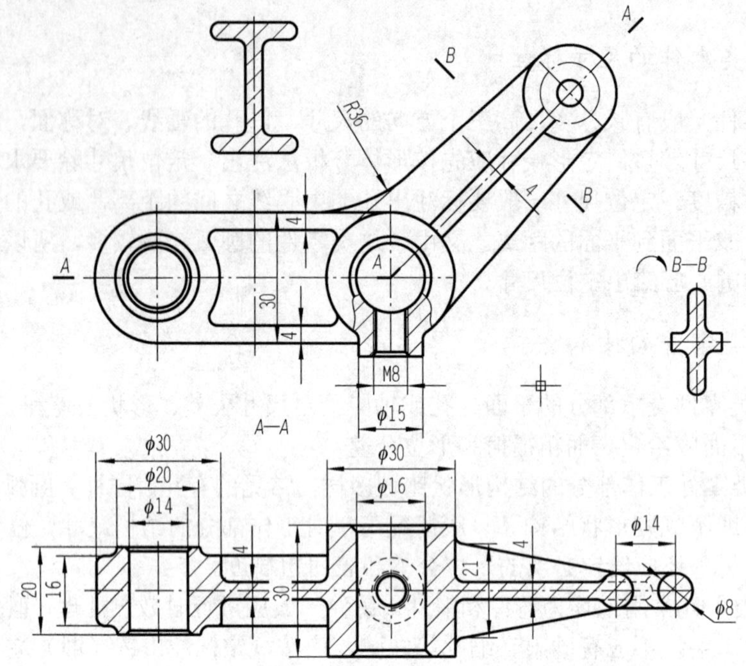

图 14-24　标注摇杆的定形尺寸

03 标注摇杆的定位尺寸，如图 14-25 所示。

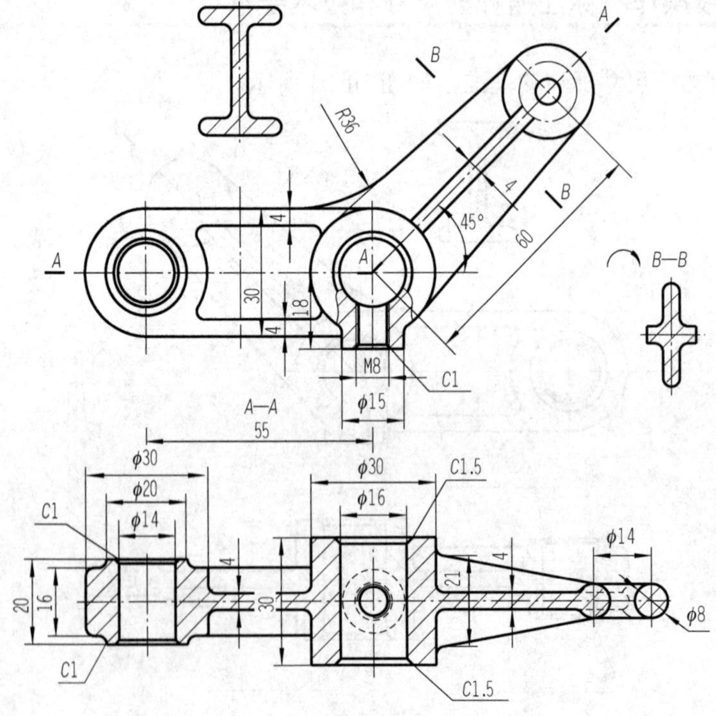

图 14-25　标注摇杆的定位尺寸

① 工字型断面的定形尺寸有________，十字形断面的定形尺寸有________。

② 圆环的定形尺寸有________，定位尺寸有________。

③ C1 倒角有________处，C1.5 倒角有________处。

④ 铸造圆角为________。

04 标注摇杆的技术要求，如图 14-26 所示。

① ϕ16 的孔的表面粗糙度是________。

② ϕ15 的凸台端面的表面粗糙度是________。

③ 表面粗糙度为 Ra14.5 的表面有________。

④ ∀ (√)表示________。

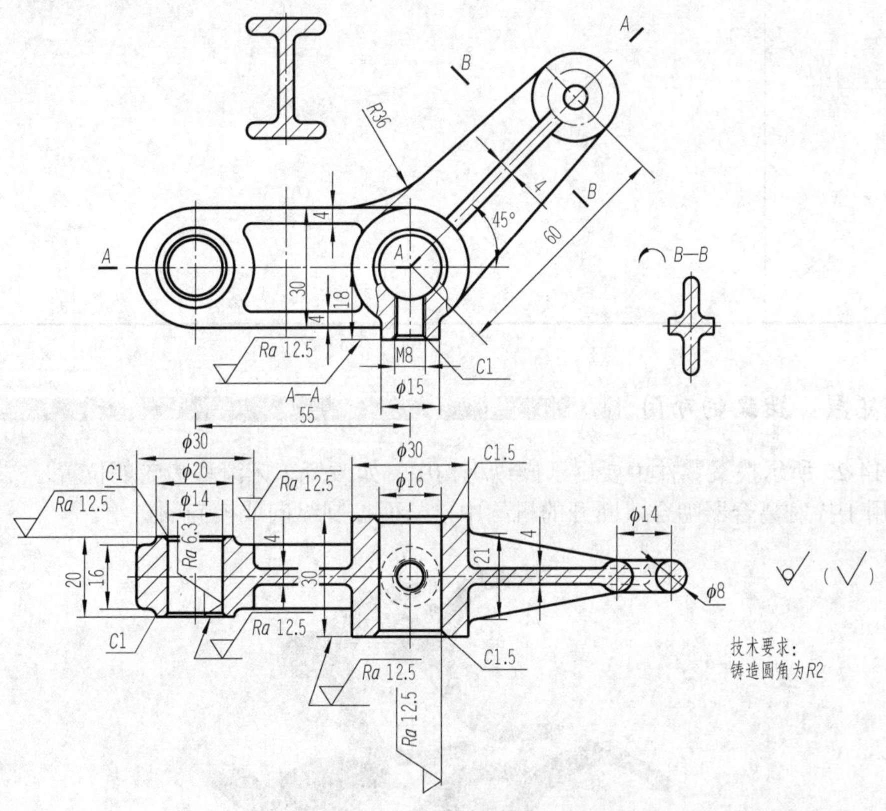

图 14-26　标注摇杆的技术要求

项目测评

按表 14-1 进行项目测评。

表 14-1　项目测评表

序　号	评价内容	分　数	自　评	组长或教师*评分
1	课前准备，按要求进行预习	5		
2	积极参与小组讨论	15		

续表

3	按时完成学习任务	5		
4	绘图质量*	50		
5	完成学习工作页*	20		
6	遵守课堂纪律	5		
总　分		100		
综合评分（自评分×20%＋组长或教师*评分×80%）：				
小组长签名：		教师签名：		
学习体会	签名：　　　日期：			

知识拓展：拨叉的功用

图 14-27 所示拨叉零件主要用于操纵机构中，如改变车床滑移齿轮的位置，实现变速，或者应用于控制离合器啮合，断开的机构中，从而控制纵向或模向的进给。

图 14-27　拨叉

技能拓展：识读并抄画拨叉零件图

识读如图 14-28 所示拨叉零件图，并抄画拨叉零件图，补画 B—B 剖面图。

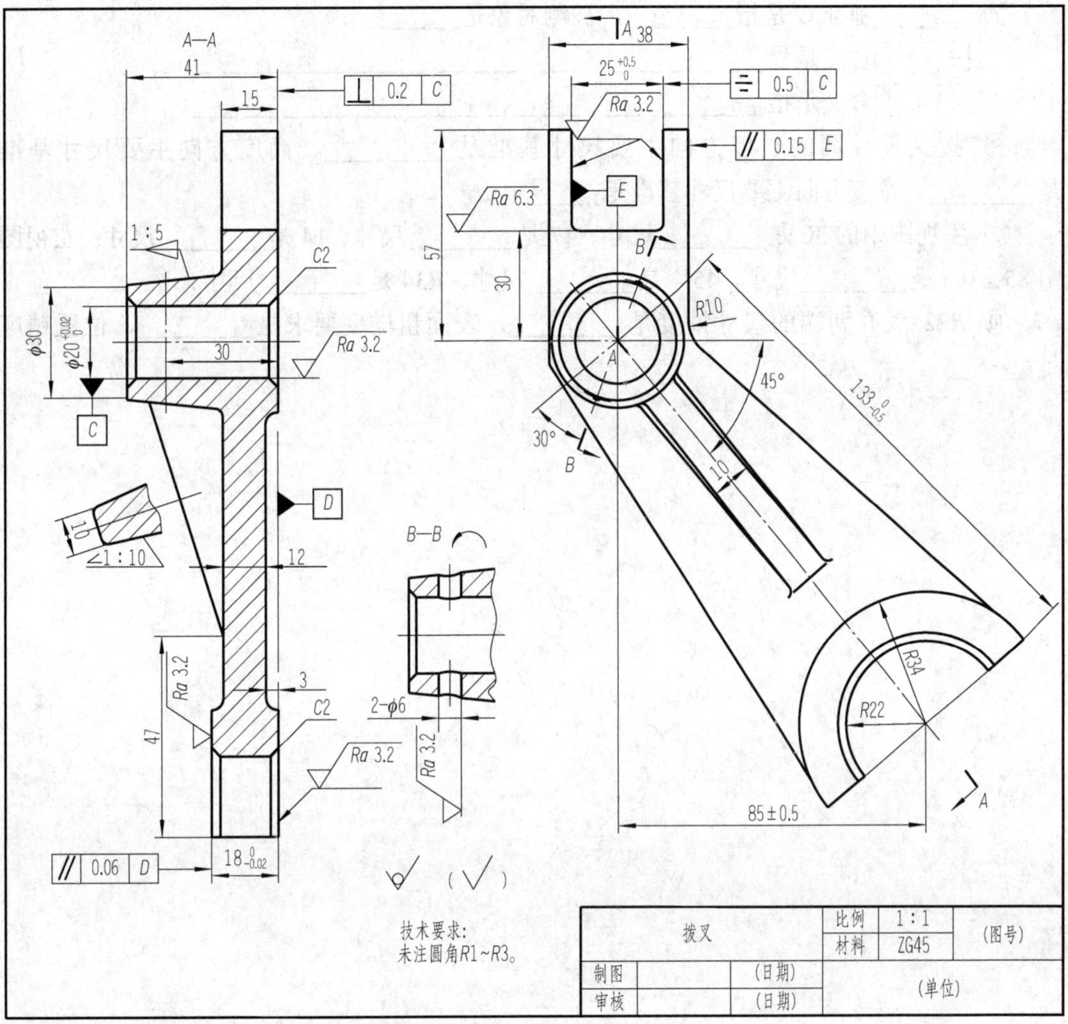

技术要求：
未注圆角 R1~R3。

<table>
<tr><td rowspan="2">拨叉</td><td>比例</td><td>1∶1</td><td rowspan="2">（图号）</td></tr>
<tr><td>材料</td><td>ZG45</td></tr>
<tr><td>制图</td><td>（日期）</td><td colspan="2" rowspan="2">（单位）</td></tr>
<tr><td>审核</td><td>（日期）</td></tr>
</table>

图 14-28　拨叉零件图

读图思考：

① 零件的名称叫________，材料________，ZG 是________类的材料，用________方法来制造毛坯。

② 该零件图主视图是采用________平面的________视图，表达了________；左视图是________视图，表达了________；*B*—*B* 是________视图，主要表达________；另外，还有一个视图是________图，主要表达________。

③ 图中∠1∶10表示________________________________。

④ 图中 1∶5（锥度符号）表示________________________________。

⑤ 拨叉上的槽两侧面有________精度要求、________精度要求和________精度要求。

⑥ 2-$\phi 6$ 孔的表面粗糙度要求是________；$\phi 20^{+0.02}_{0}$ 孔的表面粗糙度要求是________。

⑦ |⊥|0.2|C|基准C是指________，被测对象是________；

|⌯|0.5|C|含义是指____；

|//|0.15|E|含义是指____。

⑧ 拨叉零件图的长度方向主要尺寸基准是________、高度方向主要尺寸基准是________、宽度方向主要尺寸基准是________。

⑨ 主视图中的30是________尺寸、47是________尺寸、14是________尺寸；左视图中85±0.5是________尺寸、45°是________尺寸、*R*34是________尺寸。

⑩ *R*22 大孔两端的尺寸精度是________，表面粗糙度要求是________，位置精度是________。

项目 15

钻模板的绘制

项目描述

如图 15-1 所示钻模，是辅助钻孔的一种工装夹具，它能引导刀具在工件上钻孔或铰孔，它除了具有工件的定位、夹紧功能外，还有根据被加工孔的位置分布而设置的钻套和钻模板，用以确定刀具的位置，并防止刀具在加工过程中倾斜，保证被加工孔的位置精度。运用合理的视图表达绘制如图 15-2 所示的钻模板零件图。

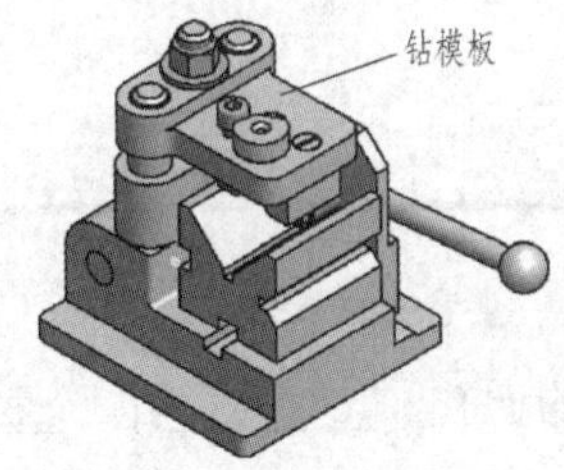

图 15-1　钻模

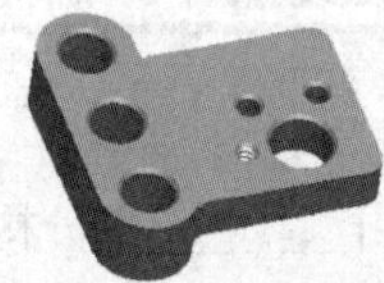

图 15-2　钻模板

学习目标

◎ 查阅资料学习剖切面种类，并能叙述其画法及要求。
◎ 小组讨论分析钻模板结构，确定钻模板合理的表达方案。
◎ 能独立绘制钻模板视图，清晰表达零件内、外部结构。
◎ 查阅资料认识孔的标注。
◎ 标注钻模板的尺寸和技术要求。

学习任务

◎ 钻模板合理表达方案的确定。
◎ 钻模板视图的绘制。
◎ 钻模板尺寸和技术要求的标注。

任务 15.1 钻模板合理表达方案的确定

任务思考与小组讨论 1

1．分析钻模板的结构。

2．钻模板的孔较多，如何表达清楚孔的结构?

3．讨论钻模板零件图的合理表达方案。

15.1.1 相关知识：板类零件的结构和表达

1．板类零件的结构特点

板类零件的外形结构简单，板上通常以多种尺寸和结构的型孔为主。

2．板类零件的表达

板类零件通常选择两个视图来表达：一个视图表达板的主要外部形体结构；一个视图表达板的内部型孔的结构和形状。

15.1.2 实践操作：确定钻模板的表达方案

01 结构分析。

钻模板由________部分构成，平板上加工有带倒角的通孔、________孔、________沉孔。

02 主视图的选择。

钻模板属于板类零件，其________位置作为安放位置。钻模板外形结构________，内部________，主视图采用________视图，可同时将钻模板上孔的内部结构表达清楚。

03 其他视图的选择。

钻模板采用________基本视图表达，________视图反映模板的外形结构，________视图反映模板的内部结构。

任务 15.2 钻模板视图的绘制

任务思考与小组讨论 2

如何绘制钻模板零件图？各小组讨论绘图的基本思路。

15.2.1 相关知识：几个平行的剖切面

1．几个平行的剖切面

如图 15-3 所示钻模板有七个孔，如果用单一剖切平面，则出现下列两种剖切方法，如图 15-3（a）所示的剖切方式底板的孔剖不到；如图 15-3（b）所示的剖切方式竖板的孔剖不到；若采用两个平行的剖切面将机件剖开，则可同时将钻模板上重要孔的内部结构表达清楚，如图 15-3（c）所示。这种剖切平面可以用来剖切表达位于几个平行平面上的机件内部结构。

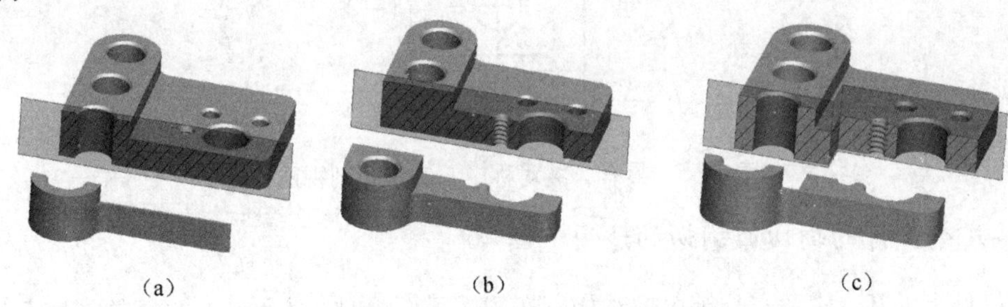

图 15-3 钻模板不同剖切方式

平行剖切面画剖视图注意事项如下：

1）不应画出剖切平面转折处的界线，如图 15-4（a）所示。

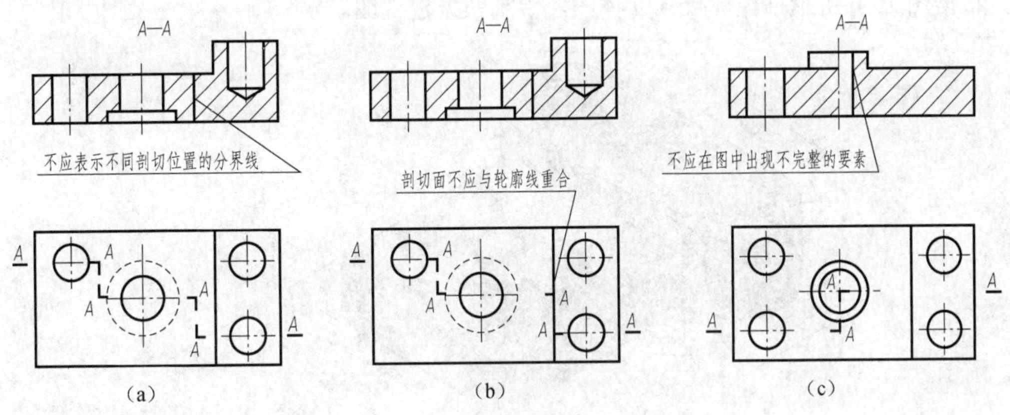

图 15-4 平行剖切面剖视图的注意事项

2）剖切平面的转折处不应与图中的轮廓线重合，如图 15-4（b）所示。

3）不应出现不完整要素，如图 15-4（c）所示。

4）当两个要素在图形上具有公共对称中心线或轴线时，才可出现不完整的要素，如图 15-5 所示。

2．几个平行的剖切面剖切的标注方法

为了读图时便于找出投影关系，剖视图一般需要用剖切符号标注剖切面的位置、投射

方向和剖视图名称。剖切平面的起、迄和转折位置通常用长 5～10mm，线宽 1～1.5 倍的粗实线表示，它不能与图形轮廓线相交，在剖切符号的起、迄和转折处注上字母、投影方向，如图 15-5 所示。

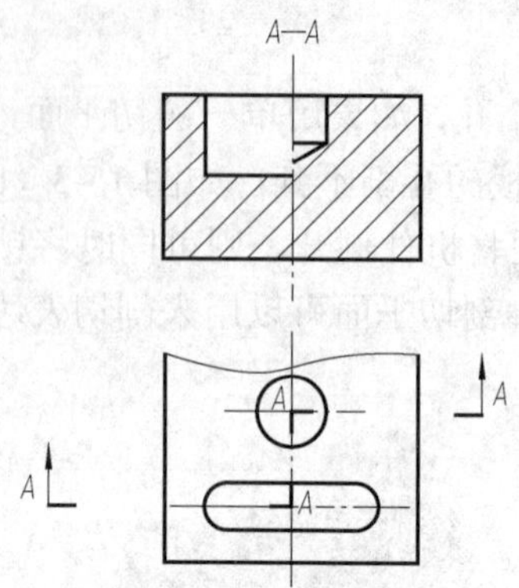

图 15-5　具有公共对称中心要素的剖视图

3．几个平行的剖切面剖切的适用范围

当机件上的孔、槽及空腔等内部结构不在同一平面内时，使用几个平行的剖切面剖切。

15.2.2 实践操作：绘制钻模板的视图

根据图 15-6 所示钻模板尺寸立体图，绘制钻模板视图。

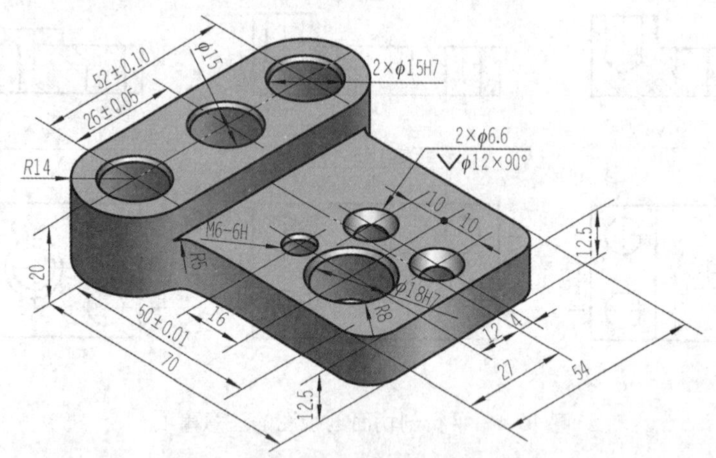

图 15-6　钻模板尺寸立体图

01 绘制钻模板外形结构。

① 绘制中心线、基准，如图 15-7（a）所示。

② 绘制钻模板外形，如图 15-7（b）所示。

③ 绘制 3 个 ϕ15 的孔，如图 15-7（c）所示。

④ 绘制螺纹孔和锥形沉孔，如图 15-7（d）所示。

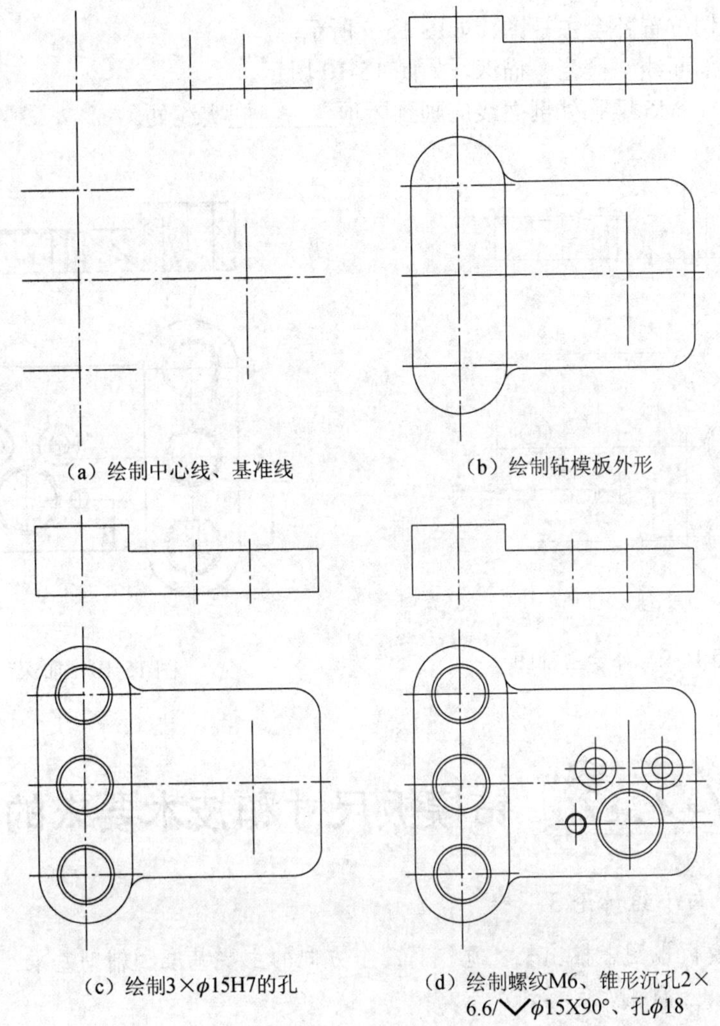

（a）绘制中心线、基准线　　（b）绘制钻模板外形

（c）绘制3×ϕ15H7的孔　　（d）绘制螺纹M6、锥形沉孔2×6.6/⌵ϕ15X90°、孔ϕ18

图 15-7 绘制钻模板外形结构

02 在俯视图中画剖切位置符号，如图 15-8 所示。

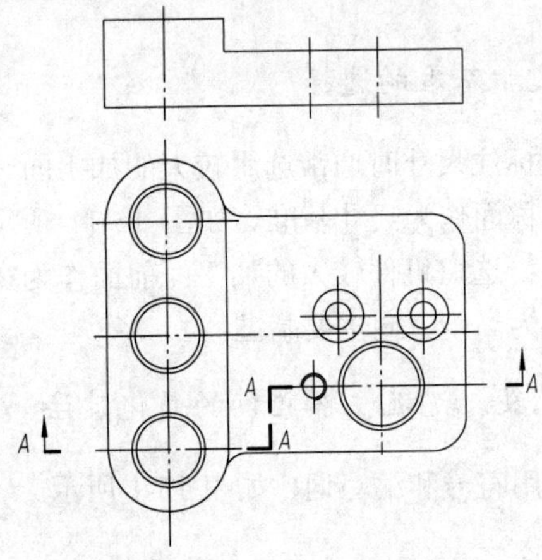

图 15-8 绘制剖切符号图

03 按剖切位置补全主视图，如图 15-9 所示。

04 绘制剖面线、检查、描深，如图 15-10 所示。

在剖视图中，M6 螺孔处剖面线应画到牙顶________实线处。

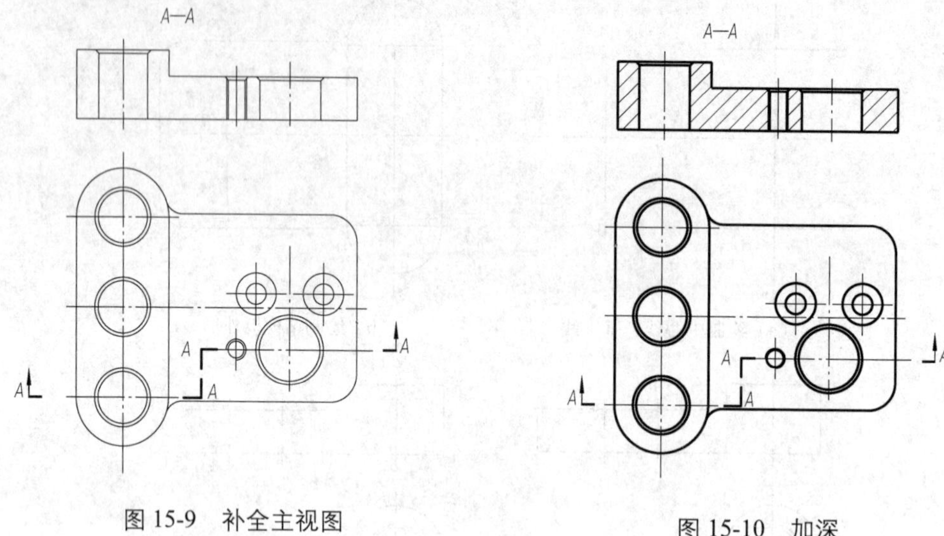

图 15-9　补全主视图

图 15-10　加深

任务 15.3 钻模板尺寸和技术要求的标注

任务思考与小组讨论 3

1．在钻模板视图上标出长、宽、高三个方向的主要基准和辅助基准?

2．钻模板上的孔如何标注?

15.3.1 相关知识：非回转体类零件尺寸基准的选择和零件上各种孔的简化注法

1．非回转体类零件尺寸基准的选择

对于非回转体类零件，标注尺寸时通常选用较大的加工面、重要的安装面、与其他零件的结合面或主要结构的对称面作为尺寸基准。如图 15-11 所示，选取机件左右方向的对称面作为长度方向主要基准；选取机件较大的加工面前面作为宽度方向的主要基准；选取与其他零件的结合面底面作为高度方向主要基准。

2．零件上各种孔（光孔、沉孔、螺孔）的简化注法

尺寸标注时应尽可能使用符号和缩写词，如表 15-1 所示。

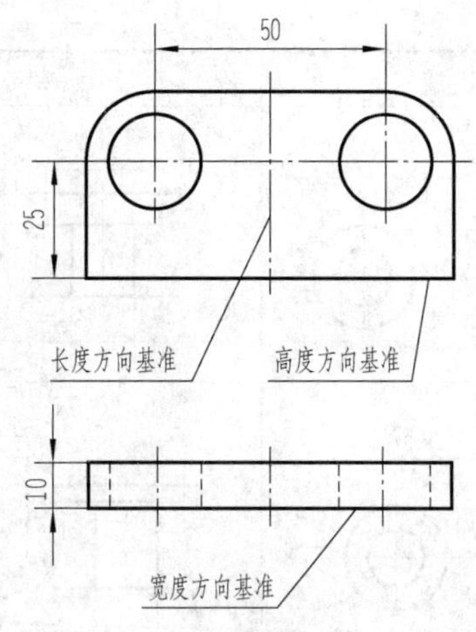

图 15-11　非回转体类零件尺寸基准选择

表 15-1　各种孔的简化标注

零件结构类型		简化注法	一般注法	说明
光孔	一般孔	4×ϕ5↧10　4×ϕ5↧10	4×ϕ5　10	4×ϕ5 表示直径为 5mm 的四个光孔，孔深可与孔径连注
	精加工孔	4×$\phi 5^{+0.012}_{0}$↧10 孔↧12　4×$\phi 5^{+0.012}_{0}$↧10 孔↧12	4×$\phi 5^{+0.012}_{0}$　10　12	光孔深为 12mm，钻孔后需精加工至ϕ $5^{+0.012}_{0}$ mm，深度为 10mm
	锥孔	4×$\phi 5^{+0.012}_{0}$↧10 孔↧12　4×$\phi 5^{+0.012}_{0}$↧10 孔↧12	锥销孔ϕ5 配作	ϕ5mm 为与锥销孔相配的圆锥销小头直径(公称直径)。锥销孔通常是两零件装配在一起后加工的，故应注明“配作”
沉孔	锥形沉孔	4×ϕ7 ⌴ϕ13×90°　4×ϕ7 ∨ϕ13×90°	90°　ϕ13　4×ϕ7	4×ϕ7 表示直径为 7mm 的四个孔，90° 锥形沉孔的最大直径为ϕ13mm

续表

零件结构类型		简化注法	一般注法	说明
沉孔	柱形沉孔	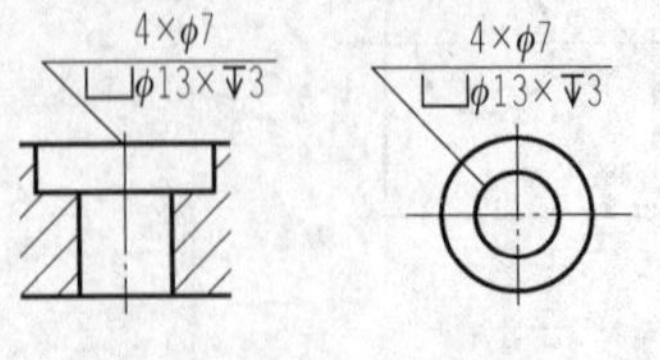4×φ7 ⌴φ13×↧3 4×φ7 ⌴φ13×↧3	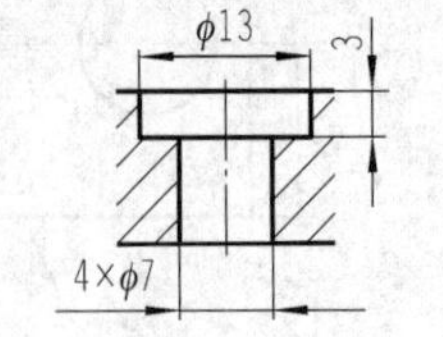φ13 3 4×φ7	四个柱形沉孔的直径为φ13mm，深度为3mm
	锪平沉孔	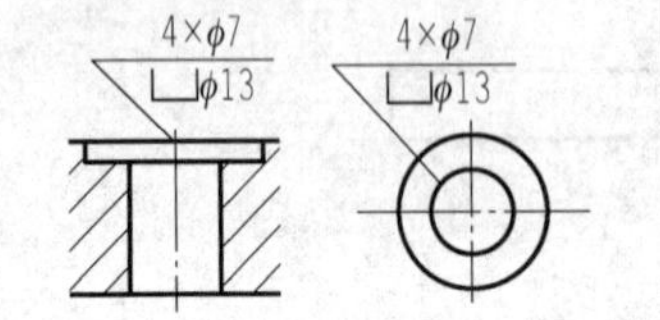4×φ7 ⌴φ13 4×φ7 ⌴φ13	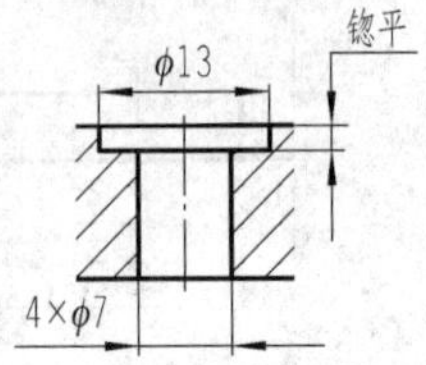锪平 φ13 4×φ7	锪平沉孔φ13mm的深度不必标注，一般锪平到不出现毛面为止
螺孔	通孔	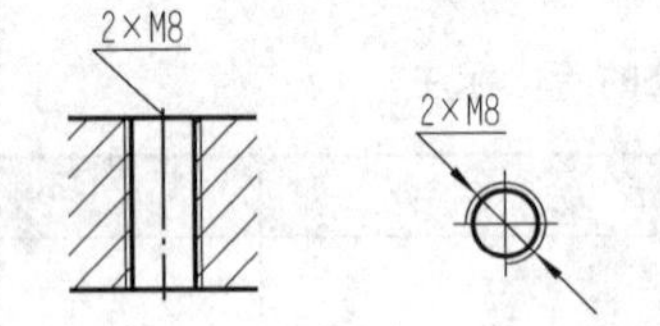2×M8 2×M8	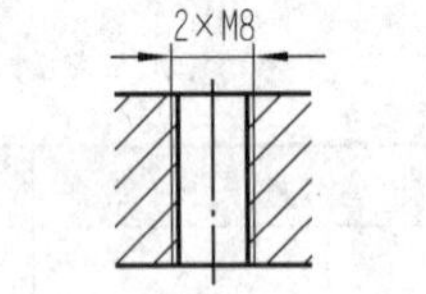2×M8	2×M18 表示公称直径为 8mm 的两螺孔，中径和顶径的公差带代号为6H
	不通孔	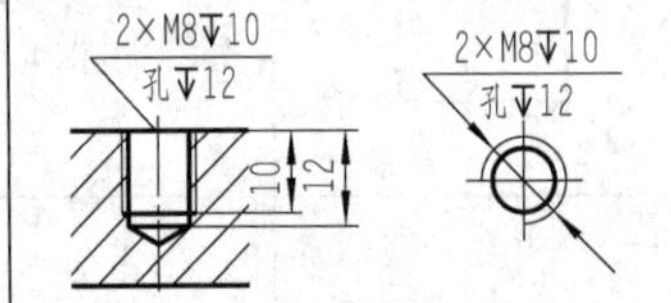2×M8↧10 孔↧12 10 12 2×M8↧10 孔↧12	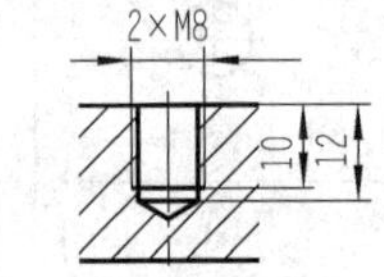2×M8 10 12	表示两个螺孔M8的螺纹长度为10mm，钻孔深度为12mm,中径和顶径的公差代号为6H

15.3.2 实践操作：标注钻模板尺寸和技术要求

01 标注钻模板尺寸基准（在图15-10中进行标注）。

02 标注钻模板视图尺寸，如图15-12所示。

① 标注钻模板定形尺寸。

孔φ15 H7的上偏差值________，H表示________，7表示________。

② 标注钻模板定位尺寸。

2×φ15H7 孔的定位尺寸________、________、________；M6螺纹孔的定位尺寸________、________；2个沉孔的定位尺寸________、________、________。

③ 标注钻模板总体尺寸。

钻模模板总长尺寸________，总宽尺寸________，总高尺寸________。

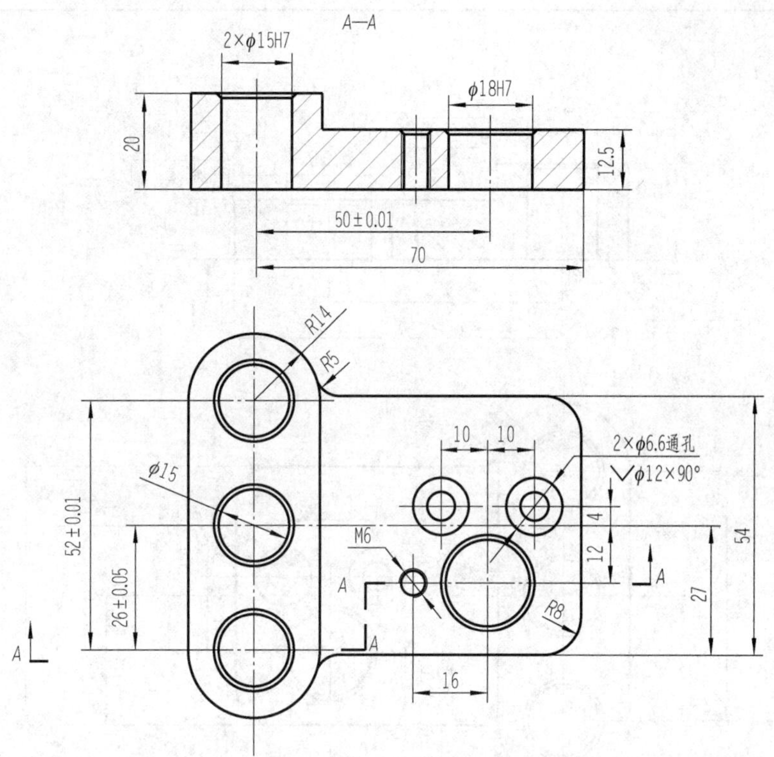

图 15-12 钻模板视图的尺寸标注

03 标注主视图的几何公差，如图 15-13 所示。

图中 B 是____代号；⊥ ϕ0.02 B 符号的含义是______________________。

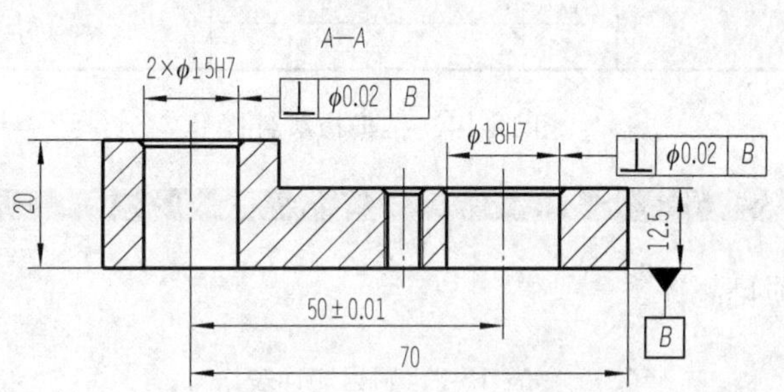

图 15-13 主视图形位公差的标注

04 标注视图的表面粗糙度及技术要求，如图 15-14 所示。

① 模板上表面、2×ϕ15H7、2×ϕ6.6 的圆柱孔和螺纹孔都是配合面，表面结构要求较高，表面粗糙值________；ϕ18H7 的圆柱孔是重要配合面，表面粗糙度值为________；模板底面是高度方向基准面，也是重要配合面，其表面粗糙度值________。

② ϕ15 的倒角均为________、表面粗糙度________。

③ ∀(√)的含义是：______________________________________。

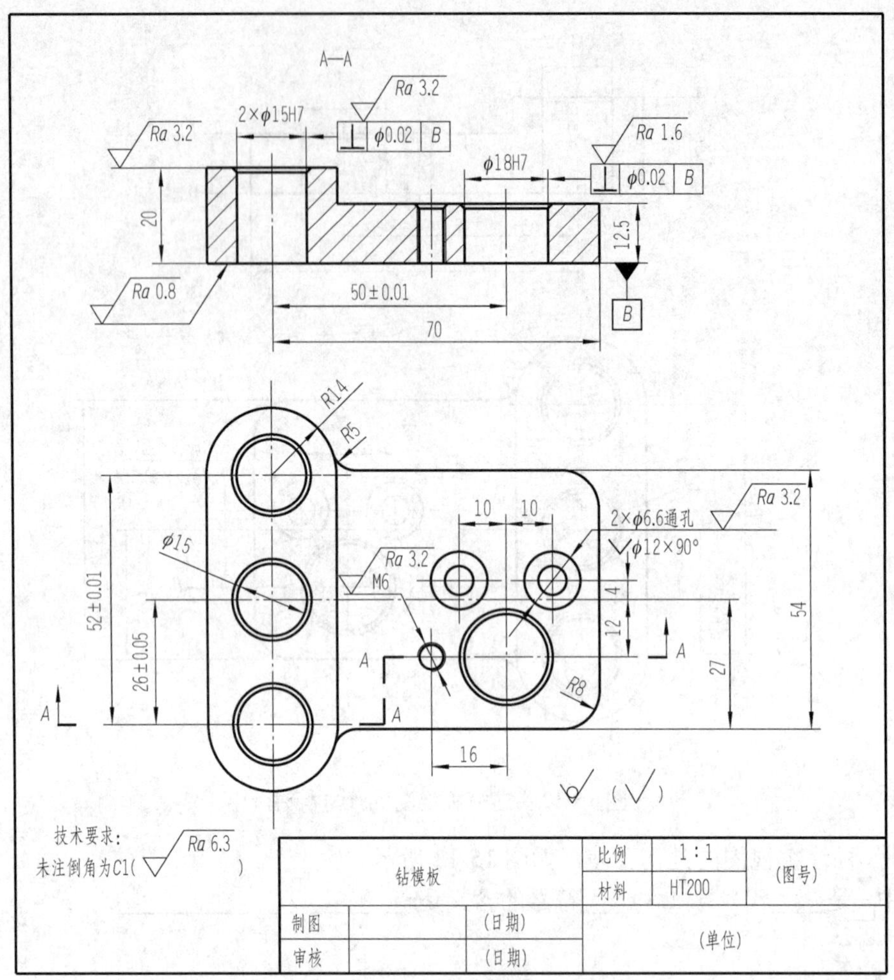

图 15-14　钻模板零件图

项目测评

按表 15-2 进行项目测评。

表 15-2　项目测评表

序　　号	评 价 内 容	分　　数	自　　评	组长或教师*评分
1	课前准备，按要求进行预习	5		
2	积极参与小组讨论	15		
3	按时完成学习任务	5		
4	绘图质量*	50		
5	完成学习工作页*	20		
6	遵守课堂纪律	5		
	总　　分	100		

续表

综合评分（自评分×20%＋组长或教师*评分×80%）：	
小组长签名：	教师签名：
学习体会	签名：　　日期：

知识拓展：复合剖

当机件的内部结构形状较多，用旋转剖或阶梯剖仍不能表达完全时，可采用组合的剖切平面剖开机件，这种剖切方法称为复合剖。该机件采用两个平行剖，圆弧孔内部结构表达不清楚，如图 15-15 所示。该机件采用组合的剖切平面，如图 15-16 所示。表达内部结构比较合理。复合剖的标注与上述标注相同，如图 15-17 所示。

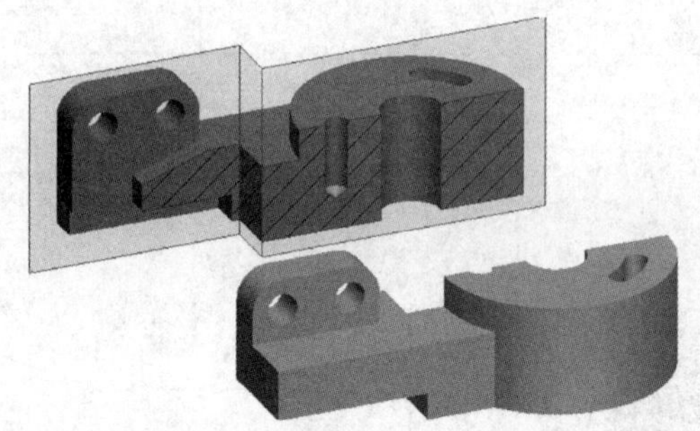

图 15-15　两个平行平面剖切

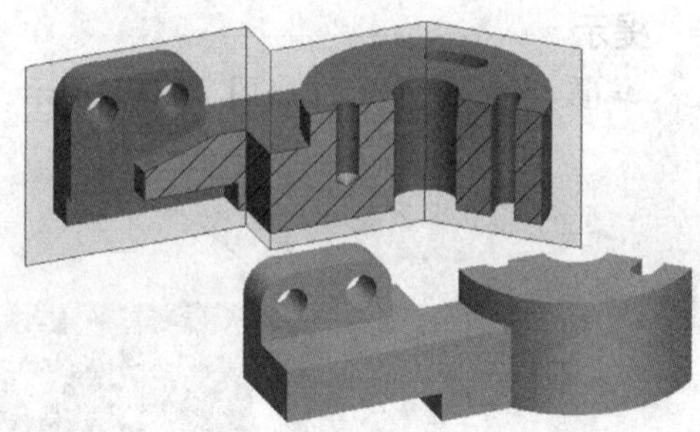

图 15-16　平行平面和相交平面组合剖切

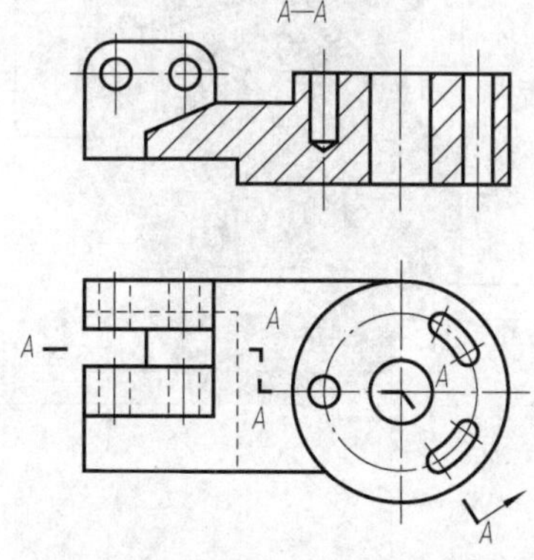

图 15-17　复合剖获得的视图

技能拓展：绘制端盖零件图

端盖作为重要的机械零件之一，用途十分广泛。该零件的主要工作表面为左右端面以及左端面的外圆表面。端盖的一般作用：轴承外圈的轴向定位；防尘和密封，也常和密封件配合以达到密封的作用；位于车床电动机和主轴箱之间的端盖，主要起传送扭矩和缓冲吸震的作用，使主轴箱的转动平稳。绘制端盖零件图，并标注尺寸，如图 15-18 所示。

图 15-18　端盖

提示

端盖的剖切位置，如图 15-19 所示。

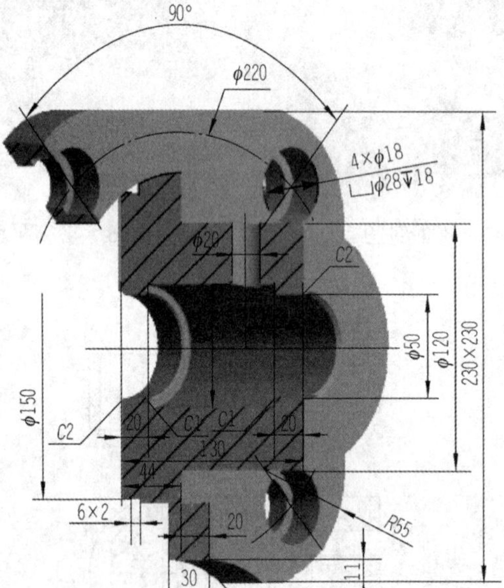

图 15-19　端盖的剖切位置

项目 16

连接轴的绘制

项目描述

数控车床的横向传动结构，如图 16-1 所示连接轴在横向传动结构中用来连接滚珠丝杠和轴承。运用正确的表达方案绘制如图 16-2 所示连接轴的零件图。

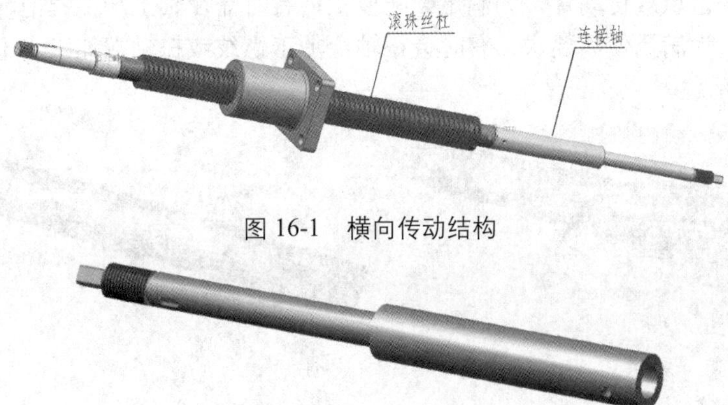

图 16-1　横向传动结构

图 16-2　连接轴

学习目标

◎能叙述断面图的概念，认识断面图和剖视图的区别。
◎能熟练使用断面图表达方式绘制机件。
◎小组讨论连接轴的表达方案，独立完成连接轴的主视图绘制。
◎小组讨论连接轴的内部结构表达方案，在教师的指导下完成连接轴视图的断面图。
◎在教师的指导下进行尺寸标注。

学习任务

◎连接轴外形结构的绘制。
◎连接轴内部结构的绘制。
◎连接轴尺寸的标注。

任务 16.1 连接轴外形结构的绘制

任务思考与小组讨论 1

1．不同直径的圆柱体构成的轴上如何加工形成连接轴？

2．如何绘制连接轴的外形结构？

16.1.1 相关知识：轴套类零件的工艺结构、表达方法和较长机件的简化画法

1．轴套类零件

（1）轴类零件

轴类零件一般是由同轴线上不同直径的圆柱体（或圆锥体）构成的，如图 16-3 所示。轴零件作用之一是承载传动件，为满足装配要求，有时需在轴上加工键槽、凹坑（安装紧定螺钉）结构；为满足使用要求，有时会在轴上加工螺纹或在轴端加工出平面，轴上的结构如图 16-4 所示。

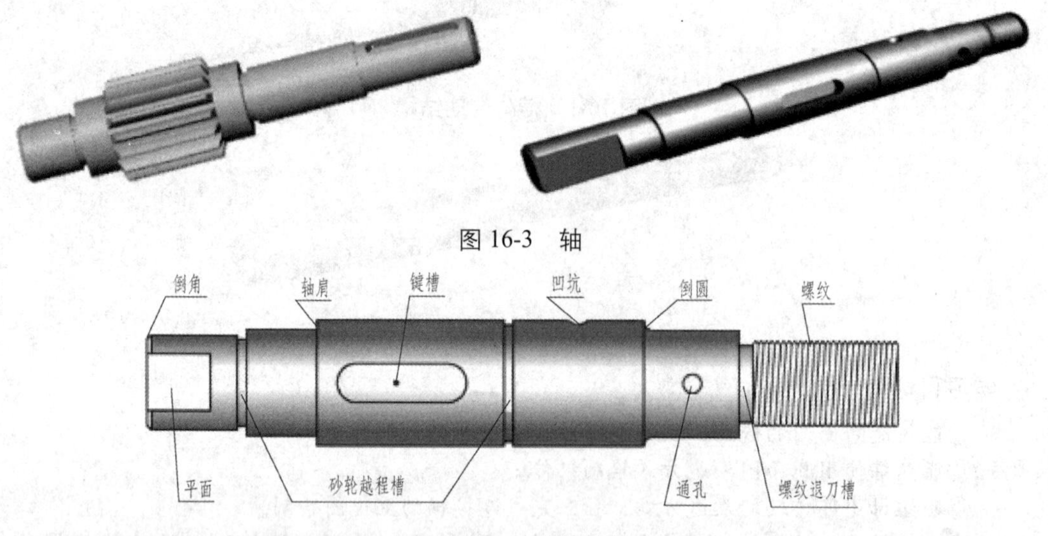

图 16-3　轴

图 16-4　轴上的结构

（2）套类零件

套类零件结构一般比较简单，孔端通常加工出倒角；但也有比较复杂的，如图 16-5 所示。

2．轴套类零件的工艺结构

（1）轴上平面

当回转体零件上的平面不能充分表达时，可用两条相交的细实线表示这些平面，如图 16-6 所示。

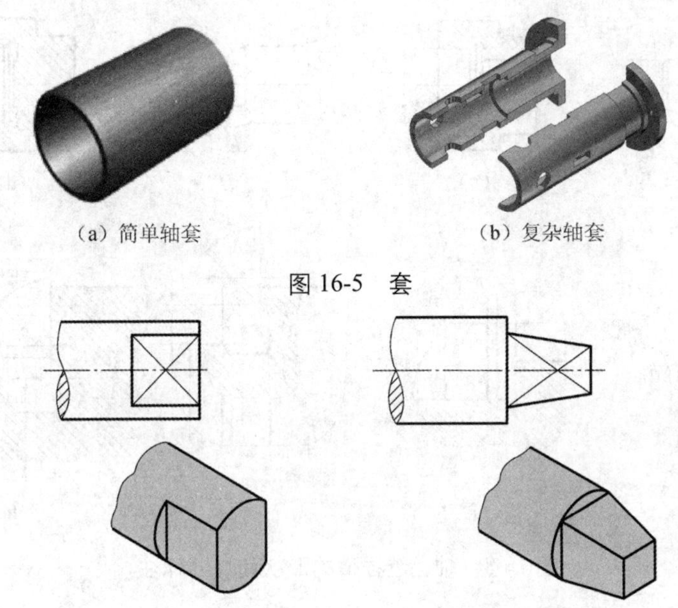

图 16-5　套

图 16-6　轴上平面的简化画法

（2）退刀槽和砂轮越程槽

为了在切削或磨削加工时便于刀具的退出，保证加工质量，并在装配时容易使两接触零件靠紧等，常预先在零件被加工表面的终止处加工出退刀槽或砂轮越程槽。退刀槽的形状和尺寸注法，如图 16-7 所示。

其中：2 是槽宽尺寸，$\phi6$ 是槽底轴的直径，1 是槽的深度。

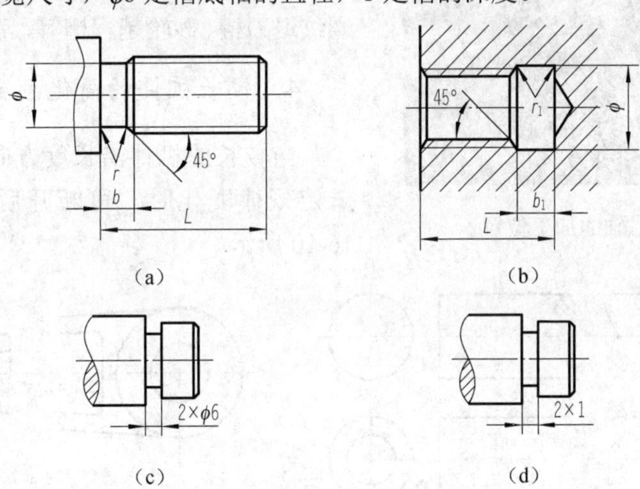

图 16-7　轴上结构的标注

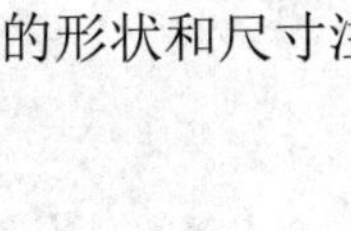

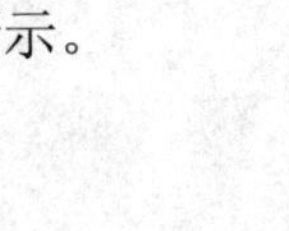

常用的砂轮越程槽的形状和尺寸注法，如图 16-8 所示。

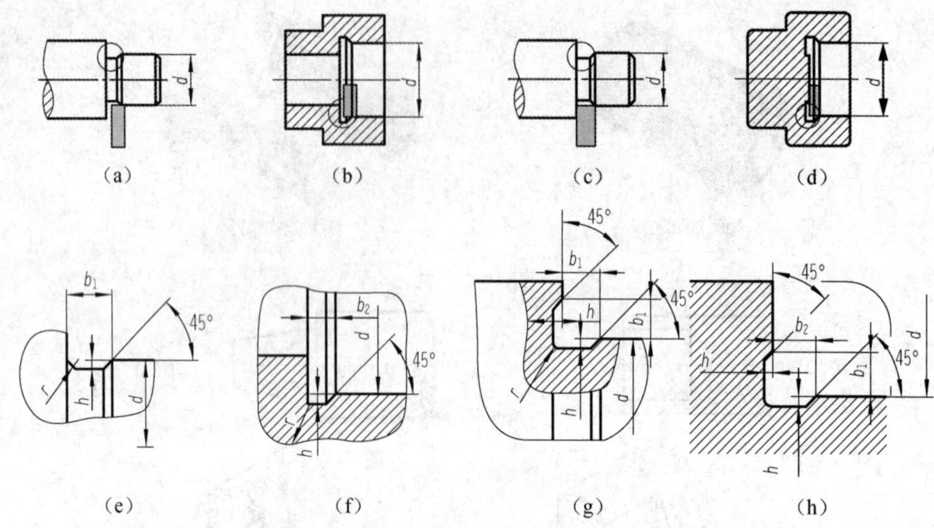

图 16-8　轴上越程槽的形状和尺寸标注

3．轴套类零件的表达方法

轴套类零件通常在车床上进行加工（车外圆），如图 16-9 所示，为了便于加工看图，轴套类零件的主视图按其加工位置选择，即将轴线水平放置作为主视方向。其表达方法根据结构特点常采用局部剖视图、局部视图，对于轴上的销孔、键槽等采用断面图，而轴上的工艺结构如螺纹退刀槽、砂轮越程槽等，常采用局剖放大图。

图 16-9　轴的加工位置

4．较长机件的简化画法

当较长的机件沿长度方向的形状一致或按一定规律变化时，可断开后缩短表示，如图 16-10 所示。

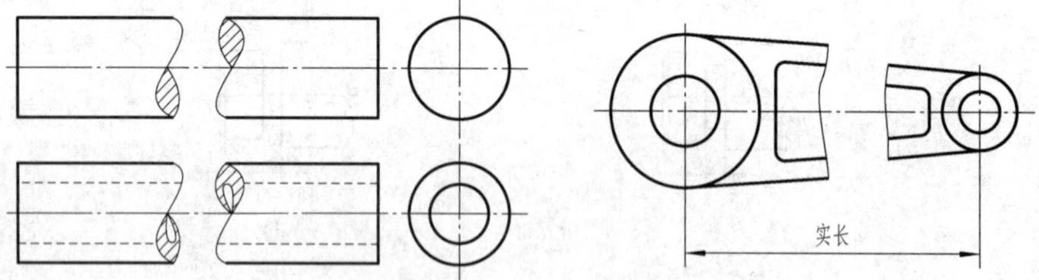

图 16-10　较长机件的简化画法

16.1.2 实践操作：绘制连接轴外形结构

1．分析连接轴的结构

连接轴由不同直径轴构成阶梯轴，轴上加工有平面、________、螺纹、________、端面孔。连接轴立体图如图 16-11 所示。

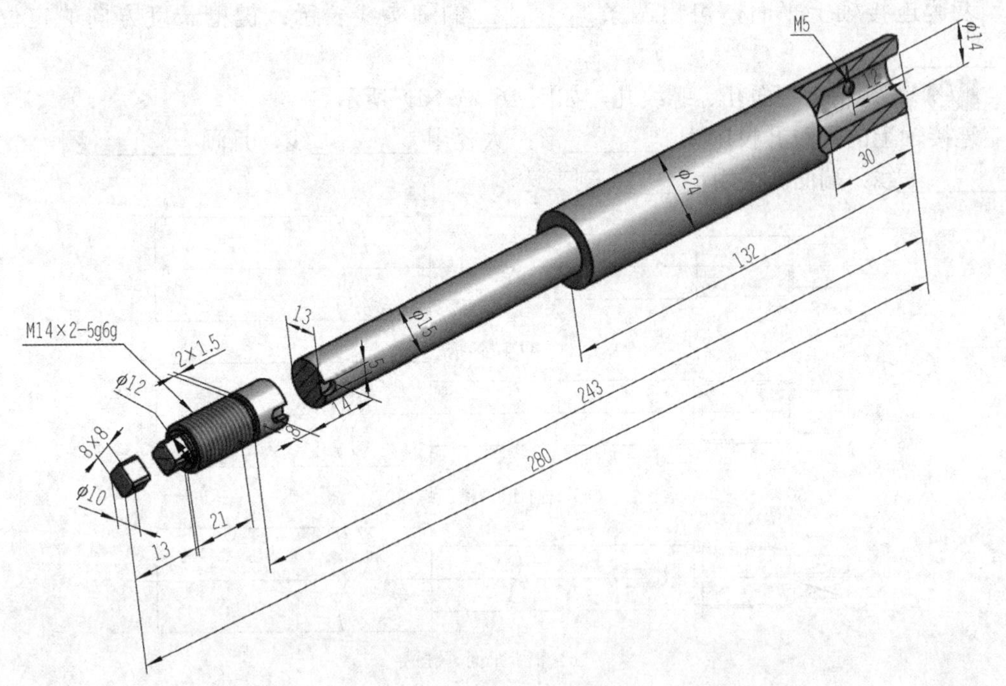

图 16-11　连接轴立体图

2．选择连接轴的主视图

连接轴主视图的投影方向如图 16-12 所示，选择投射方向________作为主视图方向，理由是________。

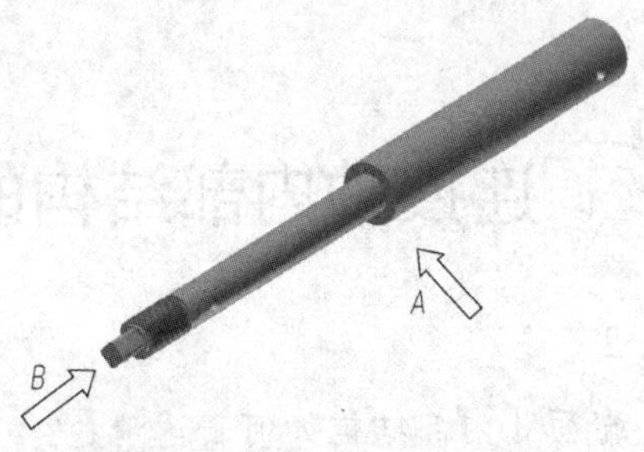

图 16-12　连接轴主视图的投影方向

3．绘制连接轴主视图

01 绘制阶梯轴，如图 16-13（a）所示。

连接轴ϕ15、ϕ24 处的轴向尺寸较长，形状均一致，可选择采用________简化画法。

02 绘制轴上退刀槽、螺纹,如图 16-13（b）所示。

连接轴上退刀槽 2×1.5 表示槽宽尺寸________，槽深尺寸________；外螺纹的牙顶（大径）用________线，牙底（小径）用________线；M14×2－5g6g 中 M 表示________螺纹代号，螺纹大径________，螺纹小径________。

03 绘制轴上平面、键槽，如图 16-13（c）所示。

表达连接轴上平面，可用两条________的细实线表示；键槽长度方向的定位尺寸________。

04 绘制轴上端面孔、螺纹孔，如图 16-13（d）所示。

连接轴上的螺纹孔投影为________形，大径用________线，且画________圈，小径用________线；端面孔采用________剖表达。

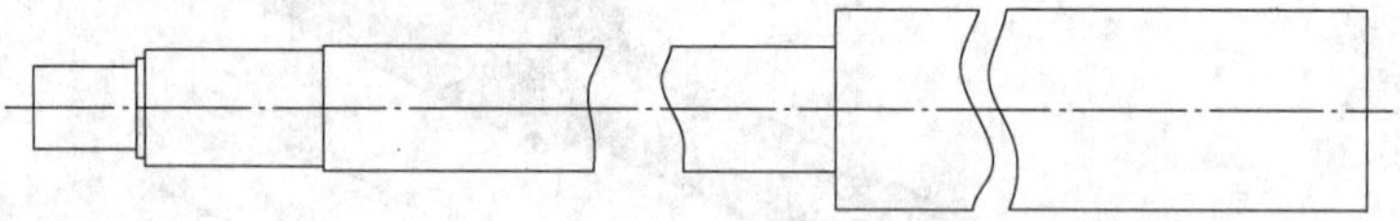

（a）阶梯轴

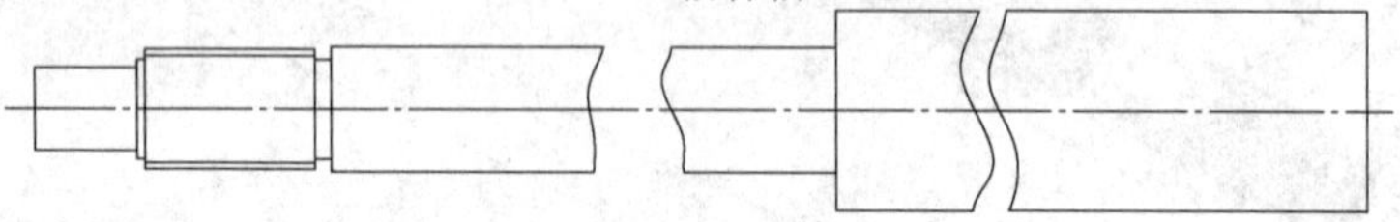

（b）轴上退刀槽、螺纹

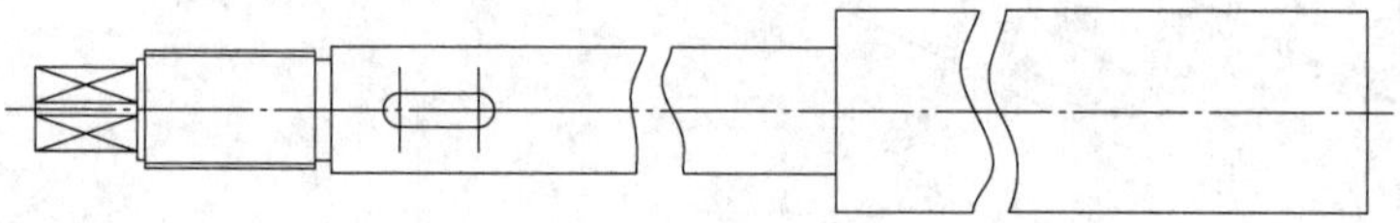

（c）轴上平面、键槽

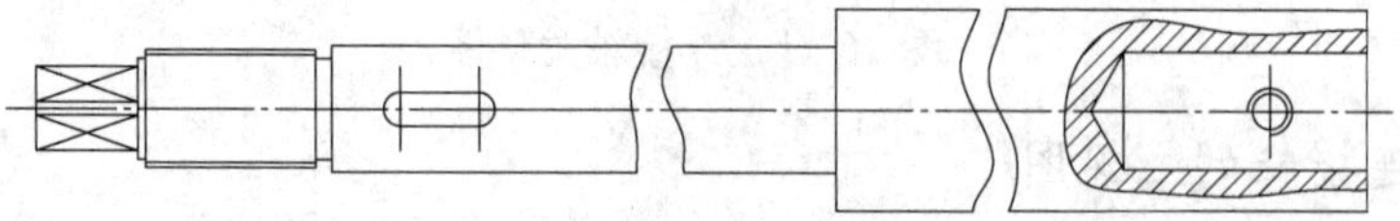

（d）轴上端面孔、螺纹孔

图 16-13 绘制连接轴主视图

任务 16.2 连接轴内部结构的绘制

任务思考与小组讨论 2

1. 轴上平面、键槽、端面孔内部结构如何表达清楚？
2. 退刀槽结构较小，如何表达便于读图？

16.2.1 相关知识：移出断面图和局部放大图的画法

1. 断面图

（1）断面图的概念与种类

断面图：假想用剖切平面把机件的某处切断，仅画出断面的图形如图 16-14 所示。

断面图常用于表达物体某一局部的断面形状，如机件上的肋、轮辐或轴上的键槽、孔等。

根据断面图配置位置的不同，可分为**移出断面**和**重合断面**两种，如图 16-15 所示。

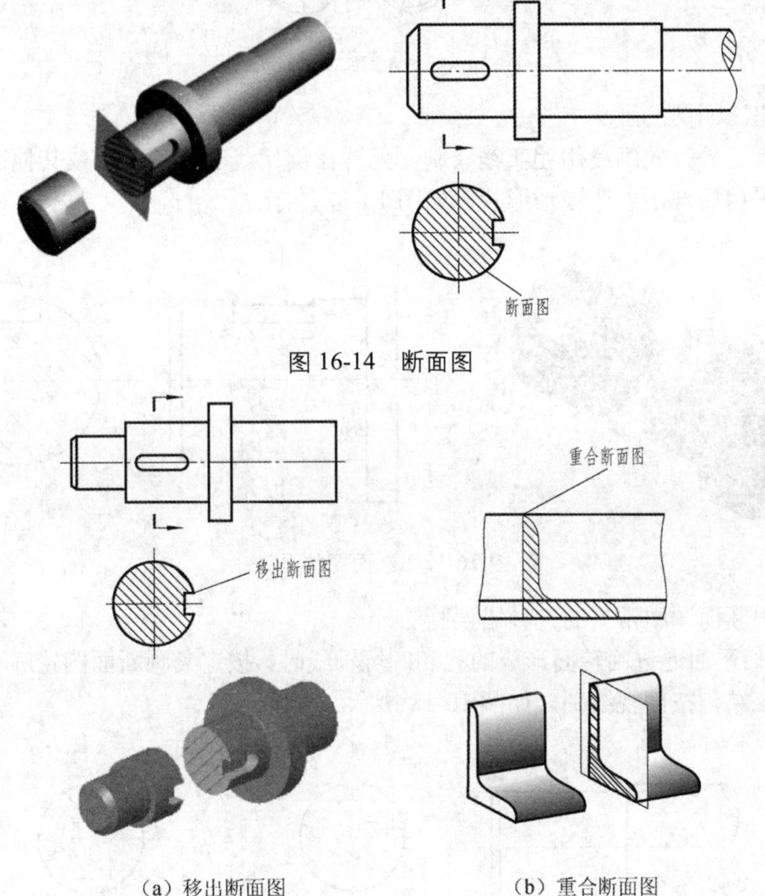

图 16-14　断面图

（a）移出断面图　（b）重合断面图

图 16-15　断面图的种类

（2）断面图与剖视图的区别

相同点：均用假想的剖切平面剖开机件。

不同点：
- 剖视图：要求画出剖切平面以后的所有部分的投影，如图 16-16B 组所示。
- 断面图：仅画出机件断面的图形，如图 16-16A 组所示。

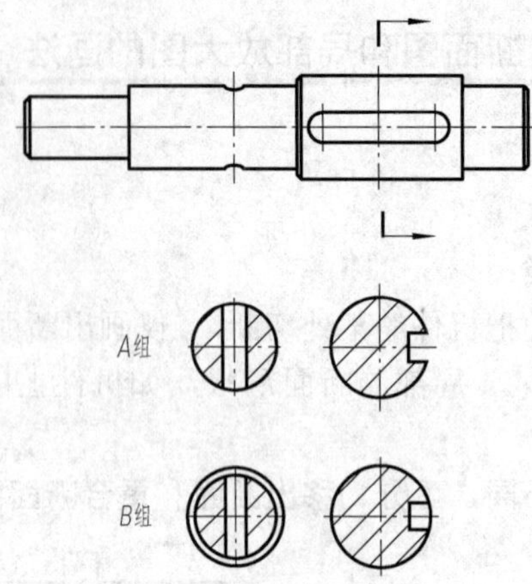

图 16-16　断面图和剖视图

（3）移出断面图的画法

画在视图之外，**轮廓线**用**粗实线**绘制。配置在剖切线的延长线上或其他适当的位置。轴的主视图采用局部剖表达键槽形状，如图 16-17 所示。

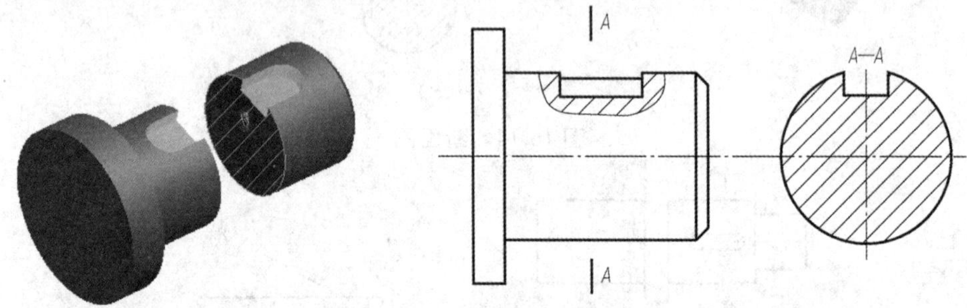

图 16-17　断面图的画法

（4）移出断面图中常见的几种错误画法

1）当剖切平面通过回转面形成的孔和凹坑轴线时，按定义画断面图轮廓不完整，因此按规定画，该结构按剖视绘制，如图 16-18 所示。

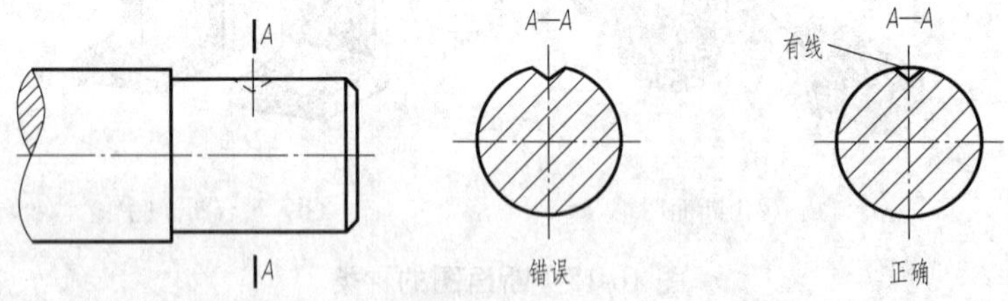

图 16-18　断面图中孔和凹坑的画法

2）当剖切平面通过非圆孔时，按定义画会导致同一机件两分离，表达不清是几个机件，因此按规定画，该结构按剖视绘制，如图 16-19 所示。

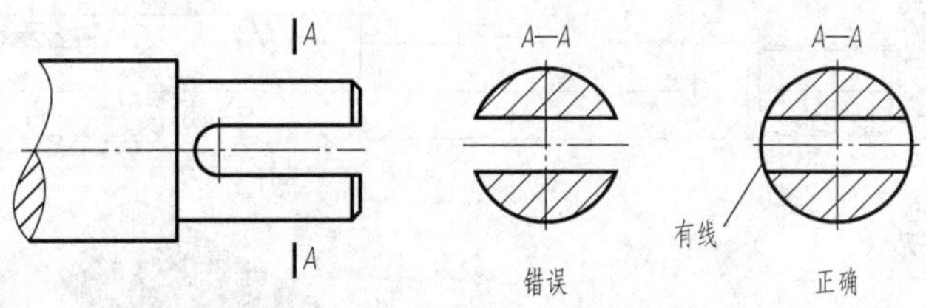

图 16-19　断面图中非圆孔的画法

2．局部放大图

将机件的部分结构，用大于原图形所采用的比例画出的图形称为局部放大图。它用于机件上较小结构的表达和尺寸标注。可以画成视图、剖视、断面等形式，与被放大部位的表达形式无关。图形所用的放大比例应根据结构需要而定，与原图比例无关，如图 16-20 所示。

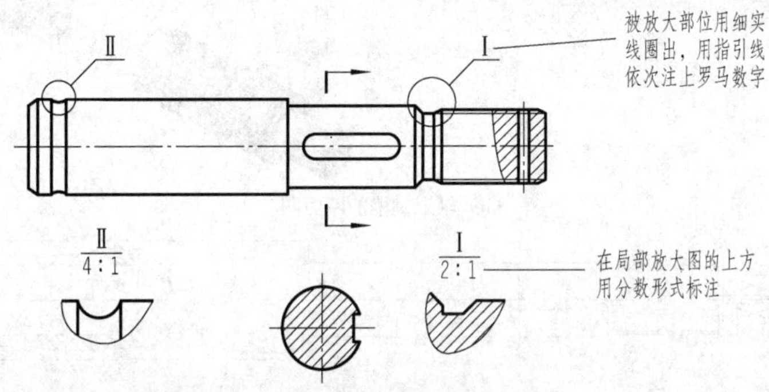

图 16-20　局部放大图

16.2.2 实践操作：绘制连接件内部结构

1．连接轴内部结构的绘制

01 绘制连接轴轴上平面的移出断面图，如图 16-21（a）所示。

轴上平面的移出断面图配置在________或________延长线上。

02 绘制连接轴键槽的移出断面图，如图 16-21（b）所示。

键槽移出断面图是________（对称或不对称）的。

03 绘制连接轴端面孔、螺纹孔的移出断面图，如图 16-21（c）所示。

剖切平面通过连接轴上________孔的轴线，导致完全分离的断面，这些结构按________要求绘制。

04 绘制连接轴退刀槽的局部放大视图，如图 16-21（d）所示。

退刀槽结构较小采用________图表达，被放大部位用________线圈出。

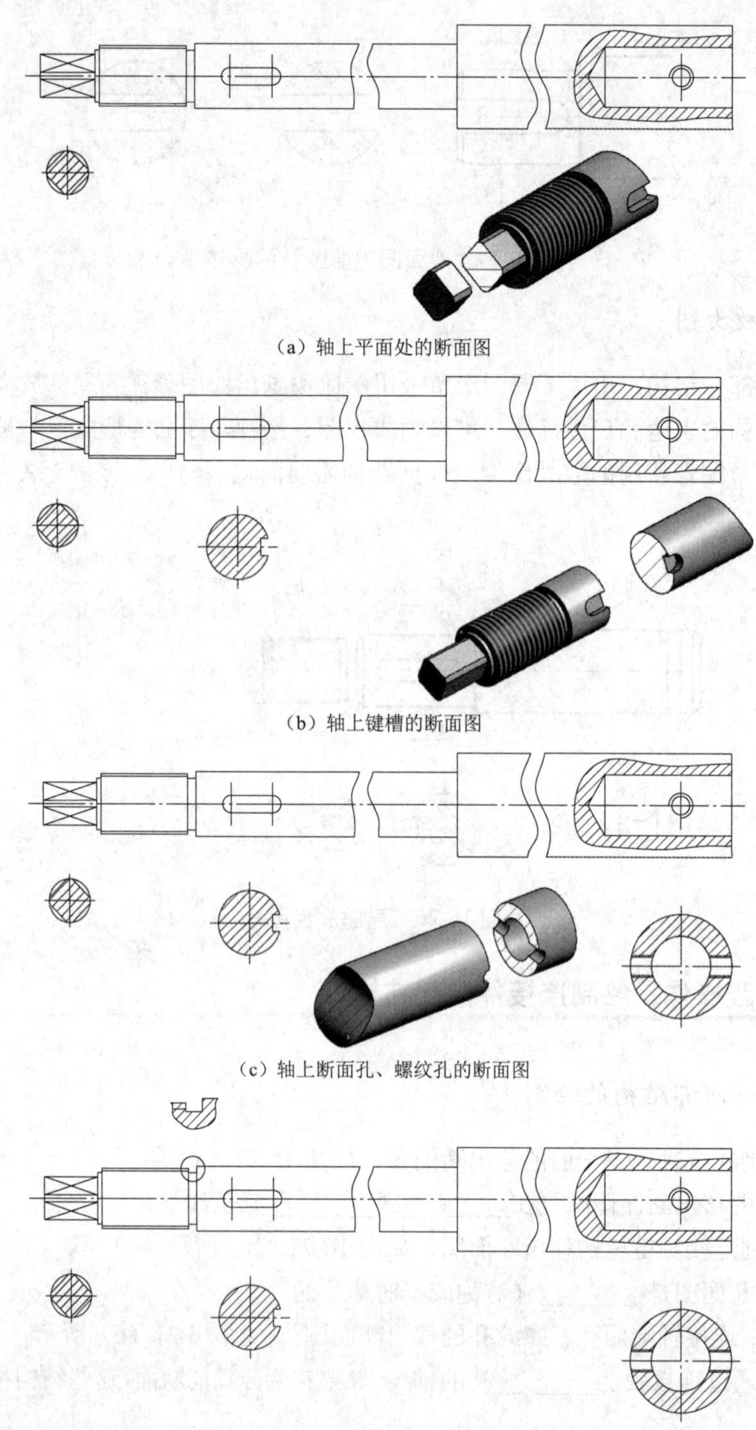

（a）轴上平面处的断面图

（b）轴上键槽的断面图

（c）轴上断面孔、螺纹孔的断面图

（d）退刀槽局部放大图

图 16-21　连接轴内部结构的绘制

2．检查并描深

检查、描深，如图 16-22 所示。

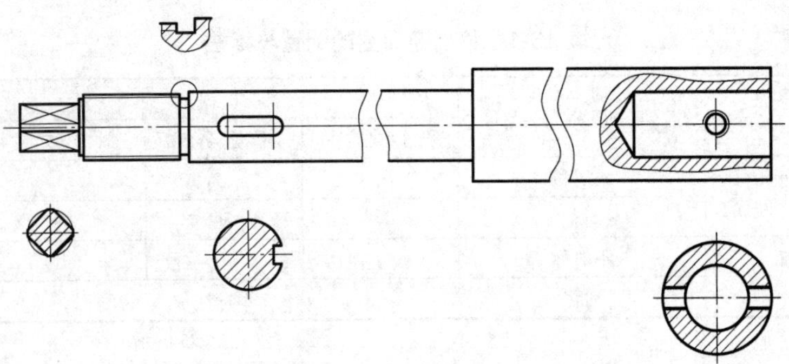

图 16-22　连接轴零件图

任务 16.3 连接轴尺寸的标注

任务思考与小组讨论 3

1．讨论对称的移出断面如图 16-23 所示，以下三种方式配置如何标注，识图者才能读懂断面图表达的是视图的哪一部分?

2．小组讨论不对称的移出断面如图 16-24 所示，以下三种方式配置如何标注，识图者才能读懂断面图表达的是视图的哪一部分?

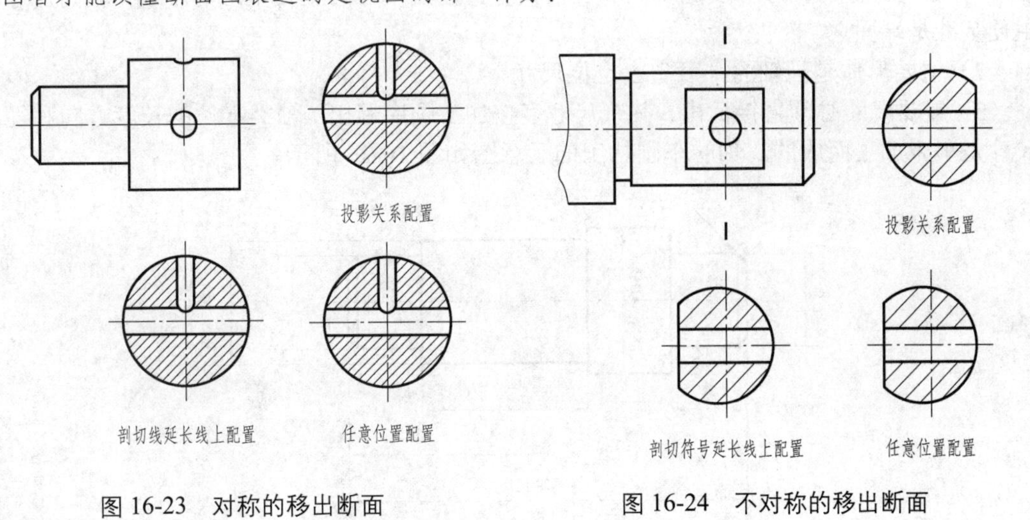

图 16-23　对称的移出断面　　图 16-24　不对称的移出断面

16.3.1 相关知识：移出断面图和轴套类零件的标注

1．移出断面图的配置与标注

画出移出断面图后应按国家标准规定进行标注。剖视图标注的三要素同样适用于移出断面图。移出断面图的配置及标注方法如表 16-1 和图 16-25 所示。

表 16-1　移出断面图的配置与标注

断面图放置位置	断面形状特点	标注内容			图　例
		剖切位置	断面名称	投影方向	
不在剖切平面的延长线上	不对称	√	√	√	图 16-25（a）
	对称	√	√	×	图 16-25（b）
置于剖切平面的延长线上	不对称	√	×	√	图 16-25（c）
	对称	不标注			图 16-25（d）

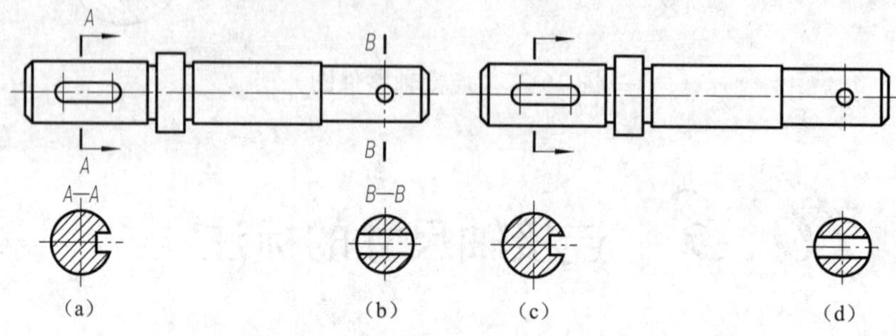

图 16-25　断面图的配置与标注

2．轴套类零件的尺寸标注和技术要求

（1）尺寸标注

1）这类零件的尺寸主要是轴向和径向尺寸。径向尺寸的主要基准是轴线，轴向尺寸的主要基准是端面。

2）主要形体是同轴的，可省去定位尺寸。

3）重要尺寸必须直接标出，其余尺寸多按加工顺序标出。轴类零件的长度方向和径向尺寸是车床加工而成的。轴的车削加工的示意图如图 16-26 所示。

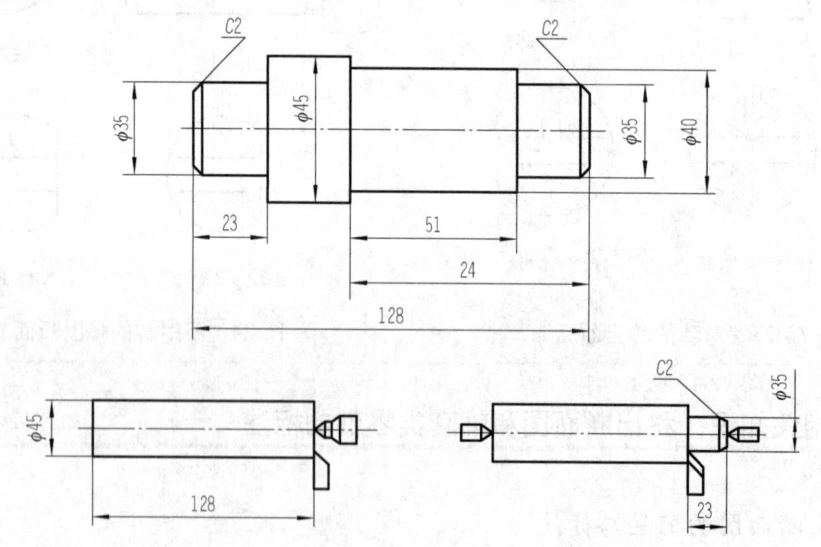

（a）下料、车两端面打中心孔　　（b）中心孔定位，车ϕ35mm长23mm，倒角$C2$

图 16-26　重要尺寸直接标注，其他按加工顺序

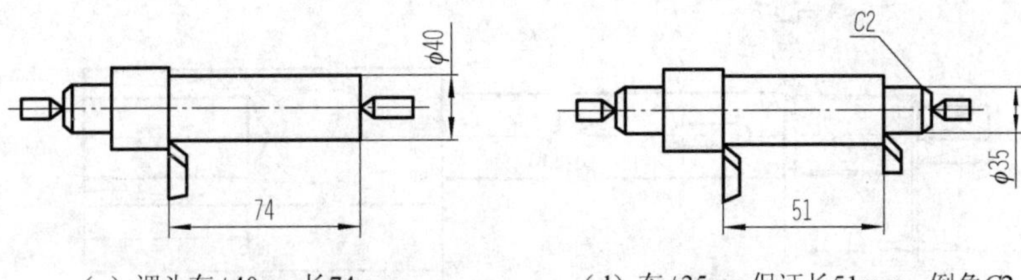

（c）调头车ϕ40mm长74mm　　（d）车ϕ35mm保证长51mm，倒角$C2$

图 16-26　重要尺寸直接标注，其他按加工顺序（续）

4）为了清晰和便于测量，在剖视图上，内部结构形状尺寸应分开标注，如图 16-27 所示。

5）零件上的标准结构，应按该结构标准尺寸注出。

6）避免出现封闭尺寸链，如图 16-28 所示。

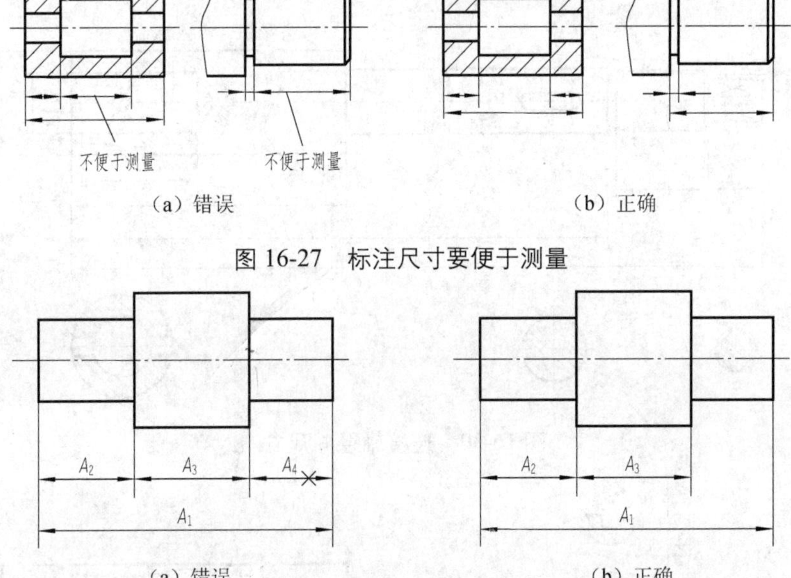

（a）错误　　（b）正确

图 16-27　标注尺寸要便于测量

（a）错误　　（b）正确

图 16-28　台阶轴的尺寸链

（2）技术要求

有配合要求的表面，其表面粗糙度、尺寸精度要求较严。有配合的轴颈和重要的端面应有形位公差要求，如同轴度、径向圆跳动、轴向圆跳动和键槽对称度等。

16.3.2 实践操作：标注连接轴

01 标注连接轴尺寸基准。连接轴的径向基准________，轴向基准________面。

02 标注轴向尺寸，如图 16-29 所示。

03 标注径向尺寸，如图 16-30 所示。端面孔定形尺寸________和________。

04 标注键槽、螺纹孔的定位尺寸，如图 16-31 所示。键槽定位尺寸________；螺纹孔定位尺寸________。

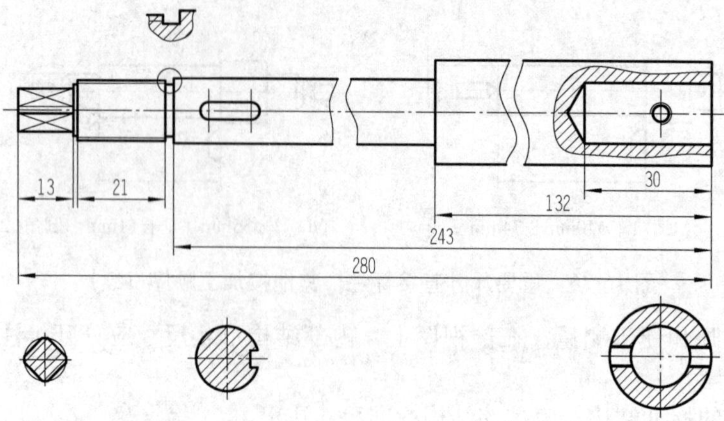

图 16-29　连接轴轴向尺寸

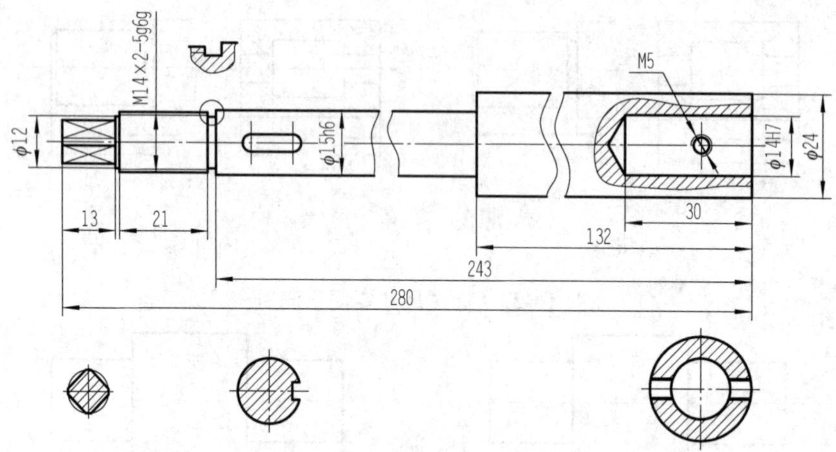

图 16-30　连接轴径向尺寸

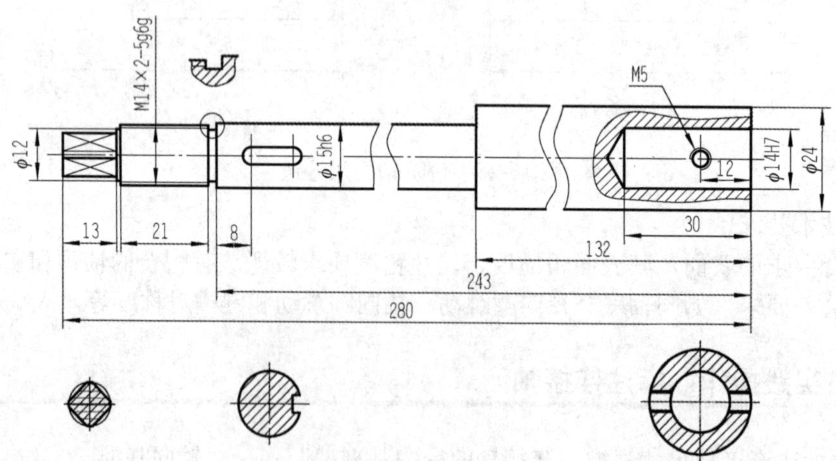

图 16-31　连接轴定位尺寸

05 在其他视图上标注轴上平面、键槽、退刀槽等细部结构尺寸，如图 16-32 所示。

① 连接轴上平面定形尺寸________、________和________。

② 连接轴上键槽定形尺寸________、________和________；键槽的移出断面图不对称，

应标注________。

③ 连接轴上退刀槽的局部放大图标注所采用的比例________。

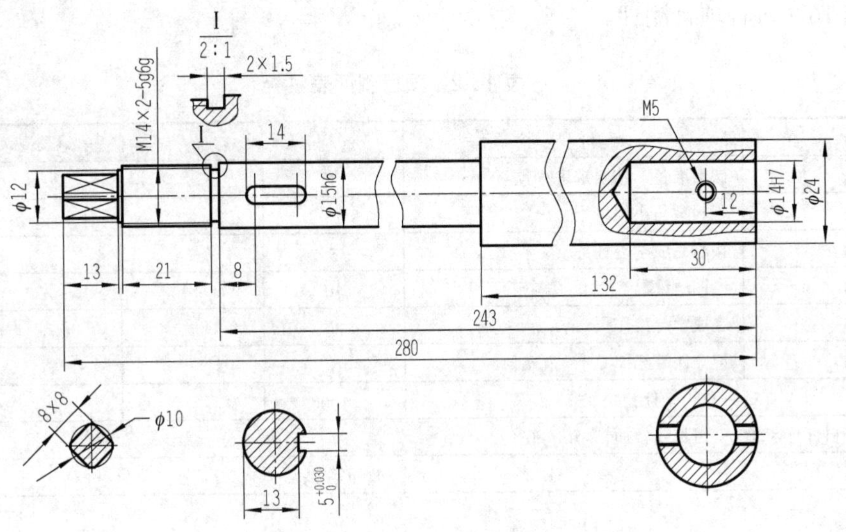

图 16-32　连接轴断面图尺寸

06 标注连接轴的形位公差及技术要求，如图 16-33 所示。

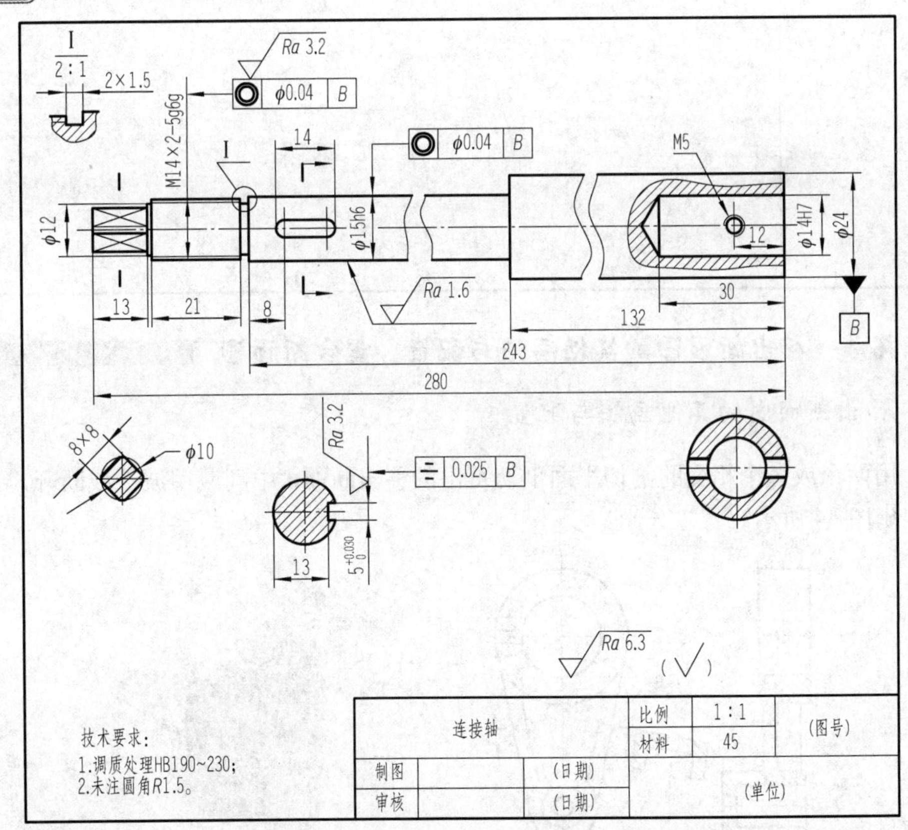

图 16-33　标注形位公差和技术要求

项目测评

按表 16-2 进行项目测评。

表 16-2 项目测评表

序号	评价内容	分数	自评	组长或教师*评分
1	课前准备，按要求进行预习	5		
2	积极参与小组讨论	15		
3	按时完成学习任务	5		
4	绘图质量*	50		
5	完成学习工作页*	20		
6	遵守课堂纪律	5		
总分		100		
综合评分（自评分×20%＋组长或教师*评分×80%）：				
小组长签名：		教师签名：		
学习体会	签名：　　日期：			

知识拓展：移出断面图的其他画法与配置、重合断面图

1．移出断面图的其他画法与配置

1）用两个或多个相交的剖切平面剖切得出的移出断面，中间应用波浪线断开，省略标注，如图 16-34 所示。

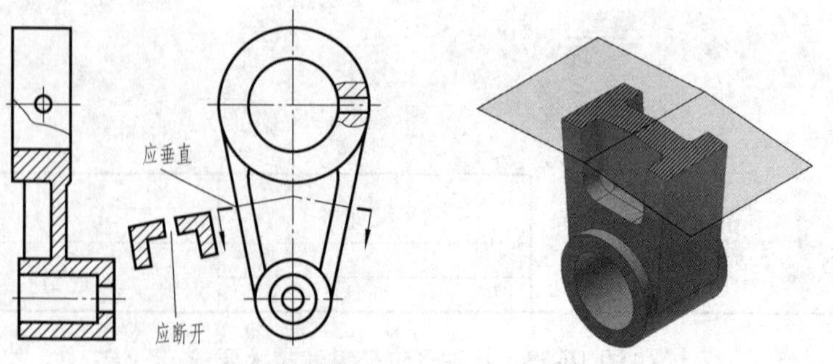

图 16-34　两个相交剖切平面剖切的断面图的画法

2）断面形状对称时，也可画在视图的中断处，省略标注，如图 16-35 所示。

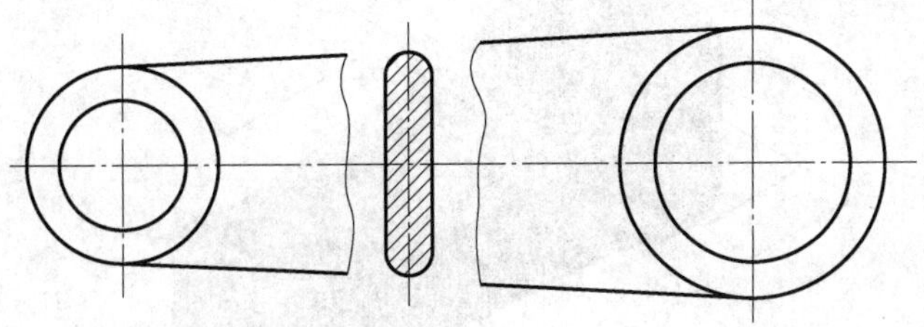

图 16-35　中断处画断面图

2．重合断面图

将断面图绕剖切位置线旋转 90°后，与原视图重叠画出的断面图，称为重合断面。

（1）重合断面图的画法

画在视图之内，**轮廓线**用**细实线**绘制如图 16-36 所示。当视图中的轮廓线与断面图的图线重合时，视图中的轮廓线仍应连续画出。如图 16-37 所示。

（2）标注方法

图形对称不需要标注；图形不对称，当不引起误解时，可省略标注。如图 16-37 所示。

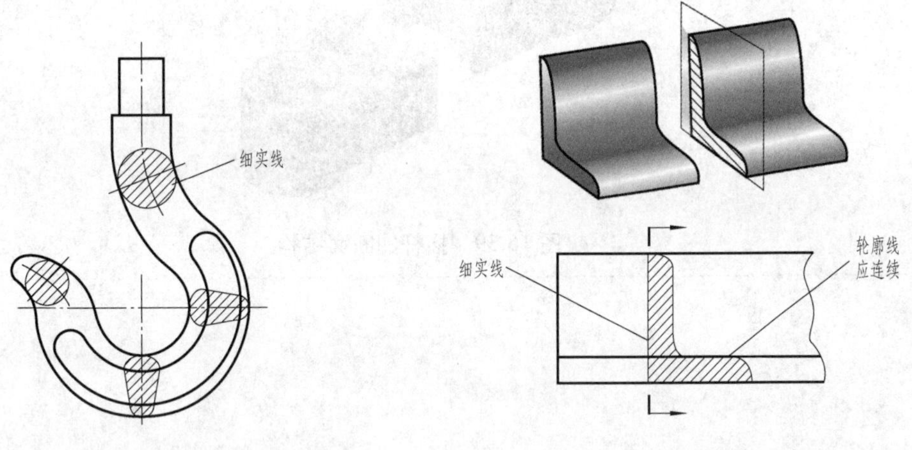

图 16-36　吊钩的重合断面　　　　图 16-37　重合断面图的标注

技能拓展：绘制摇杆零件图

摇杆与机架用转动副相连但只能绕该转动副轴线摆动，摇杆机构在生产中应用很广泛，如剪板机、搅拌机等，回转运动的同时摇杆往复摆动，完成剪切、搅拌等动作。选择合理的视图表达方案，绘制如图 16-38 所示摇杆零件图。

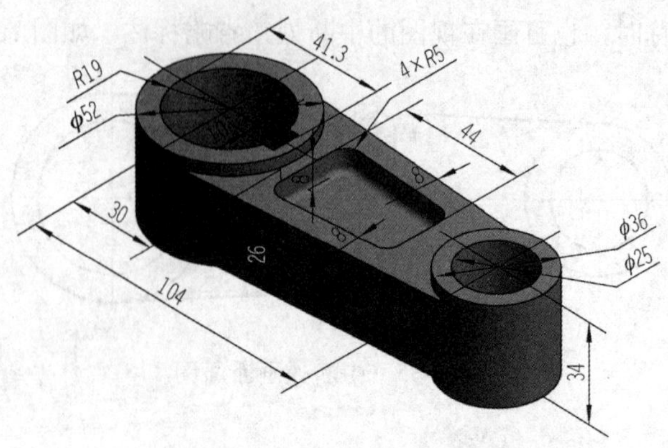

图 16-38　摇杆尺寸立体图

提示

摇杆俯视图采用移出断面图，断面结构如图 16-39 所示。

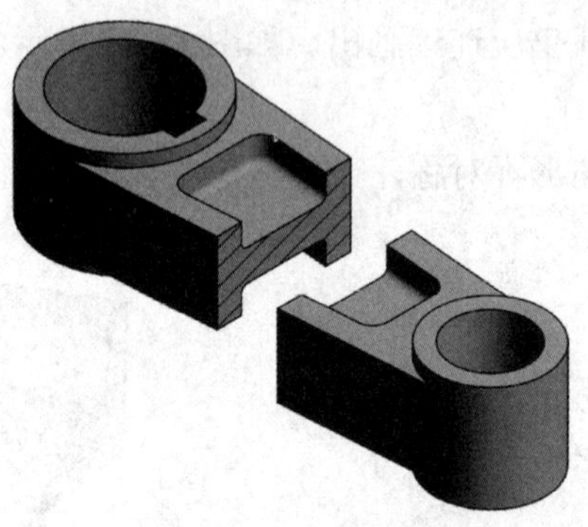

图 16-39　摇杆的断面结构

项目 17

轴系装配图的绘制

项目描述

如图 17-1 所示轴系主要由轴和轴上零件（齿轮、键、轴承、螺钉、套筒、垫圈等）组成，一般用于回转体机械结构。绘制齿轮轴及轴上零件装配图，并标注装配图尺寸。

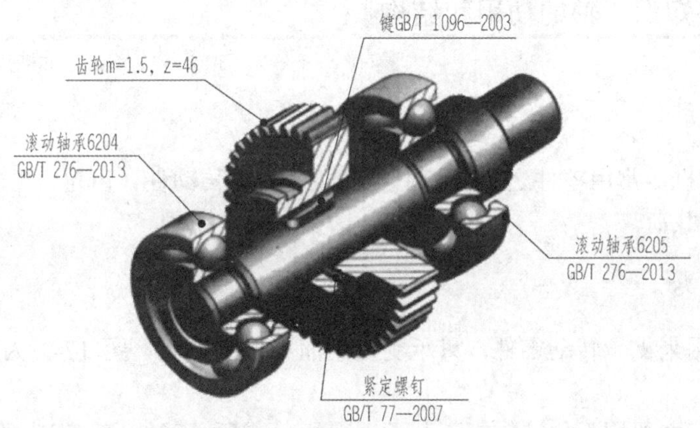

图 17-1　齿轮轴及轴上零件

学习目标

◎ 查阅资料，叙述轴系的功用、轴的种类、结构。

◎ 能够独立绘制轴的视图。

◎ 能计算齿轮的各个参数，会查表查出轴承、键、螺钉等标准件的参数，并绘制标准件视图。

◎ 运用已学知识，在教师的帮助下标注装配图尺寸。

学习任务

◎ 齿轮轴的认识与绘制。

◎ 轴上标准件的绘制。

◎ 轴系装配图尺寸的标注。

任务 17.1 齿轮轴的认识与绘制

任务思考与小组讨论 1

如图 17-2 所示，轴的作用？轴上有哪些结构？绘制轴要哪些视图表达方式？

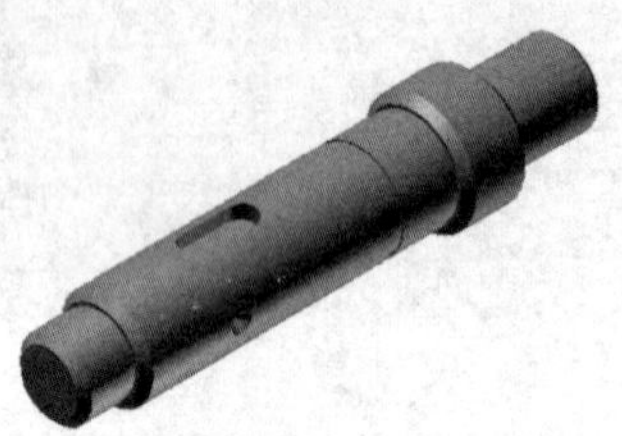

图 17-2 轴

17.1.1 相关知识：轴的功用和结构

1．轴的功用

轴类零件是机器常用零件之一，其主要功能是支撑传动件（齿轮、带轮、离合器等），传递转矩和承受载荷。

2．轴的分类

1）**心轴**：用来支承转动零件，只承受弯矩而不传递转矩。图 17-3 为自行车的前轮轴（固定心轴）。

2）**传动轴**：主要用于传递转矩而不承受弯矩，或所承受的弯矩很小的轴。图 17-4 为汽车中连接变速器与后桥之间的轴。

图 17-3 自行车中的心轴

图 17-4 汽车中的传动轴

3）**转轴**：机器中最常见的轴，工作时既承受弯矩又承受转矩。根据轴线的形状的不同，轴又可分为直轴、曲轴和挠性钢丝轴。如图 17-5 所示。

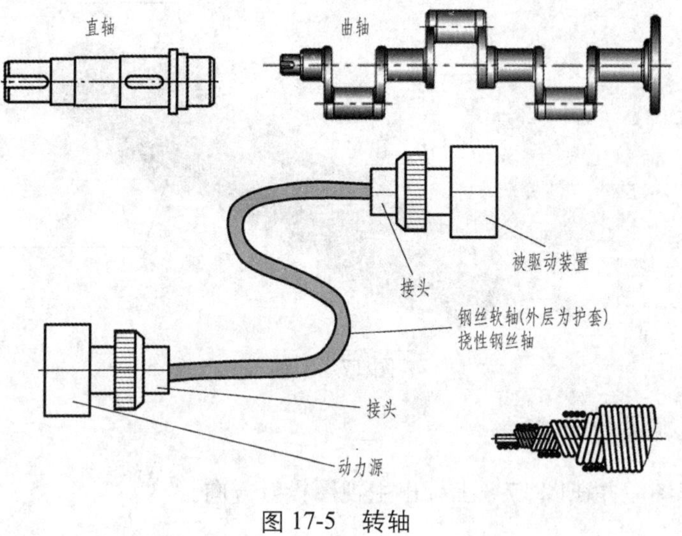

图 17-5　转轴

3．轴的结构

如图 17-6 所示，轴上主要由**轴颈**、**轴头**、**轴环**、**轴身**等结构组成。轴和轴承配合的部分称为轴颈，其直径应符合轴承内径标准；轴上安装轮毂的部分称为轴头，其直径应与相配零件的轮毂内径一致，并采用标准直径。为了便于装配，轴颈和轴头的端部均应有倒角；连接轴颈和轴头的部分称为轴身；用做零件轴向固定的台阶部分称为轴肩，环形部分称为轴环。

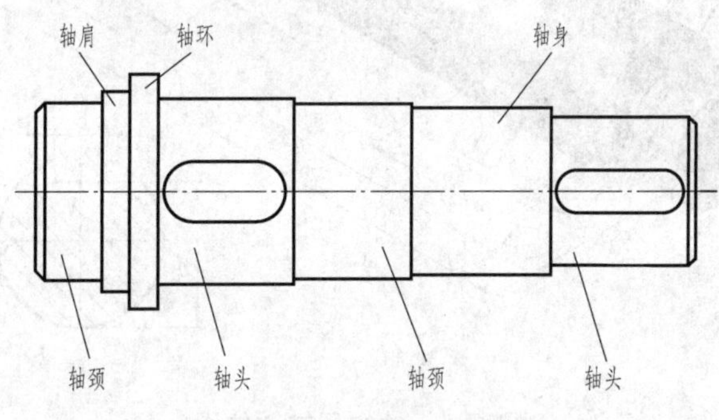

图 17-6　轴的结构

17.1.2 实践操作：绘制齿轮轴

1．齿轮轴的结构分析

分析齿轮轴的结构，并在图 17-7 上填写轴的结构名称。

该轴属于________轴类零件，其由________面、轴肩、越程槽和________槽等组成；各环槽的作用是使零件装配时有一个正确的位置，并在切削加工时________方便；键槽用于安装________；外圆表面用于支撑传动件，是零件的配合面。

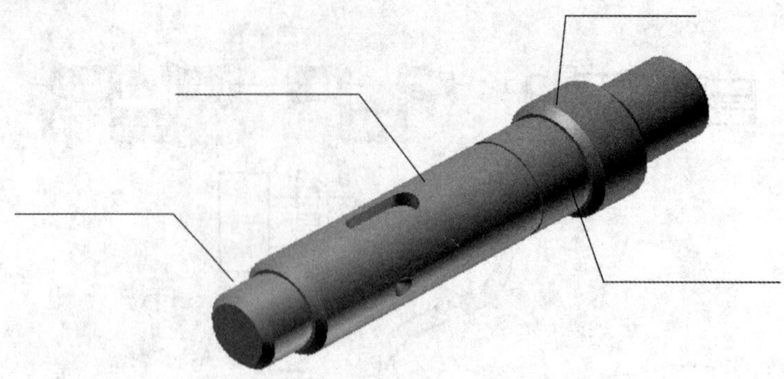

图 17-7 轴

2．齿轮轴视图的选择

选择轴的视图，并在图 17-8 上标出主视图投射方向。

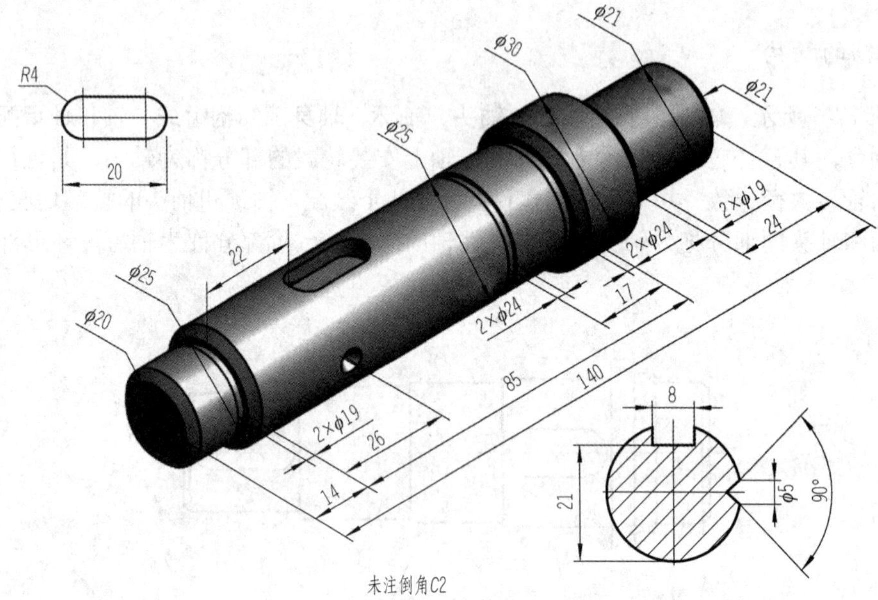

图 17-8 轴的尺寸立体图

3．齿轮轴的绘制

01 绘制阶梯轴，如图 17-9（a）所示。

02 绘制轴上倒角、越程槽、退刀槽，如图 17-9（b）所示。

03 绘制锥孔、键槽，如图 17-9（c）所示。

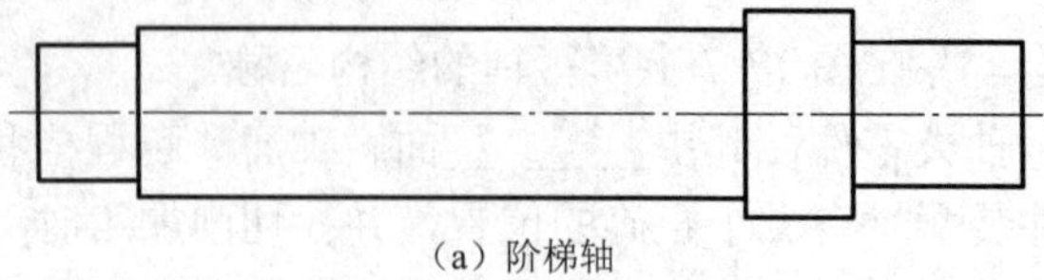

（a）阶梯轴

图 17-9 绘制齿轮轴

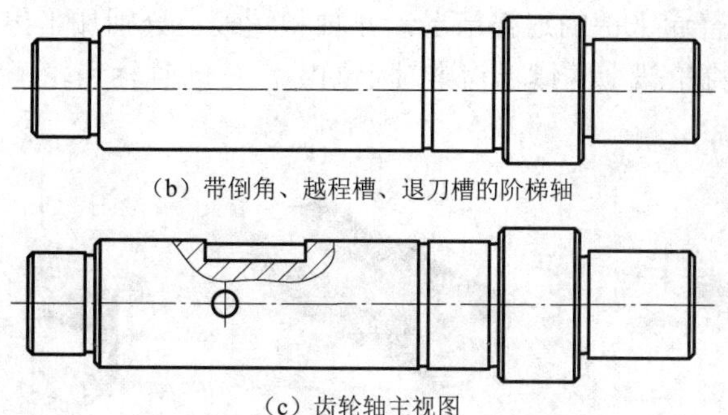

（b）带倒角、越程槽、退刀槽的阶梯轴

（c）齿轮轴主视图

图 17-9　绘制齿轮轴（续）

任务 17.2　轴上标准件的绘制

任务思考与小组讨论 2

如图 17-10 所示，齿轮轴上有哪些标准零件？如何获取这些零件的尺寸？

图 17-10　轴及轴上零件

17.2.1　相关知识：键和齿轮

在机械设备和仪器仪表的装配及安装过程中，广泛使用螺栓、螺钉、螺母、键、销、滚动轴承等零件，由于这些零件应用广、用量大，国家标准对这些零件的结构、规格尺寸和技术要求作了统一规定，实行了标准化，所以统称为**标准件**。

1．键

键通常是用来联结轴与装在轴上的传动件，如齿轮、皮带轮等，起传递转矩的作用。

键是标准件，常用的键有**普通平键**、**半圆键**和**钩头键**三种,如图 17-11 所示。普通平键在结构上又分为 A 型（圆头）、B 型（平头）和 C 型（单圆头）。

（a）普通平键

（b）半圆键

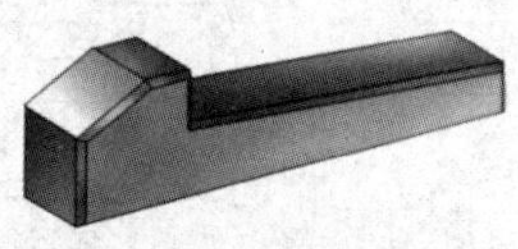

（c）钩头键

图 17-11　常用键的形式

图 17-12 所示为普通平键的连接情况，在轴和轮毂上分别加工出键槽，装配时先将键嵌入轴的键槽内，再将轮毂上的键槽对准轴上的键，传动时轴和轮子便一起转动。

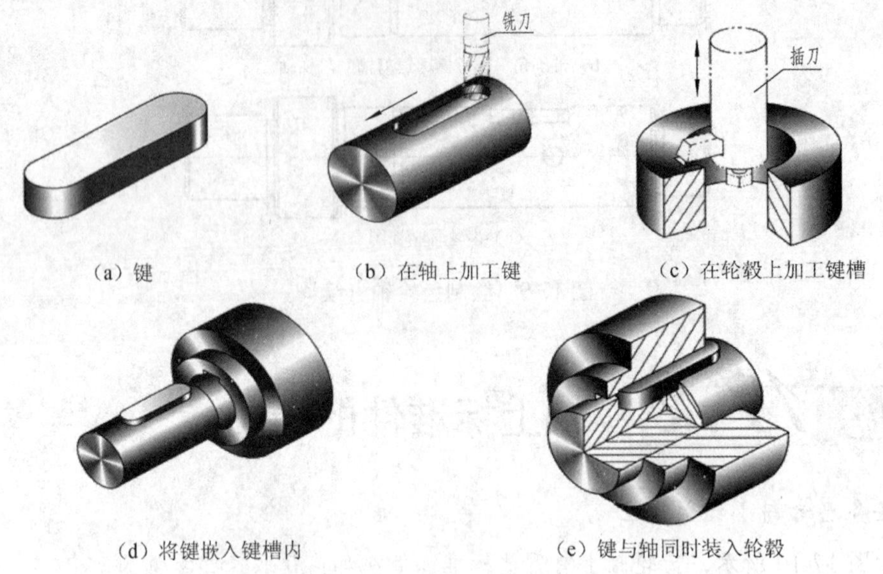

图 17-12　普通平键连接的情况

（1）键槽的画法及尺寸标注

如图 17-13 所示，图中 L、B、b、t_1、t_2 的尺寸可根据轴径 d 查表得到。

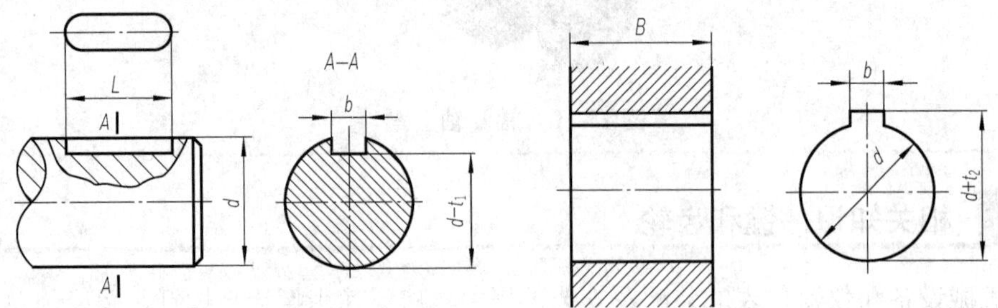

图 17-13　键槽画法及尺寸标注

（2）键连接画法

普通平键连接的画法，如图 17-14 所示。画图时应注意如下事项：平键的两个侧面是其工作表面，分别与轴的键槽和轮毂键槽的两个侧面配合，键的底面与轴的键槽底面接触，故均画一条线，而键的顶面不与轮毂的键槽底面接触，因此画两条线。

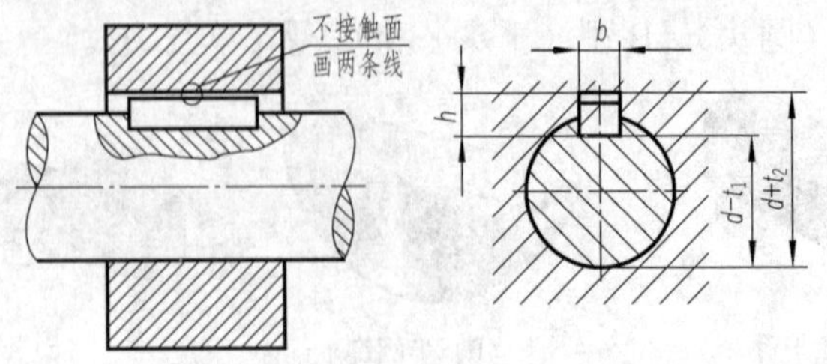

图 17-14　普通平键连接的画法

（3）普通平键的标记

1）普通平键的标记，如图 17-15 所示。

2）普通平键标记的含义。

例：键　GB/T 1096—2003　18×11×100

表示键宽为 18mm，键高为 11mm，键长为 100mm 的 A 型普通平键。

注：A 型普通平键的型号“A”可省略不注，B 型和 C 型要标注“B”或“C”。

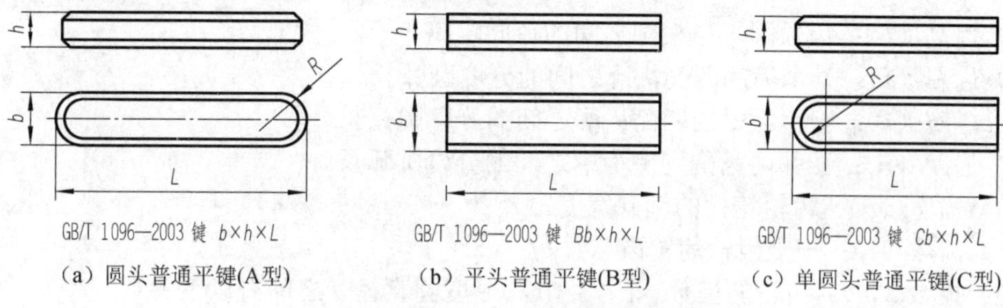

（a）圆头普通平键(A型)　（b）平头普通平键(B型)　（c）单圆头普通平键(C型)

图 17-15　普通平键的画法和标记

2．齿轮

齿轮是广泛应用于机器或部件中的传动零件，除用来传递动力外，还可以改变机件的转速与转向，如图 17-16 所示。

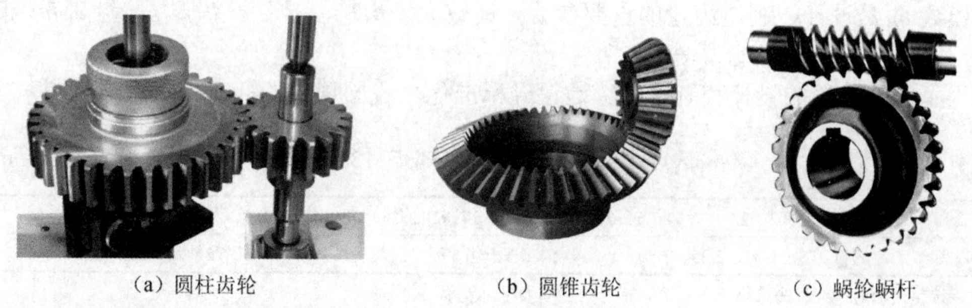

（a）圆柱齿轮　（b）圆锥齿轮　（c）蜗轮蜗杆

图 17-16　齿轮传动形式

（1）直齿圆柱齿轮的几何要素及尺寸关系

直齿圆柱齿轮的几何要素，如图 17-17 所示。

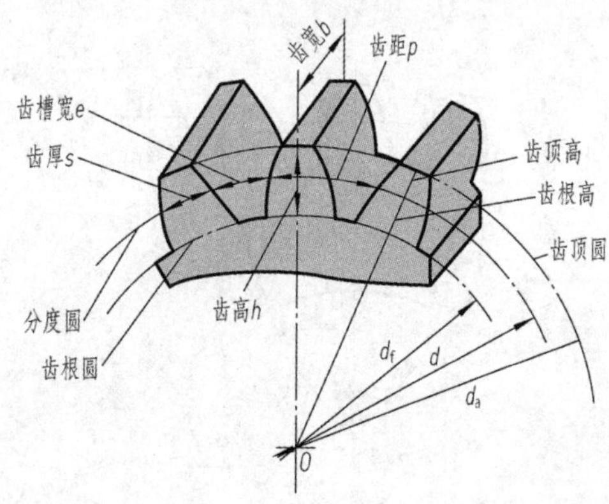

图 17-17　齿轮几何要素

1）齿顶圆直径（d_a）：通过轮齿顶部的圆的直径。

2）齿根圆直径（d_f）：通过轮齿根部的圆的直径。

3）分度圆直径（d）：分度圆是一个约定的假想圆，齿轮的轮齿尺寸以此圆直径为基准确定，该圆上的齿厚 s 与槽宽 e 相等。

4）齿顶高（h_a）：齿顶圆与分度圆之间的径向距离。

5）齿根高（h_f）：齿根圆与分度圆之间的径向距离。

6）齿高（h）：齿顶圆与齿根圆之间的径向距离。

7）齿厚（s）：一个齿的两侧齿廓之间的分度圆弧长。

8）槽宽（e）：一个齿槽的两侧齿廓之间的分度圆弧长。

9）齿距（p）：相邻两齿的同侧齿廓之间的分度圆弧长。

10）齿宽（b）：齿轮轮齿的轴向宽度。

11）齿数（z）：一个齿轮的轮齿总数。

12）模数（m）：齿轮的齿数 z、齿距 p 和分度圆直径 d 之间有以下关系：

$$\pi d = zp \quad \text{即} \quad d = \frac{zp}{\pi}$$

$$\text{令} \frac{p}{\pi} = m\text{，则} d = mz$$

其中，m 称为齿轮的模数。因为两啮合齿轮 p 必须相等，所以两啮合齿轮的模数也必须相等。

模数 m 是设计、制造齿轮的重要参数。模数大，齿轮 p 也大，齿厚 s、齿高 h 也随之增大，因而齿轮的承载能力增大。

为了便于齿轮的设计和制造，模数已经标准化，我国规定的标准模数数值见表 17-1。

表 17-1　齿轮模数系列（GB/T 1357—2008）　（单位：mm）

第一系列	1、1.25、1.5、2、2.5、3、4、5、6、8、10、12、17、20、25、32、40、50
第二系列	1.125、1.375、1.75、2.25、2.75、3.5、4.5、5.5、（6.5）、7、9、（11）、14、18、22、28、35、45

注：选用模数时，应优先选用第一系列，括号内的模数尽可能不用。

13）齿形角（α）。齿廓曲线和分度圆交点处的径向直线与齿廓在该点处的切线所夹锐角称为齿形角，如图 17-18 所示。

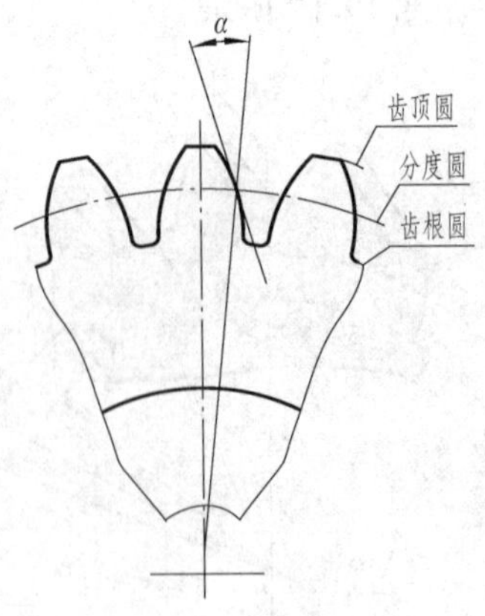

图 17-18　齿轮齿形角

14）传动比（i）。传动比为主动齿轮的转速 n_1（r/min）与从动齿轮的转速 n_2（r/min）之比，即 $\frac{n_1}{n_2}$。由 $n_1z_1=n_2z_2$ 可得

$$i=\frac{n_1}{n_2}=\frac{z_2}{z_1}$$

15）中心距（a）。两圆柱齿轮轴线之间的最短距离称为中心距，即

$$a=\frac{d_1+d_2}{2}=\frac{m(z_1+z_2)}{2}$$

（2）直齿圆柱齿轮几何要素的尺寸计算

标准直齿圆柱齿轮各几何要素尺寸的计算公式见表 17-2，从表中可知，已知齿轮的模数 m 和齿数 z，按表所列公式可以计算出各几何要素的尺寸，并画出齿轮的图形。

表 17-2　直齿圆柱齿轮各几何要素的尺寸计算

名　称	代　号	计算公式
齿顶高	h_a	$h_a=m$
齿根高	h_f	$h_f=1.25m$
齿高	h	$H=h_a+h_f=2.25m$
分度圆直径	d	$d=mz$
齿顶圆直径	d_a	$d_a=d+2h_a=m(z+2)$
齿根圆直径	d_f	$d_f=d-h_f=m(z-2.5)$
标准中心距	a	$A=(d_1+d_2)/2=m(z_1+z_2)/2$

（3）圆柱齿轮的规定画法

1）单个圆柱齿轮。**齿顶圆**、**齿顶线**用**粗实线**表示；**分度圆**、**分度线**用**细点画线**表示；**齿根圆**、**齿根线**用**细实线**表示（也可省略不画）；在剖视图中，当剖切平面通过齿轮轴线时，齿轮一律按不剖处理，齿根线画成粗实线，不能省略。如图 17-19 所示。

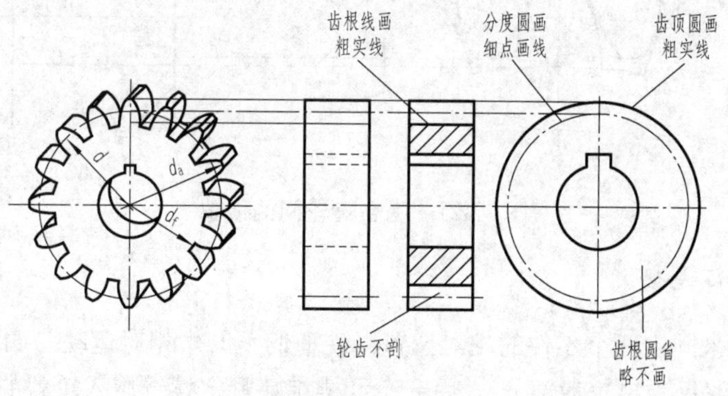

图 17-19　圆柱齿轮的画法

2）啮合的圆柱齿轮。在垂直于圆柱齿轮轴线的投影面的视图中，啮合区内齿顶圆均用粗实线绘制［图 17-20（a）所示的左视图］，或按省略画法绘制［图 17-20（b）所示的左视图］。在剖视图中，当剖切平面通过两啮合齿轮轴线时，在啮合区内，将一个齿轮的轮齿用粗实线绘制，另一个齿轮的轮齿被遮挡部分用细虚线绘制［图 17-20（a）所示的主视图］，被遮挡部分也可以省略不画。如图 17-21 所示，在齿轮啮合的剖视图中，由于齿根高与齿顶高相差 0.25m，因此一个齿轮的齿顶线和另一个齿轮的齿根线之间应有 0.25m 的间隙。

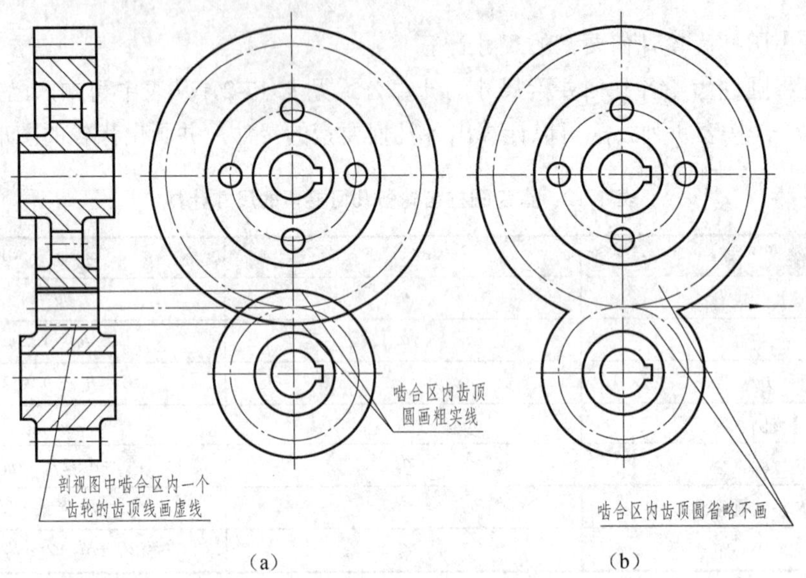

图 17-20　啮合圆柱齿轮的画法

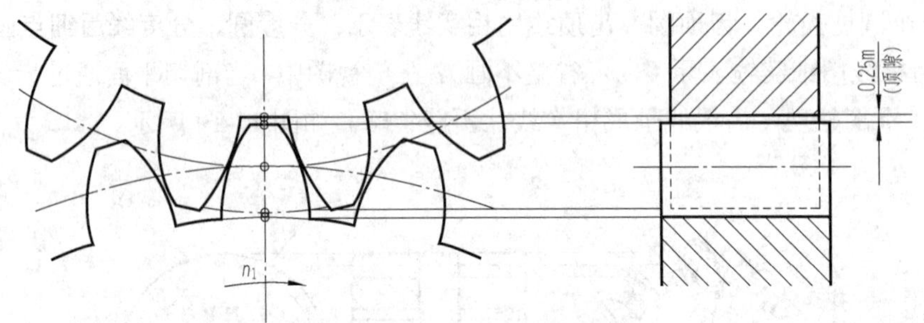

图 17-21　啮合齿轮间的顶隙

3．紧定螺钉连接

紧定螺钉用来固定两个零件的相对位置，使他们不产生相对运动。如图 17-22 中的轴和齿轮（图中齿轮仅画出轮毂部分），用一个开槽锥端紧定螺钉旋入轮毂的螺孔，使螺钉端部的 90° 锥顶压紧轴上的 90° 锥坑，从而固定轴和齿轮的相对位置。

螺纹紧固件各部分的尺寸可查表。绘制紧定螺钉查 GB/T 77—2007 获得紧定螺钉 M5X8 的绘图尺寸并绘制。

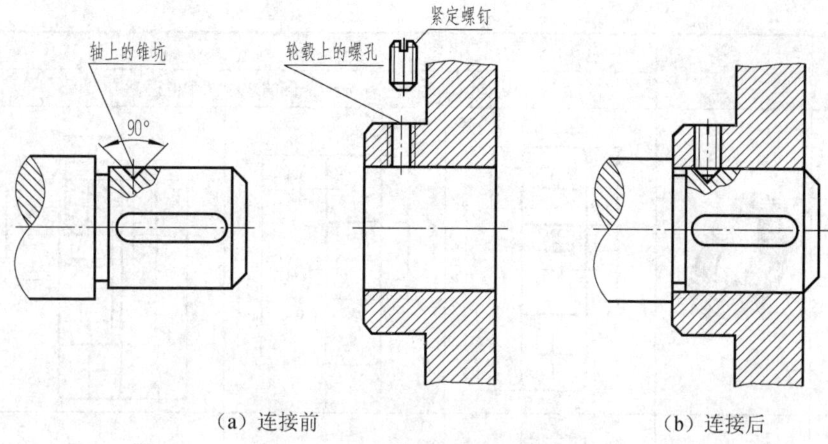

（a）连接前　　（b）连接后

图 17-22　紧定螺钉连接画法

4．滚动轴承

滚动轴承是将运转的轴与轴座之间的滑动摩擦变为滚动摩擦，从而减少摩擦损失的一种精密的机械元件。滚动轴承一般由**内圈**、**外圈**、**滚动体**和**保持架**四部分组成，如图 17-23 所示。内圈的作用是与轴相配合并与轴一起旋转；外圈作用是与轴承座相配合，起支撑作用；滚动体是借助保持架均匀地将滚动体分布在内圈和外圈之间，其形状大小和数量直接影响着滚动轴承的使用性能和寿命；保持架能使滚动体均匀分布，防止滚动体脱落，引导滚动体旋转起润滑作用。

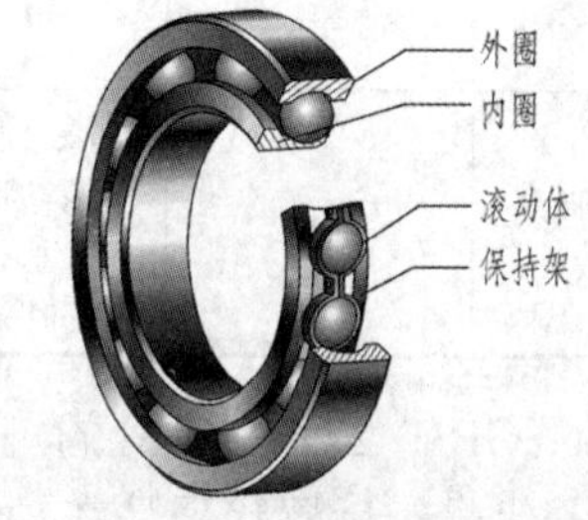

图 17-23　滚动轴承的基本结构

滚动轴承的表示法包括三种，即通用画法、特征画法和规定画法，前两种画法又称为简化法，各种画法的示例见表 17-3。

表 17-3　常用滚动轴承的表示法

轴承类型	结构形式	通用画法	特征画法	规定画法	特征承载
		均指滚动轴承在所属装配图的剖视图中的画法			
深沟球轴承（GB/T 276—2013）6000 型					主要承受径向载荷

续表

轴承类型	结构形式	通用画法	特征画法	规定画法	特征承载
		均指滚动轴承在所属装配图的剖视图中的画法			
圆锥滚子轴承（GB/T 276—2013）3000 型		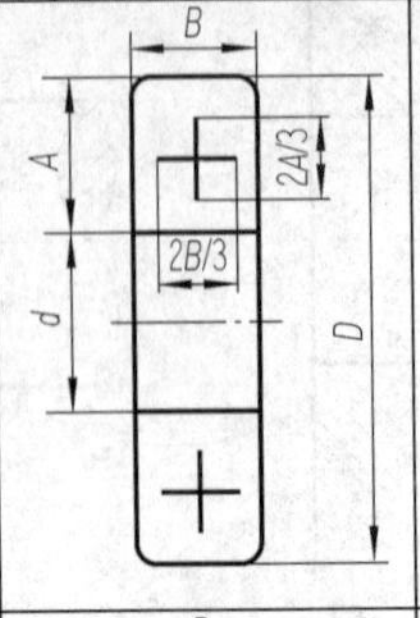	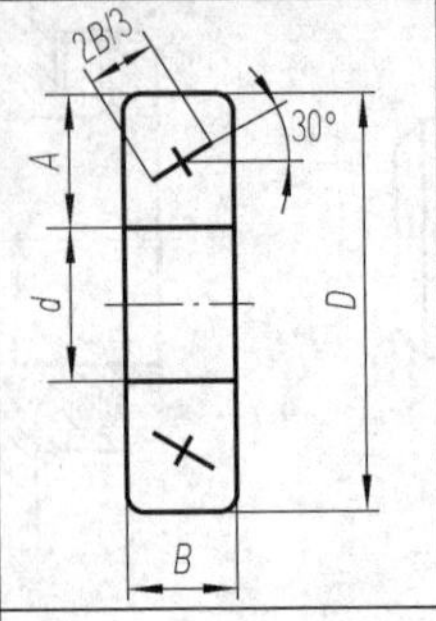	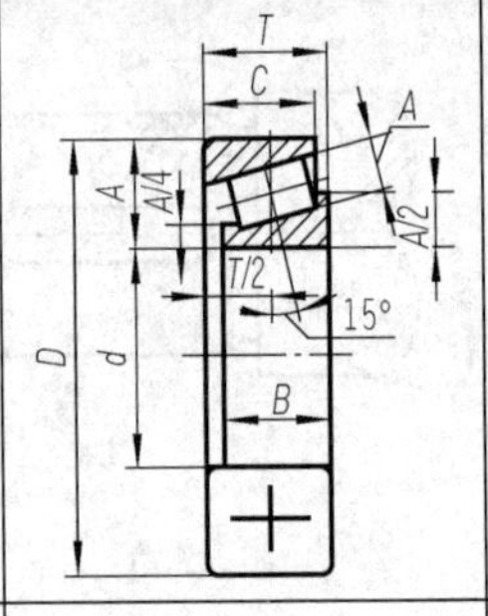	可同时承受径向和轴向载荷
推力球轴承（GB/T 28697—2012）51000 型		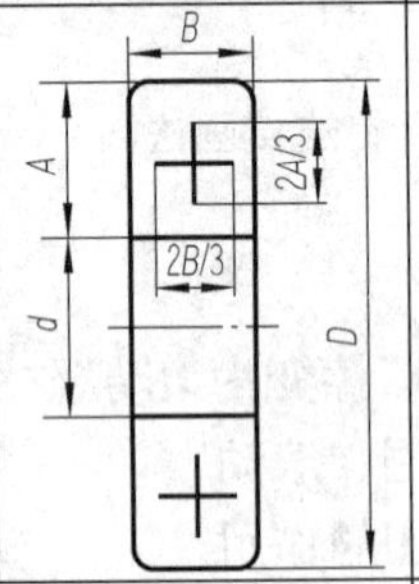	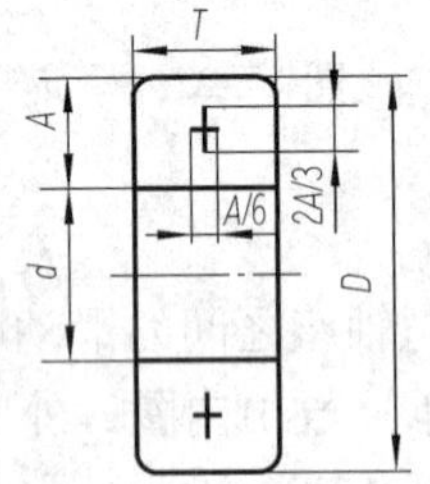	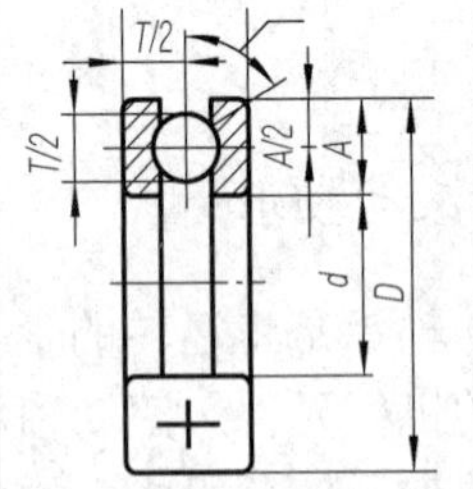	承受单方向的轴向载荷
三种画法的选用		当不需要确切地表示滚动轴承的外形轮廓、承载特征和结构特征时采用	当需要较形象地表示滚动轴承的结构特征时采用	在滚动轴承的产品图样、产品样本、产品标准和产品使用说明书中采用	

按照 GB/T 272—1993 的规定，滚动轴承的代号由前置代号、基本代号和后置代号构成，前置代号、后置代号是在轴承结构形成、尺寸和技术要求等有所改变时，在其基本代号前后添加的补充代号。补充代号的规定可从 GB/T 272—1993 和 JB/T 2974—2004 中查得。

轴承的基本代号由类型代号、尺寸系列代号和内径代号组成。基本代号最左边的一位数字（或字母）为类型代号（表 17-4）。尺寸系列代号由宽度和直径系列代号组成，具体可从 GB/T 272—1993 中查取。内径代号的表示有两种情况：当内径不小于 20mm 时，则内径代号数字为轴承公称内径除以 5 的商数，当商数为一位数时，需在左边加“0”；当内径小于 20mm 时，内径代号另有规定。

表 17-4　滚动轴承类型代号（摘自 GB/T 272—1993）

代　号	轴承类型	代　号	轴承类型
0	双列角接触球轴承	6	深沟球轴承
1	调心球轴承	7	角接触球轴承
2	调心滚子轴承和推力调心滚子轴承	8	推力圆柱滚子轴承
3	圆锥滚子轴承	N	圆柱滚子轴承（双列或多列用字母 NN 表示）
4	双列深沟球轴承	U	多球面球轴承
5	推力球轴承	QJ	四点接触球轴承

注：在表中代号后或前面加字母或数字表示该类轴承中的不同结构。

下面以滚动轴承代号 6204 为例，说明轴承的基本代号。

6——类型代号，表示深沟球轴承。

2——尺寸系列代号“02”。其“0”为宽度系列代号，按规定（参见 GB/T 272—1993）省略未写，“2”为直径系列代号，故二者组合时注写成“2”。

04——内径代号，表示该轴承内径为 4×5＝20mm，即内径代号是轴承公称内径 20mm 除以 5 的商数 4，再在前面加 0 成为“04”。

根据各类轴承的相应标记规定，轴承的标记由三部分组成，即

	轴承名称	轴承代号	标准编号
标记示例：	滚动轴承	6210	GB/T 276—2013

深沟球轴承、圆锥滚子轴承和推力球轴承的各部分尺寸可查表。

17.2.2 实践操作：绘制轴上标准件

根据图 17-24 所示立体图，绘制轴上零件。

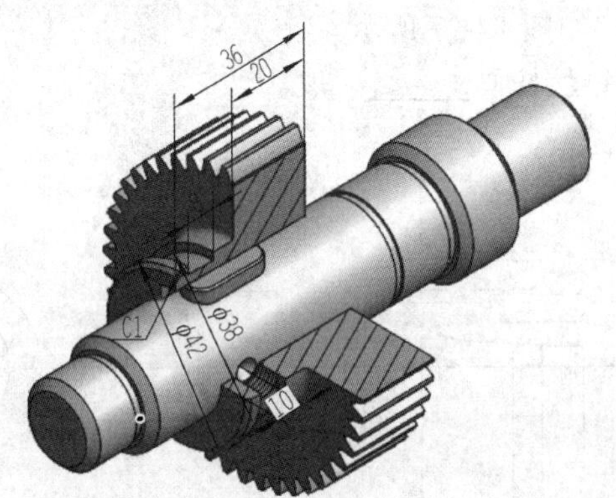

图 17-24　轴上齿轮标注立体图

01 绘制轴上的齿轮，如图 17-25 所示。

① 根据已知条件 $m=1.5$、$z=46$ 计算齿轮尺寸，$d_a=$________；$d=$________；$d_f=$________。

② 齿轮内孔有轮毂，为了表达清楚，选用________剖视图绘制齿轮。

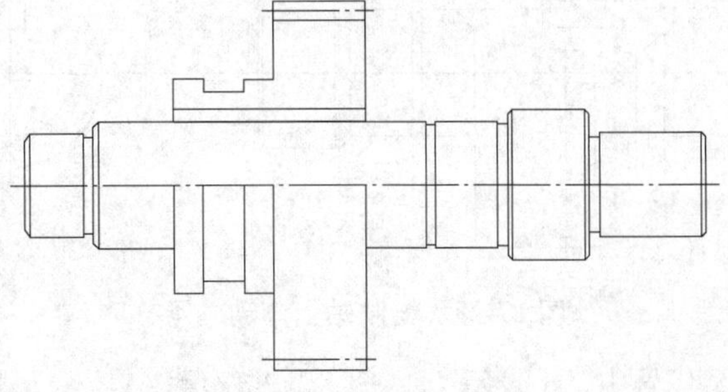

图 17-25　绘制轴上齿轮

02 绘制轴上的键，如图 17-26 所示。

① 键用于连接________和轴上的________。该键属于________普通平键，________型。

② 查表得键的尺寸 $b=$________；$h=$________；$L=$________；$t_1=$________；$t_2=$________；$r=$________。

③ 键在绘制时为了表达清楚主视图采用________剖视，左视图采用________图表达。

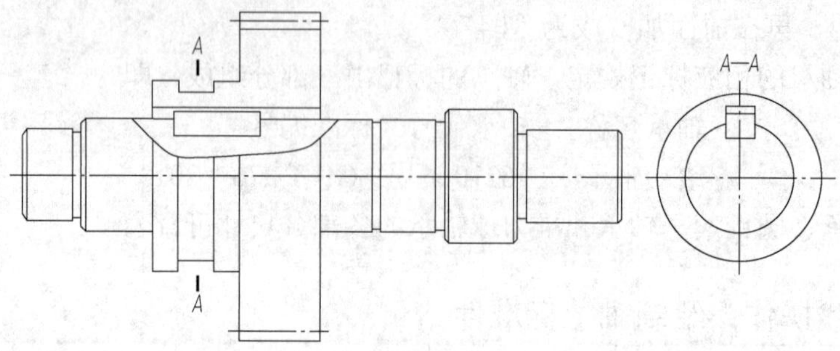

图 17-26　绘制轴上键

03 绘制紧定螺钉，如图 17-27 所示。

左视图中紧定螺钉的锥坑应画________度。

查表得 $n=$________。

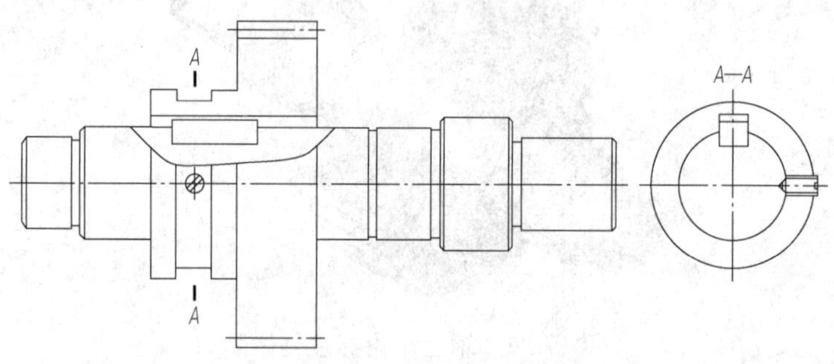

图 17-27　绘制轴上紧定螺钉

04 绘制变速器输出轴上标准件轴承，如图 17-28 所示。

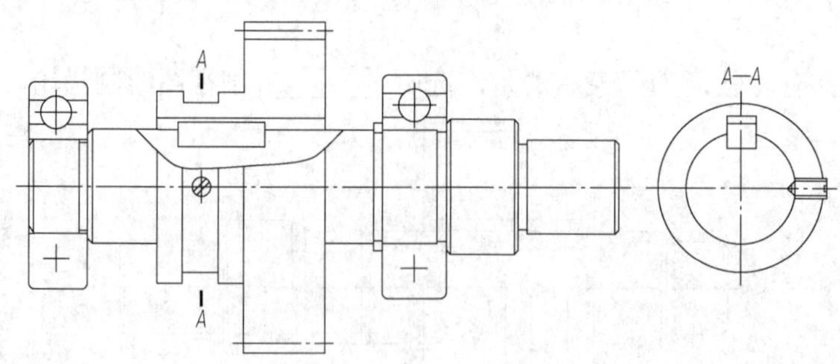

图 17-28　绘制轴上滚动轴承

① 滚动轴承 6205 代号中，6 表示________，2 表示________，05 表示________。滚动轴承 6204 代号中，04 表示________。

② 查表获得 6205 的尺寸为 $d=$________；$D=$________；$B=$________。

6204 的尺寸为 d=________；D=________；B=________。

05 校对、描深，画剖面线，如图 17-29 所示。

装配图中，相接触的两零件的剖面线方向应________或________不等。

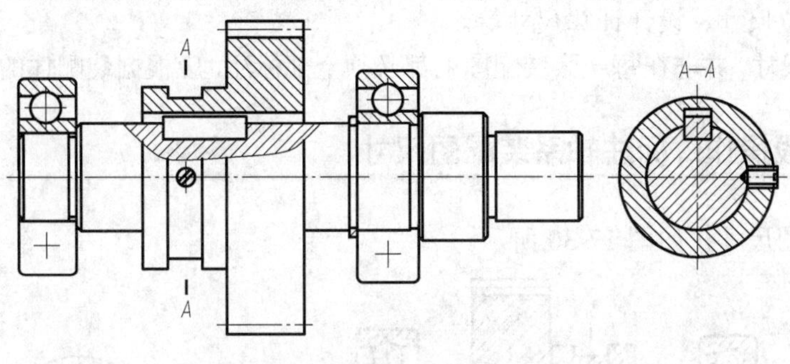

图 17-29　画剖面线、检查加粗

任务 17.3 轴系装配图的尺寸标注

任务思考与小组讨论 3

轴系装配图需要标注哪些尺寸?

17.3.1 相关知识：装配图的尺寸标注

装配图与零件图不同，不是用来直接指导零件生产的，不需要、也不可能注出每一个零件的全部尺寸，一般仅标注出下列几类尺寸。

1．特性、规格尺寸

表示装配体的性能、规格或特征的尺寸。它常常是设计或选择使用装配体的依据。

2．装配尺寸

表示装配体各零件之间装配关系的尺寸，它包括：

1）配合尺寸，表示零件配合性质的尺寸。

2）相对位置尺寸，表示零件间比较重要的相对位置尺寸。

3．安装尺寸

表示装配体安装时所需要的尺寸。

4．外形尺寸

表示装配体的外形轮廓尺寸，如总长、总宽、总高等。这是装配体在包装、运输、安装时所需的尺寸。

5．其他重要尺寸

经计算或选定的不能包括在上述几类尺寸中的重要尺寸，如运动件的极限位置尺寸、零件的主要定位尺寸、设计计算尺寸等。

上述几类尺寸，并非在每一张装配图上都必须全部标注，应根据装配体的具体情况而定。

17.3.2 实践操作：标注轴系装配图尺寸

标注装配图尺寸，如图 17-30 所示。

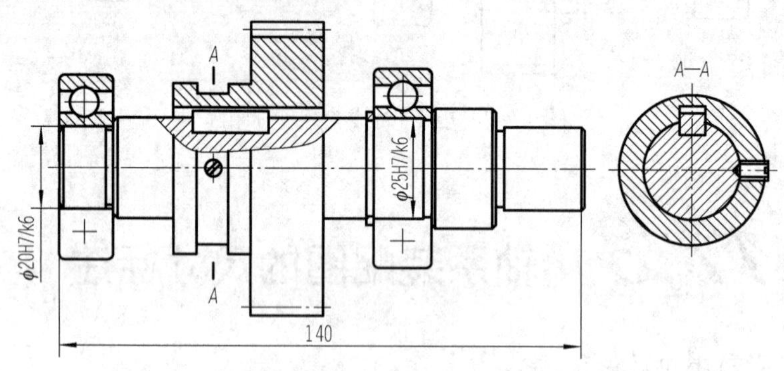

图 17-30 轴系的尺寸标注

轴系装配图需要标注轴与________的配合尺寸φ25H7/f6；轴与________的配合尺寸φ20H7/k6 及________尺寸 140。

项目测评

按表 17-5 进行项目测评。

表 17-5 项目测评表

序号	评价内容	分数	自评	组长或教师*评分
1	课前准备，按要求进行预习	5		
2	积极参与小组讨论	15		
3	按时完成学习任务	5		
4	绘图质量*	50		
5	完成学习工作页*	20		
6	遵守课堂纪律	5		
总分		100		
综合评分（自评分×20%＋组长或教师*评分×80%）：				
小组长签名：		教师签名：		
学习体会	签名： 日期：			

知识拓展：斜齿、人字齿圆柱齿轮、圆锥齿轮和蜗轮蜗杆

1. 销连接

销是标准件，通常用于零件的连接或定位。常用的有圆柱销、圆锥销和开口销。

圆柱销和圆锥销的连接画法，如图 17-31 所示。

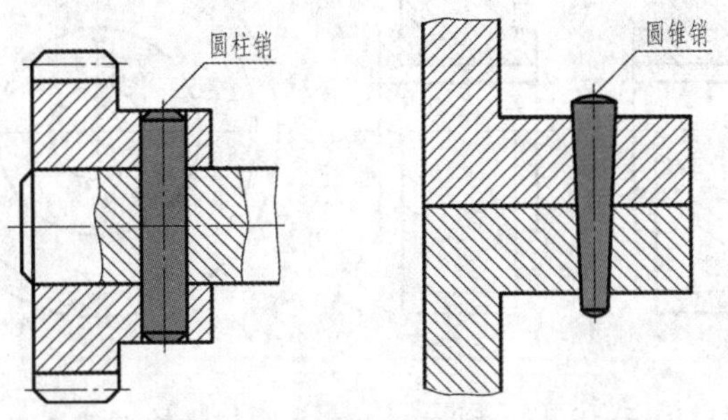

图 17-31　圆柱销和圆锥销的连接画法

开口销的连接画法，如图 17-32 所示。开口销常与六角开槽螺母配合使用，它穿过螺母上的槽和螺杆上的孔，并将销的尾部叉开，以防螺母松动或限定其他零件在装配体中的位置。

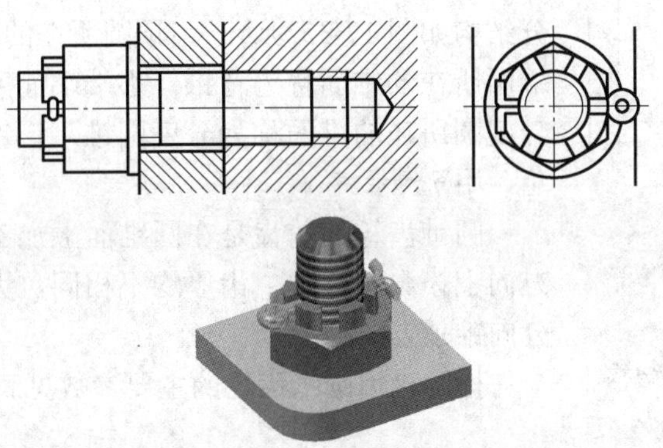

图 17-32　开口销的连接画法

圆柱销和圆锥销的各部分尺寸及其标记示例如图 17-33 所示。

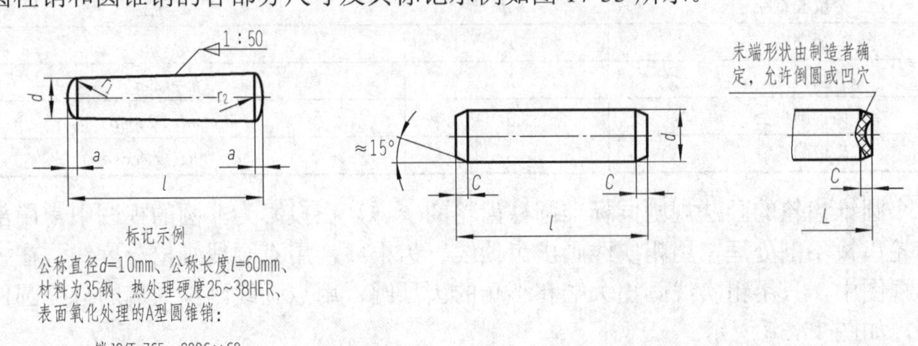

图 17-33　销的标记

2．斜齿、人字齿圆柱齿轮画法

画法与直齿圆柱齿轮相同，表示斜齿或人字齿的齿形，可用三条与齿轮方向一致的细实线表示，如图 17-34 所示。

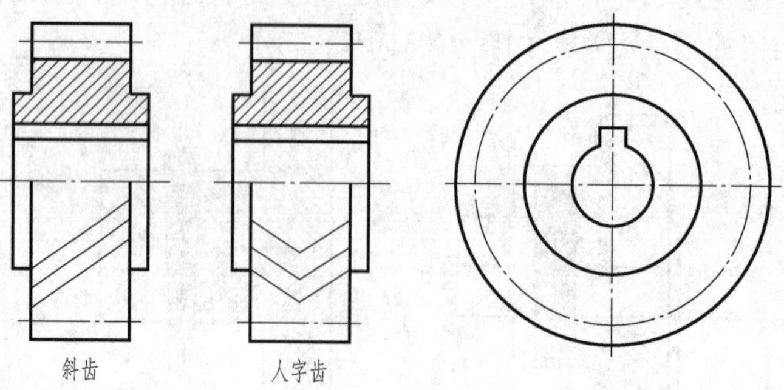

图 17-34　斜齿、人字齿圆柱齿轮画法

3．圆锥齿轮的画法

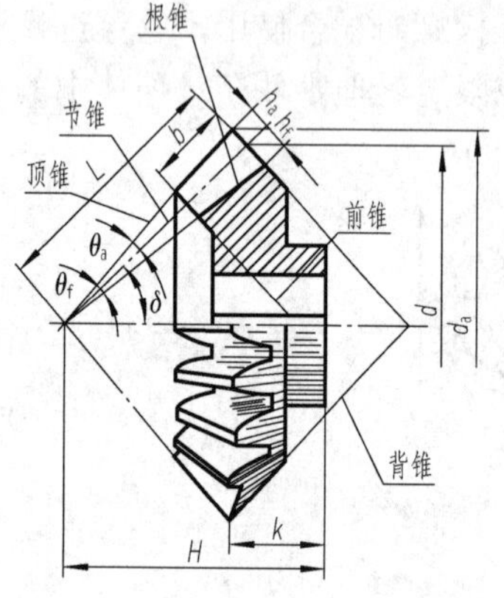

图 17-35　圆锥齿轮的结构

（1）单个圆锥齿轮的画法

圆锥齿轮通常用于交角 90° 的两轴之间的传动，其各部分结构如图 17-35 所示。齿顶圆所在的锥面称为顶锥面、大端端面所在的锥面称为背锥，小端端面所在的锥面称为前锥，分度圆所在的锥面称为分度圆锥，该锥顶角的半角称为分锥角，用δ表示。

圆锥齿轮的轮齿是在圆锥面上加工出来的，在齿的长度方向上模数、齿数、齿厚均不相同，大端尺寸最大，其他部分向锥顶方向缩小。

标准直齿圆锥齿轮的主要参数见表 17-6。

表 17-6　标准直齿圆锥齿轮主要参数的计算公式

名　称	代　号	计算公式
分度圆直径	d	$d=mz$
齿顶高	h_a	$h_a=m$
齿根高	h_f	$h_f=1.2m$
齿顶圆直径	d_a	$d_a=m(z+2\cos\delta)$
齿根圆直径	d_f	$d_f=m(z-2.4\cos\delta)$

单个圆锥齿轮的画法规则同标准圆柱齿轮的一样，在投影为非圆的视图中常用剖视图表示，轮齿按不剖处理，用粗实线画出齿顶线、齿根线，用点画线画出分度线。在投影为非圆的视图中，只用粗实线画出大端和小端的齿顶圆，用点画线画出大端的分度圆，齿根圆不画，如图 17-36 所示。

（2）啮合圆锥齿轮的画法

圆锥齿轮的啮合画法同圆柱齿轮相同，如图 17-37 所示。

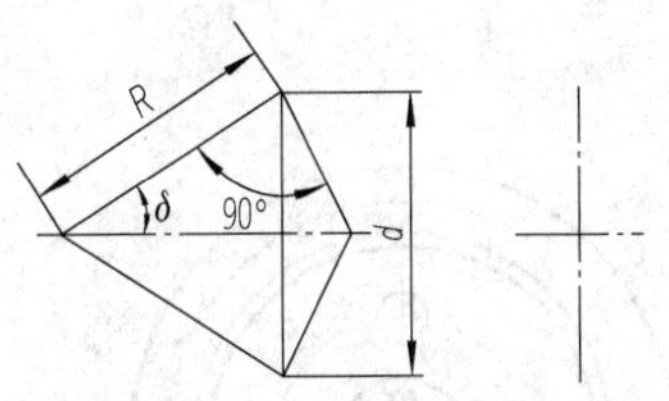

（a）定出分度圆的直径和分锥角

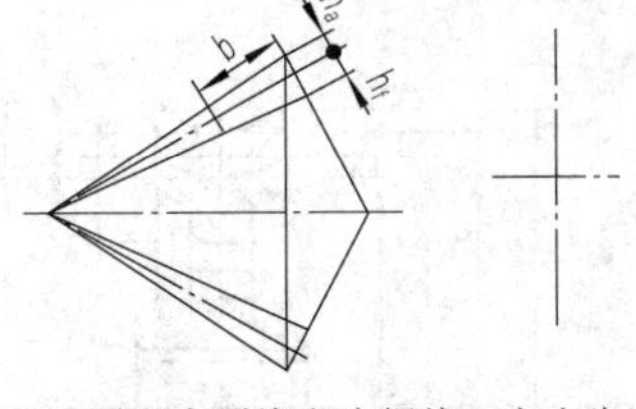

（b）画出齿顶线和齿根线，定出齿宽

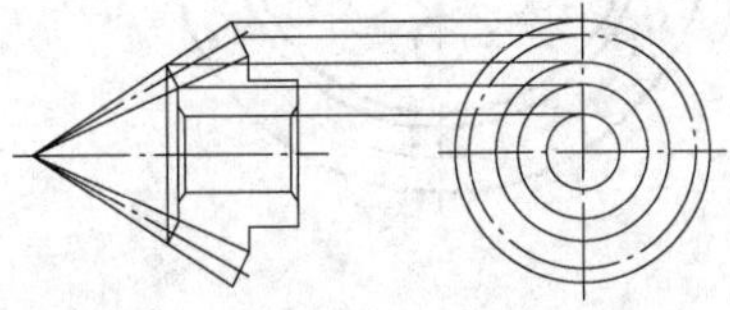

（c）画出锥齿轮投影的轮廓线

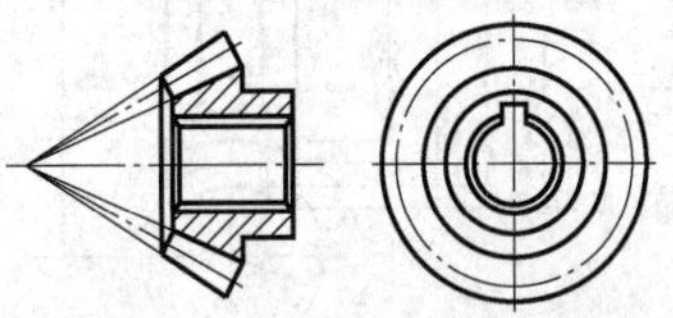

（d）去掉作图线，加深轮廓线，画剖面线

图 17-36　直齿圆锥齿轮画法

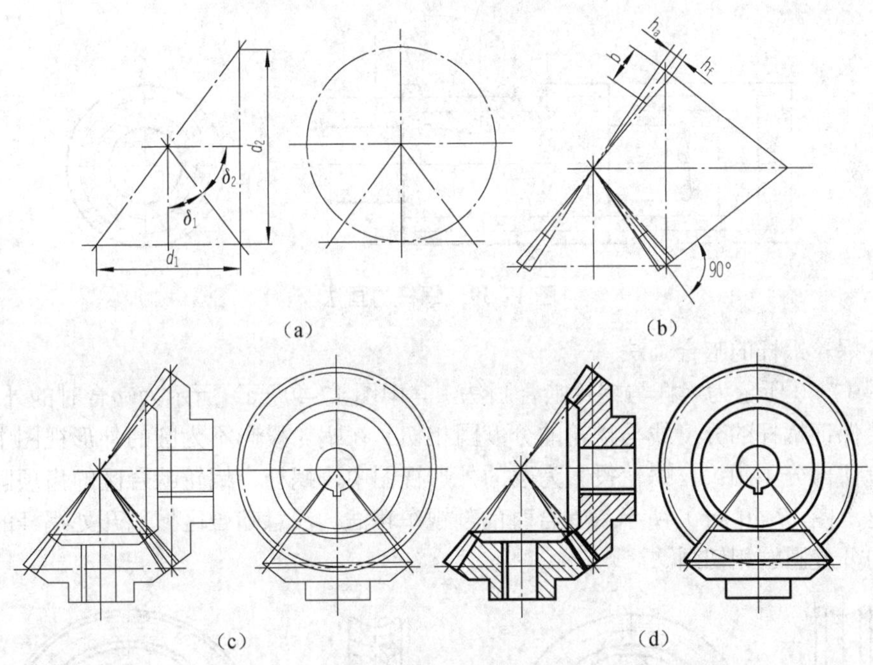

（a）　（b）

（c）　（d）

图 17-37　圆锥齿轮的啮合画法

4．蜗轮蜗杆

单个蜗杆、蜗轮画法与圆柱齿轮画法基本相同。

（1）蜗轮的画法

蜗轮通常用剖视图表达，在投影为圆的视图中，只画分度圆（d_2）和蜗轮外圆（d_{e2}），如图 17-38 所示。

（2）蜗杆的画法

蜗杆的主视图上可用局部剖视图或局部放大图表示齿形。齿顶圆（齿顶线）用粗实线画出，分度圆（分度线）用细点画线画出，齿根圆（齿根线）用细实线画出或省略不画，如图 17-39 所示。

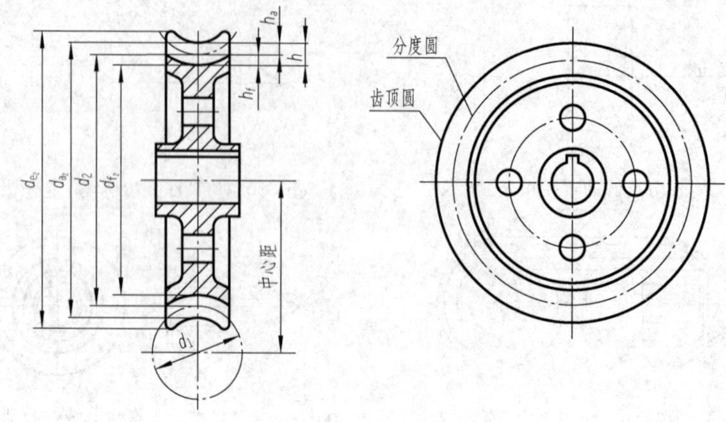

图 17-38　蜗轮的画法

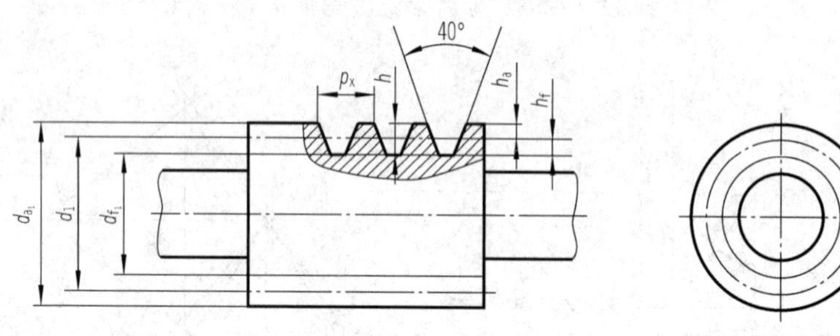

图 17-39　蜗杆的画法

（3）蜗轮蜗杆的啮合画法

如图 17-40 所示为蜗杆与蜗轮啮合画法，其中图 17-40（a）所示为啮合时的外形视图，画图时要保证蜗杆的分度线与蜗轮的分度圆相切。在蜗轮投影不为圆的外形视图中，蜗轮被蜗杆遮住部分不画；在蜗轮投影为圆的外形视图中，蜗杆、蜗轮啮合区的齿顶圆都用粗实线画出。图 17-40（b）所示为啮合时的剖视车辆法，注意啮合区域剖开处蜗杆的分度线与蜗轮的分度圆的相切画法。

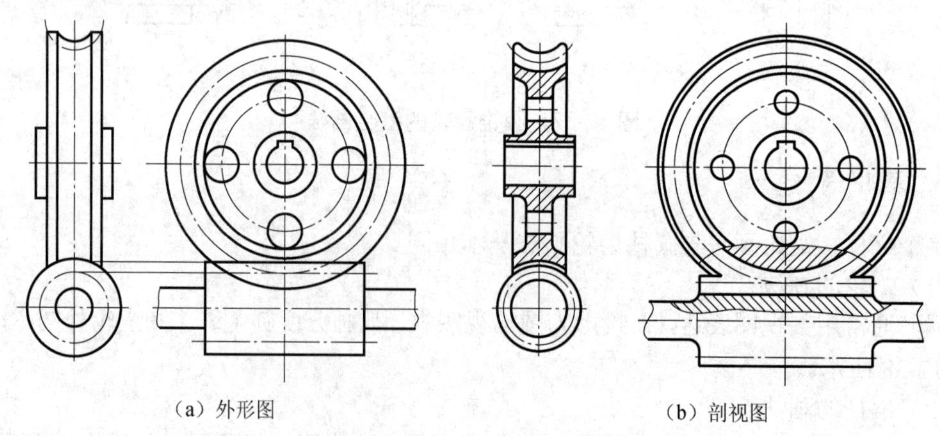

（a）外形图　　（b）剖视图

图 17-40　蜗轮、蜗杆的啮合画法

5．弹簧

弹簧是用途很广的常用零件。它主要用于减震、夹紧、储存能量和测力等方面。弹簧的特点是在弹性变形范围内，去掉外力后能立即恢复原状。常用的弹簧如图 17-41 所示。

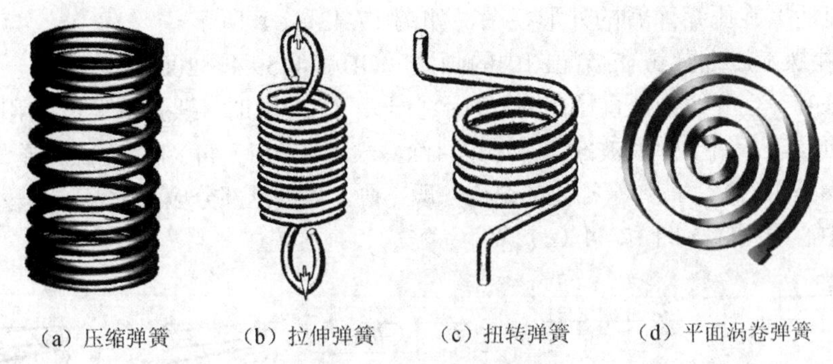

图 17-41　常用的弹簧

(1) 圆柱螺旋压缩弹簧各部分名称和尺寸关系

圆柱螺旋压缩弹簧的结构，如图 17-42 所示。

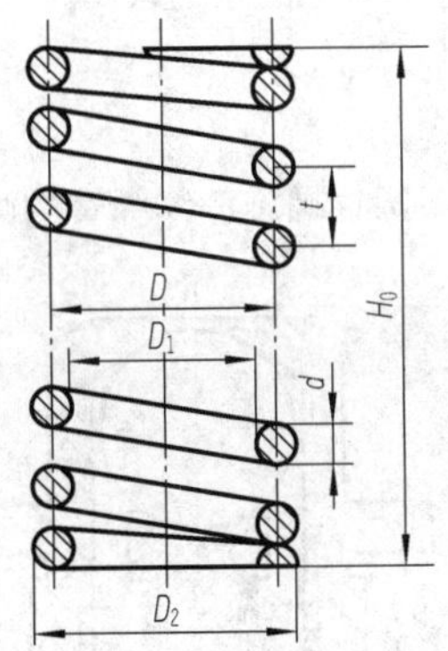

图 17-42　圆柱螺旋压缩弹簧的结构和尺寸

1）线径 d：弹簧钢丝直径。

2）外径 D：弹簧的最大直径。

3）内径 D_1：弹簧的最小直径。

4）中径 D_2：弹簧的平均直径。

5）自由高度 H_0：弹簧在不受外力作用下时的高度（或长度）。

6）节距 t：除支承圈外，相邻两有效圈上对应点之间的轴向距离。

7）支撑圈数 n_z、有效圈数 n、总圈数 n_1：为了使螺旋压缩弹簧工作时受力均匀，增加弹簧的平稳性，将弹簧两端并紧、磨平。并紧、磨平的各圈主要起支承作用，称为**支承圈**。保持节距相等的圈数，称为**有效圈数**。有效圈数与支承圈数之和称为**总圈数**，即 $n_1=n+n_z$。

8）展开长度 L：制造弹簧时坯料的长度。

9）旋向：螺旋弹簧分为左旋和右旋两种。

（2）圆柱螺旋压缩弹簧的作图步骤

01 画自由高度和中径，如图 17-43（a）所示。

02 画出支撑圈部分，*d* 为线径，如图 17-43（b）所示。

03 画部分有效圈数，*t* 为节距，如图 17-43（c）所示。

04 按右旋方向作相应圆的公切线，画成剖视图，如图 17-43（d）所示。

05 圆柱螺旋压缩弹簧的外形视图，如图 17-43（e）所示。

（3）圆柱螺旋压缩弹簧在装配图中的画法（GB/T 4459.4—2003）

在装配图中，当弹簧钢丝直径在图上表示小于等于 2mm 时，螺旋弹簧允许用图 17-44（a）所示的示意画法表示；当弹簧被剖切时，也可涂黑表示［图 17-44（b）］；螺旋弹簧被剖切后，不论中间各圈是否省略，被弹簧挡住的结构一般不画，其可见部分应从弹簧的外轮廓线或弹簧钢丝剖面的中心线画起［图 17-44（c）］。

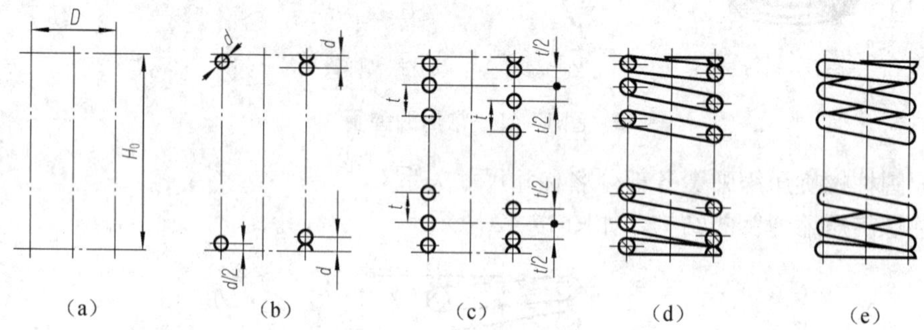

图 17-43　圆柱螺旋压缩弹簧的画图步骤

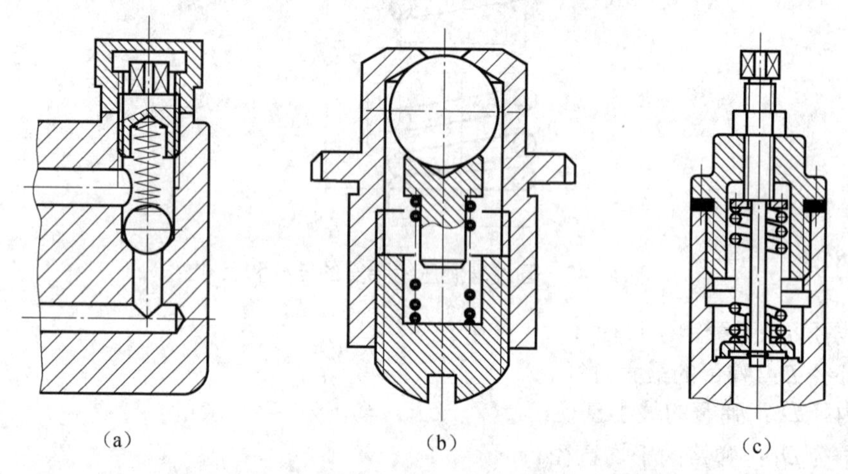

图 17-44　装配图中弹簧的画法

技能拓展：绘制锥齿轮轴系装配图

根据如图 17-45 所示轴测图和轴，按 1∶1 比例绘制锥齿轮轴系装配图。

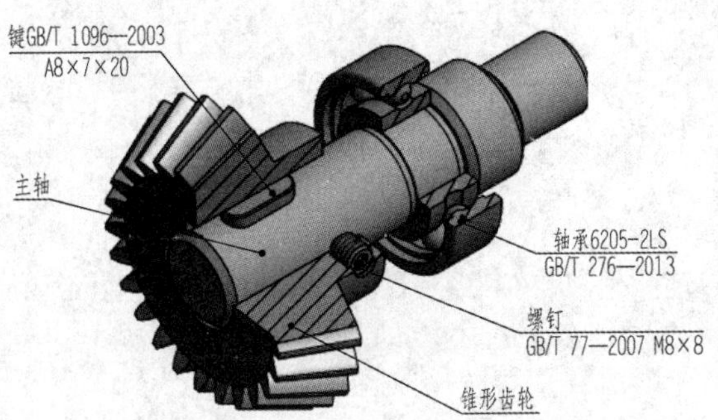
键GB/T 1096—2003
A8×7×20
主轴
轴承6205-2LS
GB/T 276—2013
螺钉
GB/T 77—2007 M8×8
锥形齿轮

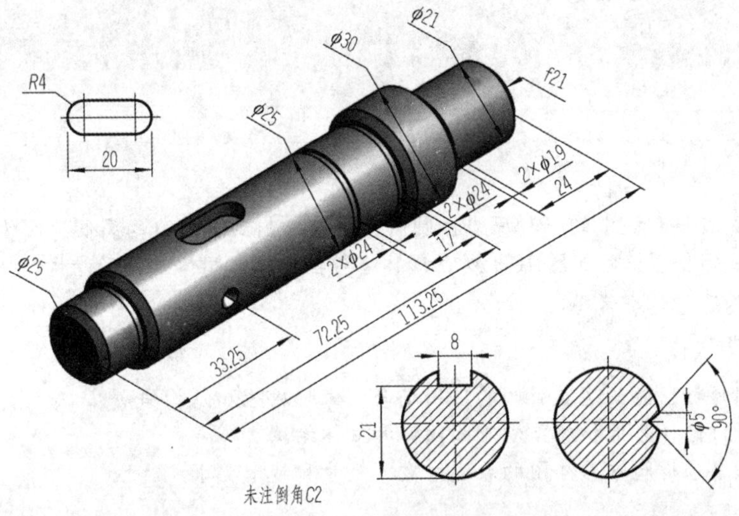
φ21
φ30
R4
f21
φ25
20
2×φ19
24
2×φ24
17
2×φ24
φ25
72.25
113.25
33.25
8
21
φ5
90°
未注倒角C2

图 17-45　锥齿轮轴系

项目 18

溢流阀阀体零件图的识读

项目描述

溢流阀是液压系统中的一种压力控制阀，用来控制油液压力的高低。阀体是溢流阀的一个主要组成零件。识读如图 18-1 所示阀体零件图，想象阀体零件的结构，分析零件图的表达方案、尺寸和技术要求。

学习目标

◎ 查阅资料，能叙述溢流阀的应用场合、工作原理和结构组成。
◎ 小组讨论，分析和想象溢流阀阀体的立体结构。
◎ 能独立分析阀体零件图的表达方案、尺寸和技术要求。

学习任务

◎ 阀体零件的认识。
◎ 阀体的视图表达和结构分析。
◎ 阀体尺寸标注、技术要求的分析。

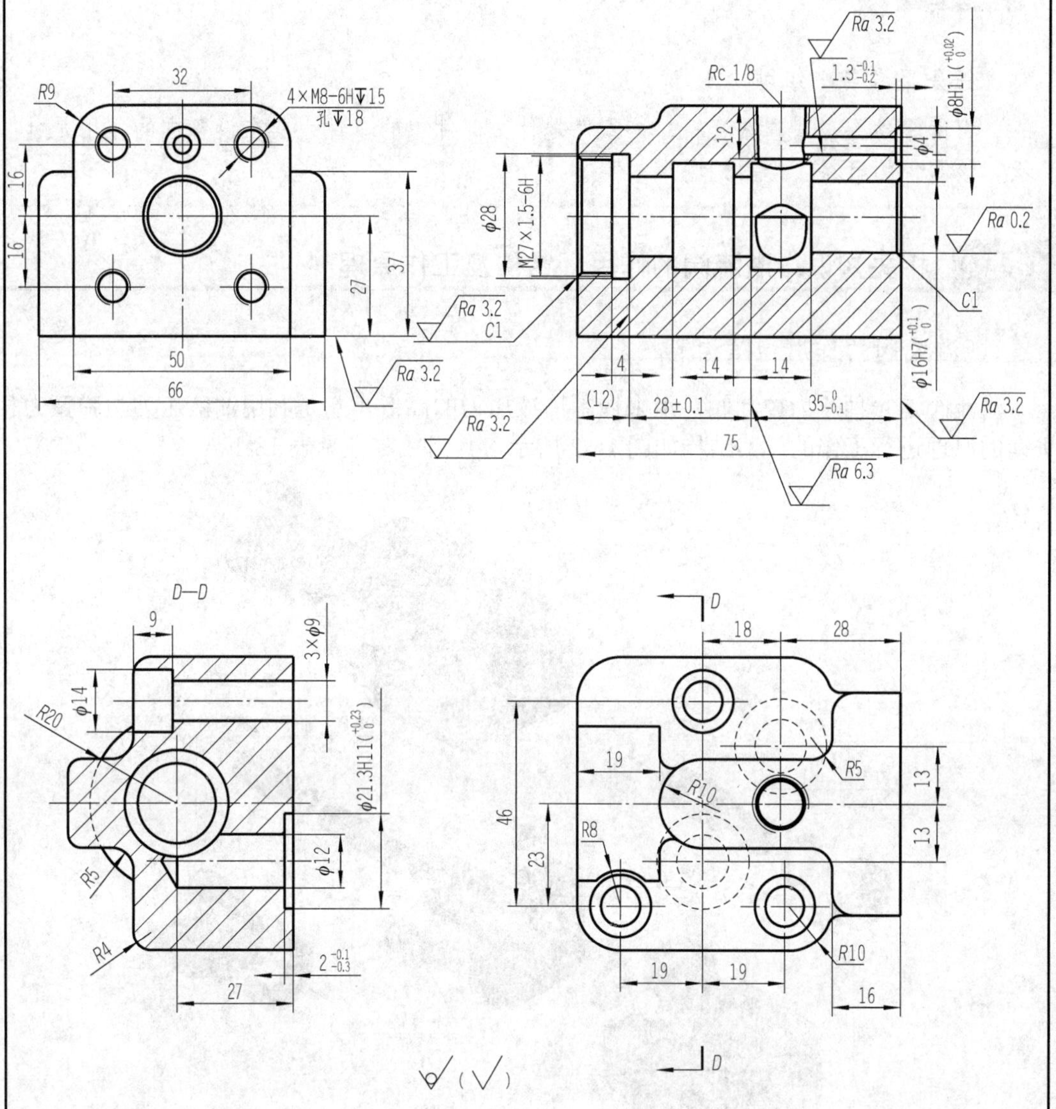

D—D

技术要求

1.铸件不得有砂眼，裂纹等缺陷；
2.未注铸造圆角为R2~R3；
3.人工时效处理。

阀体			比例	1:1.5	(图号)
			材料	HT200	
制图		(日期)	(单位)		
审核		(日期)			

图 18-1　阀体零件图

任务 18.1 阀体零件的认识

任务思考与小组讨论 1

识读零件图，请查阅资料，该零件是什么部件中的零件，其在设备中的作用是什么，该零件的材料、绘图比例？

18.1.1 相关知识：溢流阀的作用、结构及工作原理

1．溢流阀的作用和结构

溢流阀是一种压力控制阀，用来控制油液压力的高低，它是利用油液压力与弹簧力相平衡的原理进行工作的。其结构如图 18-2 所示，其组成零件见表 18-1。

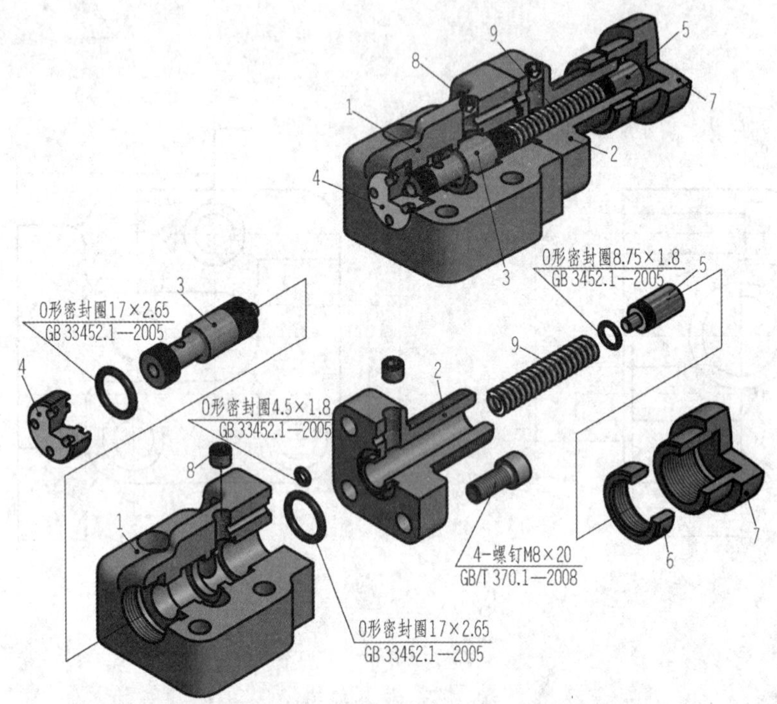

图 18-2　P-B25B 型低压直动式溢流阀轴测图

表 18-1　溢流阀的组成零件

序　号	名　称	数　量	材　料	序　号	名　称	数　量	材　料
1	阀体	1	HT200	6	锁紧螺母	1	尼龙 1010
2	阀盖	1	HT200	7	调节螺母	1	35
3	阀芯	1	40Cr	8	螺塞	1	A3
4	后螺盖	1	35	9	弹簧	1	碳素弹簧钢
5	调节杆	1	45				

2．溢流阀的工作原理

如图 18-3 所示为溢流阀的工作原理示意图。图中 P 为进油腔，压力油自 P 腔进入，经过阀芯 3 中的孔 a 及阻尼小孔 b 流入阀芯左端的空腔 c，使阀芯受到液压作用力。当液压作用力小于弹簧 9 的预紧力时，阀芯处在最左端，此时进油腔 P 与回油腔 O 之间处于封闭状态，如图 18-3（a）所示。当 P 腔的油液压力升高，液压作用力能克服弹簧 9 的作用时，阀芯被推向右移动，使 P 腔与 O 腔接通，部分油液通过 O 腔流回油箱，如图 18-3（b）所示。

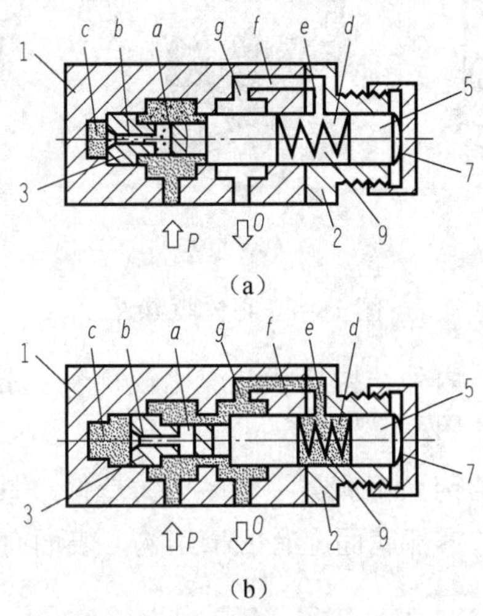

（a）

（b）

图 18-3　溢流阀的工作原理示意图

18.1.2　实践操作：认识阀体零件

01 识读阀体零件图（图 18-1）。

该零件的名称叫________，绘图比例是________，材料________，用________方法制造毛坯。热处理的方式是________。

02 查阅资料，了解阀体是何部件中的零件，知道其工作的原理。

阀体是________中的主体零件，该部件是________系统中一种________控制阀，用来控制油液________。

任务 18.2　阀体的视图表达和结构分析

任务思考与小组讨论 2

识读零件图，讨论阀体用了几个视图来表达，都是什么样的视图？并根据视图，想象零件的结构形状。

18.2.1 相关知识：箱体类零件的结构特点、工艺结构及表达方法

1．箱体类零件的结构特点与常见工艺结构

箱体类零件有箱体、机座、床身、阀体、泵体等，它们一般起支承、容纳、定位和密封等作用，如图 18-4 所示。

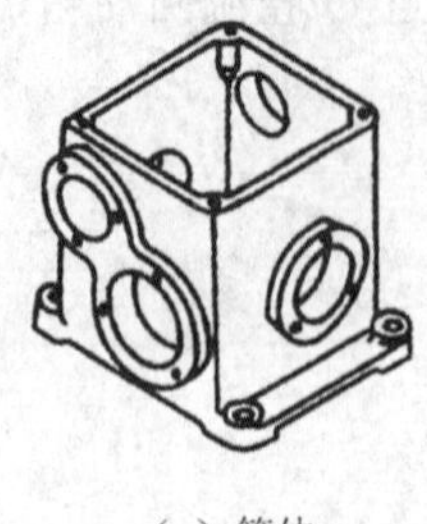
（a）箱体

（b）泵体

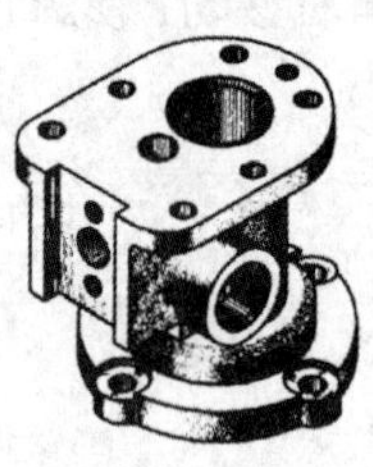
（c）壳体

图 18-4　箱体类零件

箱体类零件的结构特点：内外结构形状一般比较复杂，常有空腔、轴孔、内支承壁、肋、凸台、沉孔、螺纹孔等结构。

箱体类零件的常见工艺结构：箱体类零件多为铸造件，具有许多铸造工艺结构，如铸造圆角、铸件壁厚拔模斜度。零件底面上有凹槽结构，表面有凸台和凹坑结构。

2．箱体类零件的表达

绘制零件图时首先考虑看图方便。在完整、清晰地表达零件的内、外结构形状的前提下，力求绘图简便，要达到这个目的，应选择一个较好的表达方案。

（1）主视图选择

选择主视图时，通常考虑结构特征和工作位置，以便于看图。

（2）其他视图选择

一般还需两个以上其他视图。

由于箱体类零件结构复杂，主视图和其他视图往往采用各种剖视方法，以表达内部结构。其中，剖切面一般通过孔的轴线。有时，同一投射方向既有外形视图又有剖视图。对于一些局部结构，还会采用局部视图、局部剖视图、断面图等表达。

18.2.2 实践操作：分析阀体

1．阀体的视图表达分析

分析阀体的视图表达，并在图 18-5 中标示。阀体采用了________个视图表达，其中主视图采用了________剖视，表达了________；俯视图表达了________；*D—D* 向采用了________剖视，表达了________；为了表达阀体右端面的结构情况，采用了________视图。

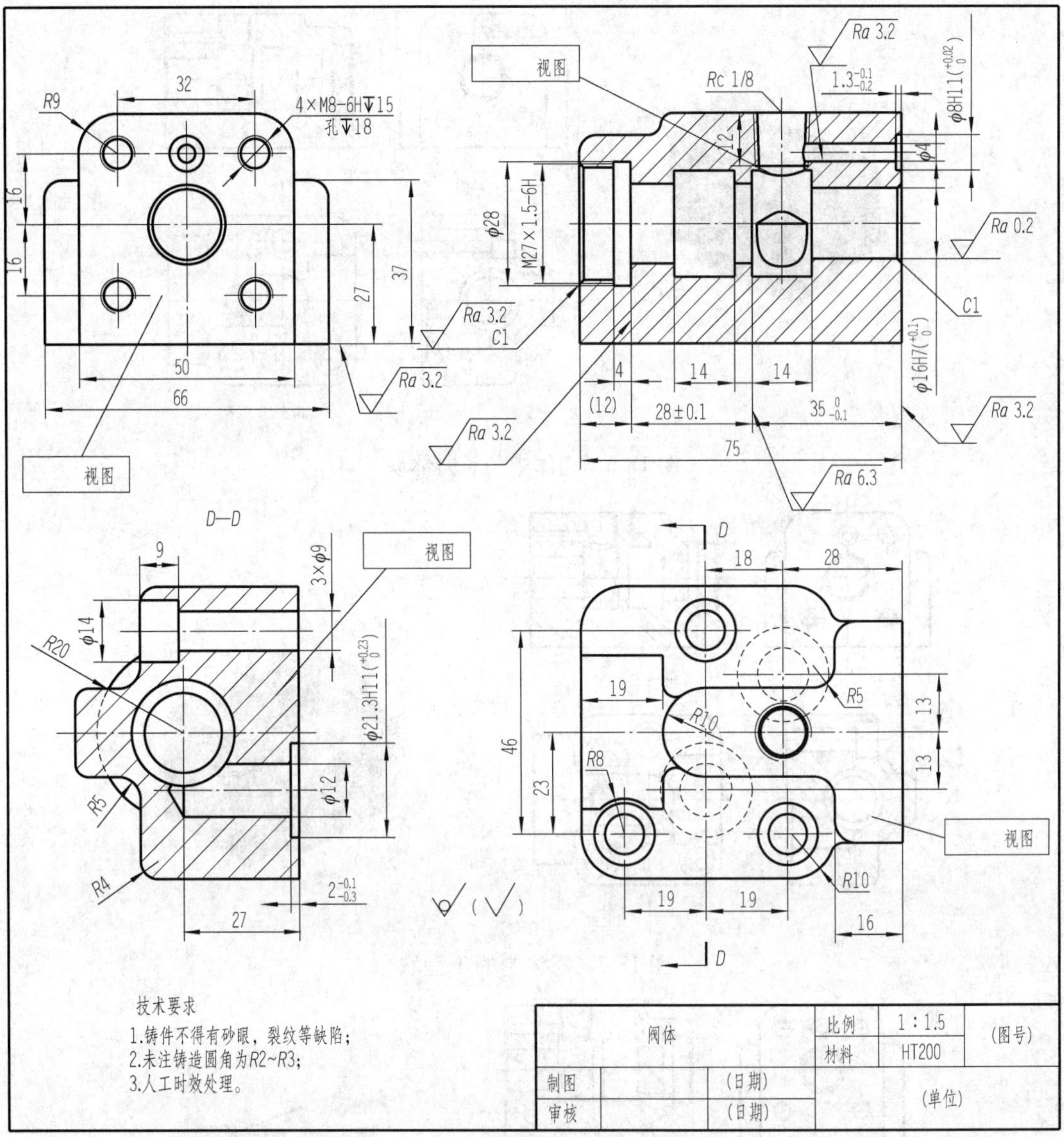

技术要求

1.铸件不得有砂眼，裂纹等缺陷；

2.未注铸造圆角为R2~R3；

3.人工时效处理。

阀体			比例	1∶1.5	(图号)
			材料	HT200	
制图		(日期)	(单位)		
审核		(日期)			

图 18-5　阀体零件图中视图的表达

2．阀体的结构分析

1）阀体外形：阀体大体可分解成带有阶梯孔的长方体、右端 T 型块、上方半圆柱等。

① 阀体的基本形状是带有阶梯孔的长方体，如图 18-6 所示。

② 阀体的右边叠加一个 T 型块,如图 18-7 所示。

2）阀体内部结构。

① 阀体孔，如图 18-8 所示。

阀体中间ϕ16H7 孔内装__________，阀体左端 M27×1.5－6H 的螺纹孔是用来装________。

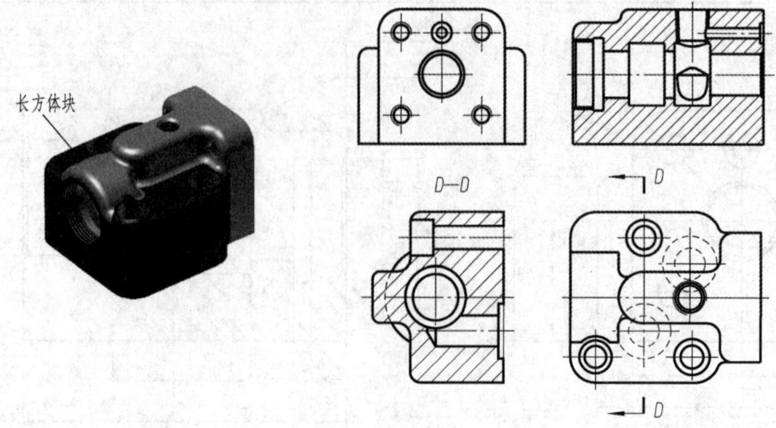

图 18-6　阀体中的长方体块

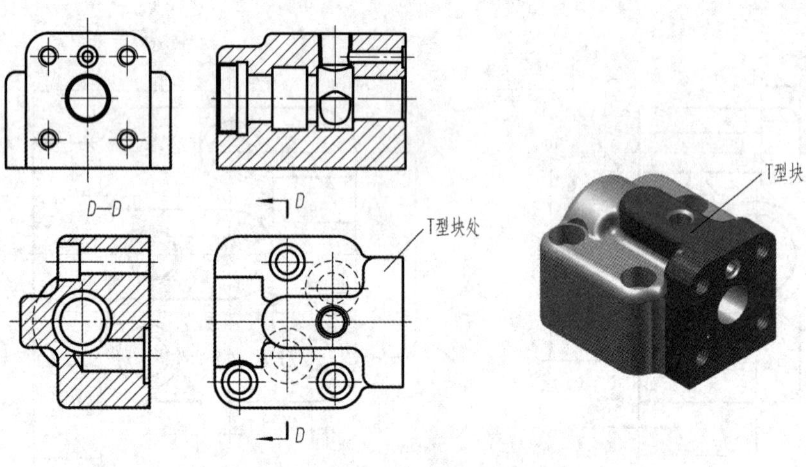

图 18-7　阀体中的 T 型块

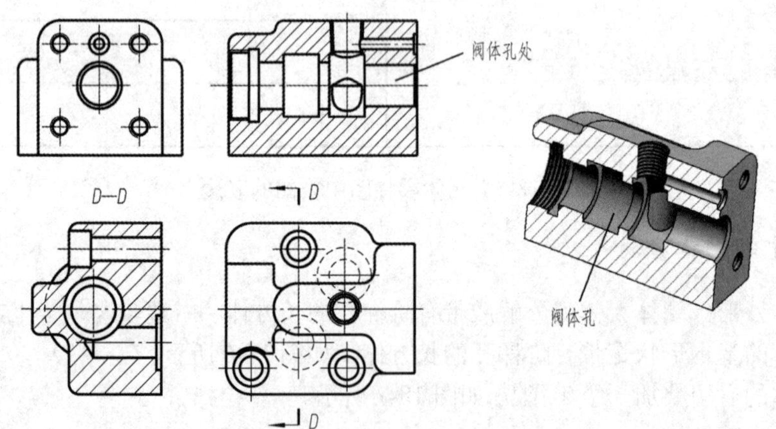

图 18-8　阀体中的阀体孔

② 锥螺纹孔 *Rc*1/8，如图 18-9 所示。

阀体上部带有_________*Rc*1/8 的孔及横向的_________的小孔相当于图 18-10 中的孔________、________、________。

③ 3×ϕ9 的孔，如图 18-10 所示。

阀体上 3×ϕ9 孔为溢流阀的________。

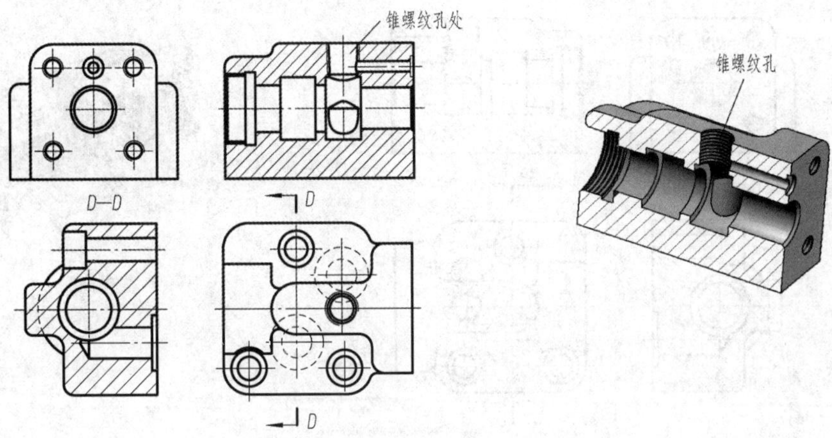

图 18-9　阀体中的锥螺纹孔

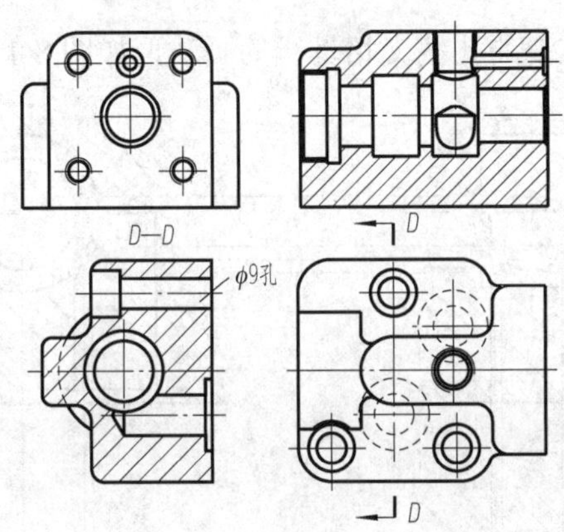

图 18-10　阀体中 3×ϕ9 的孔

④ 2×ϕ12 的孔，如图 18-11 所示。

2×ϕ12 的孔是阀的________和________腔，与阀体中的ϕ22孔为两圆柱孔偏交。

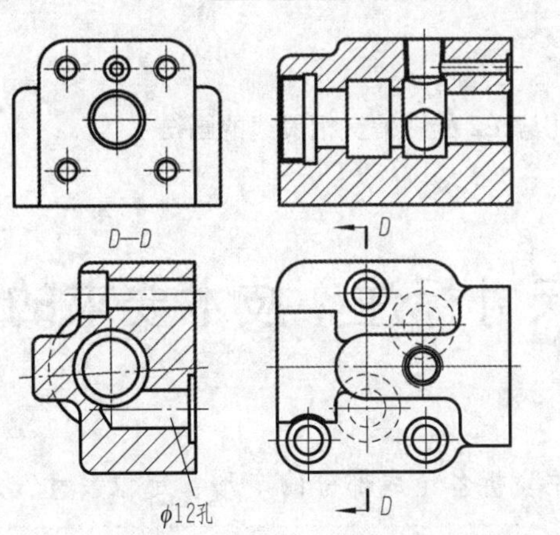

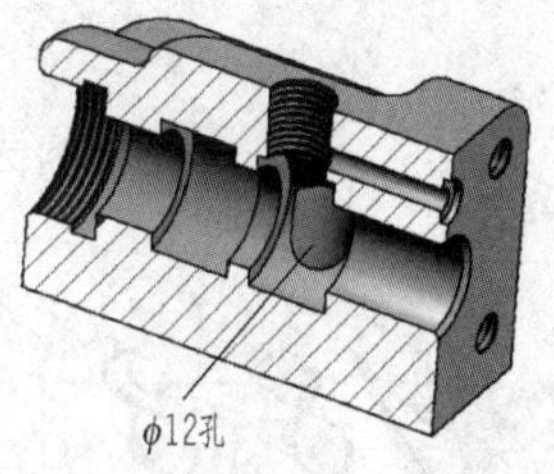

图 18-11　阀体中 2×ϕ12 的孔

⑤ 螺纹孔 4×M8，如图 18-12 所示。

右端 4×M8 的螺纹孔是用于________的安装。

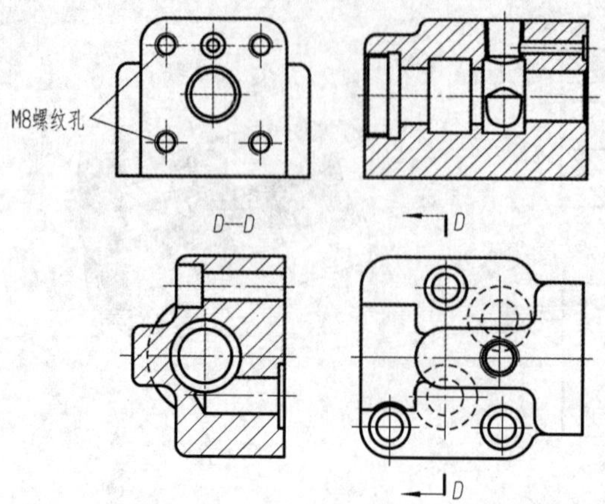

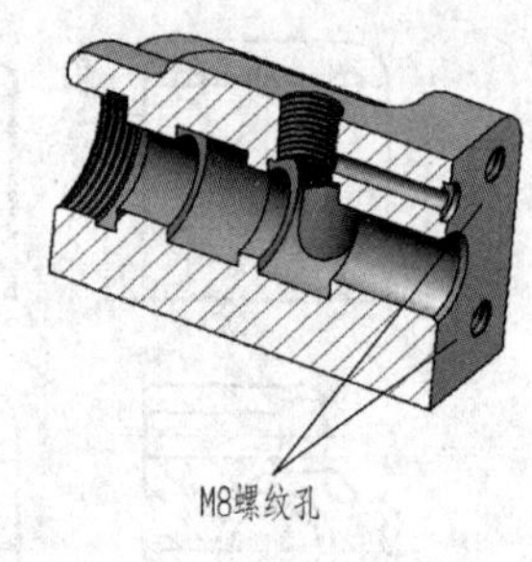

图 18-12 阀体中的螺纹孔

3）阀体中ϕ12 的孔与ϕ22 的孔偏交相贯线的画法，如图 8-13 所示。

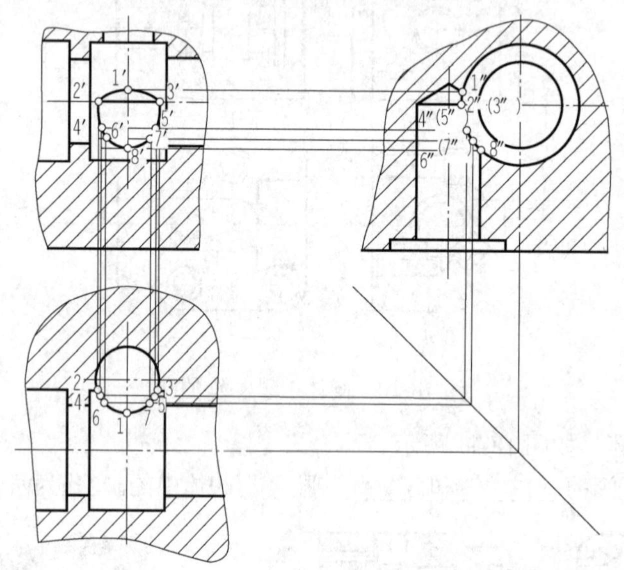

图 18-13 阀体中ϕ12 的孔与ϕ22 的孔偏交相贯线的画法

任务 18.3 阀体尺寸标注、技术要求的分析

任务思考与小组讨论 3

阀体零件的主要尺寸基准是哪些？并分析各组成部分的定形、定位尺寸？

18.3.1　相关知识：箱体类零件的尺寸标注和技术要求

1．箱体类零件的尺寸标注

长、宽、高三个方向的主要尺寸基准通常选用轴孔中心线、对称平面、结合面和较大的加工平面。定位尺寸较多，各孔的中心线(或轴线)之间的距离、轴承孔轴线与安装面的距离应直接注出。

2．箱体类零件的技术要求

箱壳类零件的轴孔、结合面及重要表面，在尺寸精度、表面粗糙度和形位公差等方面有较严格的要求。常有保证铸造质量的要求，如进行时效处理，不允许有砂眼、裂纹等。

18.3.2　实践操作：识读阀体的尺寸及技术要求

01 在图 18-1 中标注阀体零件的尺寸基准。

阀体零件的长度基准是________，高度基准是________，宽度基准是________。

02 分析阀体零件的定形与定位尺寸、技术要求。

① 螺纹标记 4×M18-6H↧15 孔↧18 中，M 是________代号，表示________螺纹，4 表示________，18 表示________，6H 表示________，螺纹的深度是________，孔的深度是________。

② 螺纹标记 *Rc*1/8 中，*Rc* 是________代号，1/8 表示________。

③ 2×ϕ12 的定位尺寸为________，3×ϕ9 的定位尺寸为________。

④ 主视图中所标注尺寸 75 属________尺寸，12 属________尺寸；右视图中所标注尺寸 27 属________尺寸，俯视图中所标注尺寸 *R*10 属________尺寸。

⑤图中标出的代号ϕ16H7（$^{+0.018}_{0}$）中，ϕ16 表示________，H7 表示________代号，H 是________代号，7 是指________代号，($^{+0.018}_{0}$)表示________为+0.018mm、________为 0mm。

⑥阀体底面和右端面的表面粗糙度为：__________，阀体表面精度要求最高的是________，其表面粗糙度的代号为：________。

⑦该零件的毛坯是采用________方法加工而成的。

⑧ 该零件的热处理方法是________。

项目测评

按表 18-2 进行项目测评。

表 18-2　项目测评表

序　号	评 价 内 容	分　数	自　评	组长或教师*评分
1	课前准备，按要求进行预习	5		
2	积极参与小组讨论	15		
3	按时完成学习任务	5		
4	图纸答辩*	50		
5	完成学习工作页*	20		
6	遵守课堂纪律	5		
总　分		100		
综合评分（自评分×20%＋组长或教师*评分×80%）：				
小组长签名：		教师签名：		
学习体会	签名：　　　日期：			

知识拓展：局部视图的配置形式

在机械图样中，局部视图可按以下三种形式配置，并进行必要的标注。

第一种形式：**按基本视图的配置形式配置**。当与相应的另一视图之间没有其他图形隔开时，不必标注，如图 18-14（a）中俯视图位置上的局部视图和图 18-14（b）的斜视图。

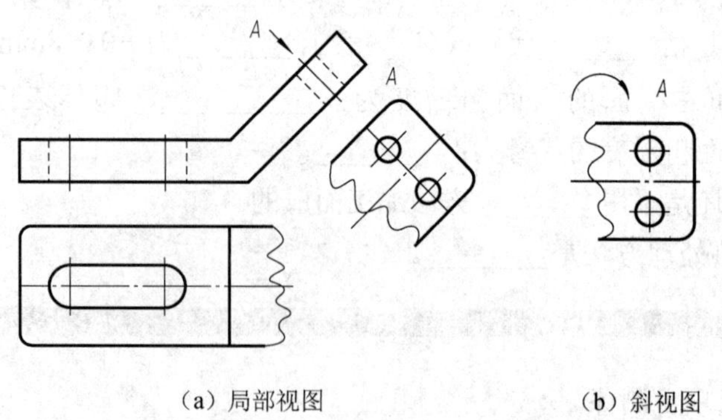

（a）局部视图　　（b）斜视图

图 18-14　局部视图及斜视图的表示法

第二种形式：**按向视图的配置形式配置和标注**，如图 18-15 所示的局部视图 *B*。

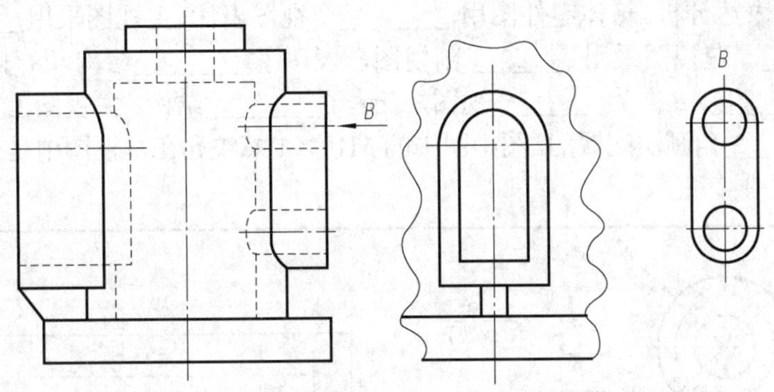

图 18-15　局部视图的配置及标注

第三种形式：**按第三角画法配置**，在视图上所需表示的局部结构的附近，用细点画线将两图形相连，如图 18-16 和图 18-17 所示。

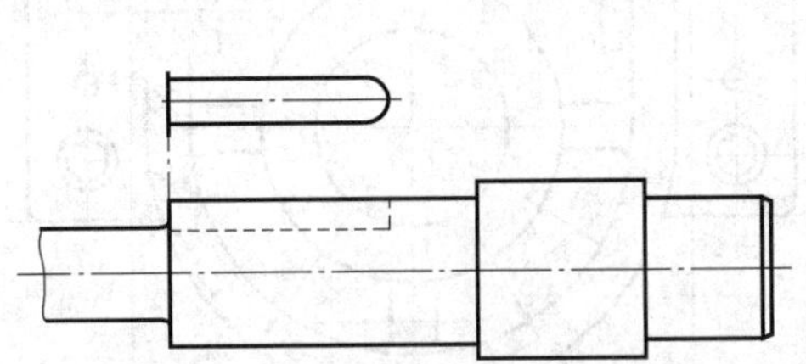

图 18-16　按第三角画法配置的局部视图（一）

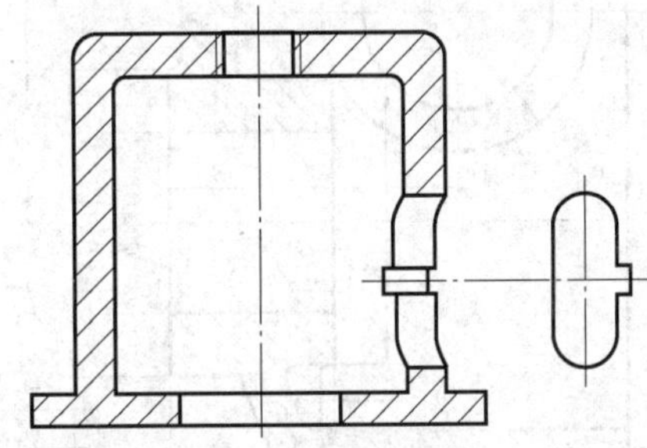

图 18-17　按第三角画法配置的局部视图（二）

技能拓展：识读并抄画箱体零件图

结合箱体结构立体图，识读箱体零件图。

提示

箱体结构立体图，如图 18-18 所示。

图 18-18　箱体结构立体图

01 识读零件图（图 18-19）。该零件名称为________，属于________类零件。材料是________，零件的毛坯是________。绘图比例是________，该零件实物的线性尺寸为图形的________倍。

02 视图表达分析。箱体零件图用________个视图表达，主视图采用________剖视图，表达了________。左视图采用________剖视图，表达了________结构。*A* 向为________视图，表达了________。*B* 向为________视图，表达了________结构。主视图上方是________视图，是按第________角画法配置的。图中圈中的 M10×1 螺纹孔在主视图中是采用________视图来表达。

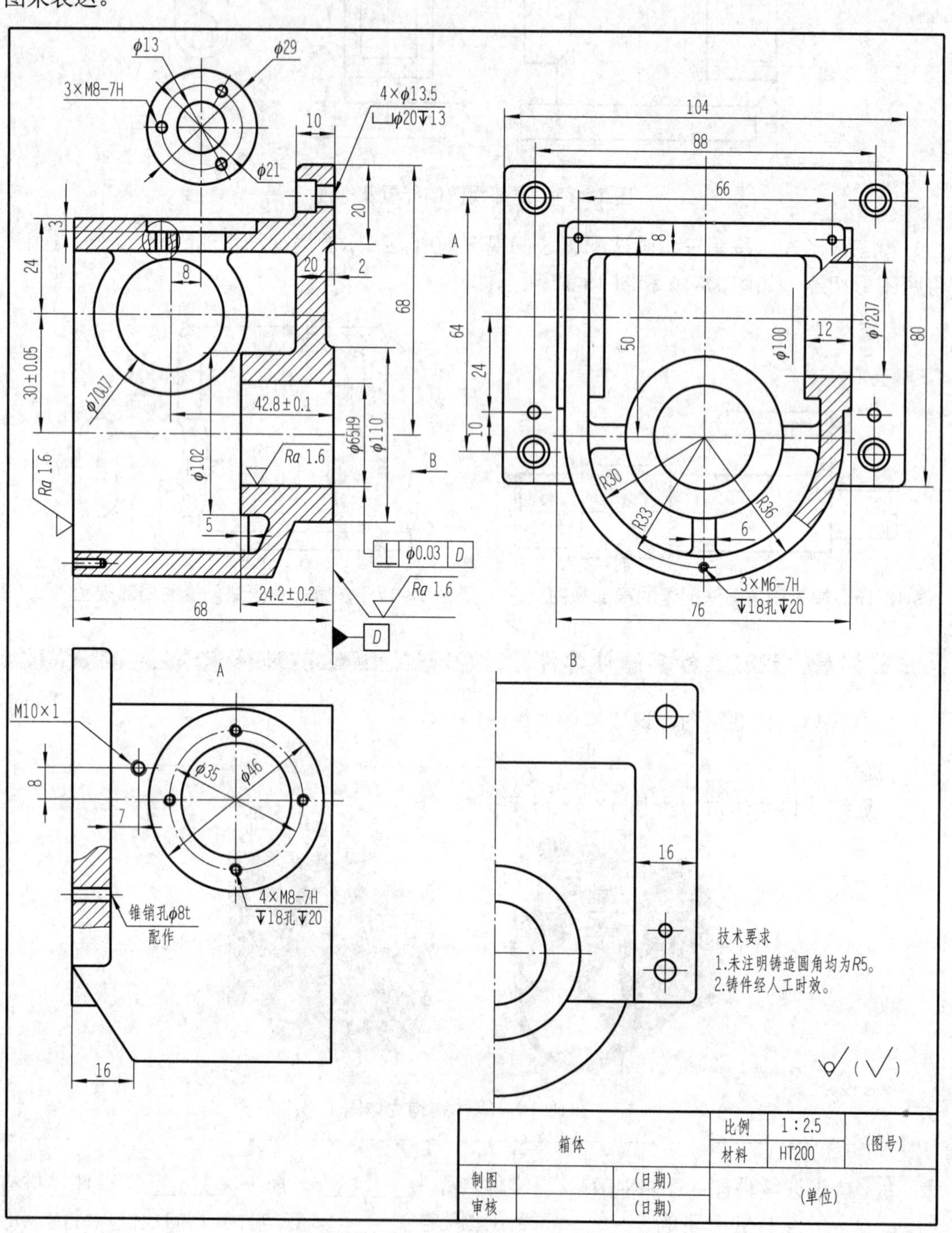

图 18-19 箱体零件图

03 结构分析。

① 箱体分为左端箱体，上面是________形状，下面是________形状。右端是________，是为了________。

② ϕ65H9 为________孔，ϕ72J7 为________孔。

③ ϕ102 圆柱的左、右、下分别有一个宽度为 6mm 的________作支承。

04 尺寸分析。

① 箱体在长度方向的主要尺寸基准是________，宽度方向的主要尺寸基准是________，高度方向的主要尺寸基准是________。并在图中标明。

② 蜗杆与蜗轮轴线是空间________的，其距离是________。

③ 左箱的宽度是________，壁厚为________。左箱前后的定形尺寸是________。

④ 左箱右下是斜面，其定位尺寸有________。

⑤ 右侧板的长为________，宽为________，高为________。

⑥ 右侧板的右端面与________圆柱台的右端面平齐。右侧板固定面水平方向的宽度是________，竖直方向的宽度是________。

05 技术要求分析。

① 箱体蜗轮轴支承孔 ϕ65H9 的表面粗糙度是________，箱体左端面的表面粗糙度是________。

② 图中框格 | ⊥ | ϕ0.03 | D | 的含义________。

③ 零件的未注圆角为________。

④ 零件图中在尺寸精度较高的是________、________。

⑤ 箱体材料为铸铁，为保证箱体加工后不致变形而影响工作，因此铸件应经________。

项目19

第三角画法零件图的识读

项目描述

识读第三角画法零件图19-1，找出与第一角画法的区别，分析图纸的尺寸标注。

学习目标

◎ 查阅资料、手册，能叙述第三角画法的概念、投影、视图的配置、与第一角画法的区别。

◎ 小组讨论，识读和分析第三角画法的视图。

◎ 在教师的指导下，分析第三角画法的尺寸标注。

学习任务

◎ 零件第一角画法草图的徒手绘制。

◎ 零件草图与第三角画法零件图的对比。

◎ 第三角画法零件图尺寸的识读。

REY	DATE	CLASS	REVISION RECORD	DR	CK
A	29APR04	N	ECN 11937-RELEASE FOR NY05	JJB	CED
B	280CT05	D	ECN 10588-CHANGE:OONVEAT TO PRO-E FORNAT	BS	CD

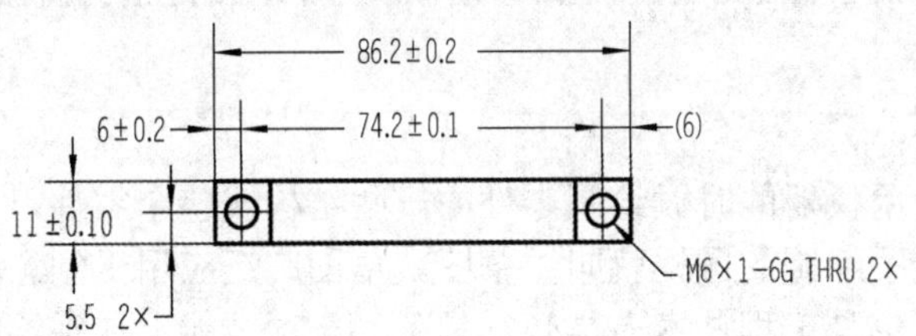

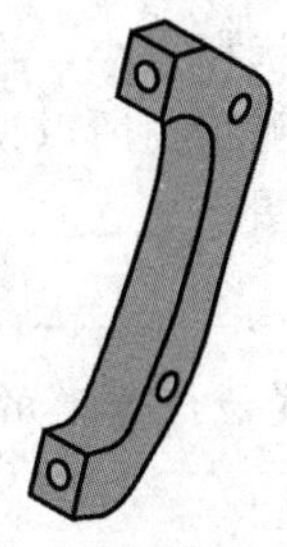

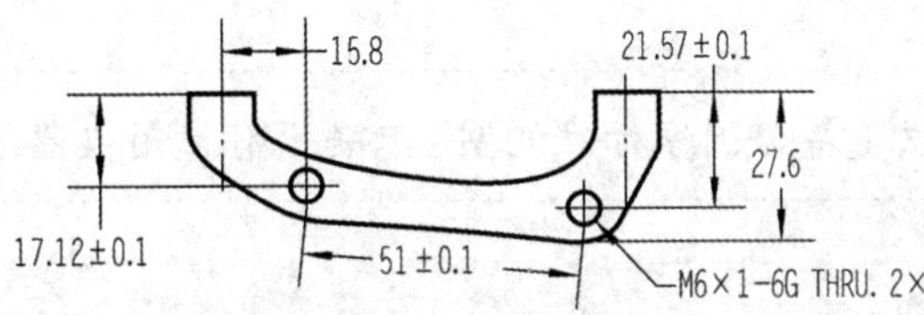

NOTES:
1.NO BURRS OR SHARP EDGES.
2.REFERENCE PRO-E PART FILE 205-309291-000 FOR NON-DIMENSIONED GEOMETRY.
3.FINISH: SATIN BLACH ANODIZE.

ALL DIMENAION ARE mm	INTERMLIEL	TITLE BRACKET.185 FROMT.IS.EXTRUDED			
THIRD ANGLE FRKIJET 101	AL 6061-T6	SACLE 1.0	DATE 29APR04	BREN IN MEKH 205-309291-000	NCV B

图 19-1 第三角画法零件图

任务 19.1 零件第一角画法草图的徒手绘制

任务思考与小组讨论 1

根据零件图中的立体图，按以前所学知识，徒手绘制视图，并找出与图 19-1 零件图的不同之处？

19.1.1 相关知识：零件草图的概念及徒手绘图的基本技法

1．零件草图的概念

生产实际中，经常要在不使用仪器的时候绘制零件的一些结构或整个零件，这种通过目测零件的形状和大小，直接徒手绘制的图样就叫做草图。草图广泛应用于创意构思、设计交流、零件测绘。所以说草图也是工程技术人员必须具备的一项技能。徒手绘制的轴测图就是轴测草图。

注意

草图不是潦潦草草的图，仍然是符合国家标准的图，只是没有使用仪器绘制的图。

2．徒手绘图的基本技法

要绘制好草图，必须掌握好直线、圆、椭圆的画法、线段的等分、常见角度的画法、正多边形的画法等。

（1）直线的画法

直线的绘制要点为：标记好起始点和终止点，铅笔放在起始点，眼睛看着终止点，眼睛的余光看着铅笔，用较快的速度绘出直线，切不要一小段一小段地画。一般水平线从左向右绘，铅垂线从上向下绘，向右斜的线从左下向右上绘，向左斜的线从左上向右下绘。如图 19-2 所示。

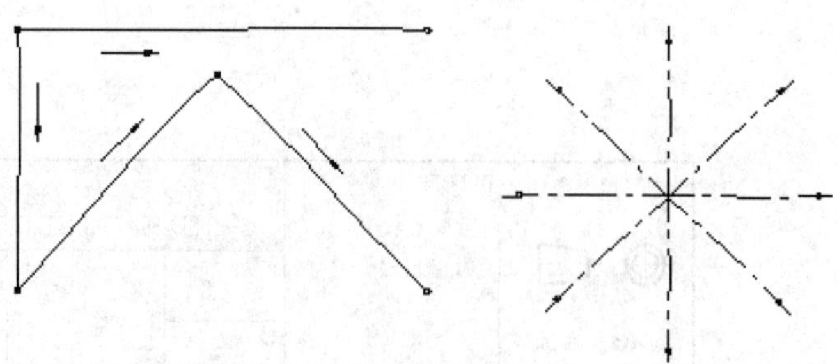

图 19-2　徒手绘制直线的方法

（2）圆的画法

圆的绘制要点为：先将两条中心线画好，并在中心线上按半径标记好四个点，接着先

画左半（或右半或上半），再画右半（或左半或下半），如图 19-3（c）所示。画大圆时，可在 45° 方向上再画两条中心线也做好标记，如图 19-3（b）所示。画小圆时也可先过标记点画一个正方形，再顺势画圆，如图 19-3（d）所示。画图时不必死盯住所做的标记点，而应顺势而为。

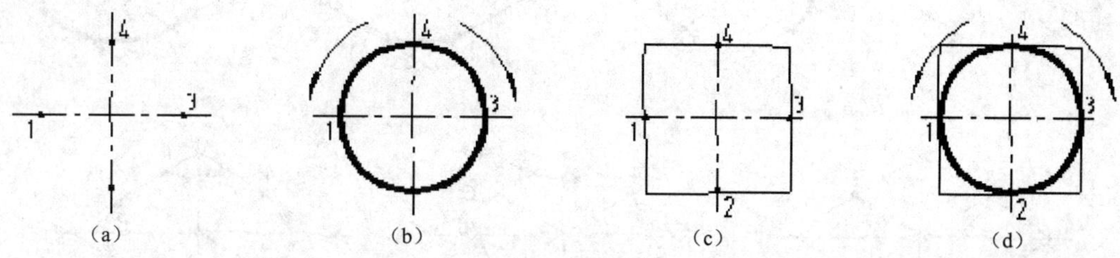

图 19-3　徒手绘制直线和圆的方法

（3）线段的等分

线段的常见等分数有 2、3、4、5、8。

1）8 等分线段：先定等分点 4，接着是等分点 2、6，然后就是等分点 1、3、5、7。如图 19-3（a）所示。

2）5 等分线段：先定等分点 2，接着是等分点 1、3、4。如图 19-4（b）所示。

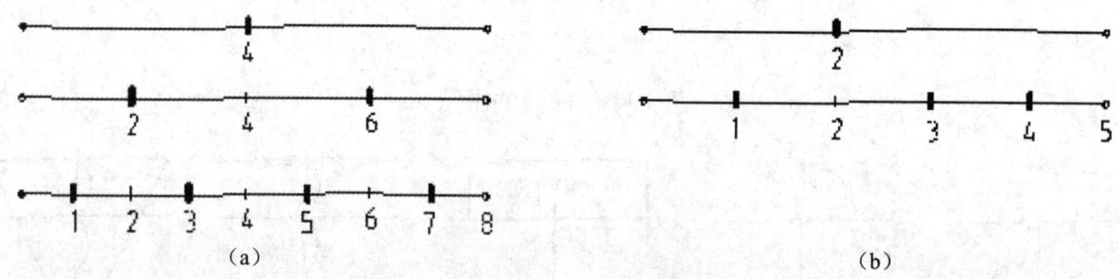

图 19-4　线段的 8 等分和 5 等分

（4）常见角度 30°、45°、60° 的画法

角度的大小，可借助直角三角形来近似得到，如图 19-5（a）、（b）所示；或者借助半圆来近似得到，如图 19-5（c）所示。

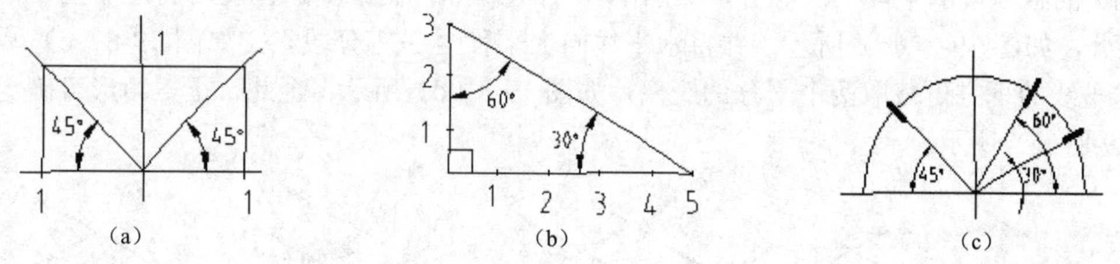

图 19-5　常见角度 30°、45°、60° 的画法

（5）椭圆的画法

画椭圆时，先在中心线上按长短轴标记好四个点，作四边形，并顺势画四段椭圆弧，如图 19-6（a）、（b）所示。画较大的椭圆时，按菱形法画好菱形，并加取四个点，如图 19-6（c）、（d）所示。

(6) 正多边形的画法

1）正三角形画法：如图 19-7 所示，上部为视图中的画法，下部为正轴测图中的画法。

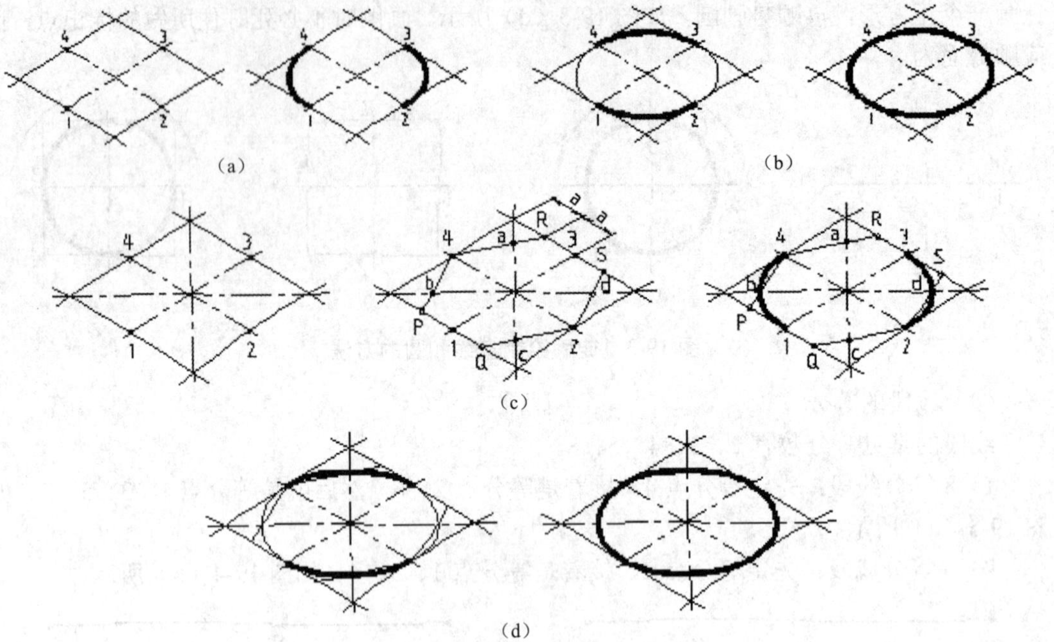

(a) (b)

(c)

(d)

图 19-6　椭圆的画法

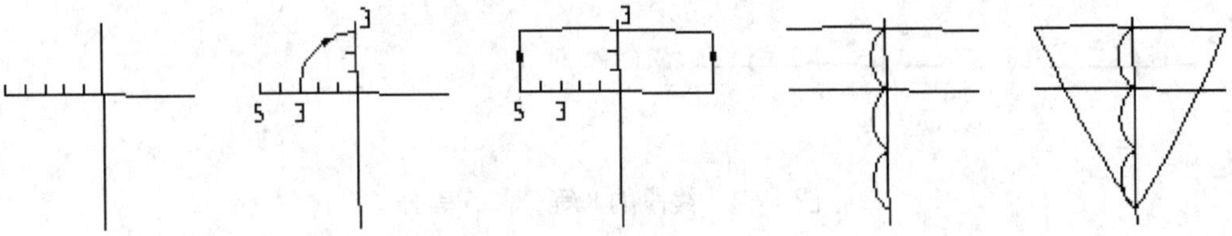

图 19-7　正三角形画法

先画一条水平的直线段，在其中点上画铅垂的直线段，在水平（在此为正三角形底的方向）的直线段的半段上 5 等分，如图 19-8（a）所示；在铅垂的直线段的一端上取相同的 3 等分，如图 19-8（b）所示；并将水平线向上平移至 3 等分段点，如图 19-8（c）所示；在水平线的下方再截取两个平移的距离，如图 19-8（d）所示；至此，正三角形可确定，如图 19-8（e）所示。

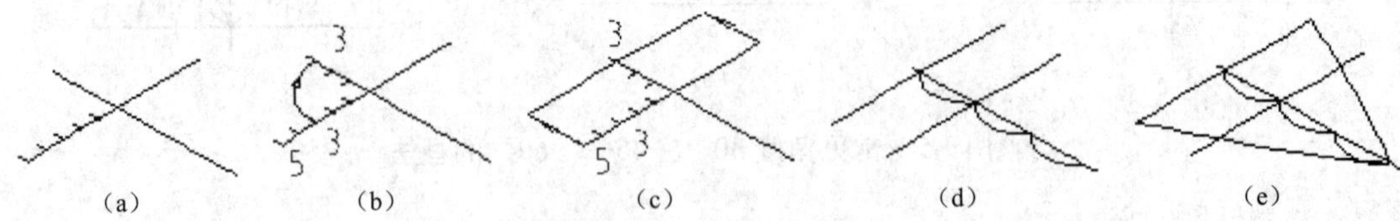

(a) (b) (c) (d) (e)

图 19-8　正三角形的画法

2）正六边形画法：如图 19-9 所示，上部为视图中的画法，下部为正轴测图中的画法。先画一条水平的中心线，在其中点上画铅垂的中心线，在水平的中心线的半段上 6 等分，在铅垂的中心线的半段上 5 等分，如图 19-9（a）所示；过水平中心线上的第 3 等分点画铅垂线，过铅垂中心线上的第 5 等分点画水平线，如图 19-9（b）所示；接着利用对称性再画其他线，如图 19-9（c）、（d）、（e）所示；至此，正六边形可确定，如图 19-9（f）、（g）所示。

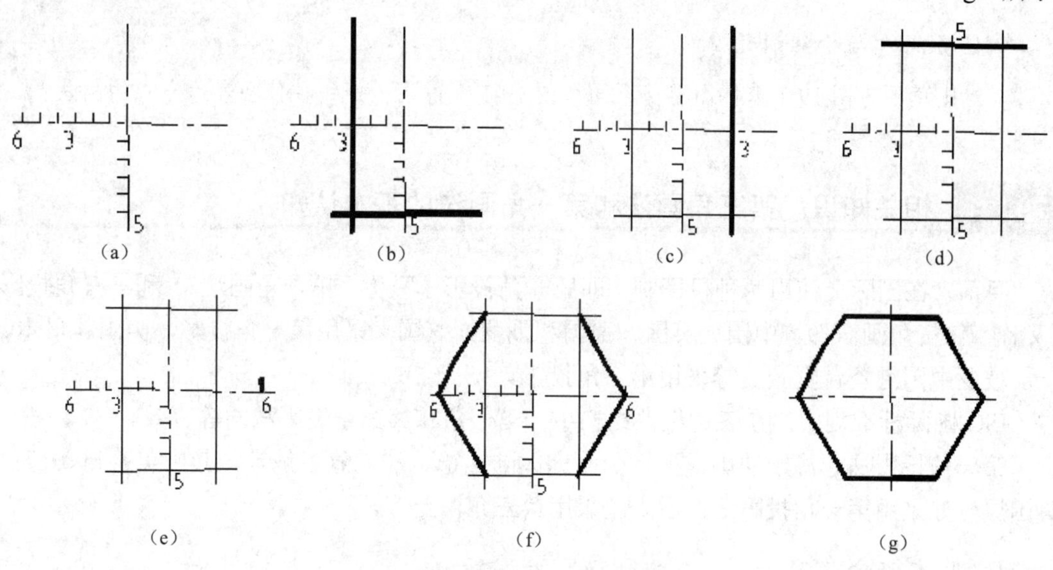

图 19-9　正六角形的画法

19.1.2 实践操作：徒手绘制零件图

01 确定视图的表达方案。

此零件用________个视图来表达，分别是________、________和________。

02 在下面方格内中徒手画草图。

草图不是潦草的图，应做到图形________、线型________、字迹________、图面________。

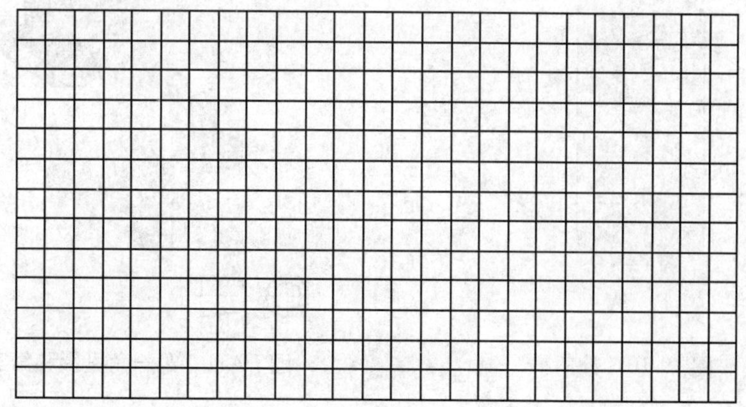

任务 19.2 零件草图与第三角画法零件图的对比

任务思考与小组讨论 2

对比草图与图 19-1 零件图有何不同？图 19-1 零件图上是一种什么表达方式的画法？

19.2.1 相关知识：第三角画法和第一角画法的基本认知

目前，在国际上使用两种投影制，即第一角投影（又称“第一角画法”）和第三角投影（又称“第三角画法”）。中国、英国、德国和俄罗斯等国家采用第一角投影，美国、日本、新加坡及中国港资台资企业等采用第三角投影。

ISO 国际标准规定：在表达机件结构中，第一角和第三角投影法同等有效。

第一角投影法起源于法国，盛行于欧洲大陆、德、法、意、俄等，其中美、日、荷兰等国原先亦采用第一角投影法，后来改采用第三角法至今。

1．基本概念

（1）分角

用水平和铅垂的两投影面将空间分成的四个区域，如图 19-10 所示。

（2）第三角投影

将物体置于第三分角内并使投影面处于观察者与物体之间而得到的多面正投影，如图 19-11 所示。

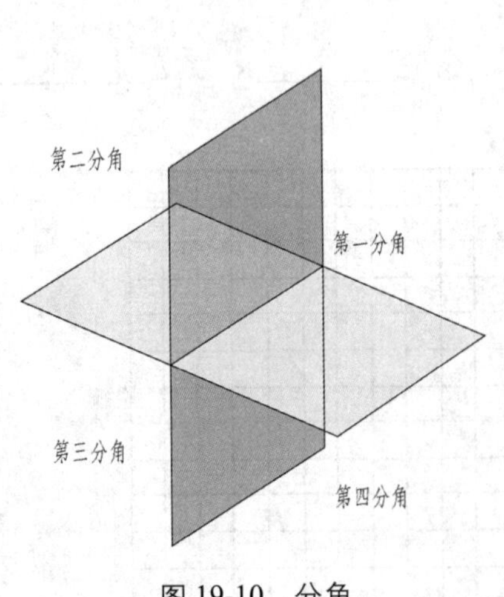

图 19-10　分角

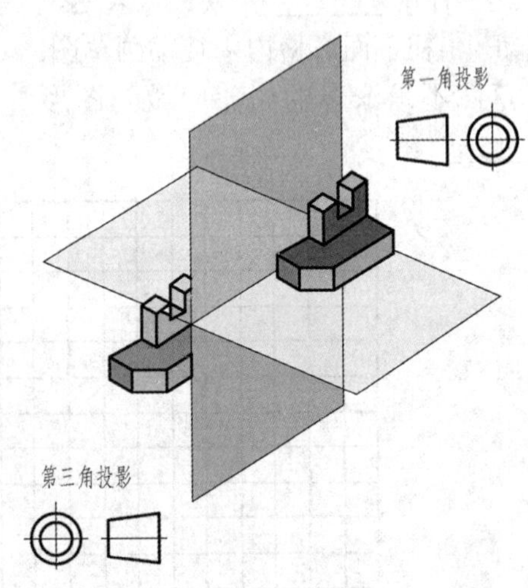

图 19-11　第一角投影和第三角投影

（3）第一角投影

将物体置于第一分角内并使其处于观察者与投影面之间而得到的多面正投影，如图 19-11 所示。

2．第一角投影和第三角投影的投影面展开方式及视图配置

第一角画法（图 19-12）和第三角画法（图 19-13）两种画法的投影规律总结如下：

1）两种画法都保持“**长对正、高平齐、宽相等**”的投影规律。

2）两种画法的方位关系是：”上下、左右”的方位关系判断方法一样，比较简单，容易判断。不同的是“前后”的方位关系判断，第一角画法，以“主视图”为准，除后视图以外的其他基本视图，远离主视图的一方为机件的前方，反之为机件的后方，简称“远离主视是前方”；第三角画法，以“前视图”为准，除后视图以外的其他基本视图，远离前视图的一方为机件的后方，反之为机件的前方，简称“远离主视是后方”。可见两种画法的前后方位关系刚好相反。

3）根据前面两条规律，可得出两种画法的相互转化规律：主视图（或前视图）不动，将主视图（或前视图）周围上和下、左和右的视图对调位置（包括后视图），即可将一种画法转化成（或称翻译成）另一种画法。

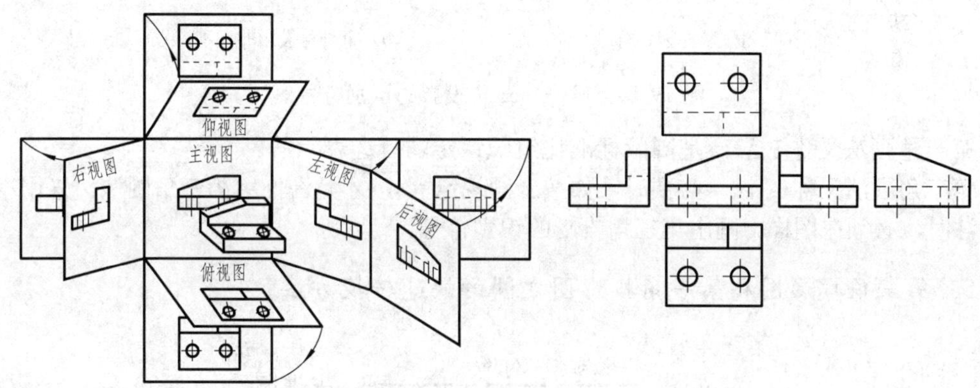

图 19-12　第一角画法

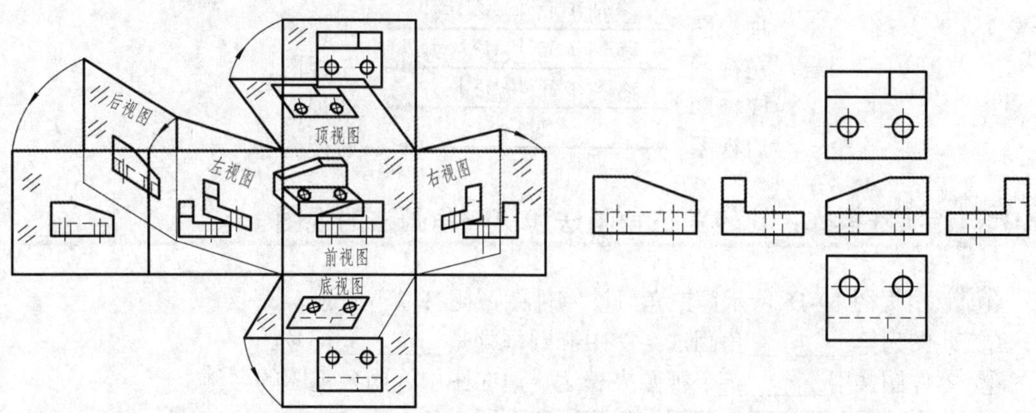

图 19-13　第三角画法

3．主要区别

（1）观察者位置的区别

第一角投影：将物体放在观察者与投影面之间，即**人→物→面**的相对关系。

第三角投影：将投影面放在观察者与物体之间，即**人→面→物**的相对关系，假定投影面为透明的平面。

（2）投影面展开方法的区别

第一角投影各投影面展开的方法：*H* 面向下旋转，*W* 面向由后方旋转。第三角投影投影面展开的方法：*H* 面上向旋转，*P* 面向右前方旋转。

4．第一角投影和第三角投影的识别符号

工程图样上，为了区别两种投影，允许在图样的适当位置，画出一、三投影的特征标志符号，该符号以圆锥带的视图表示，如图 19-14 所示 。

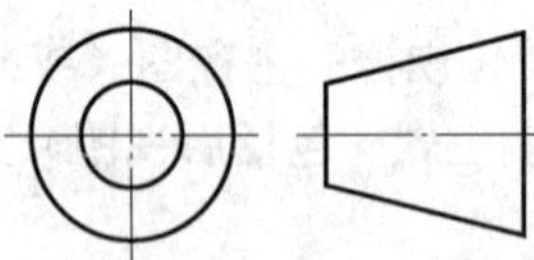
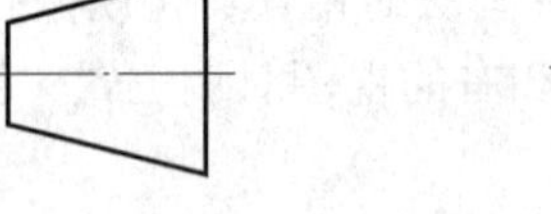

（a）第三角投影的识别符号

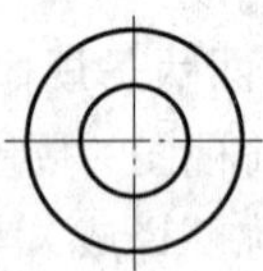

（b）第一角投影的识别符号

图 19-14　第一、三角投影的识别符号

第一角画法又称 E 法，是国际标准化组织认定的首选表示法。

第三角画法又称 A 法，必要时（如按合同规定等），才允许使用第三角画法。采用第三角画法时，必须在图样中画出第三角投影的识别符号。

5．第三角投影图和第一角投影图之间的快速转换方法

第三角画法		第一角画法
前视图	对应 →	主视图
右视图	移到 *V* 面投影左方 →	右视图
顶视图	移到 *V* 面投影下方 →	俯视图
左视图	移到 *V* 面投影右方 →	左视图
底视图	移到 *V* 面投影上方 →	仰视图
后视图	对应 →	后视图

19.2.2 实践操作：比较第三角画法和第一角画法的视图

01 根据图 19-15 所示第三角画法零件图，回答以下问题。

① 此图为第________角画法，图中椭圆框处是________符号。

② 零件图共用________个视图来表达，请在图中标明各视图的名称。

③ 此零件图与你所画的草图有何相同和不同之处？

____

____

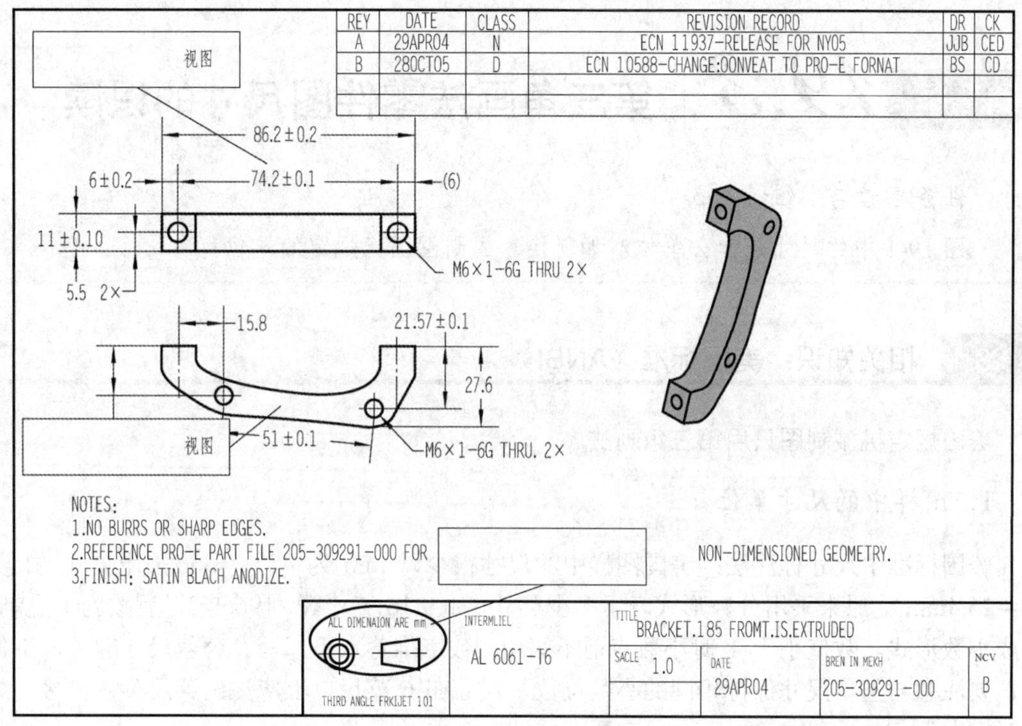

图 19-15　第三角画法零件图

02 认识如图 19-16 所示第三角视图，在括号中填写视图名称及方位。

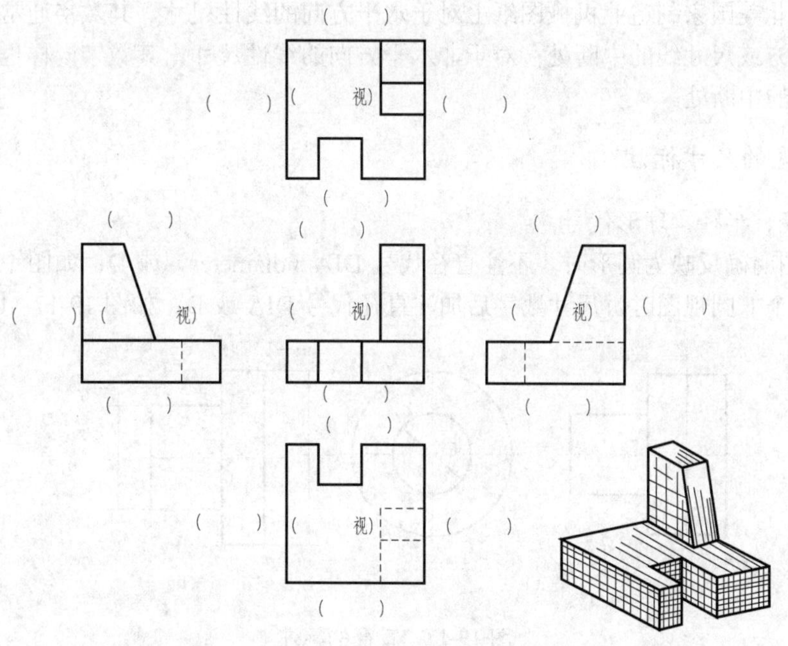

图 19-16　第三角画法视图

任务 19.3 第三角画法零件图尺寸的识读

任务思考与小组讨论 3

图 19-1 中的尺寸是什么单位？如何换算成制图国标规定的单位？

19.3.1 相关知识：美国标准（ANSI）

美国规定机械制图只用第三角画法。

1．图样中的尺寸单位

美国标准中尺寸标注法：美国图样中的尺寸很少以 mm 为单位，一般采用英寸（1 英寸＝25.4mm），原来采用分数形式表示多少英寸，如 9/16 英寸等，1966 年以后改为十进制，写成小数形式。数值小于 1 时小数点前不写 0，数字推荐水平书写。公差尺寸的上、下偏差，要注意与基本尺寸保持相同的小数位数，尺寸在 6 英尺以上应注出英尺英寸符号，如“12′ 7″”。

2．尺寸数字的注写方法

美国等北美国家制造业机械图纸上对于水平方向的线性尺寸，其数字通常水平注写在尺寸线的上方或尺寸线的中断处；对于非水平方向的线性尺寸，其数字同样也是水平地注写在尺寸线的中断处。

3．常见的尺寸标注

1）直径、半径、球形代号。

① 视图明确反映为圆形时，不注直径代号 DIA（diameter）或 D，如图 19-17（a）所示。只有一个非圆视图时，尺寸数字后加注直径代号 DIA 或 D，如图 19-17（b）所示。

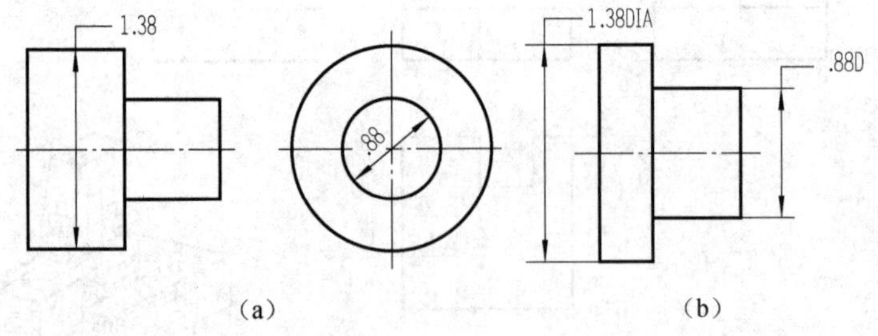

图 19-17 直径的标注

② 半径尺寸数字后不加注半径代号 R（radius），当半径尺寸标注在不反映半径和圆弧实形的视图中，要求半径尺寸数字后加注代号 TRUER （TRUE RADIUS）（真实的 R）。球

形代号在尺寸数字后加注代号 SPHER DIA（球直径）或 SPHERR（SPHER RADIUS）（球半径）。

2）弦长（CHORD）和弧长（ARC）的标注，如图 19-18 所示。

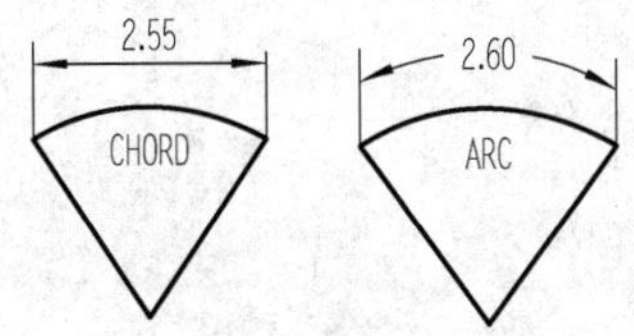

图 19-18　弦长和弧长的标注

3）倒角 CHAM（CHAMFER）的标注，如图 19-19 所示。

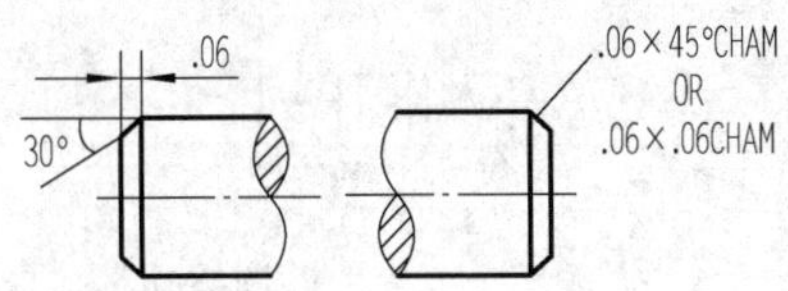

图 19-19　倒角的标注

4）沉孔的标注，如图 19-20 所示。

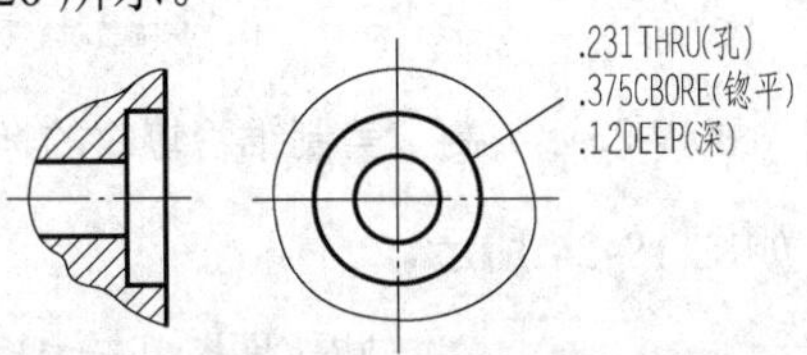

图 19-20　沉孔的标注

5）键槽的标注，如图 19-21 所示。

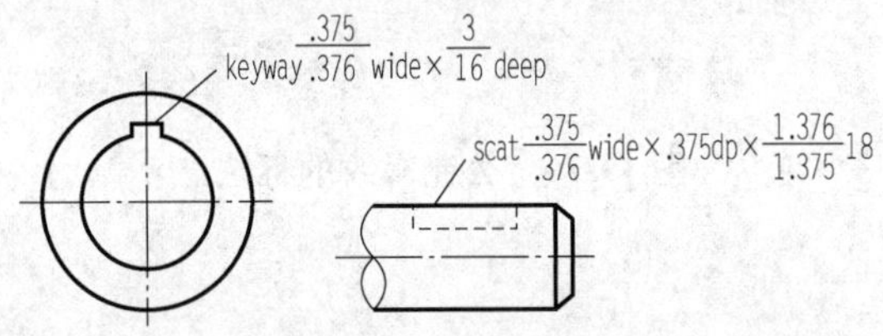

图 19-21　键槽的标注

6）螺纹。公英制及内外螺纹标注方法一般要标明：螺纹规格、螺纹中径公差和螺纹长度，而螺纹长度一般以 min 要求。底孔或外圆直径及长度一般以 max 要求。

① 螺纹的标法。

1/4-20UNC-2B 0.866 DP MIN

ϕMajor .666 指外螺纹的最大径

ϕMinor .666 指内螺纹的最小径

ϕPitch .666 指内外螺纹的中径

② 螺纹的标识。

a．英制、美制普通螺纹的标法，如图 19-22 所示。

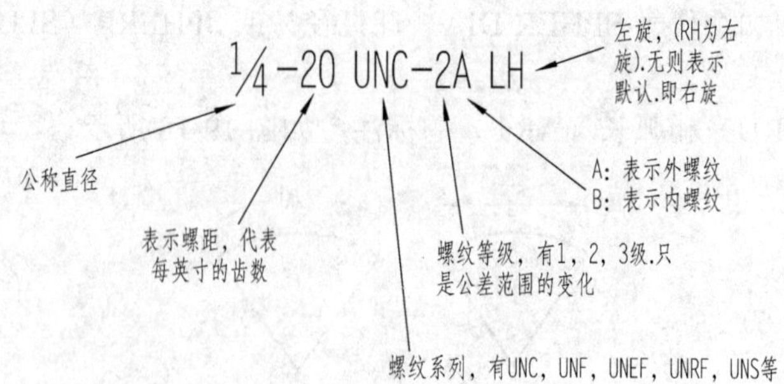

图 19-22　英制、美制普通螺纹的标法

b．英制、美制锥管螺纹的标法，如图 19-23 所示。

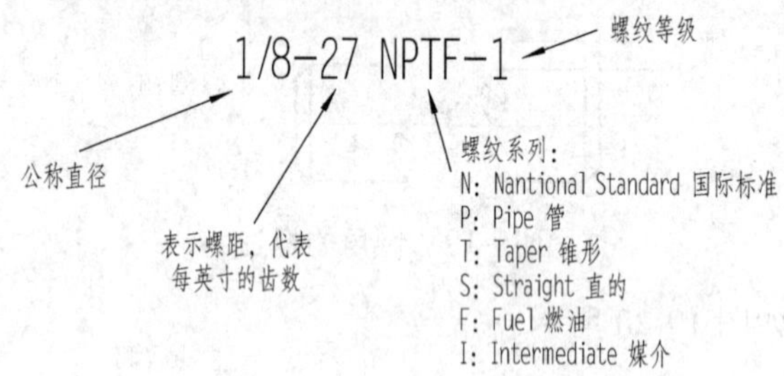

图 19-23　英制、美制锥管螺纹的标法

c．公制螺纹的标法，如图 19-24 所示。

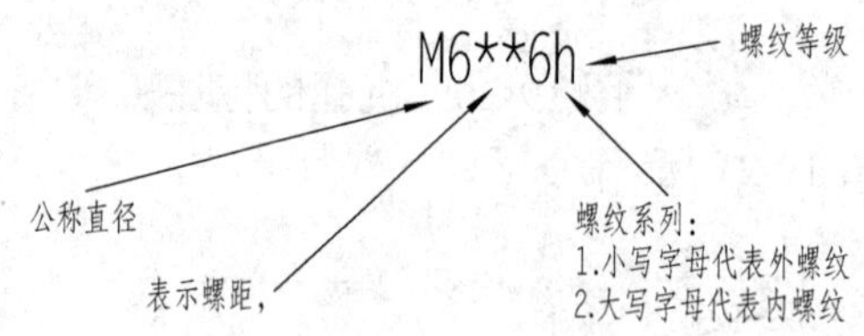

图 19-24　公制螺纹的标法

4．技术要求的表达

（1）表面粗糙度、材料热处理和表面处理等

美国等北美国家制造业机械图纸上表面粗糙度、材料热处理和表面处理等与我国机械图纸的表达方法一致，但要掌握机械图纸上常用的英语单词及短语的意思。

（2）尺寸公差

尺寸公差表示有以下 3 种形式。

1）单向公差：用单个零，无正负号。如$\phi\ 32^{+0.02}_{\ 0}$或$\phi\ 32^{\ 0}_{-0.02}$。

2）双向公差：正负值小数点后的位数相同，需要时加零。如$\phi\ 32^{+0.25}_{-0.10}$或$\phi 32\pm.006$。

3）极限公差：若一极限值是小数，则另一极限值在小数点保留相同的位数。如$\begin{smallmatrix}25.45\\25.00\end{smallmatrix}$。

（3）形状和位置公差

美国标准和我国国标所规定的形状和位置公差的特征项目符号是相同的，标注方法及含义基本类似。

19.3.2 实践操作：识读第三角画法零件图中的尺寸

根据图 19-1 所示第三角画法零件图，识读零件图中的尺寸及技术要求，并回答以下问题。

1）图中 M6×1-6G THRU. 2×是________螺纹，公称直径是________，螺距是________，THRU. 2×表示________。

2）图中的水平、竖直方向尺寸的数字均是________方向标注，在尺寸线的________处。

3）图中（6）表示________尺寸。

4）前面两螺孔的定位尺寸是________ mm。

5）5.5 2×是表示________的尺寸要求。

项目测评

按表 19-1 进行项目测评。

表 19-1　项目测评表

序　　号	评 价 内 容	分　　数	自　　评	组长或教师*评分
1	课前准备，按要求进行预习	5		
2	积极参与小组讨论	15		
3	按时完成学习任务	5		
4	图纸答辩*	50		
5	完成学习工作页*	20		
6	遵守课堂纪律	5		
总　　分		100		
综合评分（自评分×20%＋组长或教师*评分×80%）：				
小组长签名：		教师签名：		
学习体会	签名：　　　日期：			

技能拓展：识读第三角画法套零件图

识读如图 19-25 所示套零件图，完成下列练习。

1）该零件属于________类零件，此零件图的单位是________。

2）零件图由________个视图组成，上方左边为________视图，上方中间为________视图，上方右边为________视图；下方左边为________视图，下方右边为________视图。其中主视图采用________剖切面的________剖视图，且因该零件较长，沿长度方向的________，采用________后________绘制的简化画法。

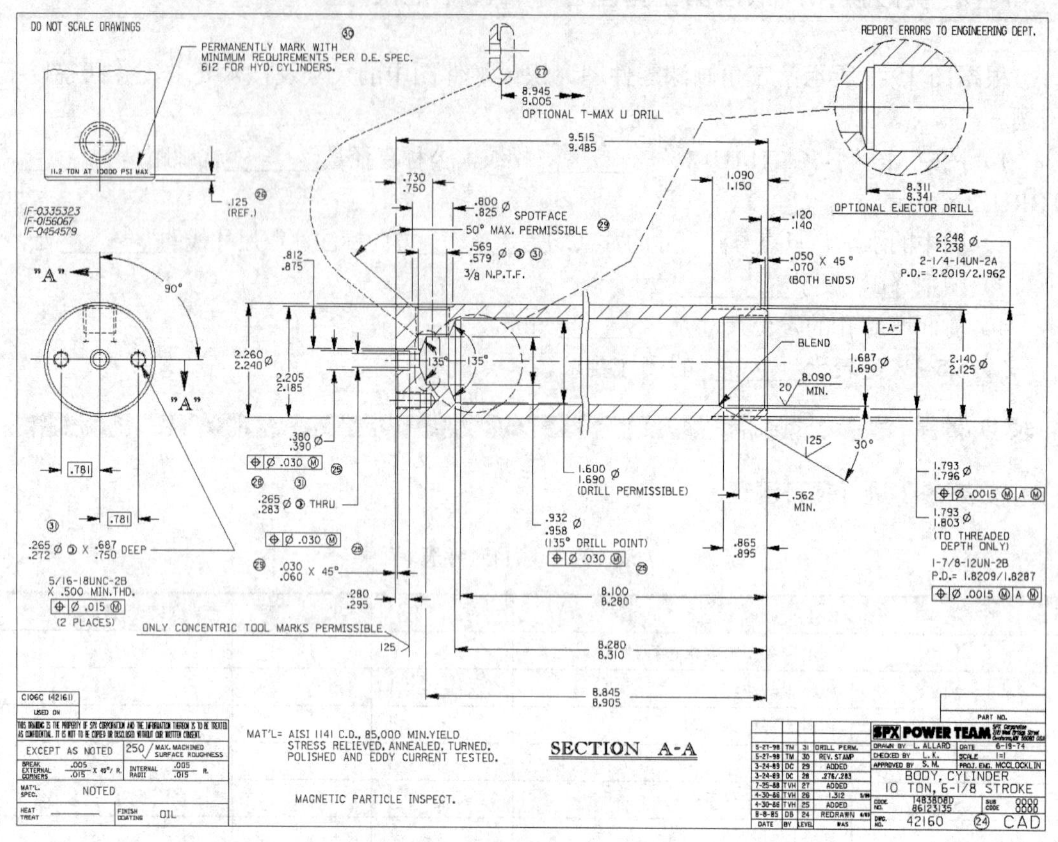

图 19-25 第三角画法套零件图

3）零件图中的尺寸数字均为________方向标注。径向主要尺寸基准是________。

4）长度方向主要尺寸基准是________。

5）该零件最大径向尺寸是________，转化为毫米单位的尺寸应是________；最大轴向尺寸是________，转化为毫米单位的尺寸应是________。

6）$^{.569}_{.579}\phi$的定位尺寸是________，.781 ________是________尺寸。

7）解释下列尺寸的含义。

a.

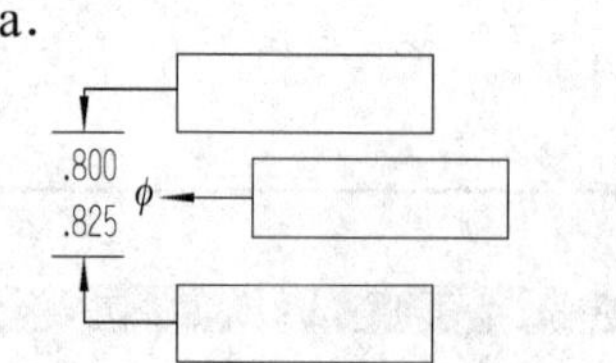

b.

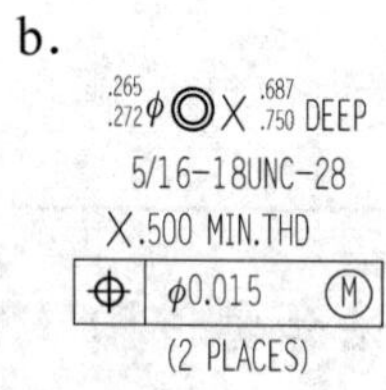

项目 20

球阀装配图的识读

项目描述

球阀是管道系统中用来启闭或调节流体流量的部件。识读图 20-1 球阀装配图，弄清球阀的性能、工作原理、装配关系、各零件的主要结构形状和装拆顺序等。

学习目标

◎ 能叙述部件的名称、功能、组成零件等。

◎ 知道球阀的工作原理，分析球阀中各零件之间的装配关系。

◎ 结合装配图的尺寸分析主要零件的基本结构形状。

◎ 小组讨论正确判断球阀的装拆顺序。

◎ 在教师的指导下分析球阀装配图的尺寸和技术要求。

学习任务

◎ 球阀装配图的认识。

◎ 球阀装配关系和工作原理的分析。

◎ 球阀中主要零件结构形状的分析。

◎ 球阀装配图尺寸和技术要求的分析。

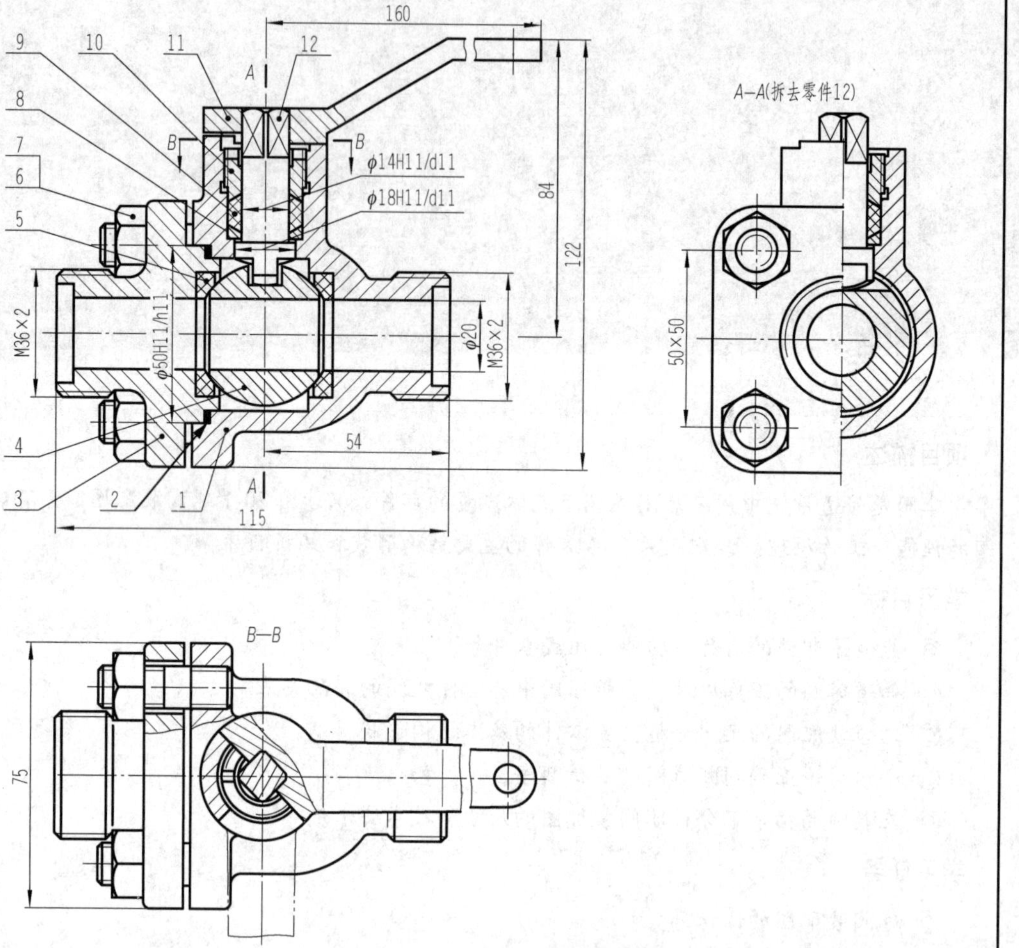

序号	名称	材料	数量	备注
12	阀　杆	40Cr	1	
11	扳　手	ZG230-450	1	
10	压紧套	35	1	
9	填　料	油浸石棉绳	1	
8	填料垫	Q235	1	
7	螺　母M12	Q235	4	GB/T6170-2000
6	螺　柱M12×40	Q235	4	GB/T 897-1988
5	密封圈	聚四氟乙烯	2	
4	阀　芯	40Cr	1	
3	阀　盖	ZG230-450	1	
2	调整垫	聚四氟乙烯	1	
1	阀　体	ZG230-450	1	

球阀		比例	1:1	(图号)
		材料		
制图		(日期)	(单位)	
审核		(日期)		

技术要求

制造和验收技术条件应符合国家标准的规定。

图 20-1　球阀装配图

任务 20.1 球阀装配图的认识

任务思考与小组讨论 1

识读 20-1 装配图，此图与之前所学零件图有什么不同？该装配体的名称和用途是什么？该装配体是由多少种零件装配而成？

20.1.1 相关知识：装配图的内容及读装配图的步骤与方法

1．装配图的作用和内容

（1）装配图的定义

机器和部件都是由若干个零件按一定装配关系和技术要求装配起来的。表达产品及其组成部分的连接装配关系的图样，称为装配图。

（2）装配图的作用

装配图在科研和生产中起着十分重要的作用。在设计产品时，通常是根据设计任务书，先画出符合设计要求的装配图，再根据装配图画出符合要求的零件图；在制造产品的过程中，要根据装配图制定装配工艺规程来进行装配、调试和检验产品；在使用产品时，要从装配图上了解产品的结构、性能、工作原理，以及保养、维修的方法和要求。

（3）装配图的内容

一张完整的机器或部件的装配图应包含如下内容。

1）**一组视图**：用机件的各种表达方式来表达机器或部件的工作原理、装配关系、连接方式和主要零件的结构形状。

2）**必要的尺寸**：装配图是用来控制装配质量、表明零部件之间装配关系的图样，因此，装配图必须有一组表示机器或部件的规格性能尺寸、装配尺寸、安装尺寸、总体尺寸和一些重要尺寸等。

3）**技术要求**：用文字说明机器或部件的装配、安装、检验、运转和使用的技术要求。它们包括表达装配方法；对机器或部件工作性能的要求；指明检验、试验的方法和条件；指明包装、运输、操作及维修保养应注意的问题等。

4）**零件序号、标题栏、明细栏**：为了便于图样管理、看图及组织生产，装配图上必须对每种零件或部件编写序号，并填写明细栏，用以说明各零件或部件的名称、数量、材料等有关内容。

2．装配图零部件序号和明细栏

（1）零件序号的编排方法

为了便于看图、管理图样和组织生产，装配图中所有零部件必须编写序号。序号的作用是直观地了解组成装配体的全部零件个数，并将零件与明细栏中对应的信息联系起来，零件序号与明细栏的序号是一一对应的，根据序号可以在明细栏中查阅零件的详细信息。

1）标注序号的形式有三种，如图 20-2（a）所示。在所要标注的零部件的可见轮廓线内画一圆点，然后引出指引线（细实线），也可以在指引线的一端画水平线或圆（细实线），在水平线上或圆内注写序号，序号字体应比装配图中所标注尺寸数字大一号或两号。当所指的零件很薄或涂黑的剖面，不宜画圆点时，可在指引线的末端画出箭头，并指向该部分的轮廓，如图 20-2（b）所示。

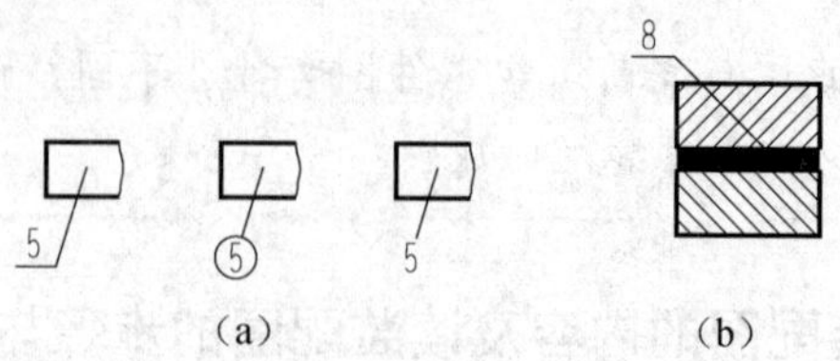

图 20-2　标注序号的形式

2）序号应编注在视图周围，按顺时针或逆时针方向顺次排列，在水平或铅垂方向应排列整齐。

3）指引线不能相交，也尽量避免与其他指引线或剖面线平行，必要时允许指引线转折一次。

4）对一组紧固件以及装配关系清楚的零件组，允许采用公共指引线，如图 20-3 所示。

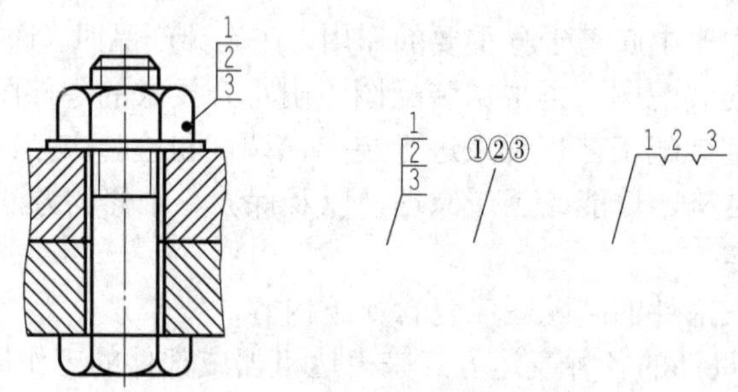

图 20-3　公共指引线的标注

（2）明细栏

1）明细栏的画法。

① 明细栏一般应紧接在标题栏上方绘制。当标题栏上方位置不够时，其余部分可画在标题栏的左方。

② 明细栏各部分格式和尺寸如图 20-4 所示。

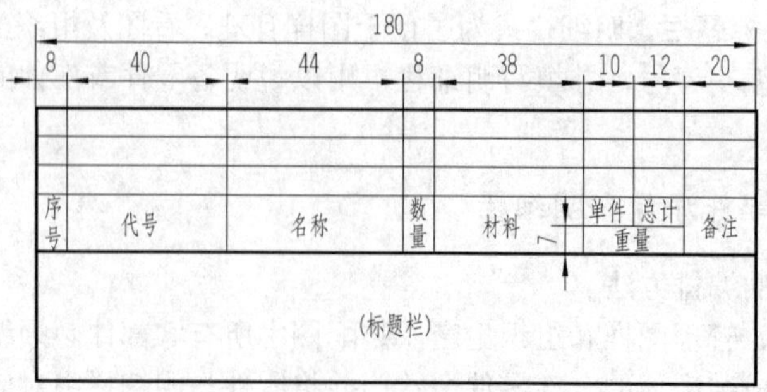

图 20-4　明细栏各部分格式和尺寸

③ 明细栏外框线为粗实线，栏内分格线为细实线。

2）明细栏的填写。

① 当明细栏直接画在装配图中时，明细栏中的序号应按自下而上的顺序填写，以便发现有漏编的零件时，可继续向上填补。

② 明细栏中的序号应与装配图上编号一致，即一一对应。

③ 代号栏用来注写图样中相应组成部分的图样代号或标准号。

④ 备注栏中，一般填写该项的附加说明或其他有关内容。如分区代号、常用件的主要参数。

⑤ 螺栓、螺母、垫圈、键、销等标准件，其标记通常分两部分填入明细栏中。将标准代号填入代号栏内，其余规格尺寸等填在名称栏内。

3．读装配图的方法和步骤

读装配图的基本要求是首先了解机器或部件的名称、规格、性能、用途和工作原理。其次要了解各组成零件的相互位置和装配关系。最后是构想各组成零件的主要结构形状和分析其在装配体中的作用。为此，一般读装配图的基本方法和步骤如表 20-1 所示。

表 20-1　读装配图的方法和步骤

读 图 步 骤	具 体 内 容
1．概括了解	1）了解装配体名称、比例和大致的用途 2）了解标准件和专用件的名称、数量以及专用件的材料、热处理等要求 3）初步分析视图的表达方法，各视图间的关系，弄清各视图的表达重点
2．分析工作原理和装配关系	结合相关资料（如零件图、机器或部件说明书），在初步了解的基础上分析机器或部件的装配关系和工作原理，分析各装配干线，弄清零件相互的配合、定位、连接方式等
3．分析视图，读懂零件的结构形状	分析视图，了解各视图、剖视图、断面图等的投影关系及表达意图，从而帮助看懂零件结构
4．分析尺寸，了解技术要求	1）找出装配图中的性能（规格）尺寸、装配尺寸、安装尺寸、总体尺寸和其他重要尺寸 2）了解装配体的装配要求、检验要求和使用要求
5．归纳总结	在以上分析的基础上，对装配体的运动情况、工作原理、装配关系、拆装顺序等进一步研究，加深理解

20.1.2　实践操作：认识球阀装配图

01 由图 20-1 所示球阀装配图标题栏了解部件的名称、用途和绘图比例。

该部件的名称是________，绘图比例是________，用途是________。从球阀这个名称可以得知，该部件用于________中控制________的大小，起________、________控制作用。

02 由明细栏了解零件数量，材料、热处理等要求。

球阀由________、________、________、________（任意写出其中四个零件）等________个不同的零件组成；阀体是________材料，毛坯是采用________的方法；球阀有________种标准件，分别是________。

03 初步分析视图的表达方法以及各视图的表达重点。

球阀装配图共用________视图来表达。主视图采用________剖视，表达球阀阀体内两条主要________，各个主要零件及其相互关系为：水平方向装配干线是________、________等零件；垂直方向是________、________、________等零件；左视图采用________剖视，是为了进一步将________与________的关系表达清楚，同时又把阀体 1 的________的数量及分布位置表达出来；俯视图采用________剖视，以反映________为主，同时采取了________剖视，反映________与________限定位凸块的关系，该凸块用以限制________的旋转位置。

04 在图 20-5 的方框中填写装配图的组成内容。

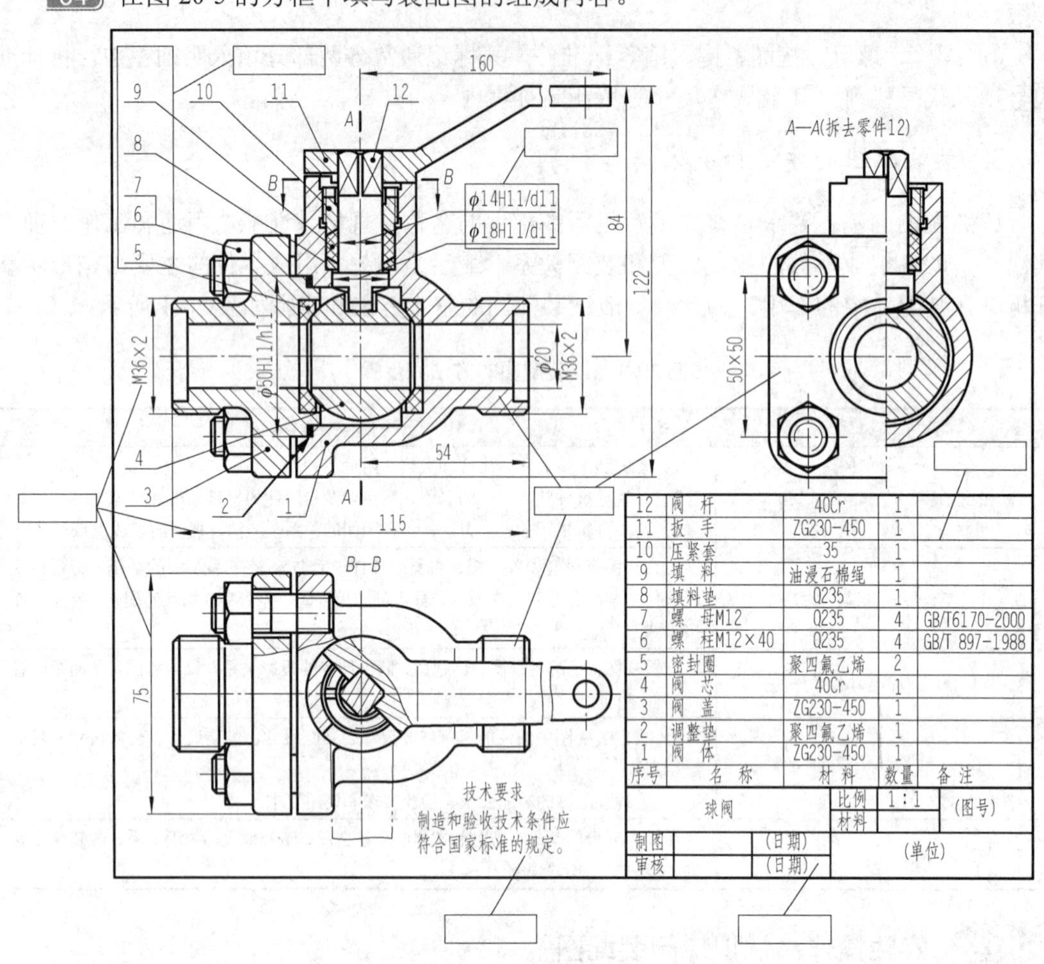

图 20-5 球阀装配图的组成内容

任务 20.2 球阀工作原理和装配关系的分析

任务思考与小组讨论 2

识读球阀装配图，讨论球阀在什么条件下，阀门全部开启，管道管道畅通？在什么条件下，阀门全部关闭，管道断流？

20.2.1 相关知识：装配图的表达方法

装配图和零件图一样，也是按正投影的原理、方法和《机械制图》国家标准的有关规定绘制的。零件图的表达方法（视图、剖视、断面等）及视图选用原则，一般都适用于装配图。但由于装配图与零件图各自表达对象的重点及在生产中所使用的范围有所不同，所以国家标准对装配图在表达方法上还有一些专门规定。

1．装配图画法的基本规定

（1）零件间接触面、配合面的画法

相邻两零件的接触面和基本尺寸相同的配合面，只画一条线；不接触的表面和非配合表面即使间隙再小也应该画两条线，如图 20-6 所示。

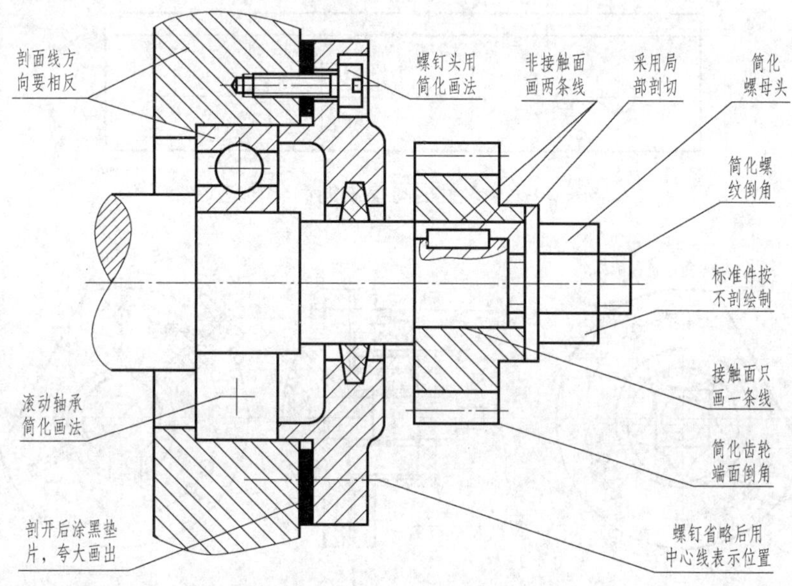

图 20-6　装配图的规定画法

（2）剖面线画法

相邻两零件的剖面线的倾斜方向应相反，或者方向一致但剖面线的间隔不等；对于同一零件，在各个视图中剖面线方向和间隔应相同。

（3）实心零件的画法

在装配图中，对于紧固件及轴、球、手柄、键、连杆等实心零件，当沿纵向剖切且剖切平面通过其对称平面或轴线时，这些零件均按不剖绘制。如轴、螺钉等。

2．装配图中的特殊画法

（1）简化画法

常见的装配图简化画法如下：

1）装配图中若干相同的零件组，可仅详细地画出一个（组），其余只需用细点画线表示其装配位置。如图 20-7 中轴承座、孔的画法。

2）在装配图中，可以单独画出某一零件的视图，但必须标注清楚投影方向和名称并注上相同的字母，如图 20-8 所示。

3）在装配图中，零件的工艺结构如倒角、圆角、退刀槽等可省略不画。

4）在装配图中，当剖切平面通过的某些部件为标准产品或者该部件已由其他视图表示清楚时，可按不剖绘制，如图 20-6 中的螺钉。

5）在装配图中，可用粗实线表示带传动中的带，用细点画线表示链传动中的链。

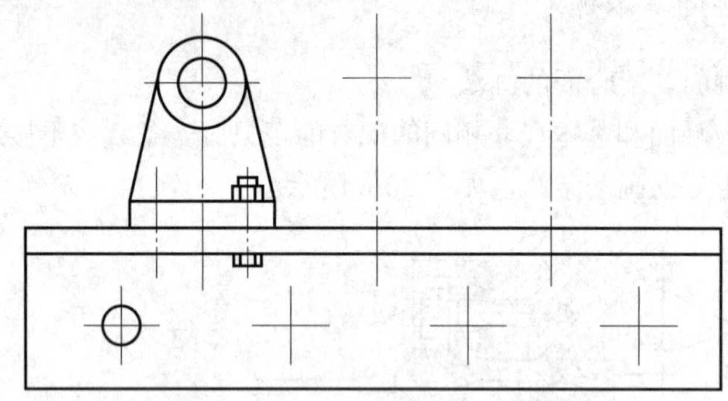

图 20-7 成组相同要素的简化画法

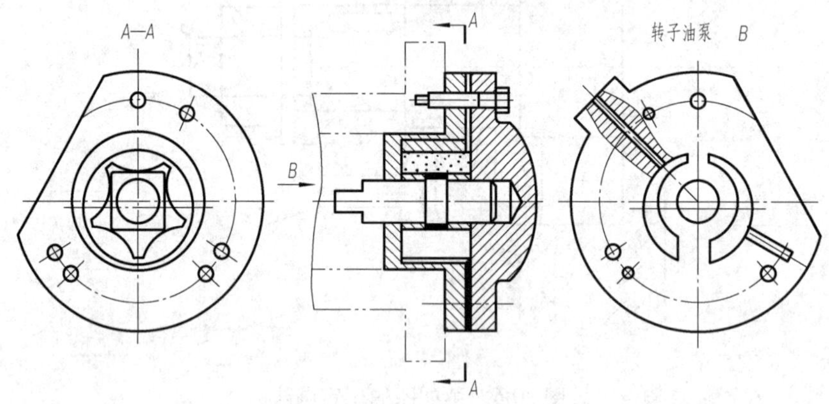

图 20-8 装配图中单个零件的表示

（2）拆卸画法

在装配图中，当某些零件遮住了需要表达的结构和装配关系时，可想沿某些零件的结合面剖切或假想将某些零件拆卸后绘制，并在相应的视图上方加注“拆去××等”。如图 20-1 中球阀的左视图是拆去扳手后画出的。

（3）假想画法

1）当需要表达与本部件相邻的零、部件，以利于对表达清楚本部件的装配关系和工作原理时，该相邻的零、部件可用细双点画线画出，如图 20-9（a）、图 20-10 中的主轴箱所示。

2）当表达某零件在装配体中的运动范围或极限位置时，可用双点画线画出在极限位置上的该零件，如图 20-9（b）所示。

（4）夸大画法

对于装配图中某些直径或厚度小于 2mm 的孔、薄片、细小零件以及较小的间隙、小斜度、小锥度等，允许夸大画出（即不按装配图的比例画出），允许涂黑表示，如图 20-6 所示。

（5）展开画法

在传动机构中，各轴系的轴线往往不在同一平面内，即使采用几个平行或几个相交的剖切面剖切，也不能将其运动路线完全表达出来。因此，为了展示传动机构的传动路线和装配关系，可假想按传动路线沿轴线剖切，并依次展开画出剖视图，在展开图上方须注明“×－×展开”，如图 20-10 所示。

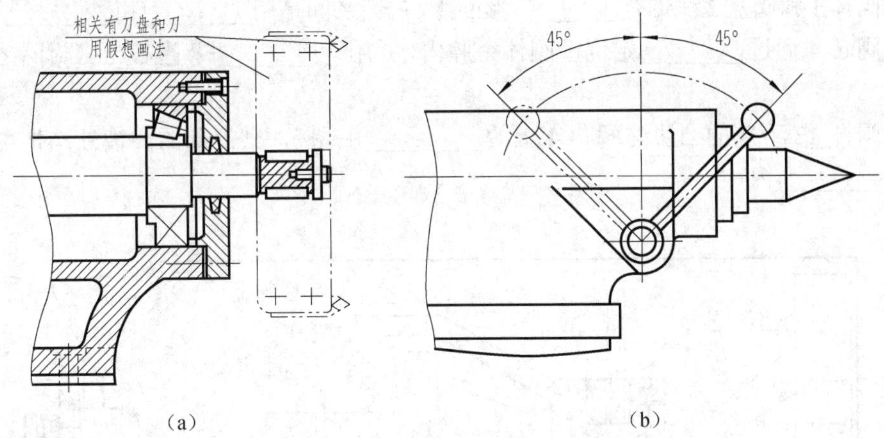

图 20-9　装配图的假想画法

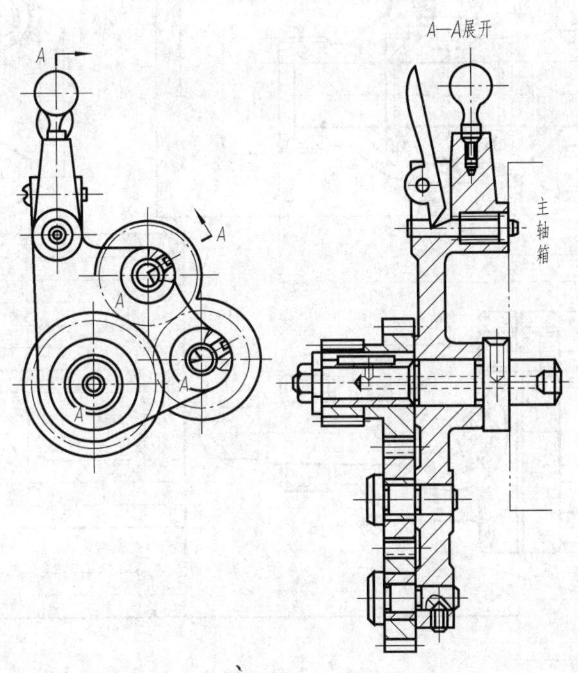

图 20-10　装配图的展开画法

20.2.2 实践操作：分析球阀的工作原理和装配关系

01 在图 20-11 的方框中，填写装配图的表达方法。

02 对照球阀装配图 20-11，并对照图 20-12 球阀装配示意图，分析球阀的装配关系。

① 球阀主要装配干线是________。该装配干线上由________、________、________、________等零件构成。另一装配干线是________，该装配干线上由________、________、________等零件构成。

② 阀体 1 和阀盖 2 都带有________形凸缘，它们之间是用________和________连接的。

③ 阀芯 4 通过________定位于阀体空腔内，并用________调节阀芯与密封圈之间的松紧程度。

④ 阀杆 12 下部的凸块与阀芯 4 上的________相榫接，其上部的四棱柱结构可套进扳手 13 的________内。

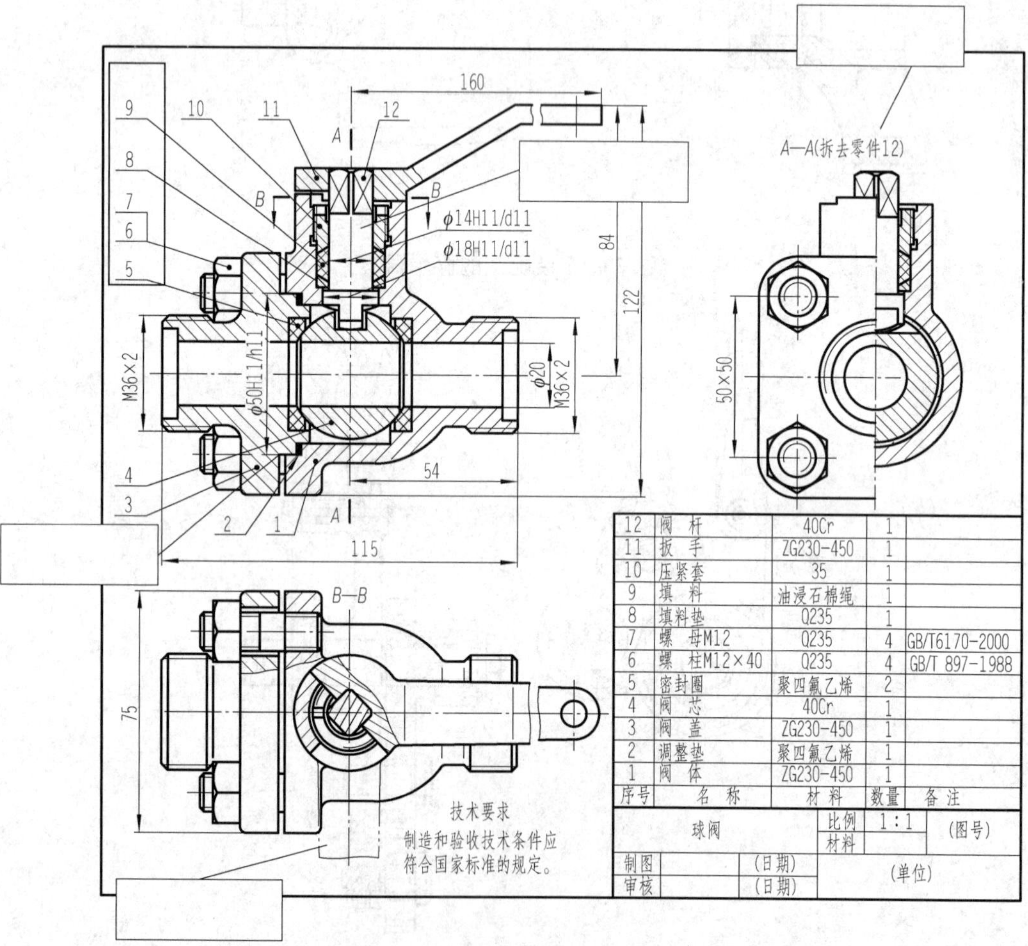

A—A(拆去零件12)

B—B

技术要求
制造和验收技术条件应符合国家标准的规定。

12	阀　杆	40Cr	1	
11	扳　手	ZG230-450	1	
10	压紧套	35	1	
9	填　料	油浸石棉绳	1	
8	填料垫	Q235	1	
7	螺　母M12	Q235	4	GB/T6170-2000
6	螺　柱M12×40	Q235	4	GB/T 897-1988
5	密封圈	聚四氟乙烯	2	
4	阀　芯	40Cr	1	
3	阀　盖	ZG230-450	1	
2	调整垫	聚四氟乙烯	1	
1	阀　体	ZG230-450	1	
序号	名　称	材　料	数量	备　注

球阀		比例	1:1	(图号)
		材料		
制图		(日期)	(单位)	
审核		(日期)		

图 20-11　球阀装配图的表达方法

⑤ 阀体与阀杆之间的填料垫 8 及填料 9、10 通过________压紧保证良好的密封效果。

03 对照球阀装配图 20-11，并对照图 20-12 球阀装配示意图，分析球阀的工作原理。

球阀的工作原理是驱动扳手转动________和________，控制球阀的启闭合流量。当扳手处于________位置时，阀门全部关闭，管道断流。当扳手处于________位置时，阀门全部开启，管道畅通。

04 对照球阀装配图 20-11，并对照图 20-12 球阀装配示意图，分析球阀的拆卸顺序。

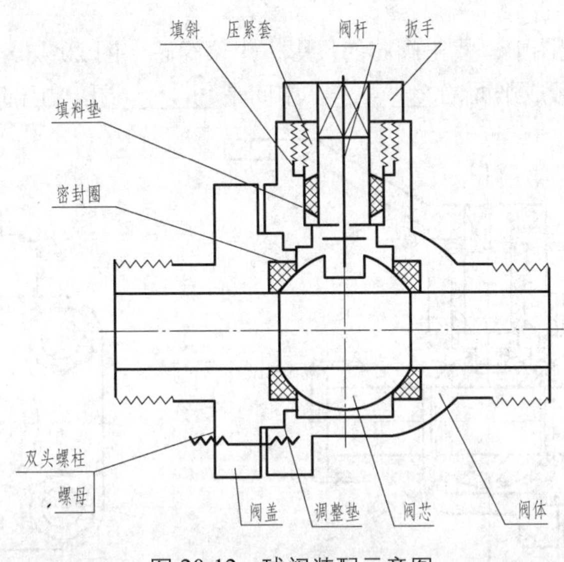

图 20-12 球阀装配示意图

任务 20.3 球阀中主要零件结构形状的分析

任务思考与小组讨论 3

在球阀装配图中，找出阀芯的投影，结合球阀的工作原理和装配关系，想象阀芯的主要结构形状。并思考装配图的视图能完全表达每个零件的形状吗?

20.3.1 相关知识：常用的装配图视图的分析

分析零件时，应从主要视图中的主要零件开始，可按“先看主要零件，再看次要零件；先看容易分离的零件，再看其他零件；先分离零件，再分析零件的结构形状”的顺序进行。有些零件在装配图上不一定表达完全清楚，可配合相关的零件图来读装配图。

常用的装配图视图的分析方法如下。

1）利用剖面线的方向和间距来分析。同一零件的剖面线，在各视图上方向一致、间距相等。

2）利用规定画法来分析。如实心件在装配图中规定沿轴线方向剖切可不画剖面线，由此可以方便地将丝杆、手柄、螺钉、键、销等零件区分开。

3）利用零件序号，对照明细栏来分析。

20.3.2 实践操作：分析球阀中主要零件的结构形状

01 在球阀装配图中，找出阀芯的投影，想象阀芯（图 20-13）的主要结构形状。

阀芯是左右两边截成平面的________，中间是________孔，上部是圆弧形________。

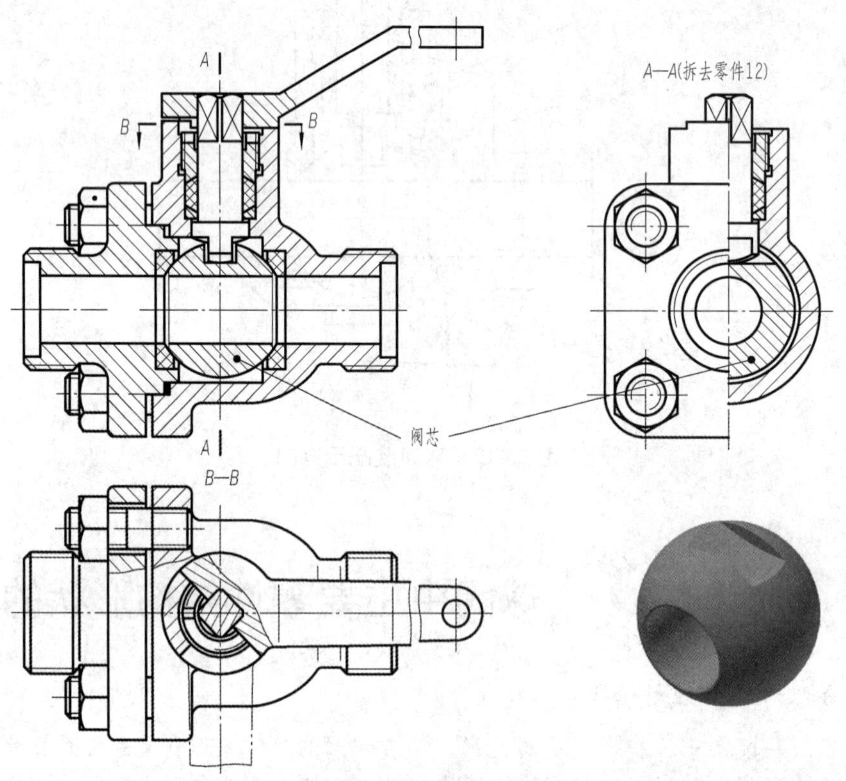

图 20-13　球阀中的阀芯

02 在球阀装配图中，找出阀体的投影，想象阀体（图 20-14）的主要结构形状。

阀体左端带有________形凸缘，右侧有________与管道相通，形成流体通道。

03 在球阀装配图中，找出阀杆的投影，想象阀杆（图 20-15）的主要结构形状。

阀杆为________类零件，上端为________形状结构，用来安装扳手。最下端为带球面的凸块插入阀芯上部的通槽内，转动阀杆即可控制阀芯的位置。

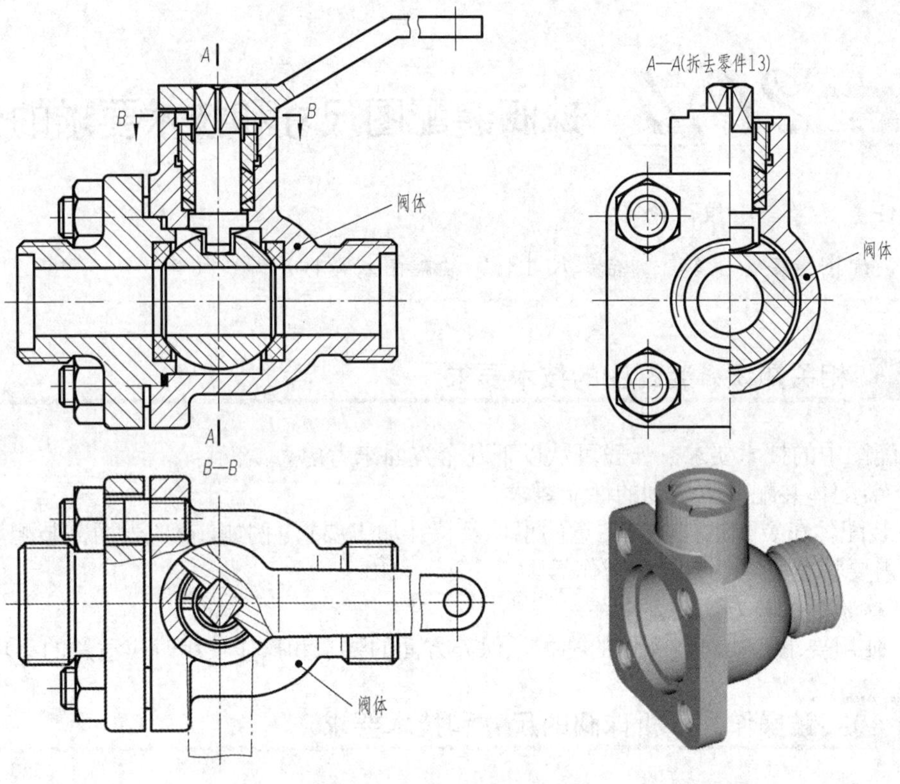

图 20-14　球阀中的阀体

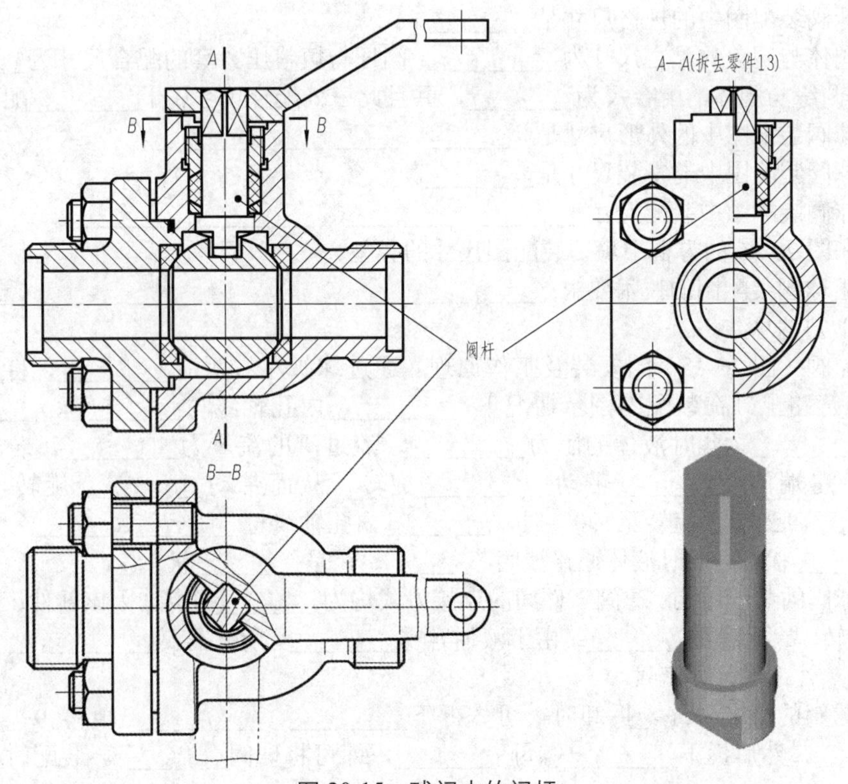

图 20-15　球阀中的阀杆

任务 20.4 球阀装配图尺寸和技术要求的分析

任务思考与小组讨论 4

装配图需要标注零件的全部尺寸吗？装配图只需标注哪些尺寸？

20.4.1 相关知识：装配图的技术要求

装配图中的技术要求，一般可从以下几个方面来考虑。

1）装配体装配后应达到的性能要求。

2）装配体在装配过程中应注意的事项及特殊加工要求。例如，有的表面需装配后加工，有的孔需要将有关零件装好后配作等。

3）检验、试验方面的要求。

4）使用要求。如对装配体的维护、保养方面的要求和操作使用时应注意的事项等。

20.4.2 实践操作：分析球阀的尺寸和技术要求

01 分析图 20-1 球阀装配图的尺寸。

① 球阀装配图中的规格尺寸是________。

② 阀体与阀盖的配合尺寸为________， 阀杆与填料压紧套的配合尺寸为________，阀杆下部凸缘与阀体的配合尺为________，并且此三处配合尺寸属于________配合。

③ 球阀装配图中的外形尺寸是________、________、________。

④ 球阀装配图中的安装尺寸是________。

⑤ 球阀装配图中装配尺寸________、________、________、________。

⑥ 在图 20-16 的方框中填写装配图尺寸的类型。

02 球阀装配图的技术要求：____。

03 归纳总结。

① 球阀（图 20-17）的安装及工作原理。通过球阀左右两端________，将球心阀安装固定在管路上。在装配图图示情况下，________内孔轴线与________、________内孔轴线________。此时液体的阻力________，流过阀的流量为________。若转动扳手 11，扳手左端的________带动________旋转，从而带动________旋转，阀口逐渐________。当扳手旋转至 90° 时，________内孔轴线与________、________内孔的轴线呈________状态。此时液体通路被阀芯________，呈________状态。

② 球阀的装配结构。球阀零件间的连接方式均为________连接。因该部件工作时不需要高速运转，故不需要________。由于液体容易________，所以需要________，________处和________处都进行了密封。

③ 球阀的拆装顺序。拆卸时，可先拆下________、________、填料 9、填料垫 8 和________。然后拆下________螺母________，即可将球阀________。装配时和拆卸顺序________。

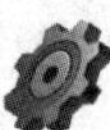

④ 球阀的整体、全面印象。

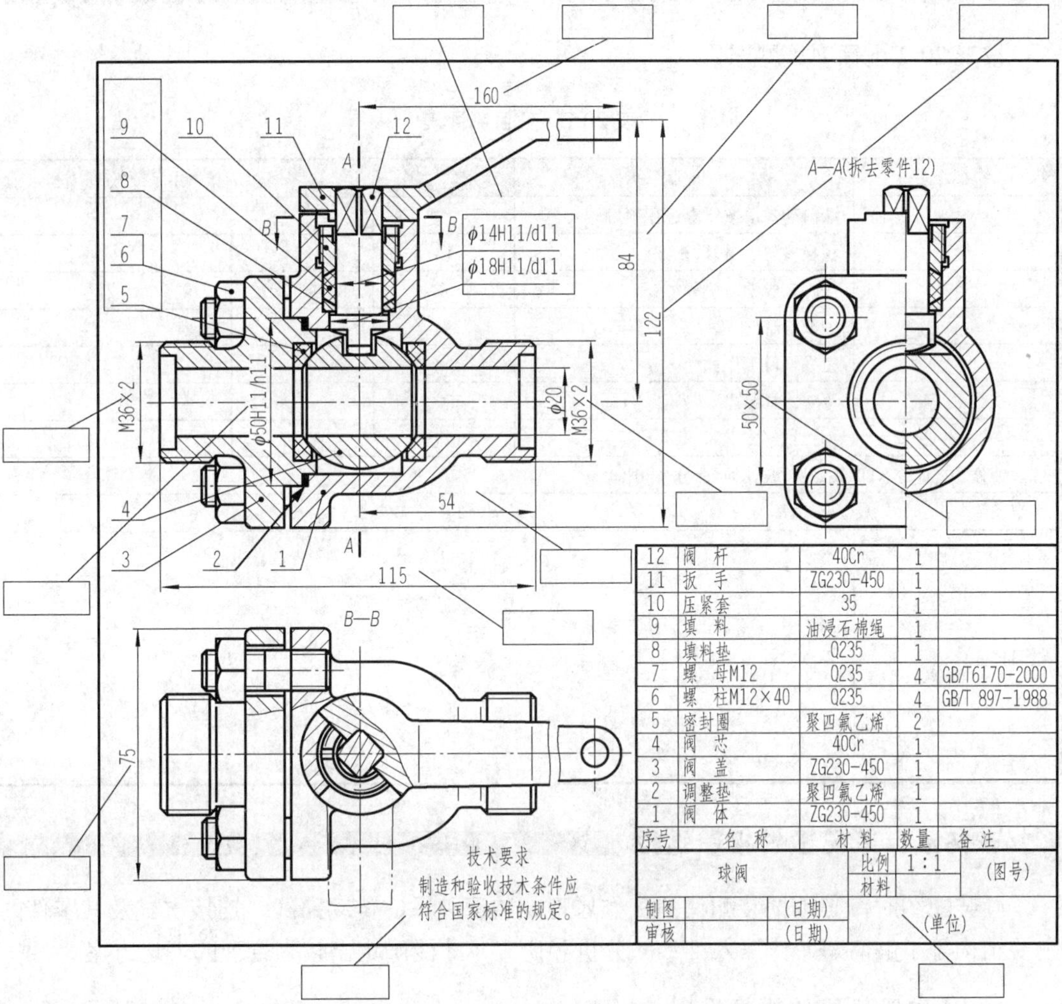

160
9
10
11
12
8
7
6
5
A
B
B
φ14H11/d11
φ18H11/d11
84
122
A—A(拆去零件12)
M36×2
φ50H11/h11
φ20
M36×2
50×50
4
3
2
1
54
A
115
B—B
75
12 阀杆 40Cr 1
11 扳手 ZG230-450 1
10 压紧套 35 1
9 填料 油浸石棉绳 1
8 填料垫 Q235 1
7 螺母M12 Q235 4 GB/T6170-2000
6 螺柱M12×40 Q235 4 GB/T 897-1988
5 密封圈 聚四氟乙烯 2
4 阀芯 40Cr 1
3 阀盖 ZG230-450 1
2 调整垫 聚四氟乙烯 1
1 阀体 ZG230-450 1
序号 名称 材料 数量 备注
球阀
比例 1:1
材料
(图号)
制图 (日期)
审核 (日期)
(单位)
技术要求
制造和验收技术条件应
符合国家标准的规定。

图 20-16　球阀装配图的尺寸分析

11扳手
12阀杆
10压紧套
9填料
8填料垫
7螺母M12
6螺柱M12×40
4阀芯
3阀盖
2调整垫
5密封圈
1阀体

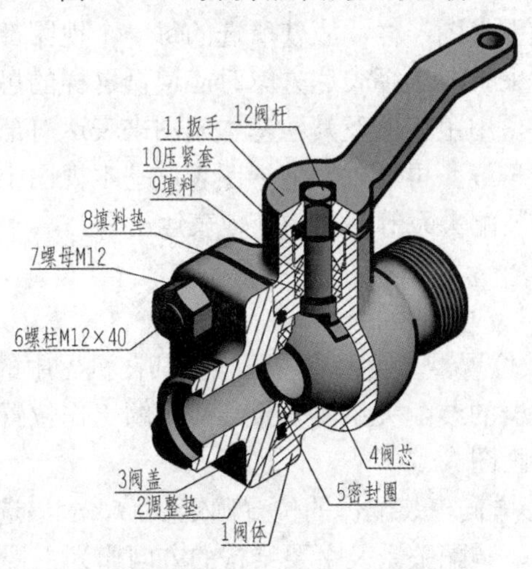

图 20-17　球阀装配立体图

项目测评

按表 20-2 进行项目测评。

表 20-2　项目测评表

序　　号	评 价 内 容	分　　数	自　　评	组长或教师*评分
1	课前准备，按要求进行预习	5		
2	积极参与小组讨论	15		
3	按时完成学习任务	5		
4	图纸答辩*	50		
5	完成学习工作页*	20		
6	遵守课堂纪律	5		
总　　分		100		
综合评分（自评分×20%＋组长或教师*评分×80%）：				
小组长签名：		教师签名：		
学习体会	签名：　　日期：			

知识拓展：装配图的视图选择

画装配图时，必须把装配体的工作原理、装配关系、传动路线、连接方式及其零件的主要结构等了解清楚，作深入细致的分析和研究，才能确定出较为合理的表达方案。

1. 装配图视图的选择原则

装配图的视图选择与零件图一样，应使所选的每一个视图都有其表达的重点内容，具有独立存在的意义。一般来讲，选择表达方案时应遵循这样的思路：以装配体的工作原理为线索，从装配干线入手，用主视图及其他基本视图来表达对部件功能起决定作用的主要装配干线，兼顾次要装配干线，再辅以其他视图表达基本视图中没有表达清楚的部分，最后把装配体的工作原理、装配关系等完整清晰地表达出来。

2. 主视图的选择

1）确定装配体的安放位置。一般可将装配体按其在机器中的工作位置安放，以便了解装配体的情况及与其他机器的装配关系。如果装配体的工作位置倾斜，为画图方便，通常将装配体按放正后的位置画图。

2）确定主视图的投影方向。装配体的位置确定以后，应该选择能较全面、明显地反映该装配体的主要工作原理、装配关系及主要结构的方向作为主视图的投影方向。

3）主视图的表达方法。由于多数装配体都有内部结构需要表达，所以主视图多采用剖视图画出。所取剖视的类型及范围，要根据装配体内部结构的具体情况决定。

3．其他视图的选择

主视图确定之后，若还有全局性的装配关系、工作原理及主要零件的主要结构未表达清楚，则应选择其他基本视图来表达。

基本视图确定后，若装配体上尚还有一些局部的外部或内部结构需要表达，则可灵活地选用局部视图、局部剖视或断面等来补充表达。

技能拓展：识读安全阀装配图

安全阀是启闭件受外力作用下处于常闭状态，当设备或管道内的介质压力升高超过规定值时，通过向系统外排放介质来防止管道或设备内介质压力超过规定数值。安全阀属于自动阀类，主要用于锅炉、压力容器和管道上，控制压力不超过规定值，对人身安全和设备运行起重要保护作用。识读如图 20-18 所示安全阀装配图，并回答问题。

01 试述安全阀的工作原理。

02 试述安全阀装配图所采用的表达方法。

03 试分析安全阀的拆卸顺序。

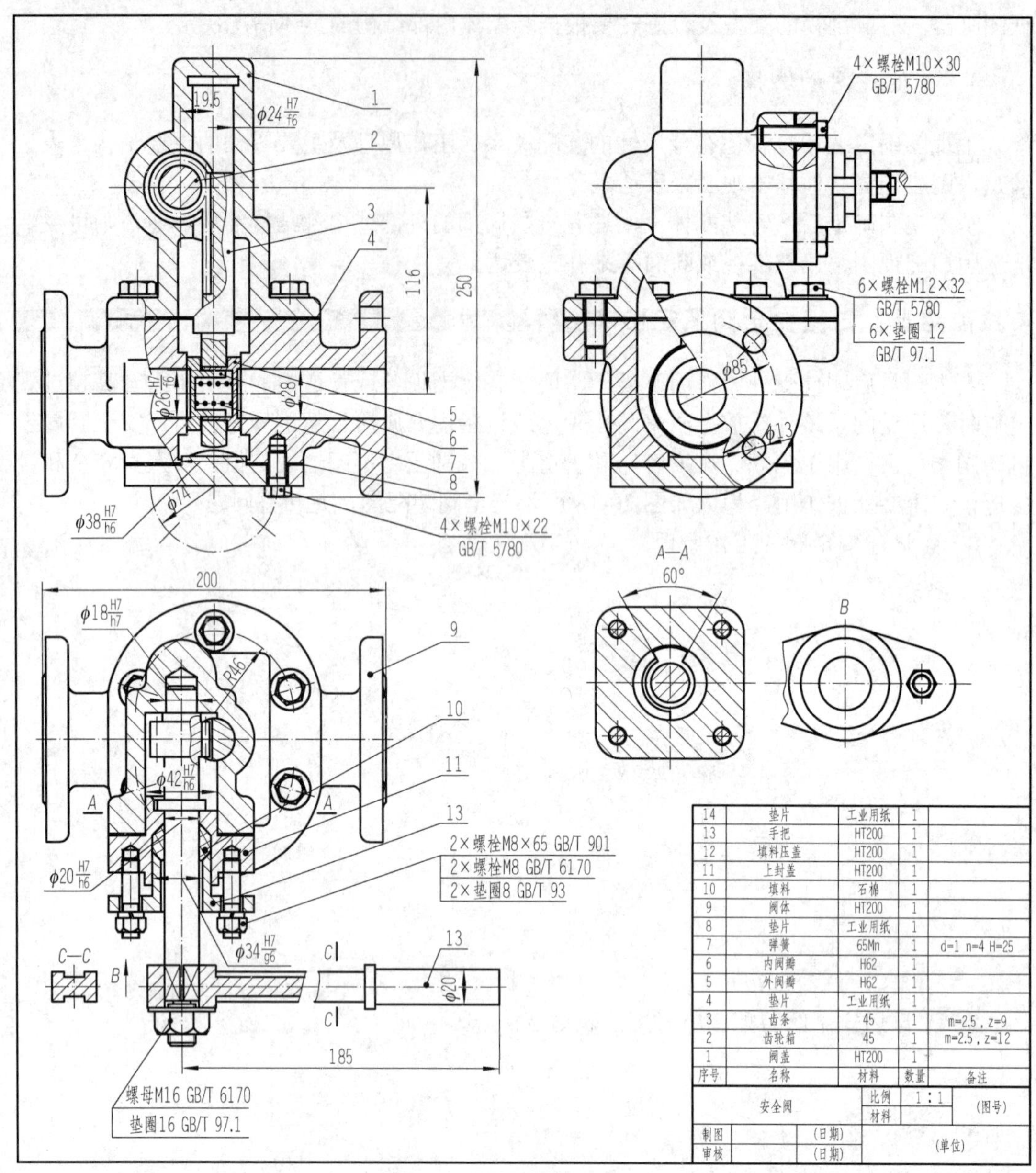

14	垫片	工业用纸	1	
13	手把	HT200	1	
12	填料压盖	HT200	1	
11	上封盖	HT200	1	
10	填料	石棉	1	
9	阀体	HT200	1	
8	垫片	工业用纸	1	
7	弹簧	65Mn	1	d=1 n=4 H=25
6	内阀瓣	H62	1	
5	外阀瓣	H62	1	
4	垫片	工业用纸	1	
3	齿条	45	1	m=2.5，z=9
2	齿轮箱	45	1	m=2.5，z=12
1	阀盖	HT200	1	
序号	名称	材料	数量	备注

安全阀		比例	1:1	(图号)
		材料		
制图		(日期)	(单位)	
审核		(日期)		

图 20-18 安全阀装配图

04 试分析安全阀的装配尺寸。

05 徒手绘制阀盖零件的视图表达（不标尺寸和技术要求）。

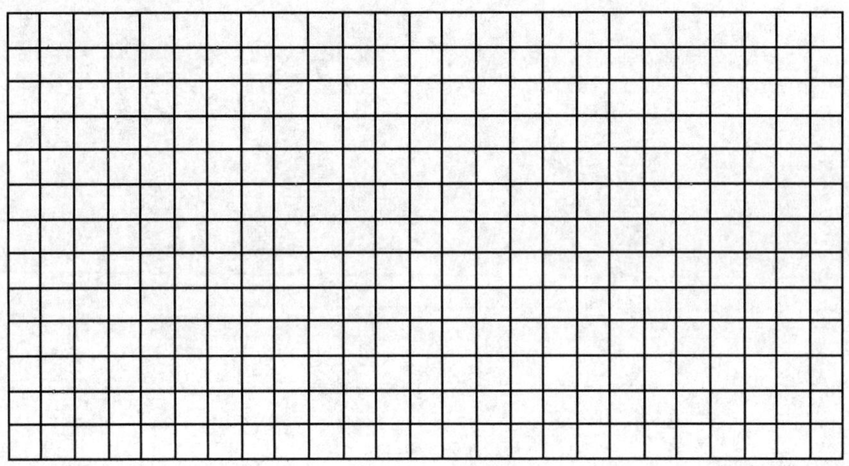

参 考 文 献

果连成．2011．机械制图．6 版．北京：中国劳动社会保障出版社．

叶玉驹，焦永和，张彤．2012．机械制图手册．5 版．北京：机械工业出版社．